“十二五”南极考察 雪龙船走航水文气象图集

何剑锋　李　娜　蓝木盛　罗光富　编著

海洋出版社

2018年·北京

图书在版编目(CIP)数据

“十二五”南极考察雪龙船走航水文气象图集 / 何剑锋等编著. — 北京 : 海洋出版社, 2017.11
ISBN 978-7-5027-9945-8

Ⅰ. ①十… Ⅱ. ①何… Ⅲ. ①南极－科学考察－水文气象学－中国－图集 Ⅳ. ①N816.61-64②P339-64

中国版本图书馆CIP数据核字(2017)第246541号

责任编辑：白　燕
责任印制：赵麟苏

海洋出版社 出版发行
http://www.oceanpress.com.cn
北京市海淀区大慧寺路 8 号　邮编：100081
北京文昌阁彩色印刷有限责任公司印刷　新华书店北京发行所经销
2018年11月第1版　2018年11月第1次印刷
开本：889mm × 1194mm　1 / 16　印张：12.5
字数：332千字　定价：98.00元
发行部：62132549　邮购部：68038093

前　言

海洋在全球气候系统中起着极为关键的作用。雪龙船作为我国唯一的极地科考破冰船，承担了我国在南大洋和北冰洋的科考任务，南极考察途经东海、南海（或西太平洋）、东印度洋和南大洋（印度洋扇区、大西洋扇区和太平洋扇区）；北极科学考察途经东海、日本海、北太平洋、白令海和北冰洋（楚科奇海、加拿大海盆、北冰洋中心区、北欧海）。“十二五”（2011—2015 年）期间雪龙船的南极航次包括我国第 28 次、第 29 次、第 30 次、第 31 次和第 32 次南极考察航次。

在雪龙船走航期间，利用船载自动气象站和海水表层走航观测系统，进行了基础环境数据的采集；并在第 30 ~ 第 32 航次期间投放 XBT/XCTD 获取站位的温盐剖面数据，对了解各海域基础环境特征具有重要意义。根据获取的数据，我们编纂了本图集，以方便读者直观了解雪龙船途经海域的基础环境及年际变化特征。

本图集由全球变化与海气相互作用专项资助。雪龙船气象和表层走航观测数据由中国南北极数据中心提供，XBT/XCTD 数据由上海海洋大学高郭平教授团队提供（XBT/XCTD 部分序列站位获得的数据不理想，没有制图），在此深表感谢。同时感谢国家海洋局极地科学重点实验室和中国极地研究中心的支持，感谢雪龙船提供走航观测平台，同时特别感谢航次期间协助投放 XBT/XCTD 的各位考察队员！

本图集所包含的表格和图件已经仔细核对，但难免存在错误，望各位读者不吝赐教。

编　者

2018 年 5 月 30 日

目　录

我国"十二五"期间雪龙船南极航次概况 1

1.1 "十二五"期间我国南极考察概况

(1)中国第28次南极考察

中国第28次南极考察队由222名考察队员组成。

考察队于2011年10月29日从上海起航，共历时163天，2012年4月8日回到上海。雪龙船安全航行28 400余海里，4次穿越西风带，冰区航行3 900余海里。执行"一船三站"的物资补给和大洋考察任务，圆满完成了31项科考任务和16项后勤保障项目。本次南极考察是极地"十二五"的首航，在冰穹A昆仑站，圆满完成了120 m的冰芯钻探；完成南极巡天望远镜的安装与调试；首次实施了"十二五"南北极环境综合考察与评价专项现场考察任务。

(2)中国第29次南极考察

中国第29次南极考察队由241人组成。

考察队于2012年11月5日从广州起航，历时156天，2013年4月9日回到上海。4次成功穿越西风带，总航程27 795海里，其中冰区航行6 000余海里，并首次到达75°7.2′S，开创了中国船舶航行最南纬度地区新纪录。圆满完成科学考察任务41项，南极后勤保障以及工程建设项目12项。冰穹A成功试钻深冰芯第一钻，AST3望远镜获取首批数据，完成有史以来环境信息最全面的大洋综合断面调查。

(3)中国第30次南极考察

中国第30次南极考察队由257人组成。

考察队于2013年11月8日从上海起航，历时154天，2014年4月15日回到上海。总航程约3.15万海里，雪龙船首次完成环南极航行考察，并抵达75°20′S开展大洋科学考察。这是中国船舶迄今到达的最南纬度。执行科学考察任务30项，南极后勤保障以及工程建设项目15项。泰山站成功建站，首次实现环南极大陆航行，成功救援俄船并自行脱困，发现583块陨石，填补南大洋断面大纵深综合观测空白。

(4)中国第31次南极考察

中国第31次南极考察队由281名队员组成。

考察队于2014年10月30日从上海起航，历时163天，2015年4月10日回到上海。总航程约3万海里。大洋考察完成68个重点站位的观测采样，是历次南极考察中规模最大、 站位最多、作业面最广、设备回收成功率最高的一次；深冰芯钻探成功获取172 m深冰芯；极地机器人首次从试验阶段转入应用阶段，飞机和冰雪面机器人获取了近 30G 的航空影像、皮温和冰雷达数据。

（5）中国第 32 次南极考察

中国第 32 次南极考察队由 277 名队员组成。

考察队于 2015 年 11 月 7 日从上海起航，历时 158 天，2016 年 4 月 12 日返回上海。总航程约 3 万海里。共完成 45 项科学考察项目和 30 项后勤保障与建设项目，我国首架极地固定翼飞机"雪鹰 601"成功首航南极，雪龙船逆时针航线再次环南极航行，并刷新我国船舶到达地球最南纬度纪录；南大洋调查迎来历次考察中受冰影响最小、专业配合度最高，作业范围最广、测线最长、内容最系统、样品和数据质量较高的一次作业；昆仑站正式实现人员入住使用，深冰芯钻探钻取冰芯 351.5 m；我国自主研制的极地全地形车首次亮相南极。

1.2 历次南极考察雪龙船航线

（1）中国第 28 次南极考察

中国第 28 次南极考察期间，雪龙船的航线为上海—天津—弗里曼特尔（澳大利亚）—中山站—长城站—乌斯怀亚港（阿根廷）—长城站—中山站—弗里曼特尔（澳大利亚）—上海，航迹如图 1-1 所示。

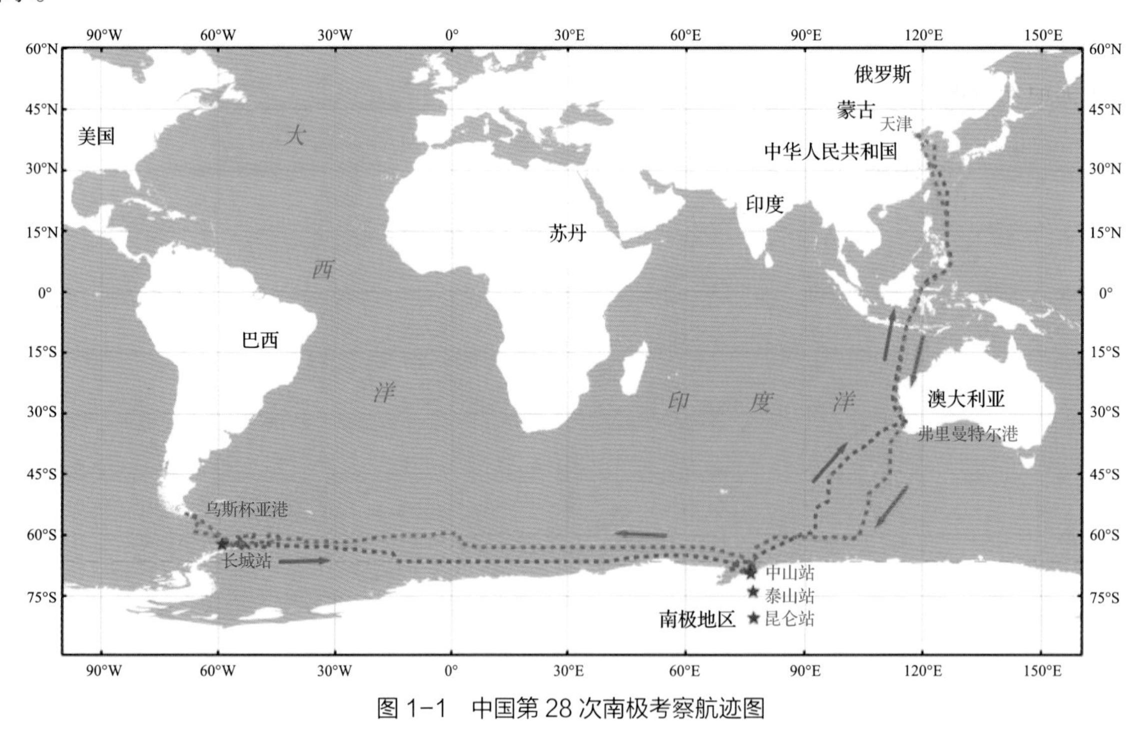

图 1-1 中国第 28 次南极考察航迹图

（2）中国第 29 次南极考察

中国第 29 次南极考察期间，雪龙船的航线为上海—广州—弗里曼特尔（澳大利亚）—中山站—罗斯海—霍巴特（澳大利亚）—弗里曼特尔（澳大利亚）—上海，航迹线如图 1-2 所示。

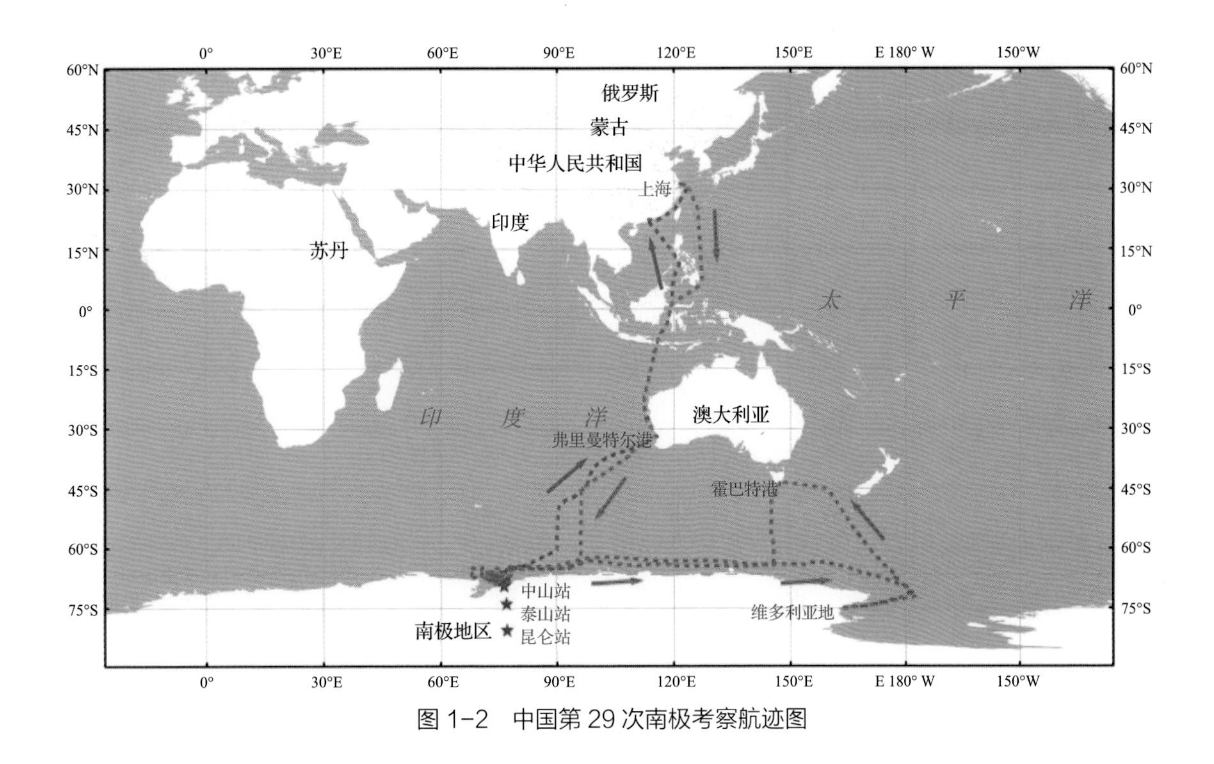

图 1-2 中国第 29 次南极考察航迹图

（3）中国第 30 次南极考察

中国第 30 次南极考察执行了雪龙船的首次环南极考察航行任务，航线为上海—弗里曼特尔港—中山站—罗斯海维多利亚地—乌斯怀亚—长城站—南极半岛附近海域—中山站—弗里曼特尔港—上海。雪龙船在停靠弗里曼特尔港返回上海期间，还参与了搜救马航失联客机的行动。本行次的航迹如图 1-3 所示。

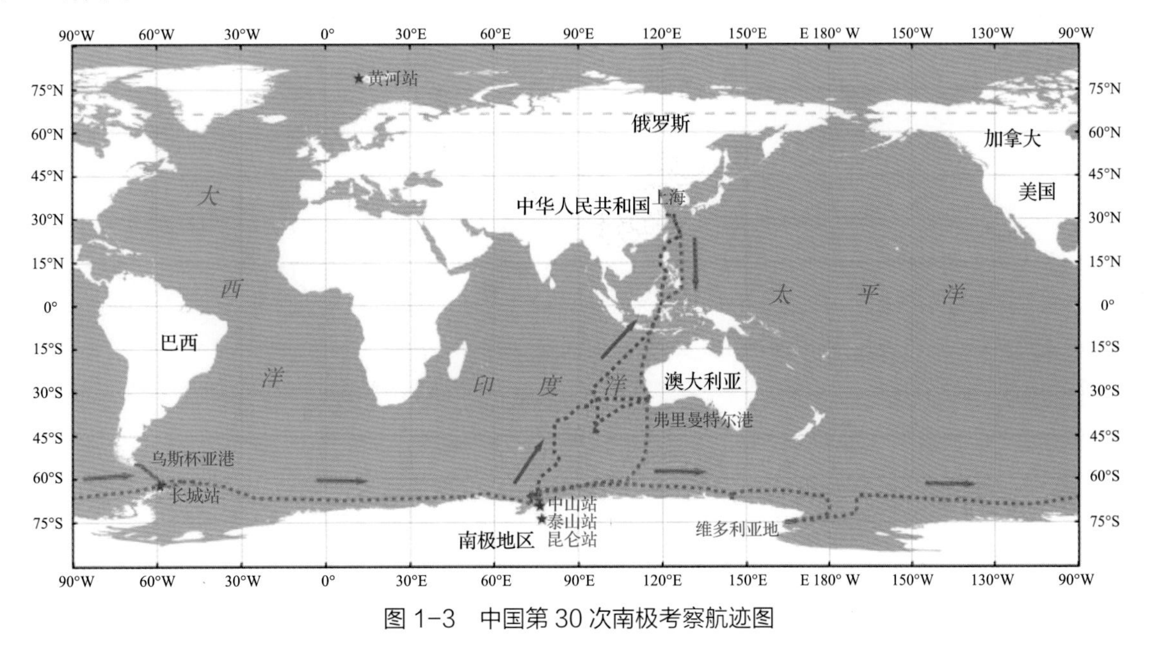

图 1-3 中国第 30 次南极考察航迹图

（4）中国第 31 次南极考察

中国第 31 次南极考察队于 2014 年 10 月 30 日从上海起航后，经由澳大利亚霍巴特到达中国南极中山站，此后经由南极罗斯海到达新西兰克莱斯特彻奇补给，再次返回中山站，完成预定任务后经由澳大利亚弗里曼特尔回国，航迹如图 1-4 所示。

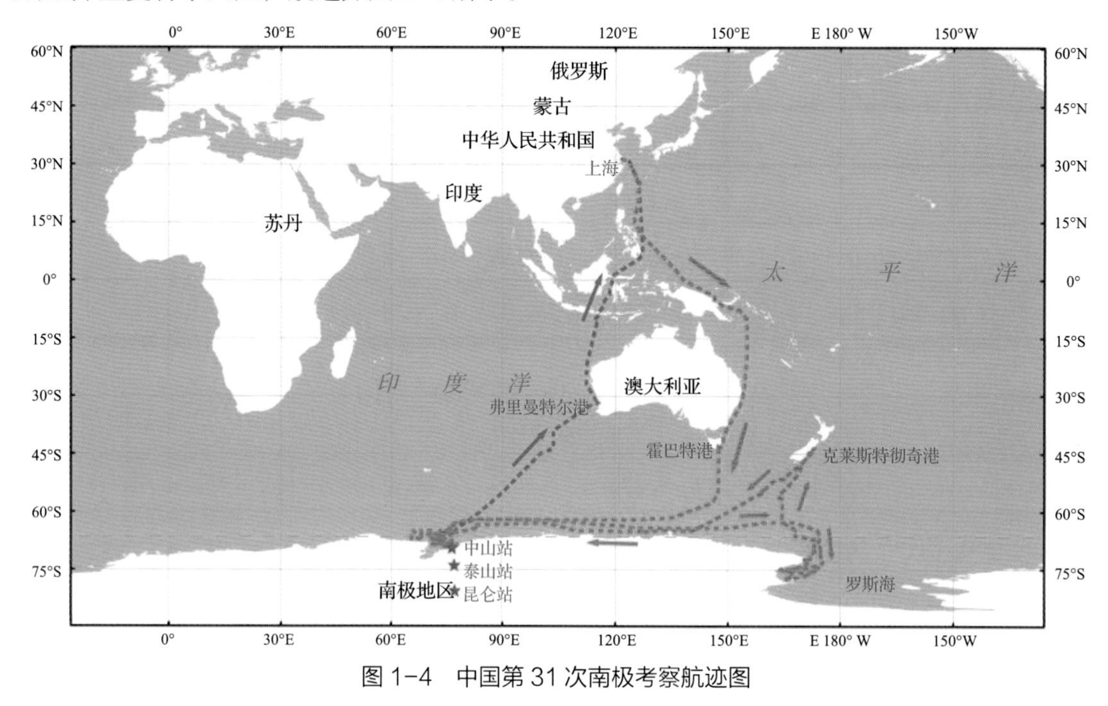

图 1-4 中国第 31 次南极考察航迹图

（5）中国第 32 次南极考察

中国第 32 次南极考察期间，雪龙船从上海起航，经停澳大利亚弗里曼特尔到达中国南极中山站后，首次执行逆时针环南极大陆航行，经威德尔海南大洋考察测区—长城站—智利蓬塔—美国麦克默多站—澳大利亚凯西站后，再次返回中山站，圆满完成预定考察任务后返航，返航途中经停澳大利亚弗里曼特尔港补给，于 2016 年 4 月 12 日回到上海国内基地码头，航迹如图 1-5 所示。

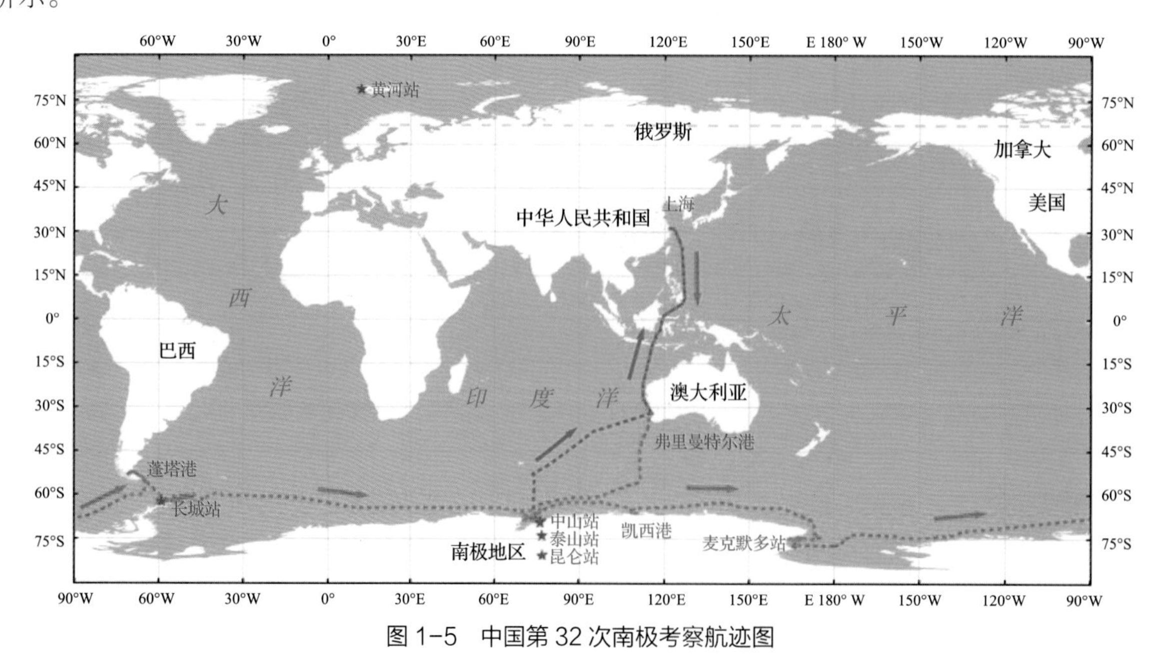

图 1-5 中国第 32 次南极考察航迹图

1.3 考察海域及站位设置

我国在“十二五”期间，从中国第28次南极考察至中国第32次南极考察，共执行了5次南极考察。走航水文、气象观测海域涵盖了我国部分近岸海域——东海、南海；开阔大洋——东太平洋、南太平洋、南印度洋、南大西洋；环南极洲海域——普里兹湾、威德尔海、别林斯高晋海、罗斯海等海域。

XBT和XCTD剖面的系统性观测始于我国第30次南极考察，站点主要集中在雪龙船航行中途经的南海—澳大利亚北部海域和澳大利亚南部—南极圈海域、新西兰南部—南极圈海域等西风带海域。

1.4 数据采集与处理方法

气象数据由船载自动气象站采集，其位于雪龙船顶部，基本组成与具体技术指标分别见表1-1和表1-2。表层走航温盐数据由海鸟SBE21采集，其位于雪龙船舯部，SBE21具体技术指标见表1-3。走航XBT/XCTD观测在雪龙船后甲板作业，数据采集器为日本TSK公司的TS-MK-150n型；XBT传感器为TSK（Tsurumi-Seiki Co., LTD）公司、Lockheed Martin Sippican公司生产的T-7型（产地为分别为日本、墨西哥），船速为15 kn时，可以观测到760 m深度，主要技术指标如表1-4所示；XCTD探头为日本TSK公司（Tsurumi-Seiki Co., LTD）生产的XCTD-1型，船速为12 kn时，可以观测到1 000 m深度，主要技术指标如表1-5所。

表1-1　新船载自动气象站基本组成

系统组成	主要采集参数	型号	生产厂家
数据采集器	收集、处理数据	CR3000	美国Campbell
空气温湿度传感器	大气温度、湿度	HMP155	美国Campbell
风速风向传感器	大气风速、风向	05106	美国Campbell
大气压力传感器	大气气压	CS106	美国Campbell

表1-2　新船载自动气象站测量精度

测量参数	量程	分辨率	精度
温　度	−80 ~ +60℃	0.1℃	±0.17℃（电压信号输出） ±0.12℃（RS-485信号输出）
相对湿度	0 ~ 100% RH	1%	± 1% RH （0 ~ 90% RH） ± 1.7% RH （90% ~ 100% RH）
气　压	800 ~ 1 100 hPa	0.1 hPa	±0.3 hPa
风　速	0 ~ 100 m/s	0.1 m/s	±0.3 m/s
风　向	0 ~ 360°	机械式：3.0° 超声式：1.0°	机械式：±3° 超声式：±3°

表 1-3　SBE21 表层海水温盐传感器技术指标

传感器	量程	分辨率	精度
电导率	0 ~ 7 S/m	0.000 1 S/m	0.001 S/m
温　度	−5 ~ 35℃	0.001℃	0.01℃
取水口温度	−5 ~ 35℃	0.000 3℃	0.001℃

表 1-4　XBTT-7 型传感器主要技术指标

传感器	量程	精度
温　度	−2 ~ 35℃	±0.1℃
深　度	1 000 m	2%或 5 m

表 1-5　XCTD-1 型传感器主要技术指标

传感器	量程	分辨率	精度	响应时间
电导率	0 ~ 7 S/m	0.001 7 S/m	±0.003 S/m	0.04 s
温　度	−2 ~ 35℃	0.01℃	±0.02℃	0.1 s
深　度	1 000 m	0.17 m	2%	−

中国第 28 次南极考察走航观测图集 2

2.1 走航气象

2.1.1 走航观测站点分布图

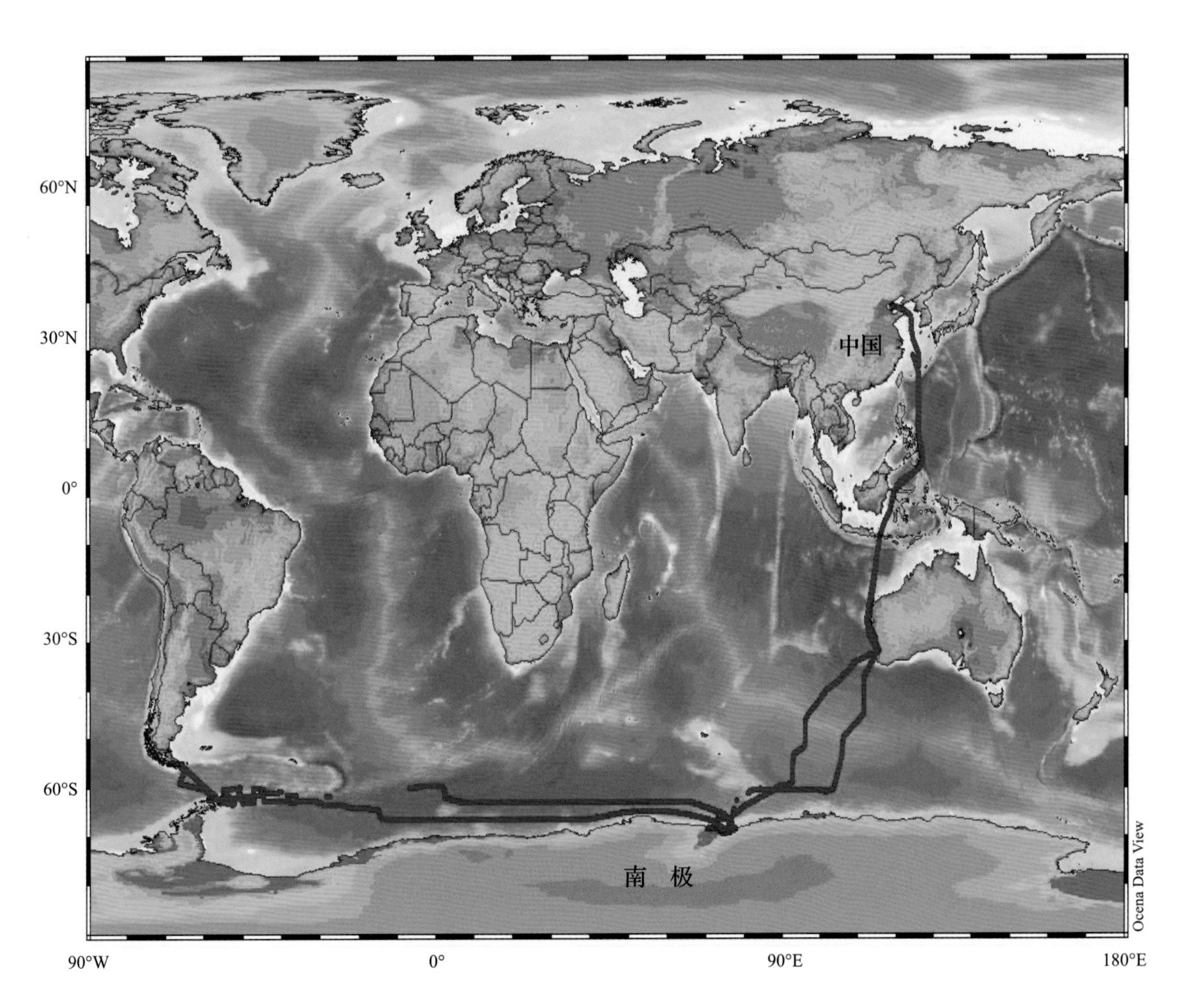

图 2-1 中国第 28 次南极考察走航观测站点分布图

2.1.2 气温断面图

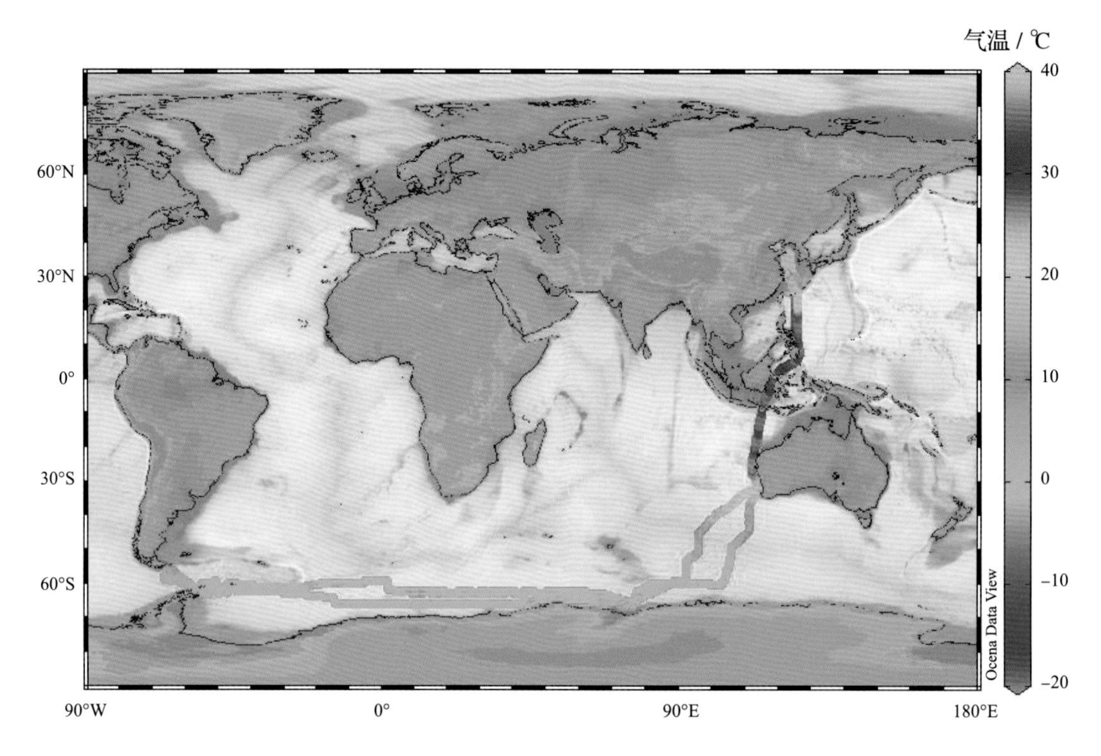

图 2-2 中国第 28 次南极考察走航气温断面图

2.1.3 湿度断面图

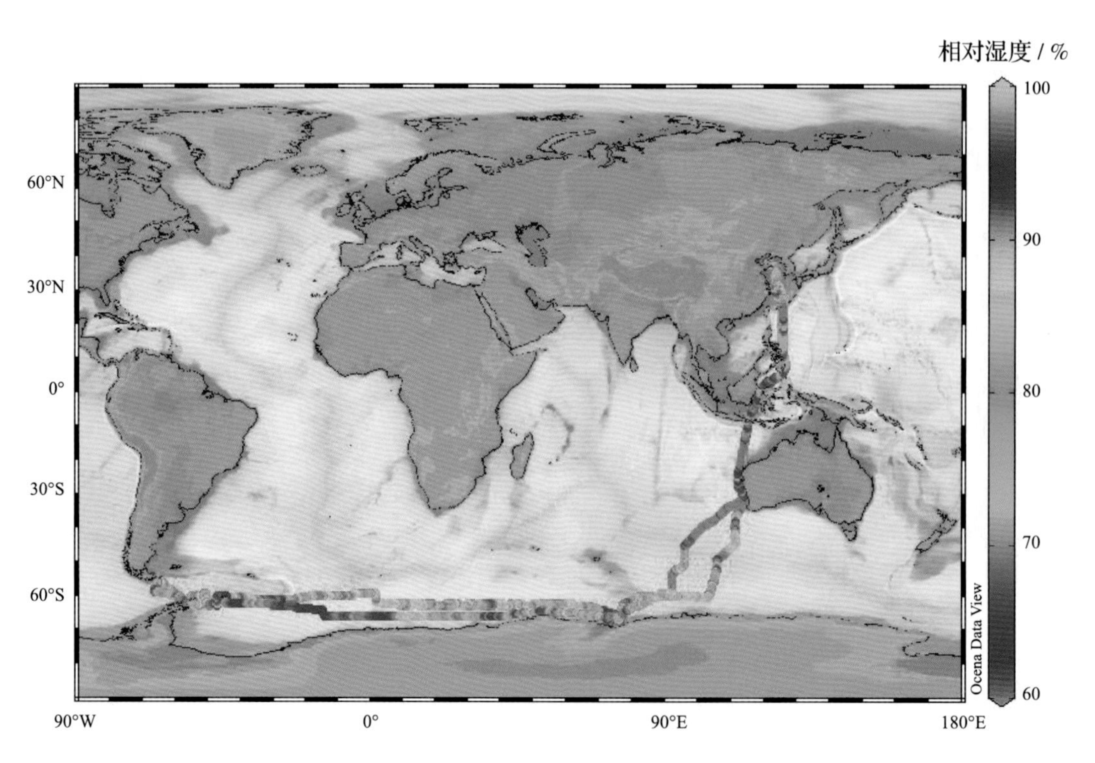

图 2-3 中国第 28 次南极考察走航湿度断面图

2.2 走航表层温盐

2.2.1 表层水温断面图

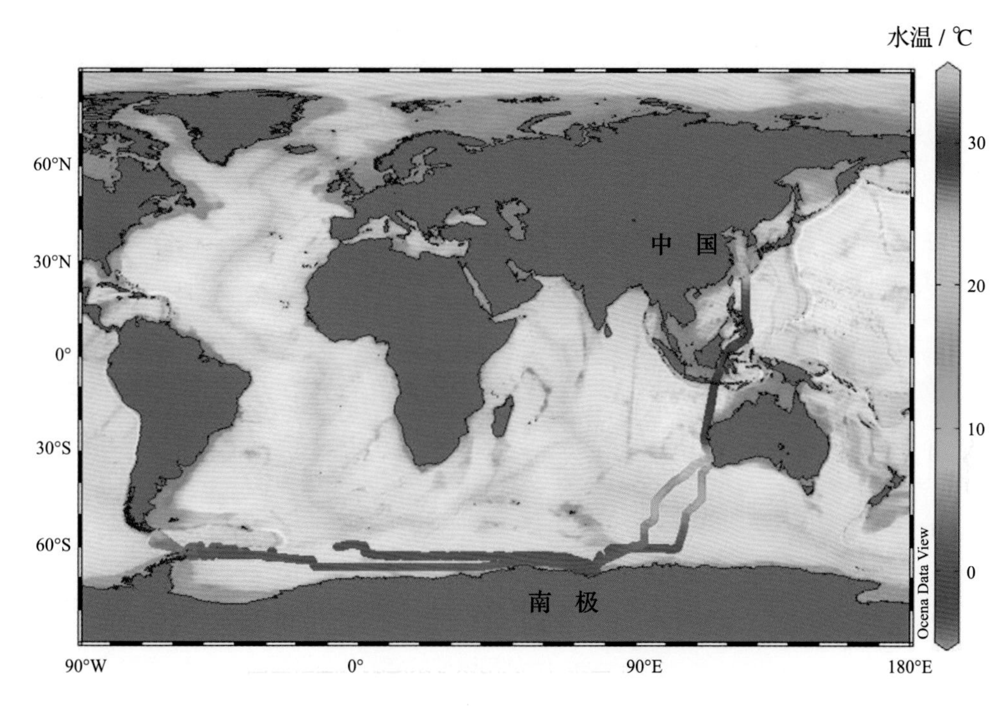

图 2-4 中国第 28 次南极考察走航表层水温断面图

2.2.2 表层盐度断面图

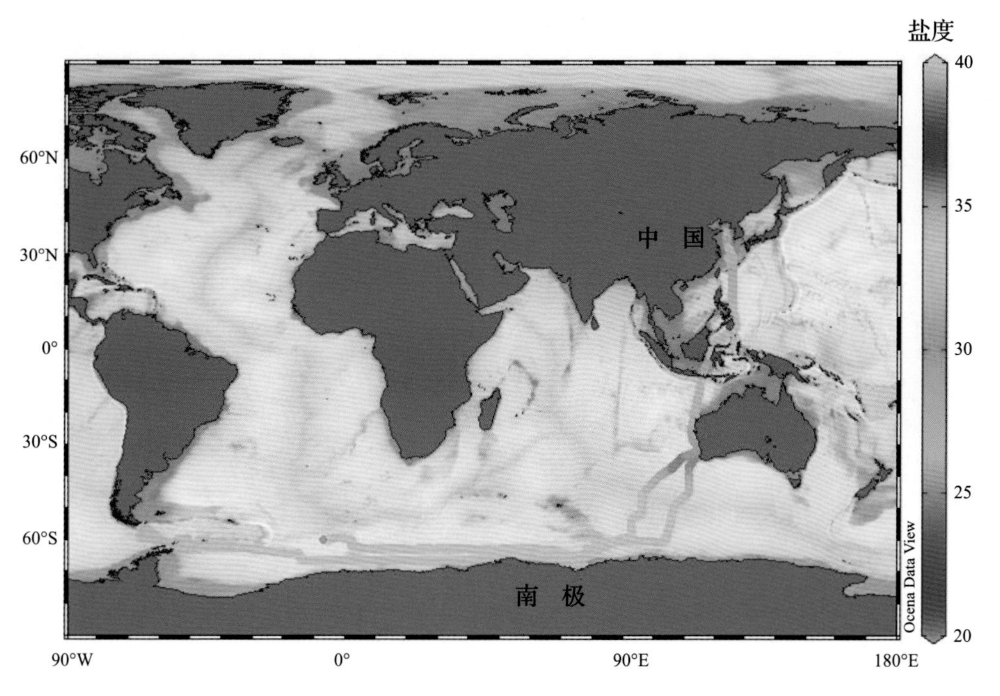

图 2-5 中国第 28 次南极考察走航表层盐度断面图

3 中国第 29 次南极考察走航观测图集

3.1 走航气象

3.1.1 走航观测站点分布图

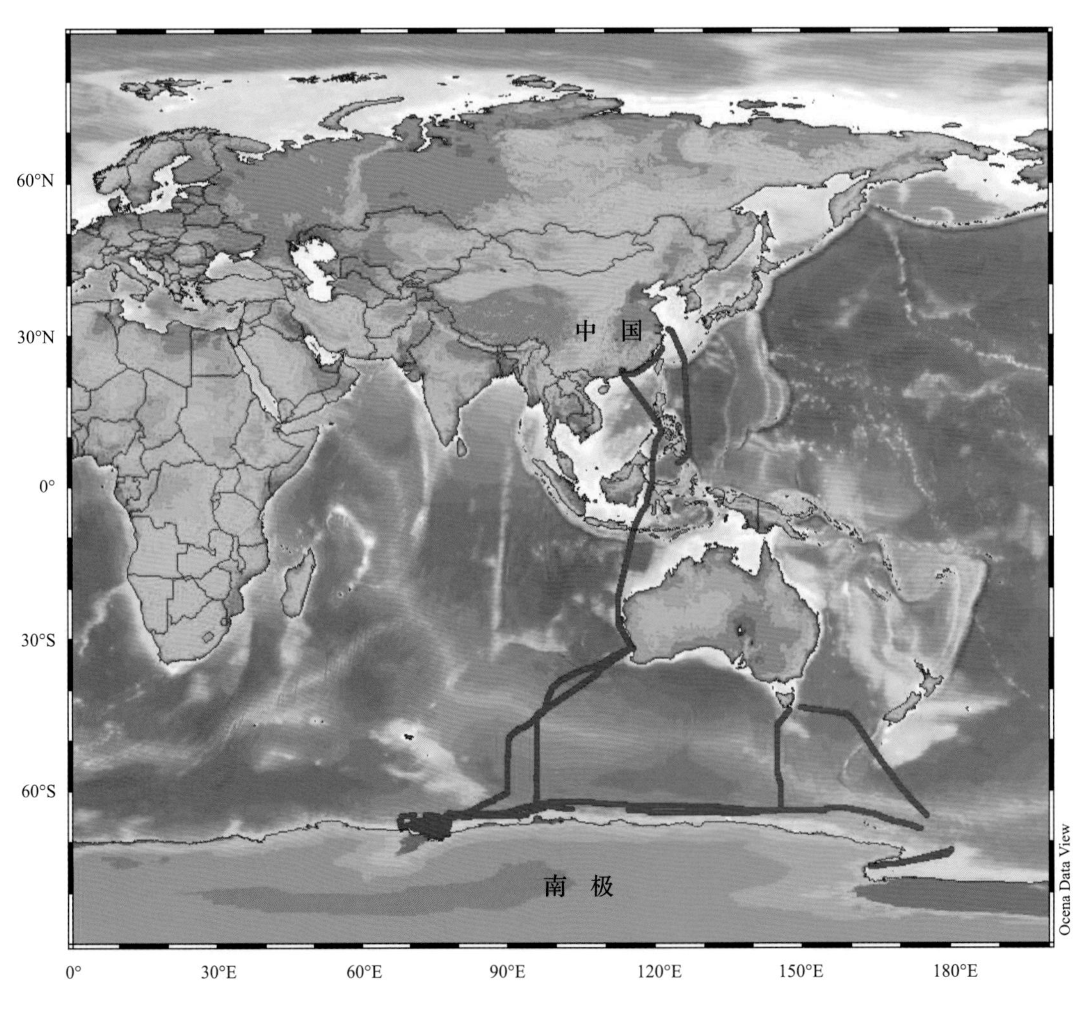

图 3-1 中国第 29 次南极考察走航观测站点分布图

3.1.2 气温断面图

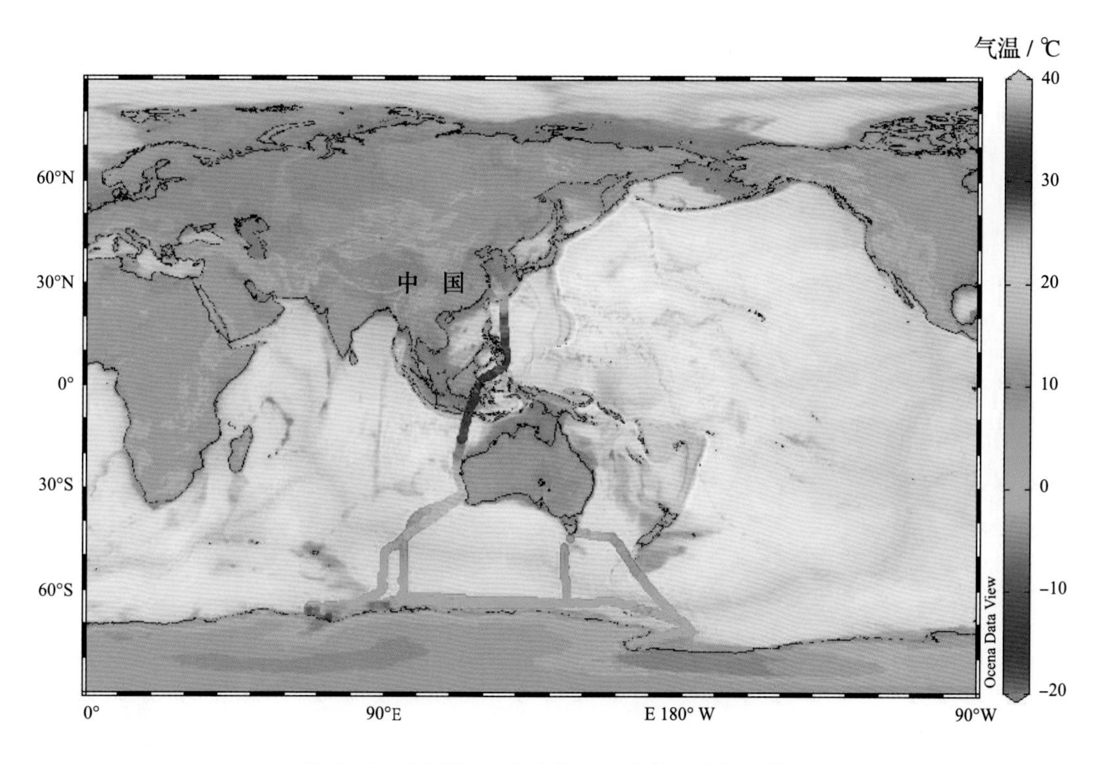

图 3-2 中国第 29 次南极考察走航气温断面图

3.1.3 湿度断面图

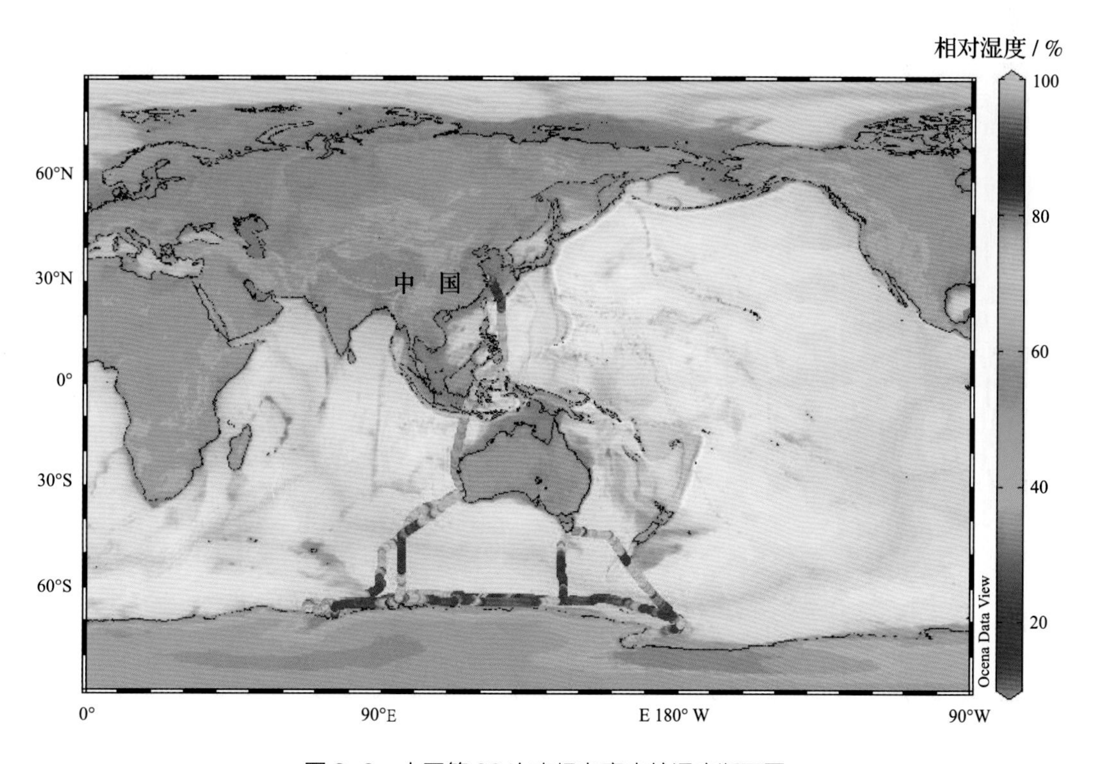

图 3-3 中国第 29 次南极考察走航湿度断面图

3.2 走航表层温盐

3.2.1 表层水温断面图

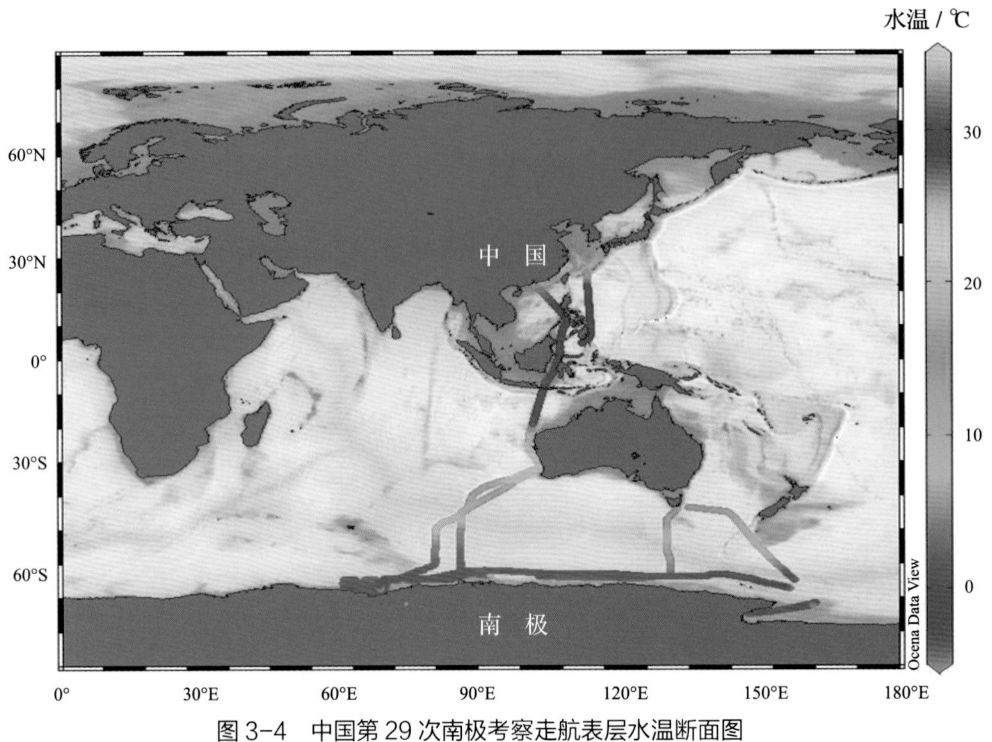

图 3-4　中国第 29 次南极考察走航表层水温断面图

3.2.2 表层盐度断面图

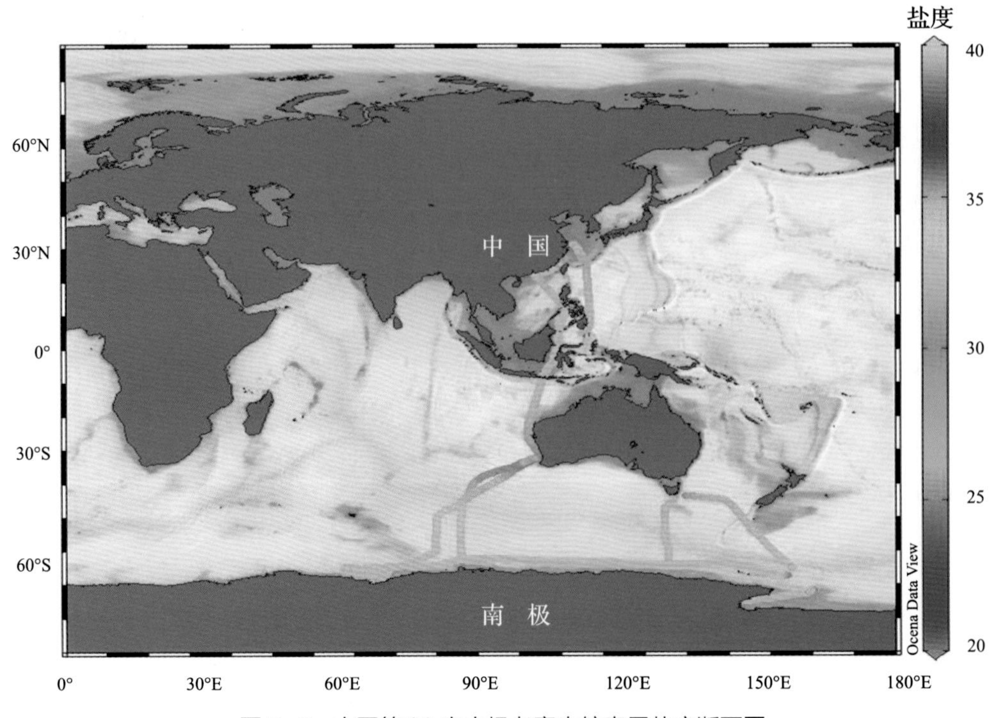

图 3-5　中国第 29 次南极考察走航表层盐度断面图

中国第 30 次南极考察走航观测图集 4

4.1 走航气象

4.1.1 走航观测站点分布图

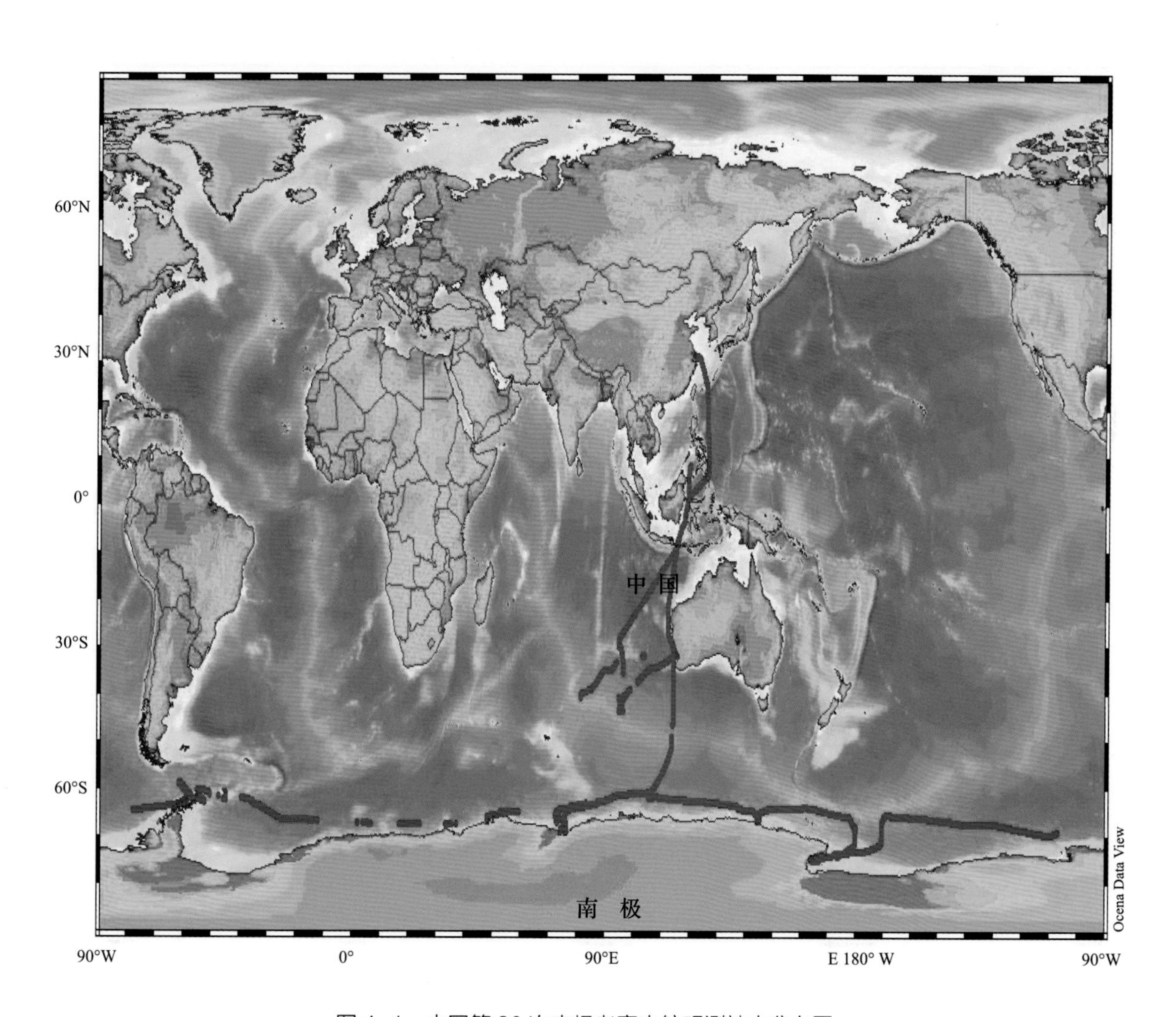

图 4-1 中国第 30 次南极考察走航观测站点分布图

4.1.2 气温断面图

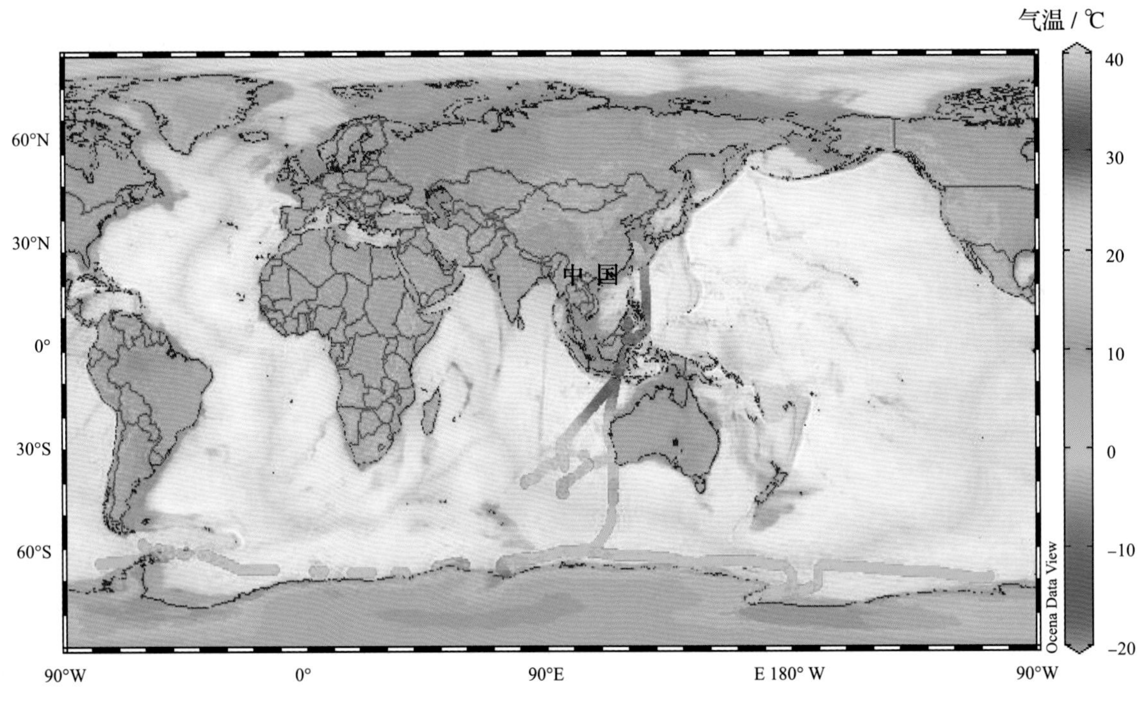

图 4-2 中国第 30 次南极考察走航气温断面图

4.1.3 湿度断面图

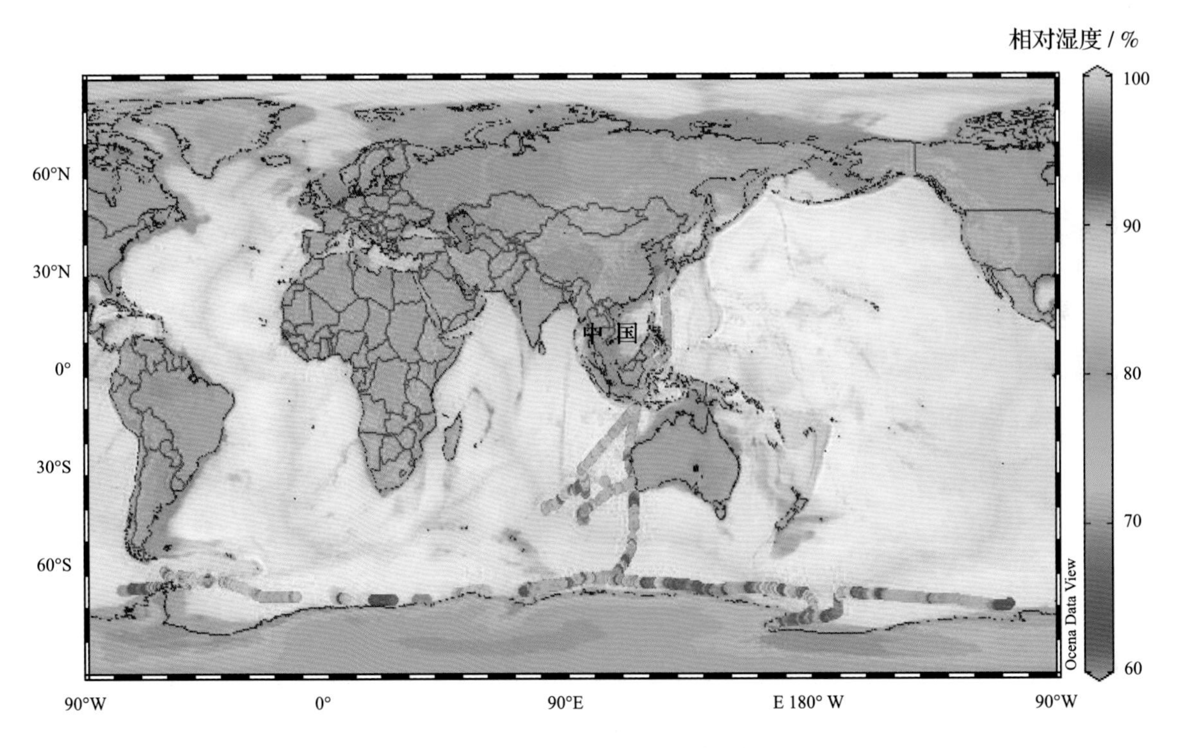

图 4-3 中国第 30 次南极考察走航湿度断面图

4.2 走航表层温盐

4.2.1 表层水温断面图

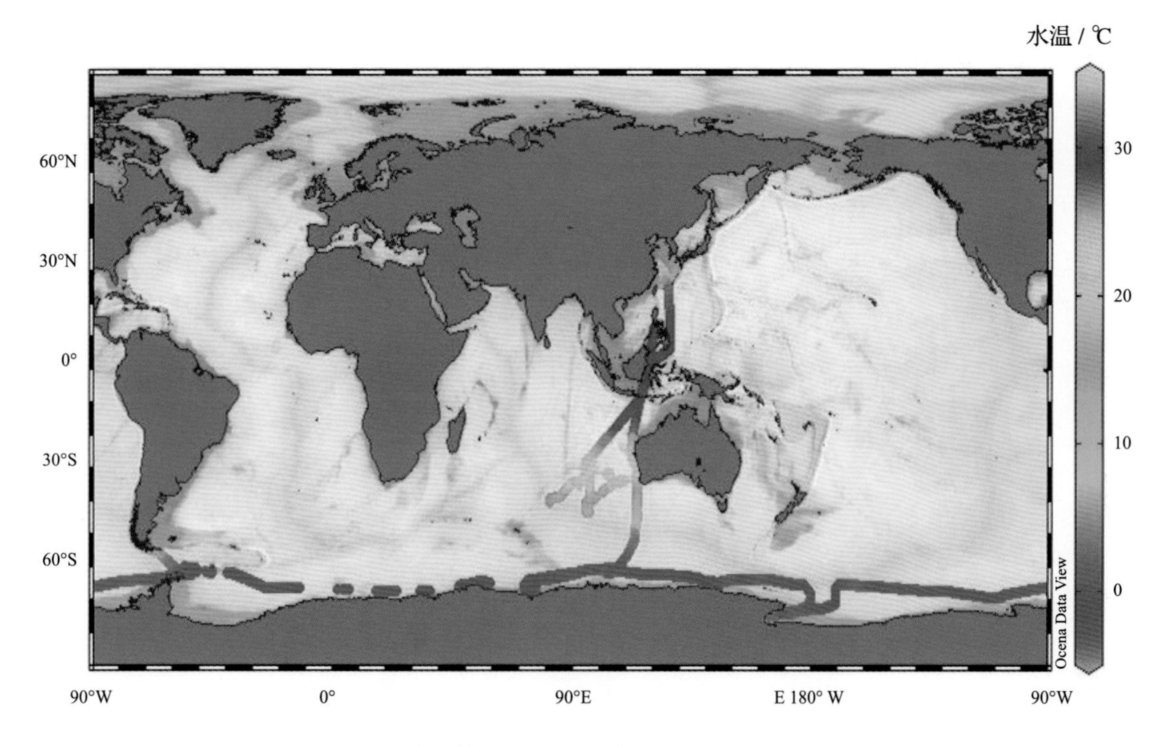

图 4-4 中国第 30 次南极考察走航表层水温断面图

4.2.2 表层盐度断面图

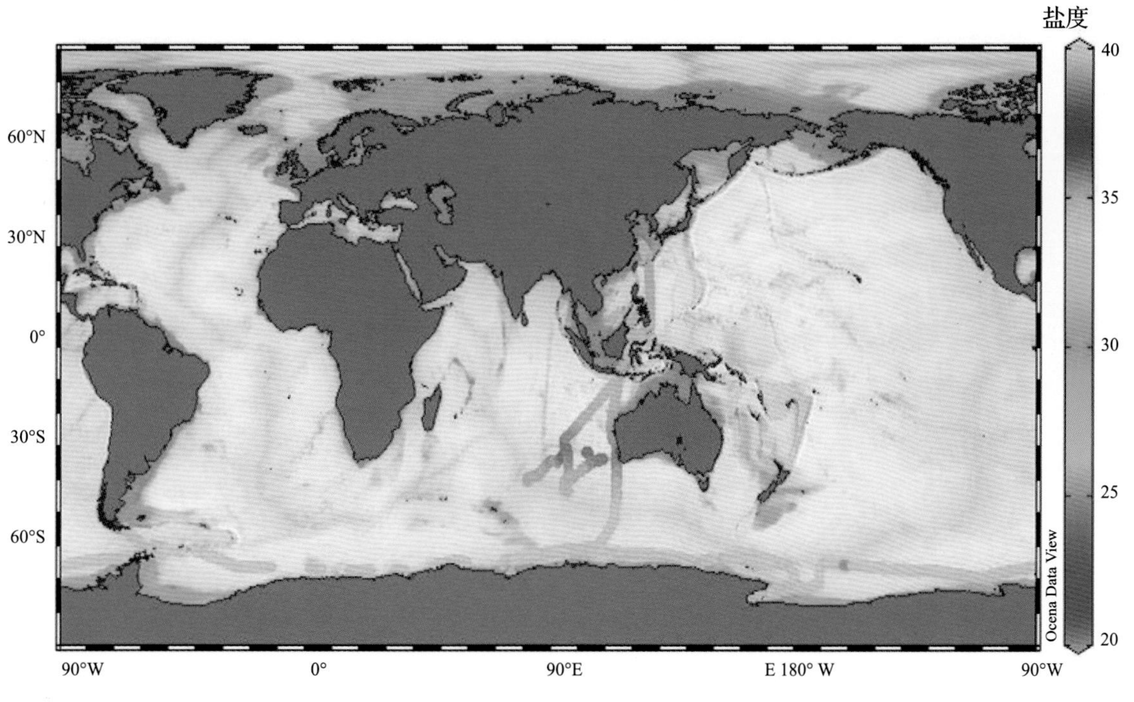

图 4-5 中国第 30 次南极考察走航表层盐度断面图

4.3 走航温盐剖面

4.3.1 剖面站位示意图

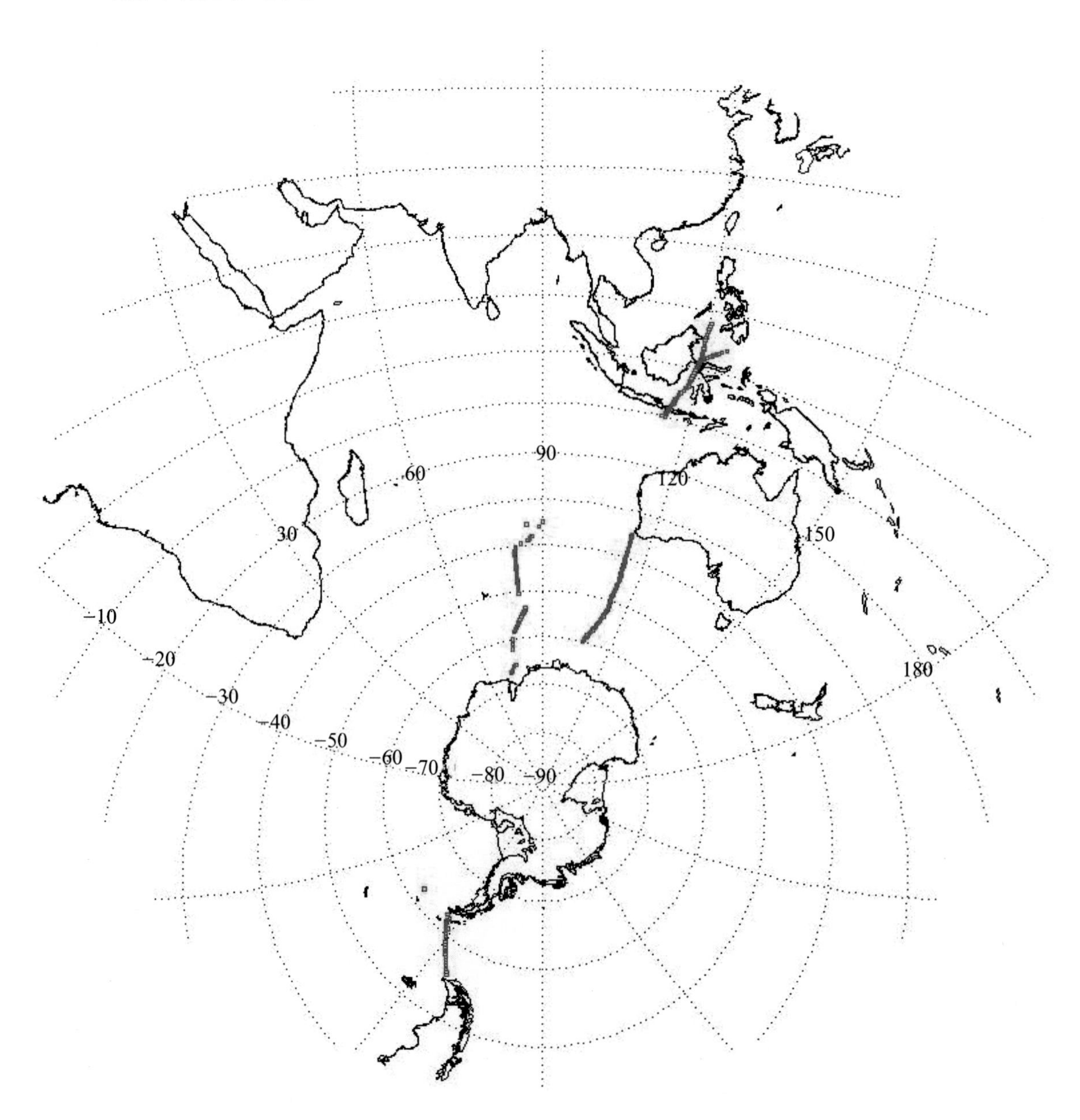

图 4-6 中国第 30 次南极考察走航 XBT/XCTD 站位示意图

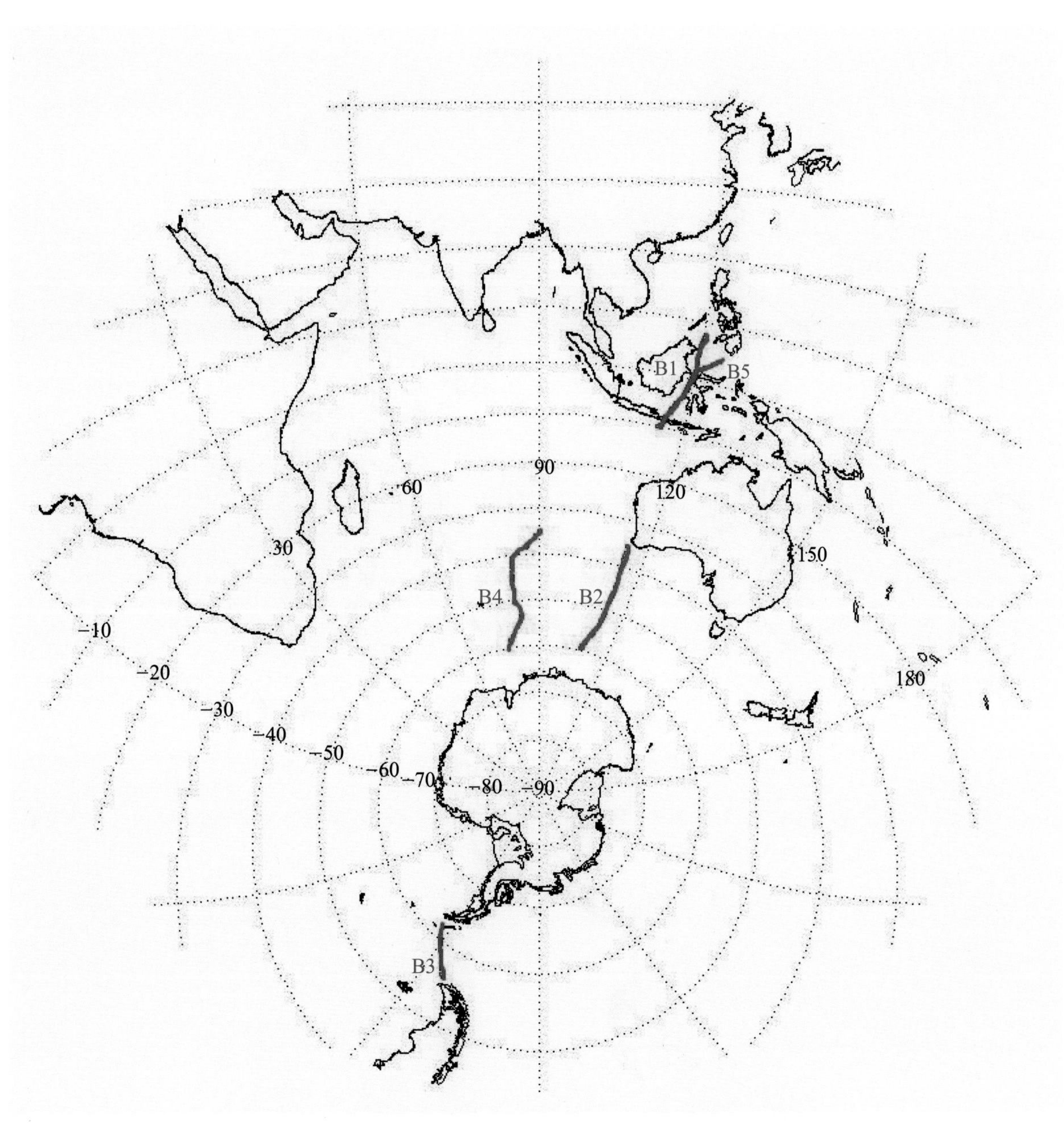

图 4-7　中国第 30 次南极考察走航 XBT 站位和断面示意图

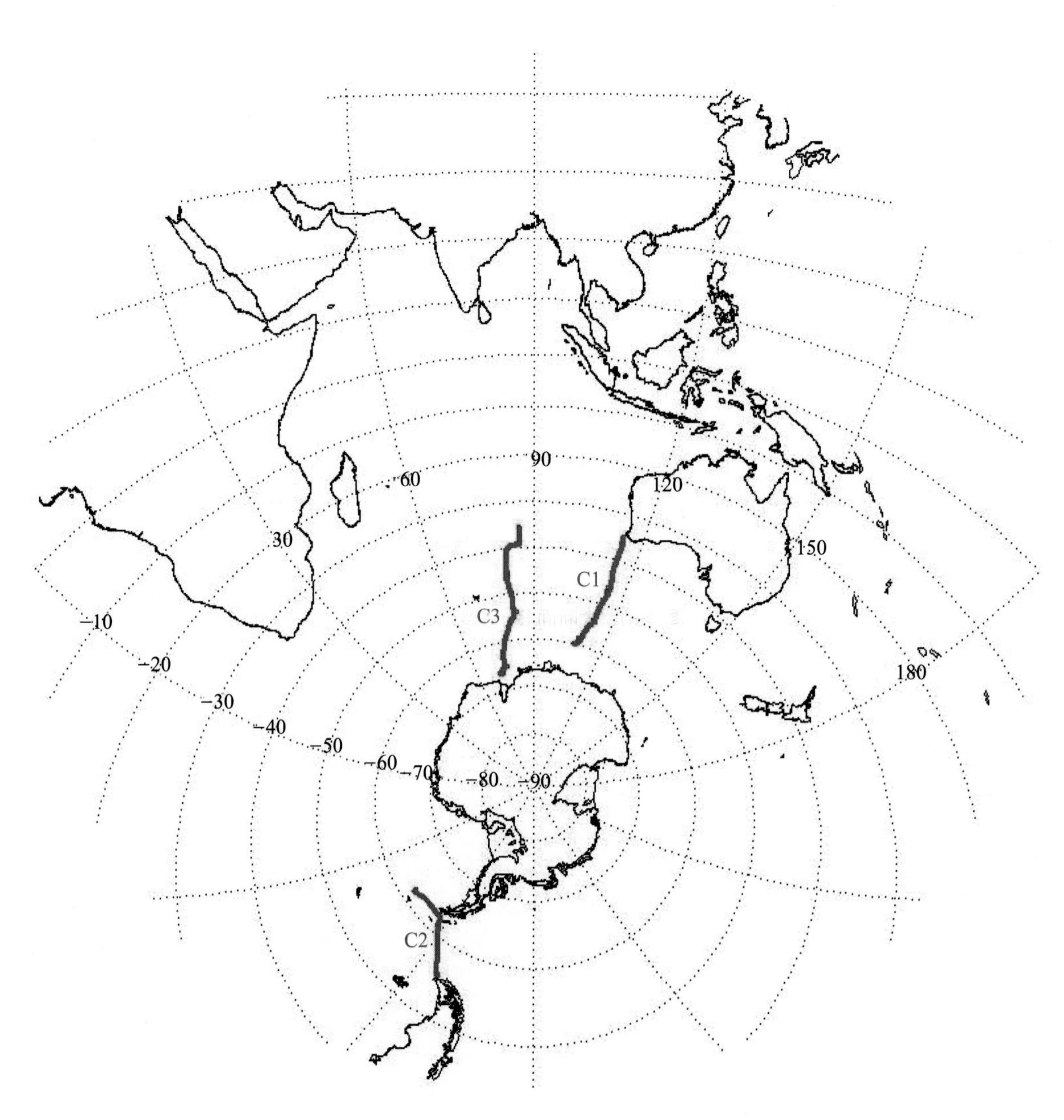

图 4-8　中国第 30 次南极考察走航 XCTD 站位和断面示意图

4.3.2 基于 XBT 的温度剖面

4.3.2.1 大断面剖面

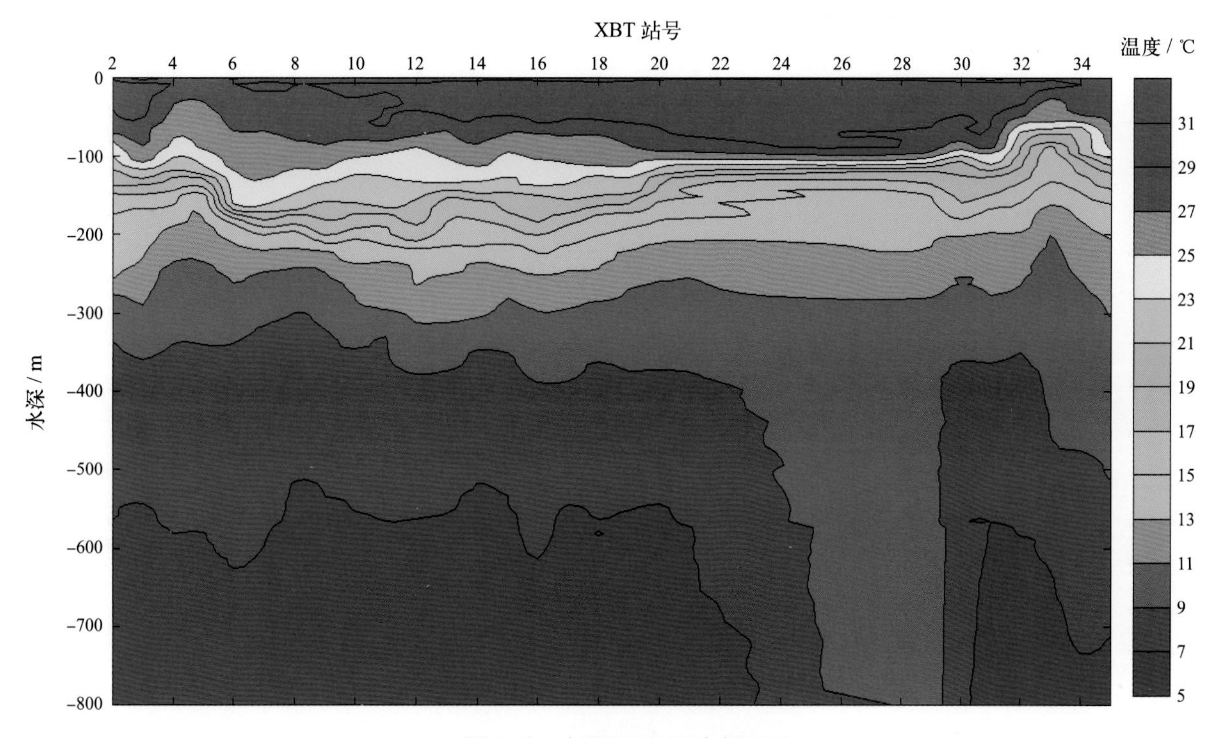

图 4-9 大断面 B1 温度剖面图

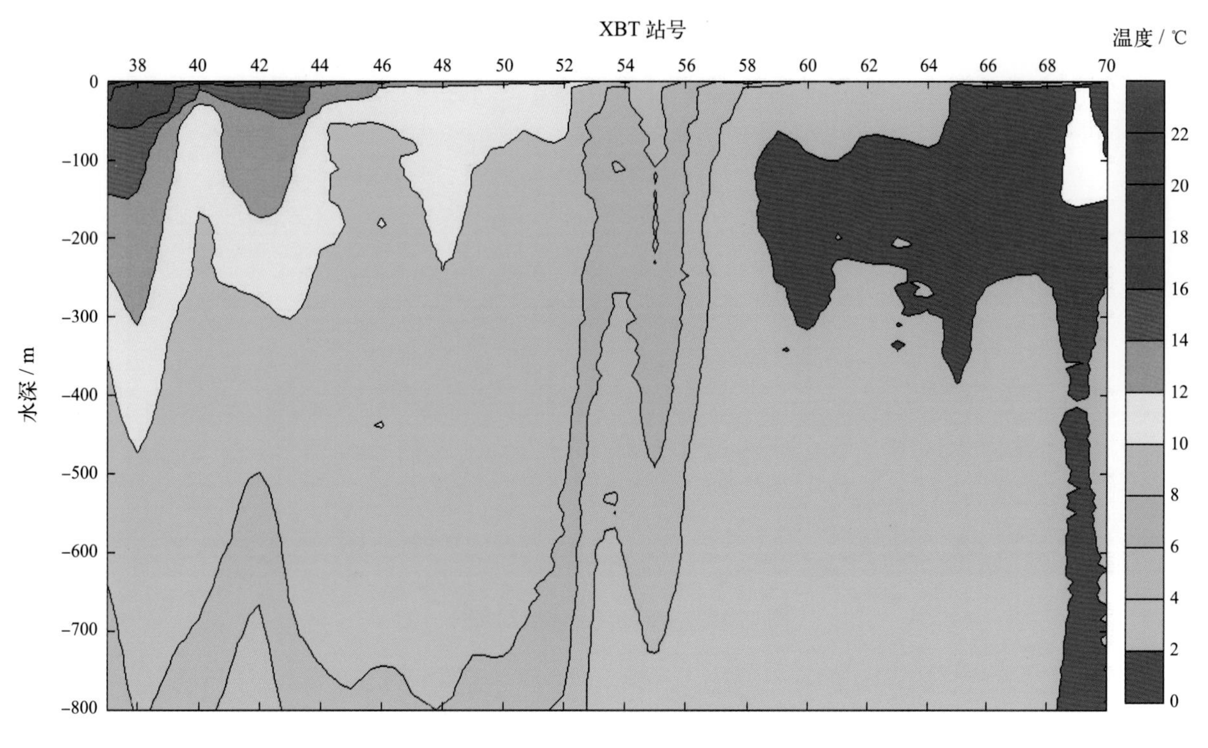

图 4-10 大断面 B2 温度剖面图

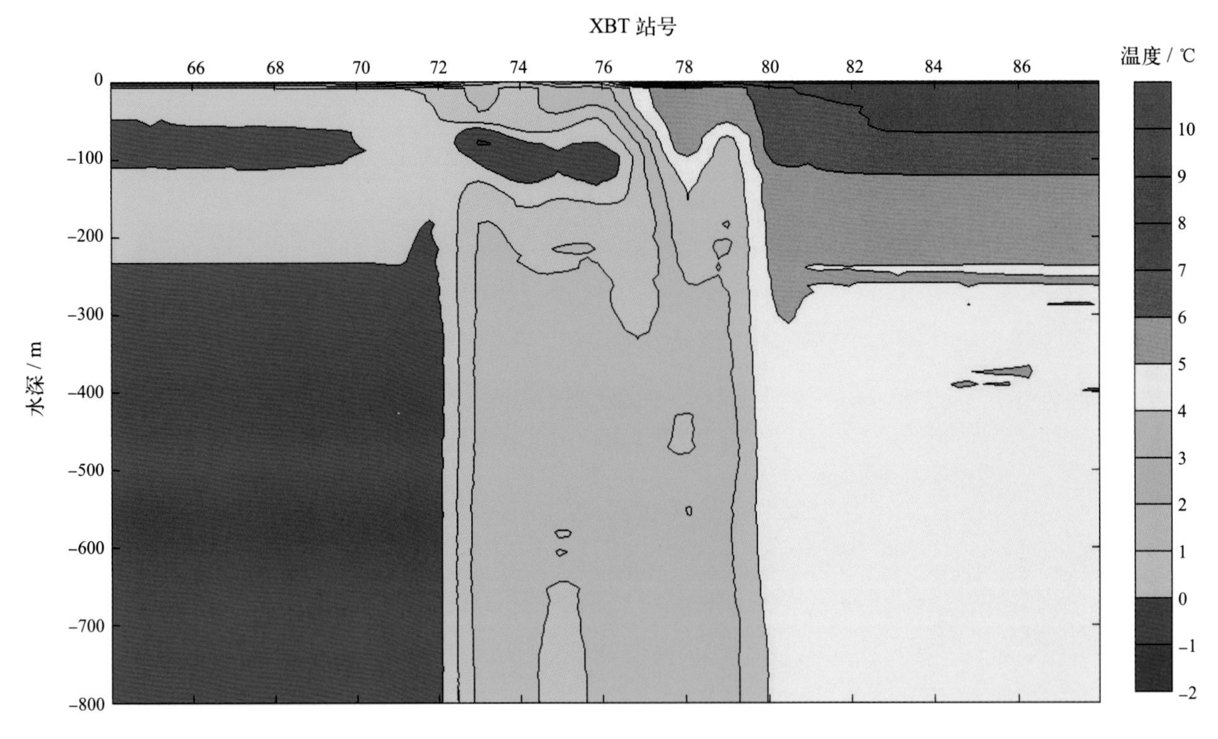

图 4-11　大断面 B3 温度剖面图

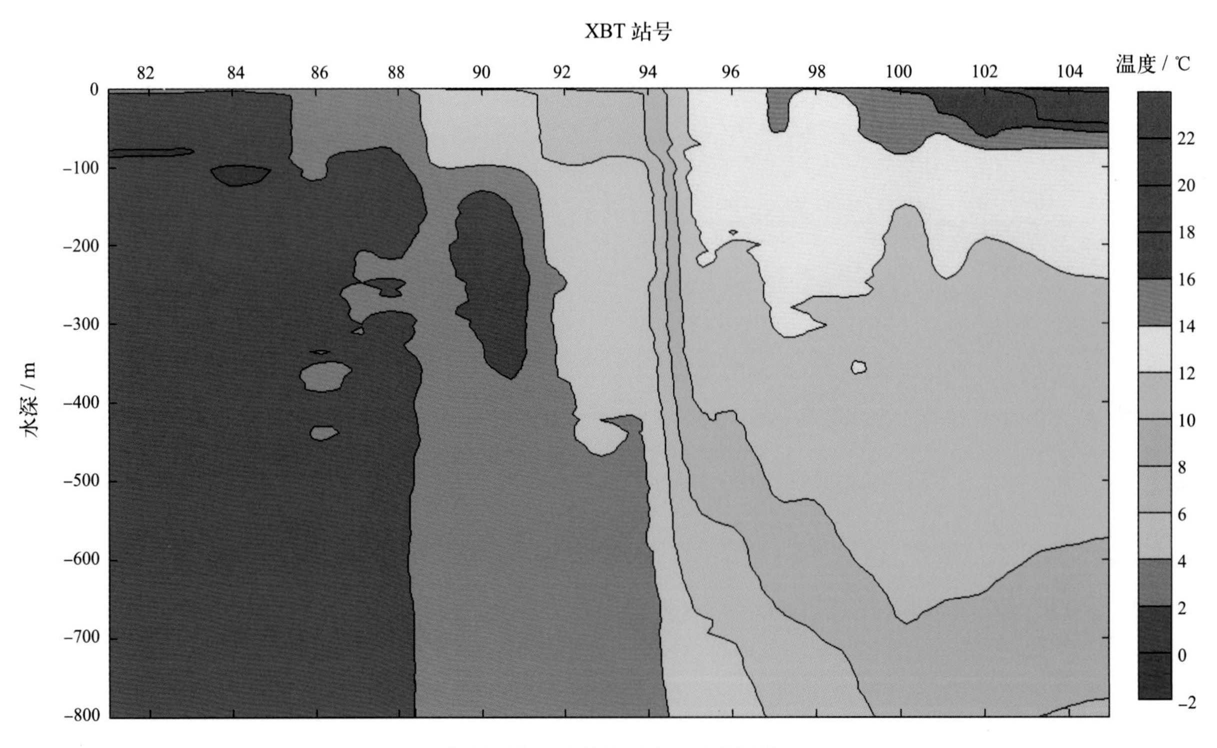

图 4-12　大断面 B4 温度剖面图

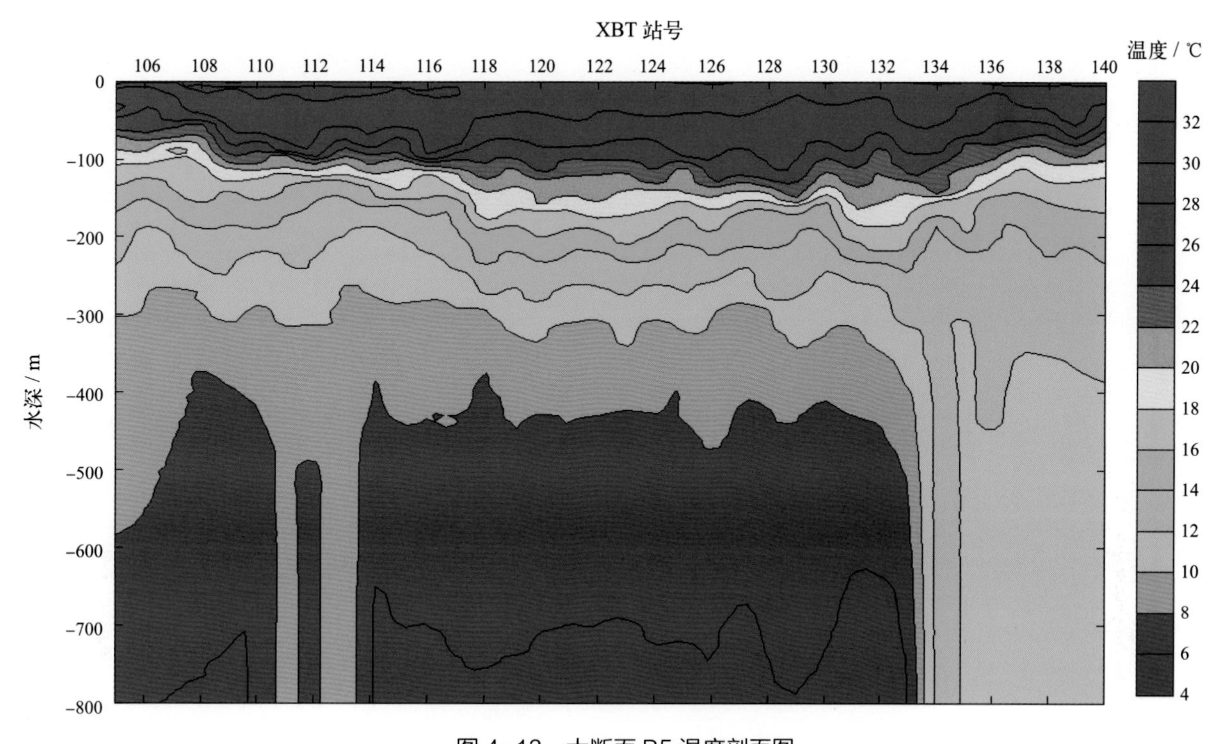

图 4-13　大断面 B5 温度剖面图

4.3.2.2　XBT 各站位垂直剖面

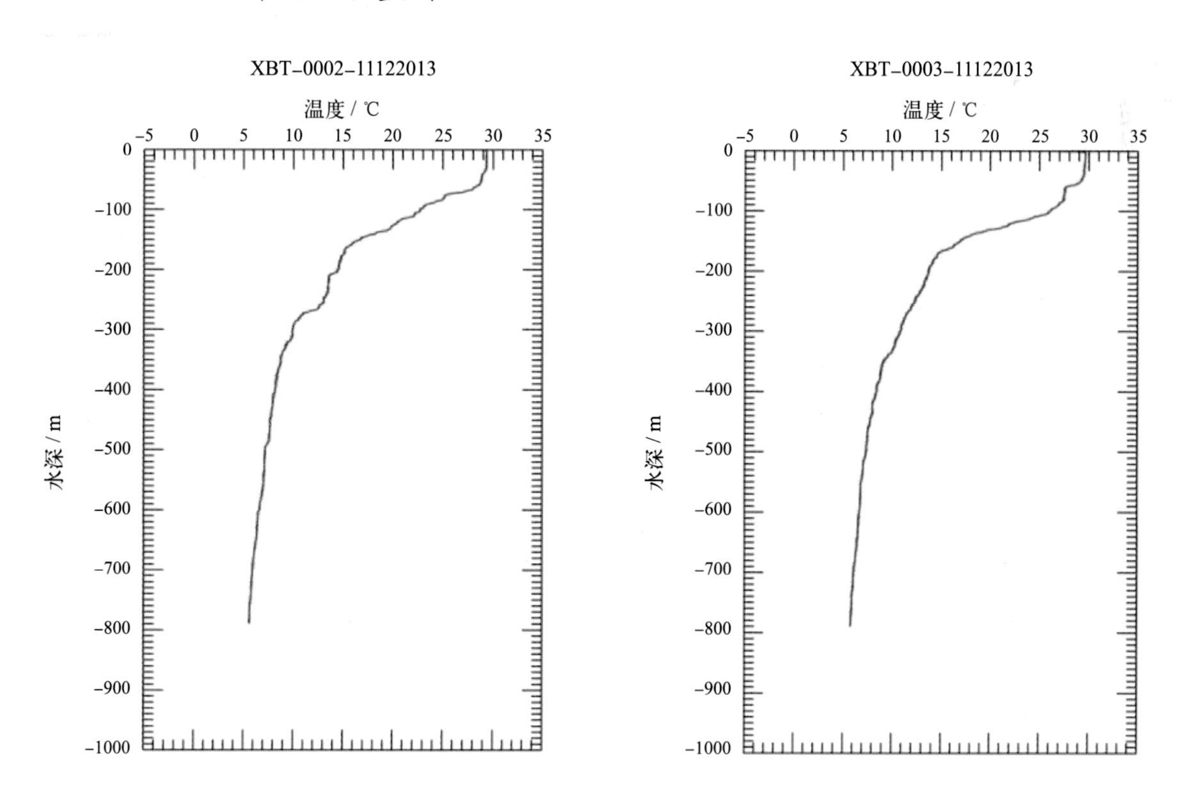

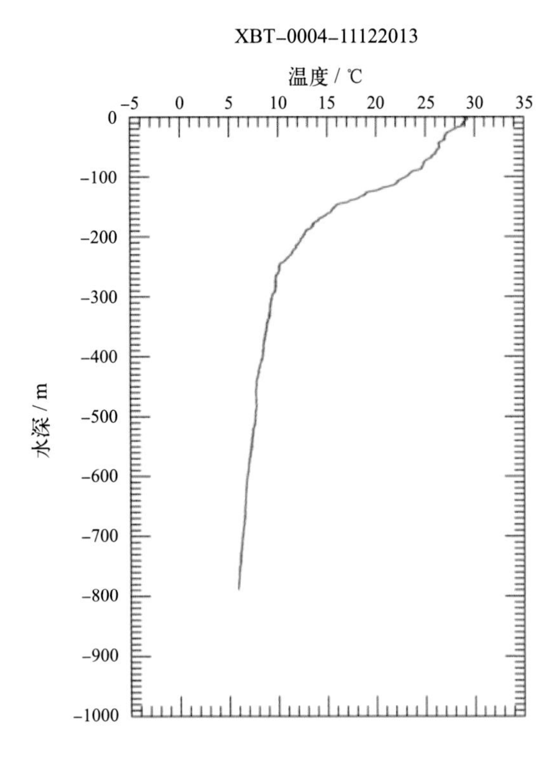
XBT-0004-11122013
温度 / ℃
水深 / m

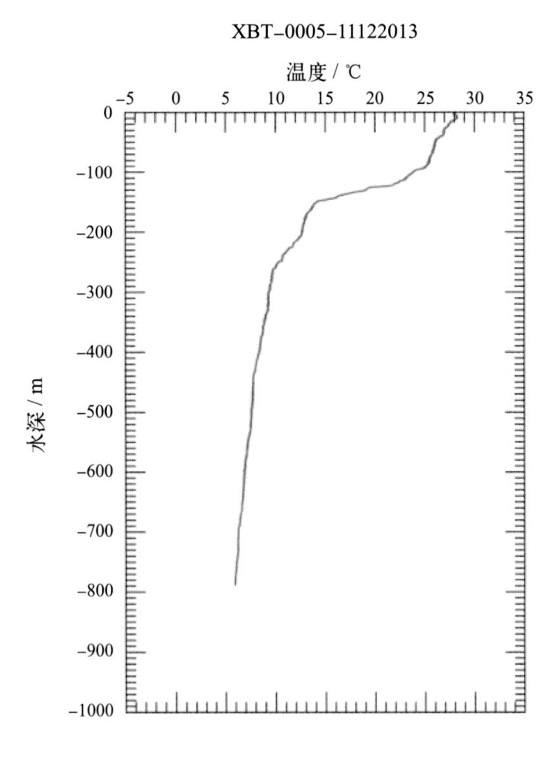
XBT-0005-11122013
温度 / ℃
水深 / m

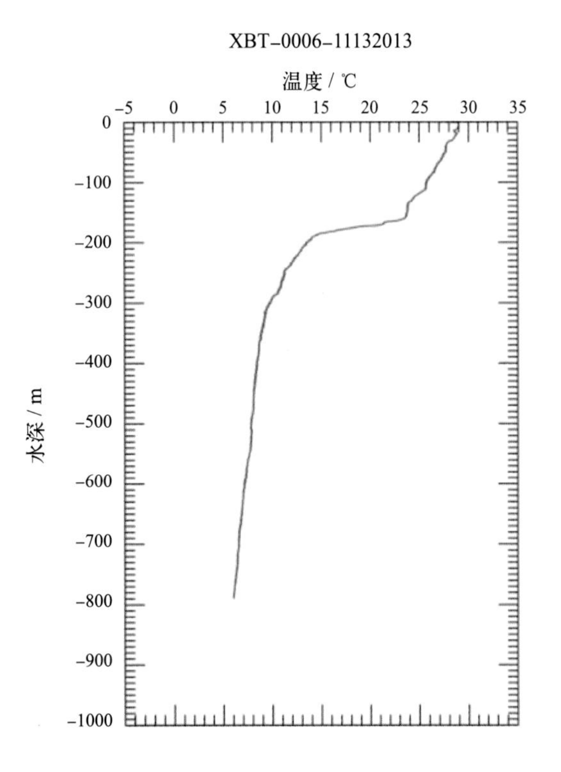
XBT-0006-11132013
温度 / ℃
水深 / m

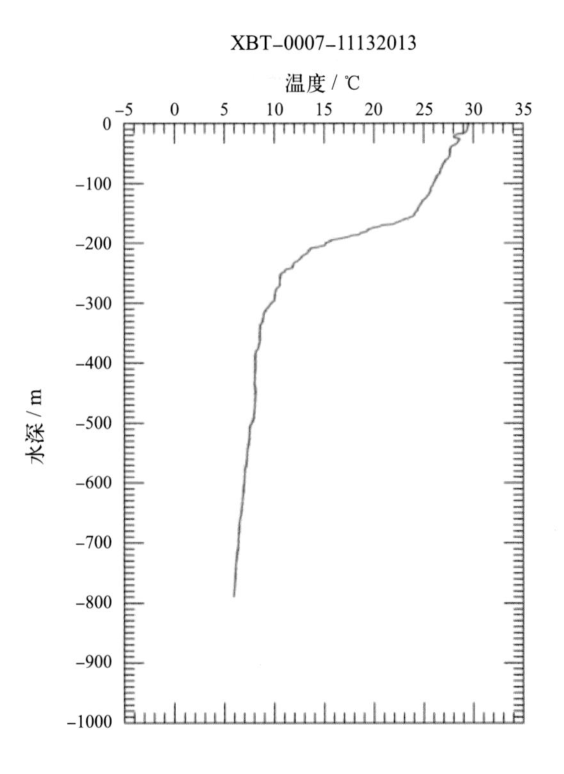
XBT-0007-11132013
温度 / ℃
水深 / m

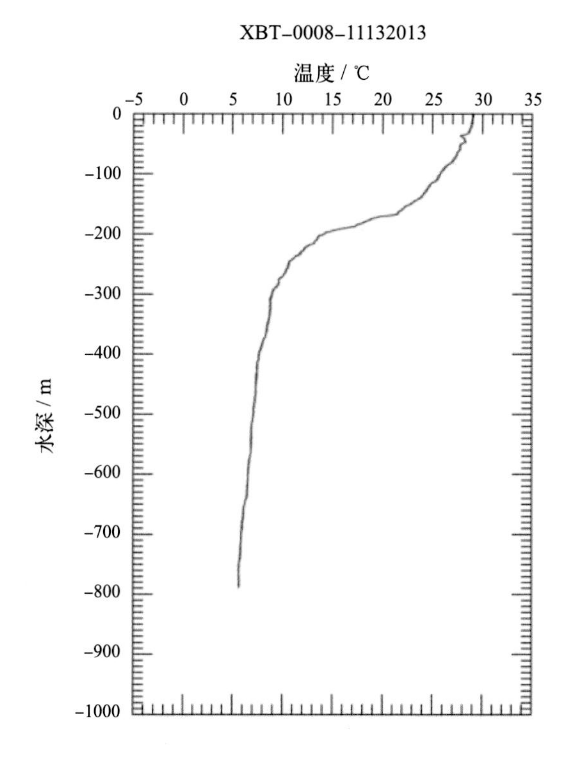
XBT-0008-11132013
温度 / ℃
-5 0 5 10 15 20 25 30 35
0 -100 -200 -300 -400 -500 -600 -700 -800 -900 -1000
水深 / m

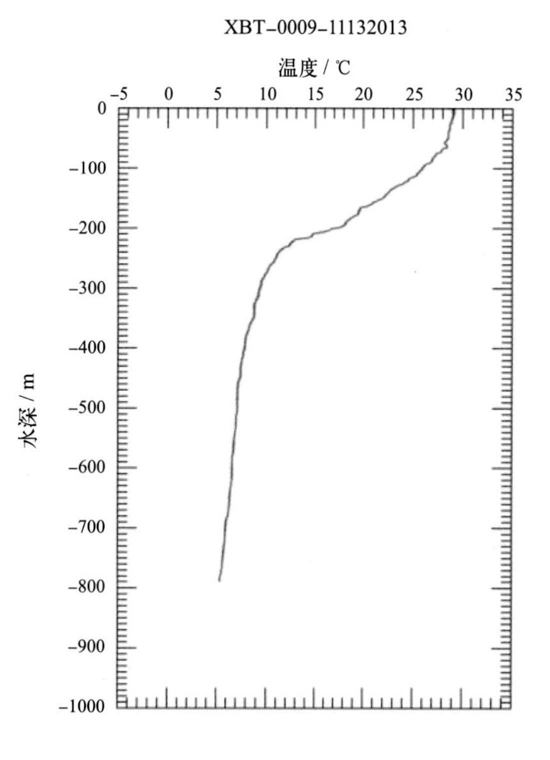
XBT-0009-11132013
温度 / ℃
-5 0 5 10 15 20 25 30 35
0 -100 -200 -300 -400 -500 -600 -700 -800 -900 -1000
水深 / m

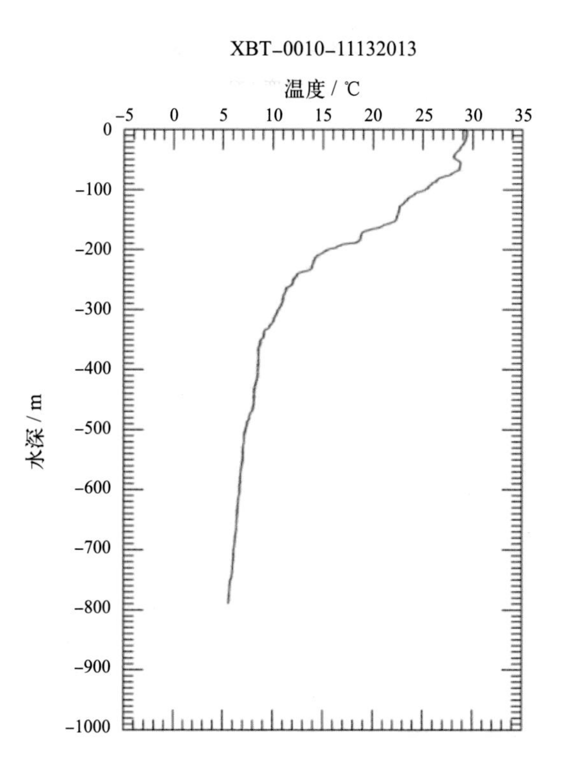
XBT-0010-11132013
温度 / ℃
-5 0 5 10 15 20 25 30 35
0 -100 -200 -300 -400 -500 -600 -700 -800 -900 -1000
水深 / m

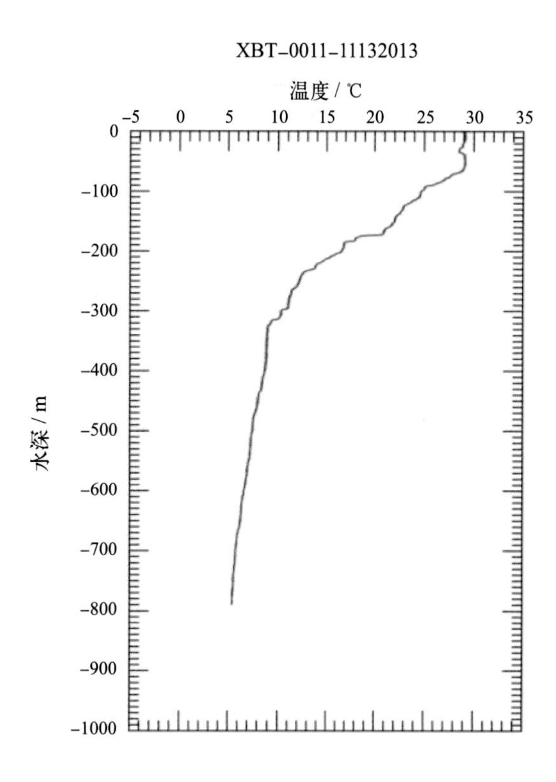
XBT-0011-11132013
温度 / ℃
-5 0 5 10 15 20 25 30 35
0 -100 -200 -300 -400 -500 -600 -700 -800 -900 -1000
水深 / m

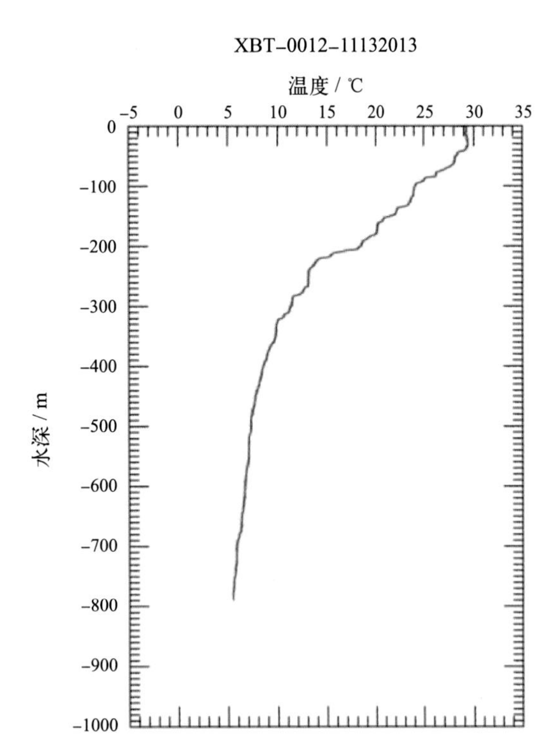
XBT-0012-11132013
温度 / ℃
-5
0
5
10
15
20
25
30
35
0
-100
-200
-300
-400
-500
-600
-700
-800
-900
-1000
水深 / m

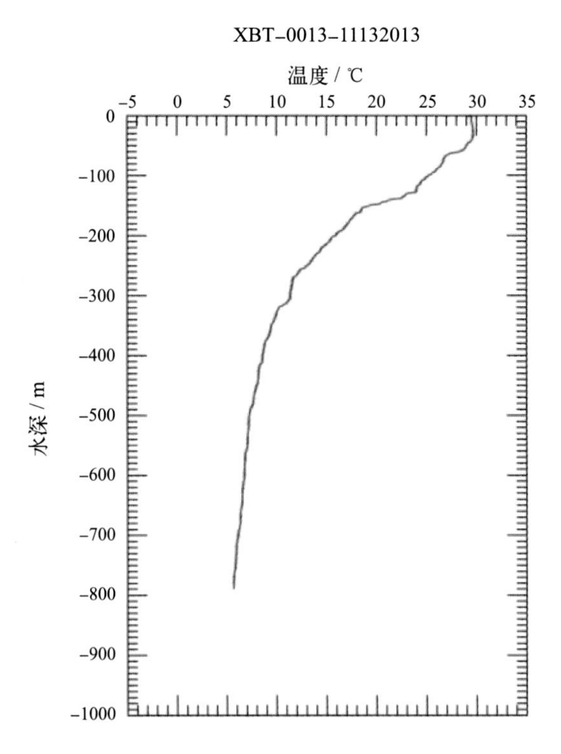
XBT-0013-11132013
温度 / ℃
-5
0
5
10
15
20
25
30
35
0
-100
-200
-300
-400
-500
-600
-700
-800
-900
-1000
水深 / m

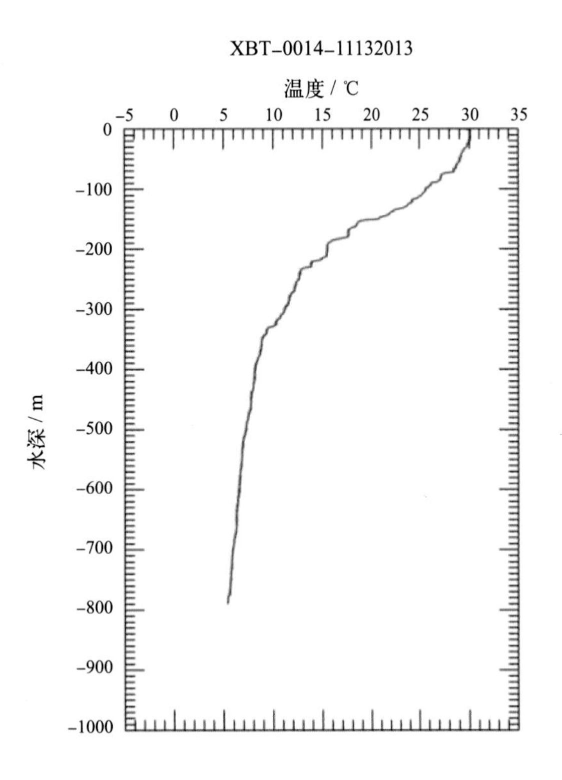
XBT-0014-11132013
温度 / ℃
-5
0
5
10
15
20
25
30
35
0
-100
-200
-300
-400
-500
-600
-700
-800
-900
-1000
水深 / m

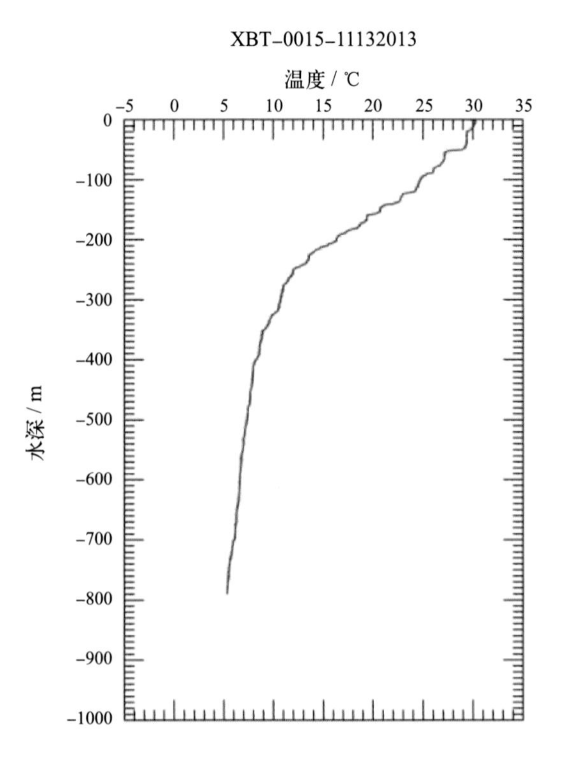
XBT-0015-11132013
温度 / ℃
-5
0
5
10
15
20
25
30
35
0
-100
-200
-300
-400
-500
-600
-700
-800
-900
-1000
水深 / m

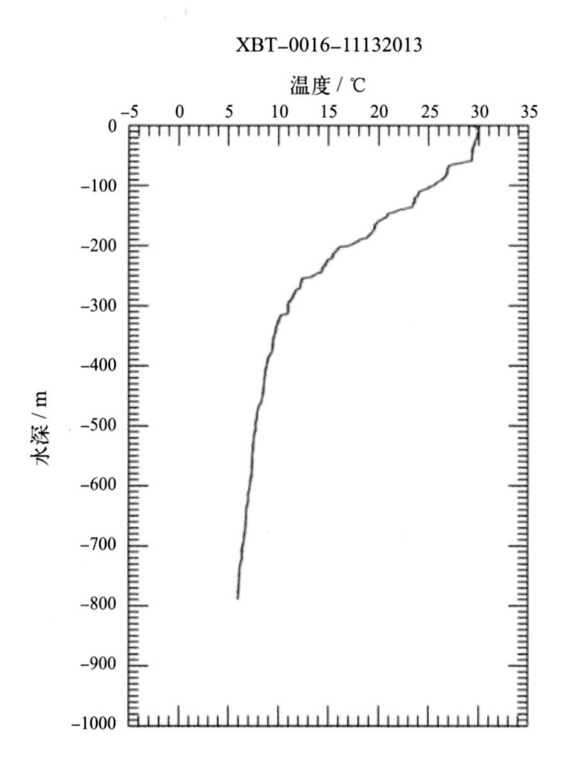
XBT-0016-11132013
温度 / ℃
水深 / m

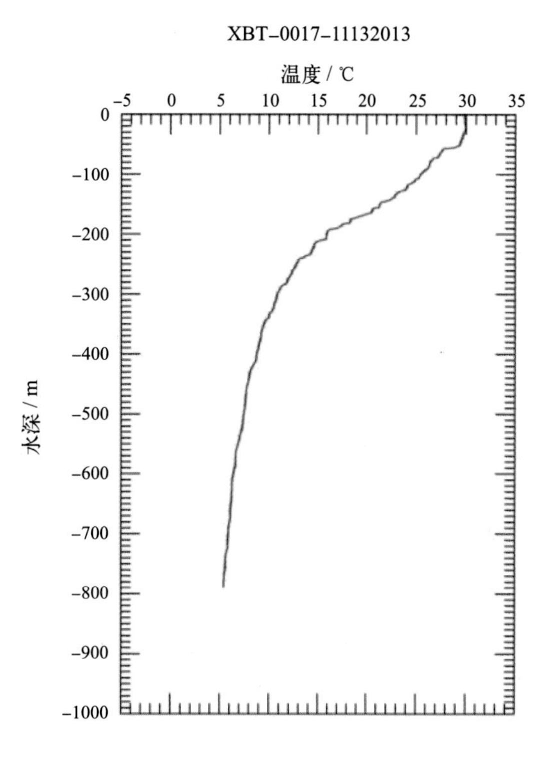
XBT-0017-11132013
温度 / ℃
水深 / m

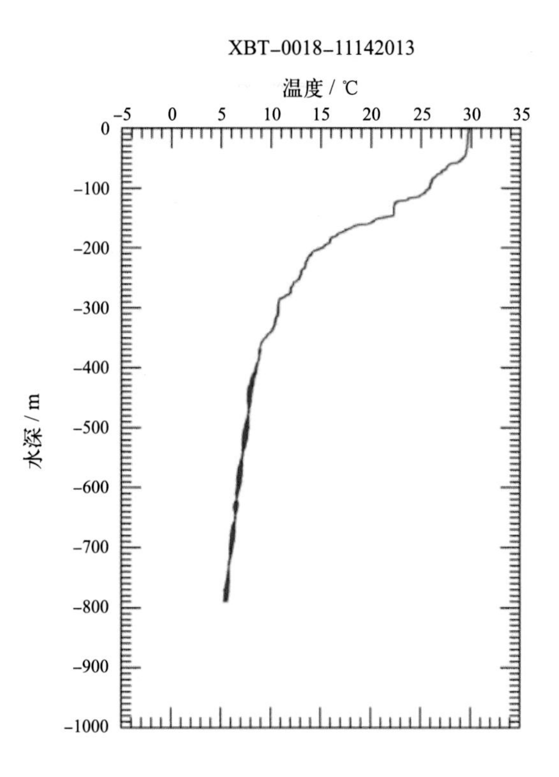
XBT-0018-11142013
温度 / ℃
水深 / m

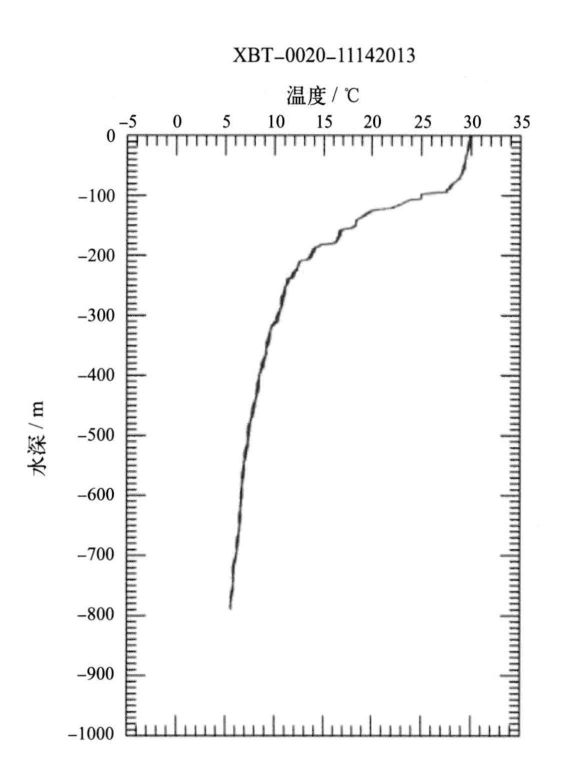
XBT-0020-11142013
温度 / ℃
水深 / m

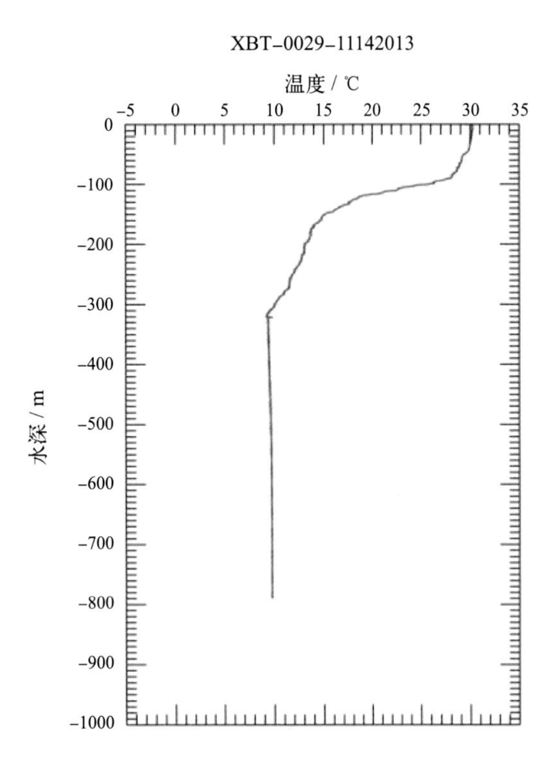
XBT-0029-11142013
温度 / ℃
-5
0
5
10
15
20
25
30
35
水深 / m
0
-100
-200
-300
-400
-500
-600
-700
-800
-900
-1000

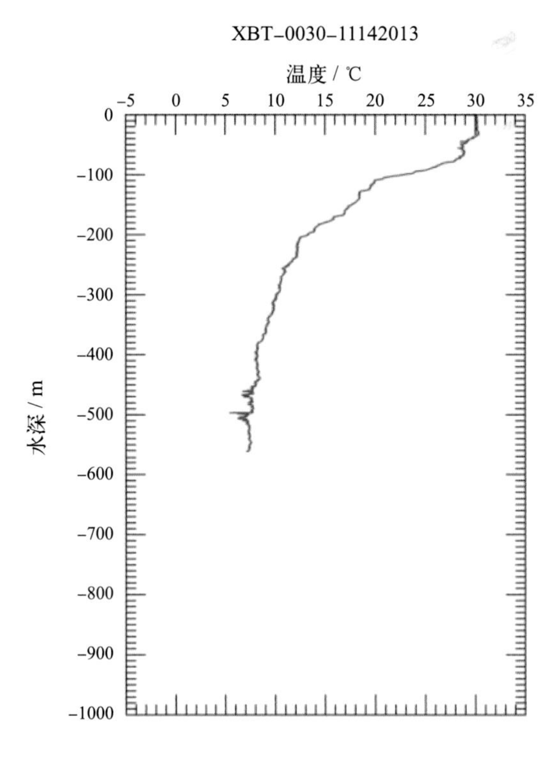
XBT-0030-11142013
温度 / ℃
-5
0
5
10
15
20
25
30
35
水深 / m
0
-100
-200
-300
-400
-500
-600
-700
-800
-900
-1000

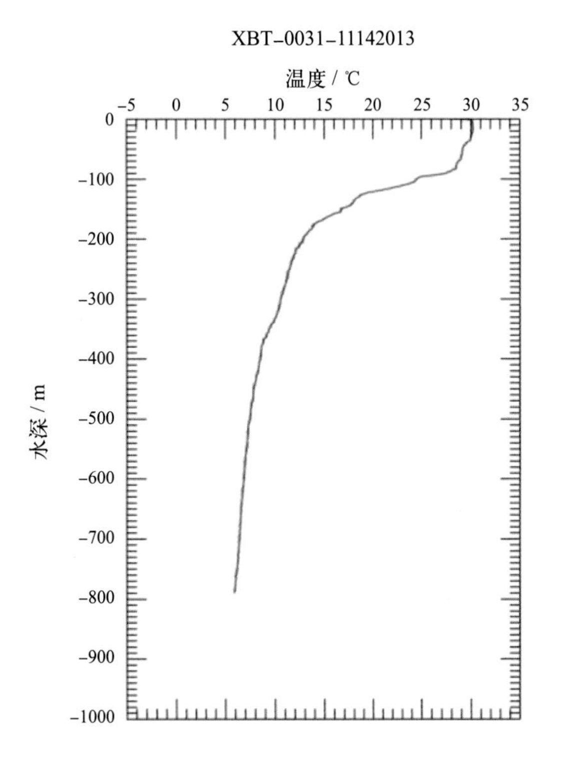
XBT-0031-11142013
温度 / ℃
-5
0
5
10
15
20
25
30
35
水深 / m
0
-100
-200
-300
-400
-500
-600
-700
-800
-900
-1000

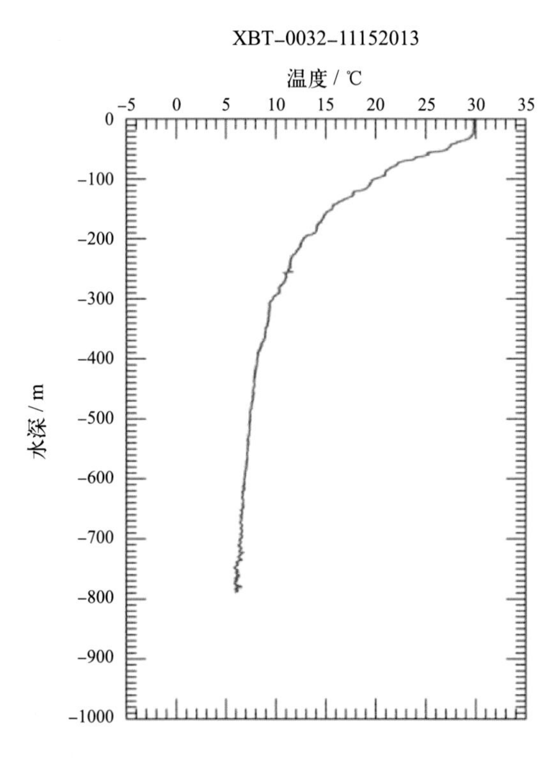
XBT-0032-11152013
温度 / ℃
-5
0
5
10
15
20
25
30
35
水深 / m
0
-100
-200
-300
-400
-500
-600
-700
-800
-900
-1000

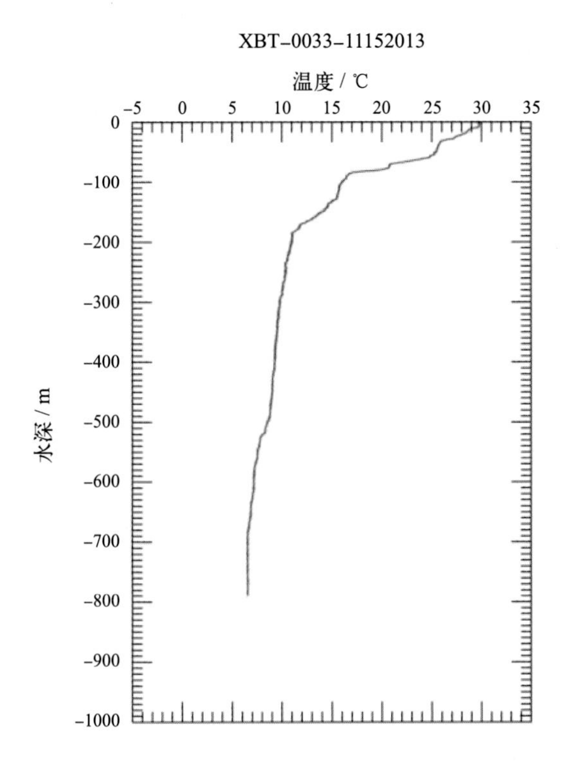
XBT-0033-11152013
温度 / ℃
-5
0
5
10
15
20
25
30
35
0
-100
-200
-300
-400
-500
-600
-700
-800
-900
-1000
水深 / m

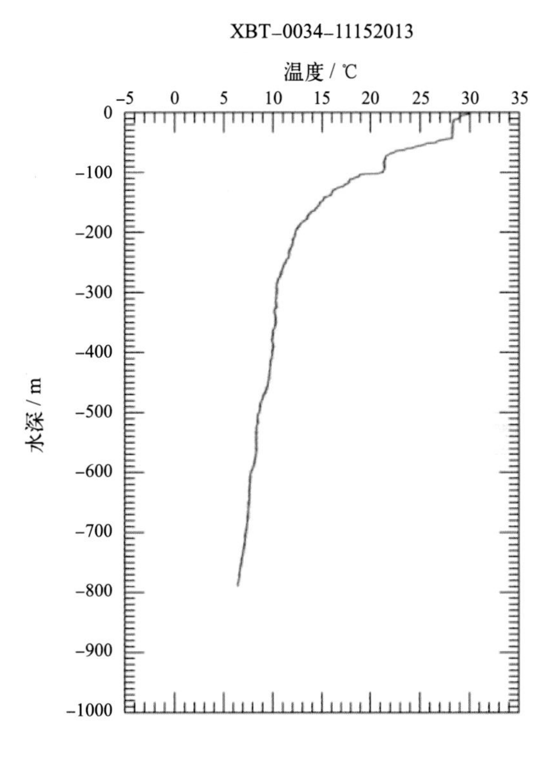
XBT-0034-11152013
温度 / ℃
-5
0
5
10
15
20
25
30
35
0
-100
-200
-300
-400
-500
-600
-700
-800
-900
-1000
水深 / m

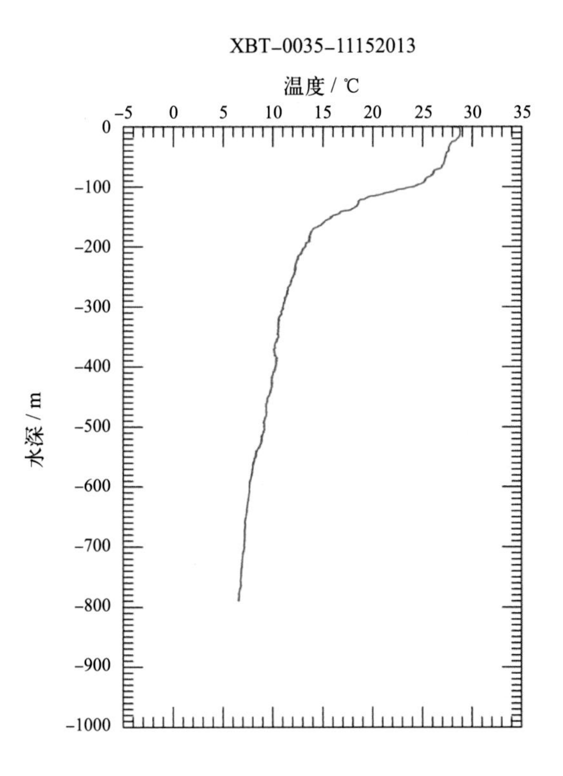
XBT-0035-11152013
温度 / ℃
-5
0
5
10
15
20
25
30
35
0
-100
-200
-300
-400
-500
-600
-700
-800
-900
-1000
水深 / m

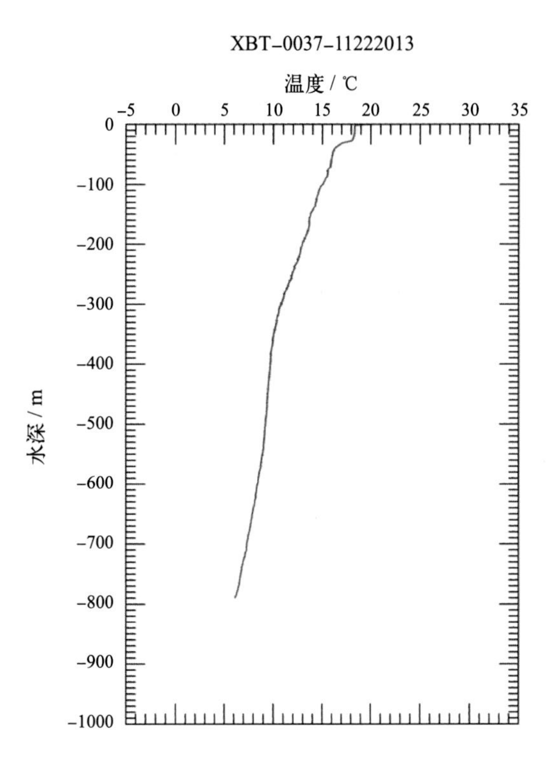
XBT-0037-11222013
温度 / ℃
-5
0
5
10
15
20
25
30
35
0
-100
-200
-300
-400
-500
-600
-700
-800
-900
-1000
水深 / m

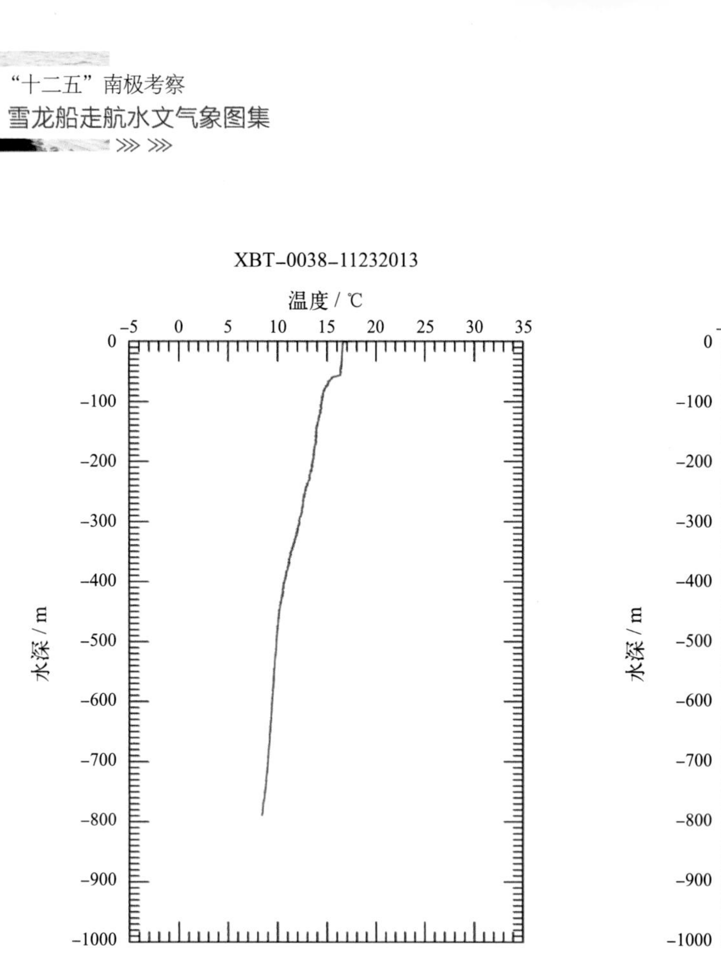
XBT-0038-11232013
温度 / ℃
水深 / m

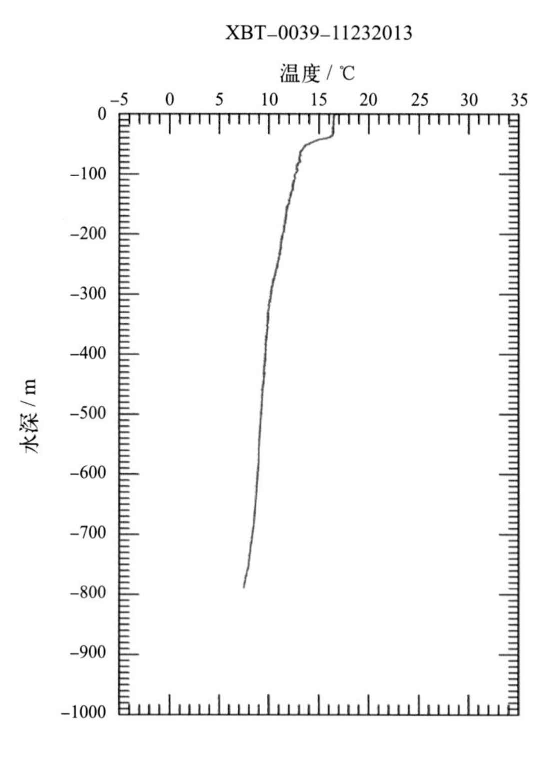
XBT-0039-11232013
温度 / ℃
水深 / m

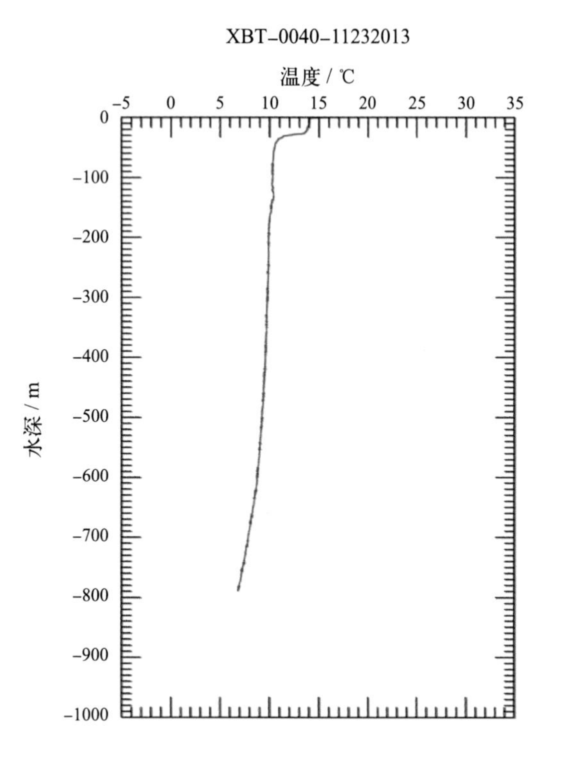
XBT-0040-11232013
温度 / ℃
水深 / m

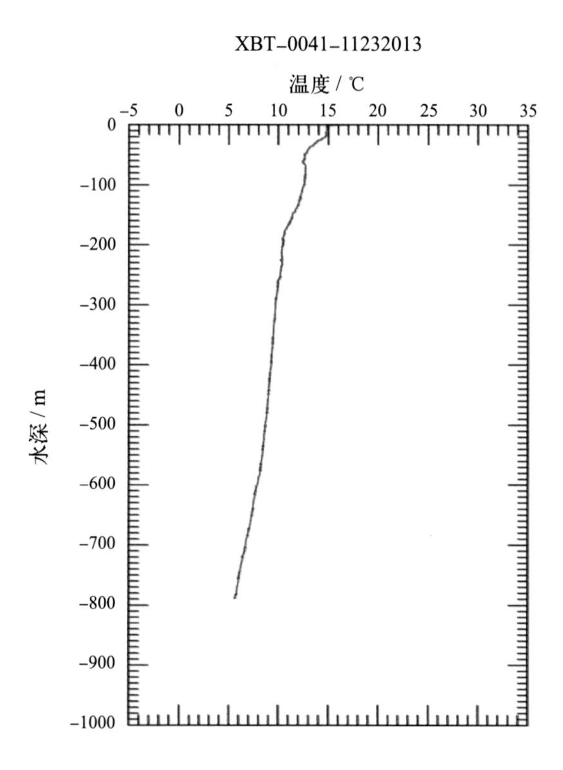
XBT-0041-11232013
温度 / ℃
水深 / m

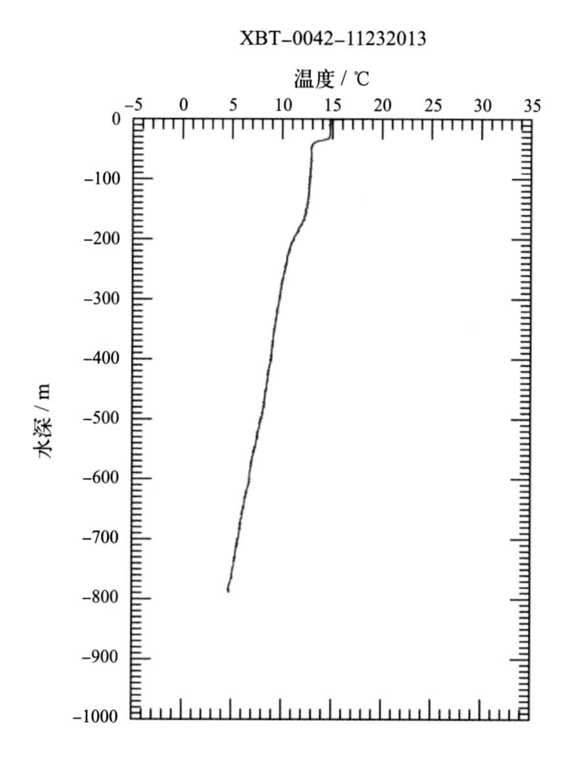
XBT-0042-11232013
温度 / ℃
-5 0 5 10 15 20 25 30 35
0 -100 -200 -300 -400 -500 -600 -700 -800 -900 -1000
水深 / m

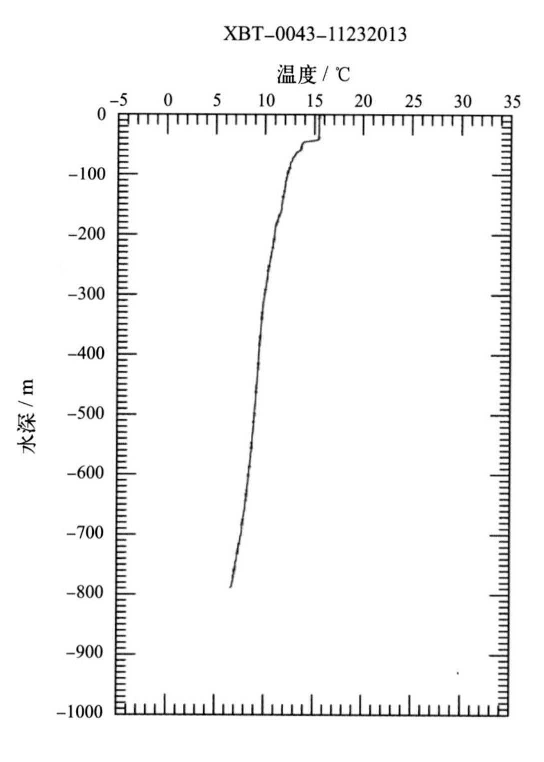
XBT-0043-11232013
温度 / ℃
-5 0 5 10 15 20 25 30 35
0 -100 -200 -300 -400 -500 -600 -700 -800 -900 -1000
水深 / m

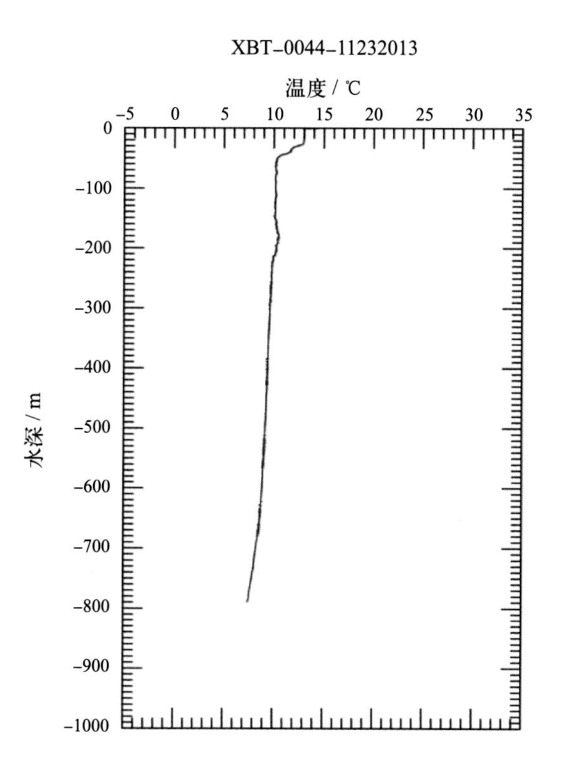
XBT-0044-11232013
温度 / ℃
-5 0 5 10 15 20 25 30 35
0 -100 -200 -300 -400 -500 -600 -700 -800 -900 -1000
水深 / m

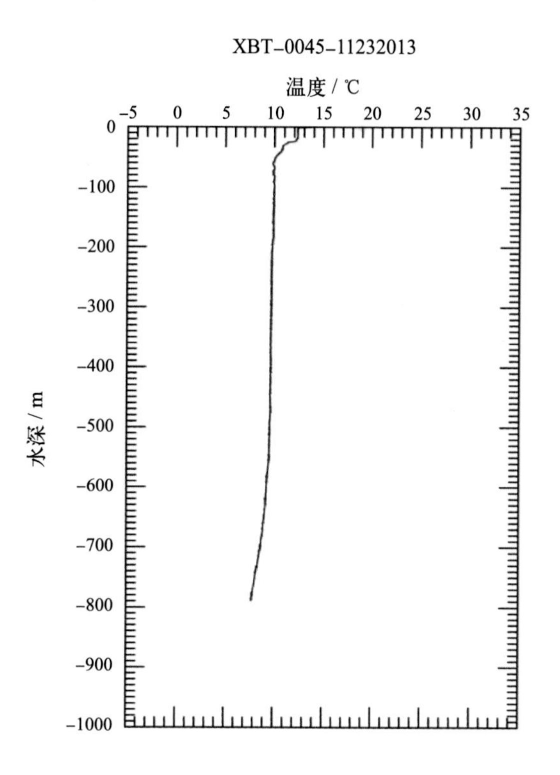
XBT-0045-11232013
温度 / ℃
-5 0 5 10 15 20 25 30 35
0 -100 -200 -300 -400 -500 -600 -700 -800 -900 -1000
水深 / m

XBT-0046-11232013

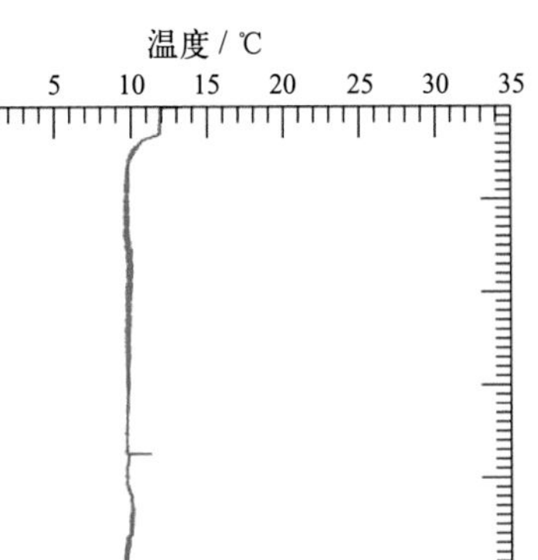
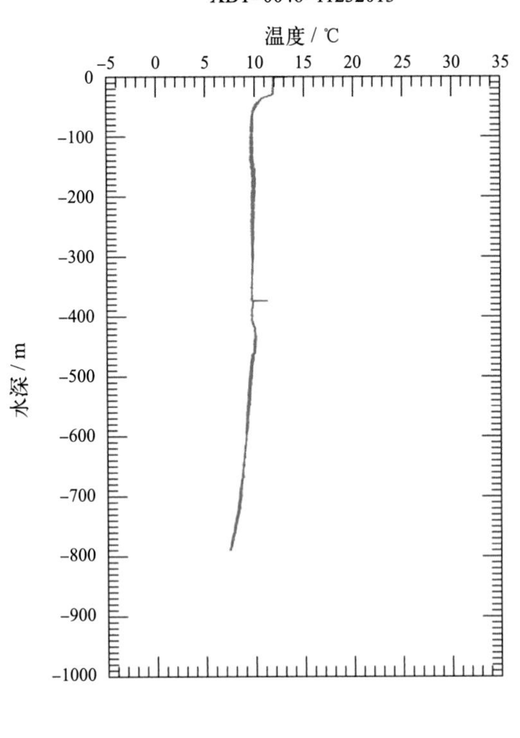

XBT-0047-11242013

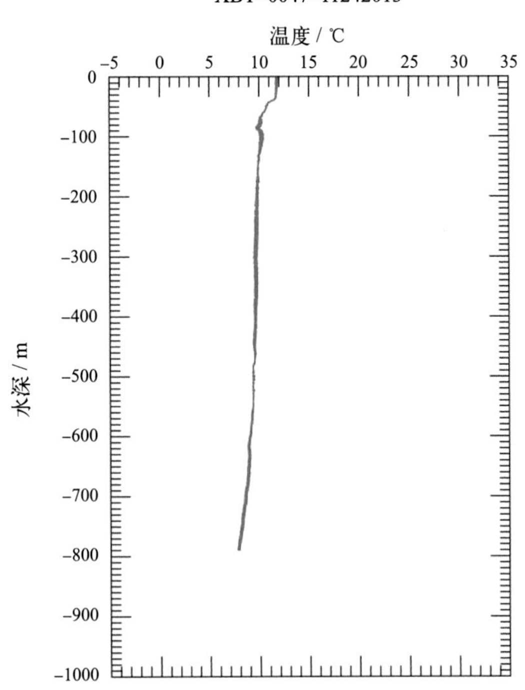

XBT-0048-11242013

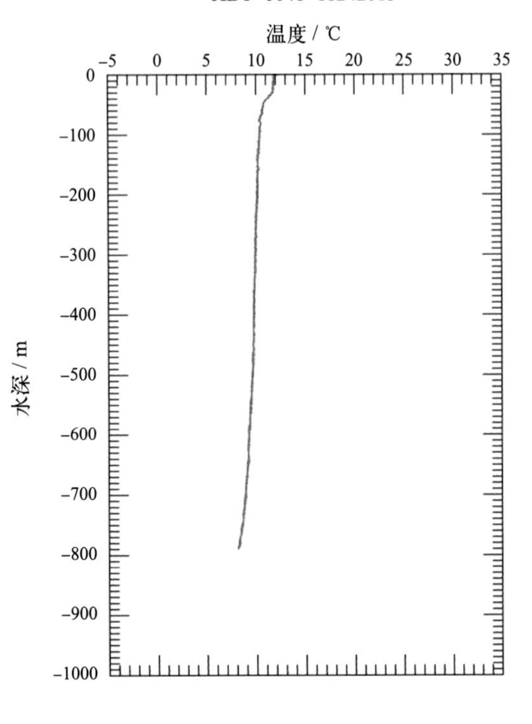

XBT-0049-11242013

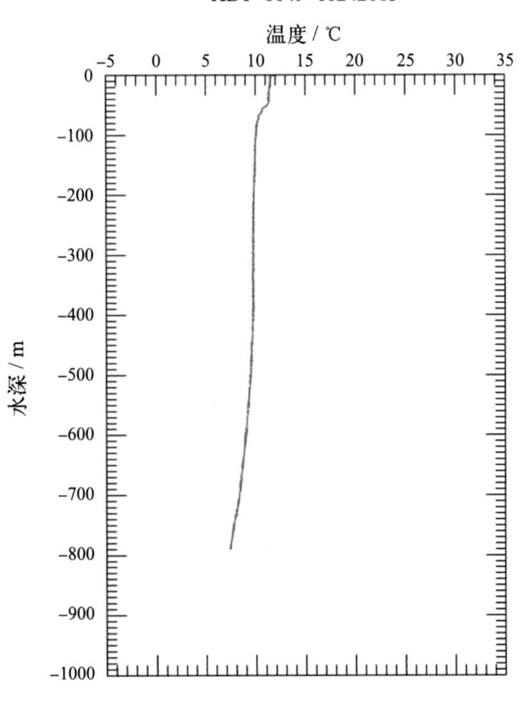

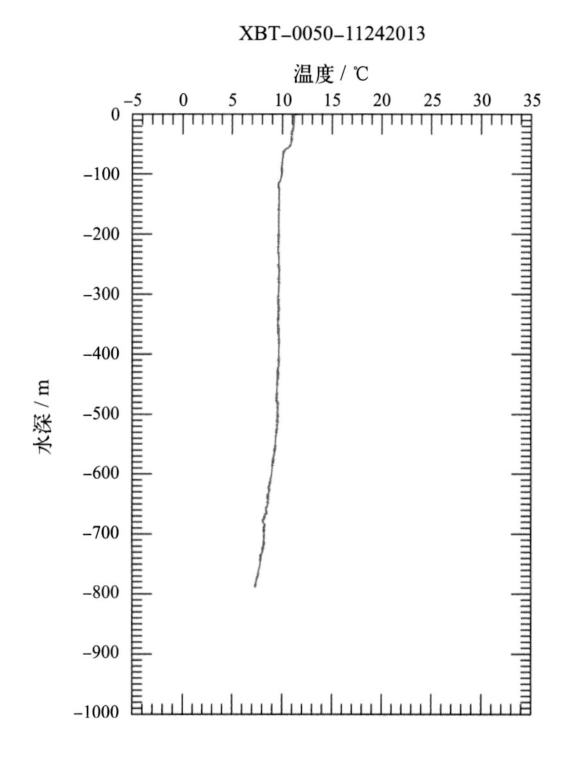
XBT–0050–11242013
温度 / ℃
–5
0
5
10
15
20
25
30
35
0
–100
–200
–300
–400
–500
–600
–700
–800
–900
–1000
水深 / m

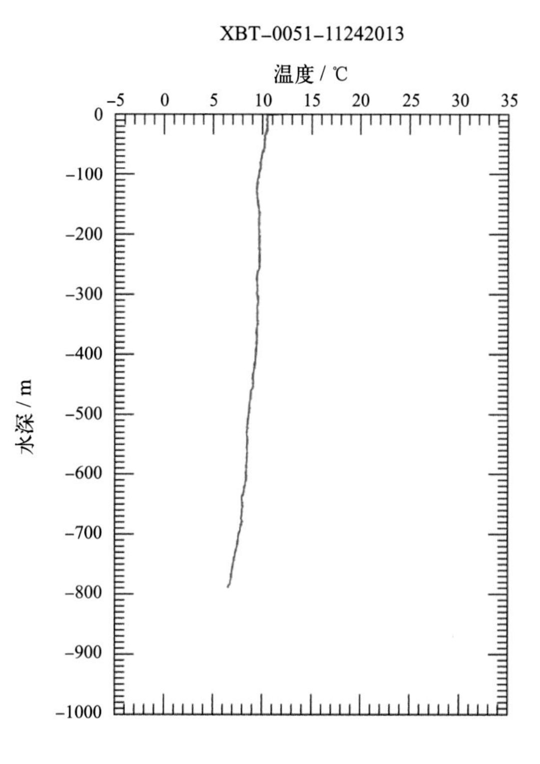
XBT–0051–11242013
温度 / ℃
–5
0
5
10
15
20
25
30
35
0
–100
–200
–300
–400
–500
–600
–700
–800
–900
–1000
水深 / m

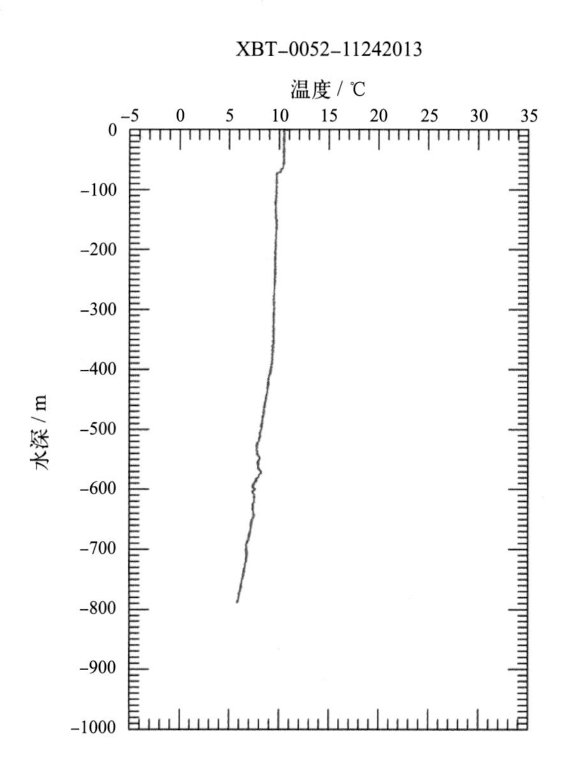
XBT–0052–11242013
温度 / ℃
–5
0
5
10
15
20
25
30
35
0
–100
–200
–300
–400
–500
–600
–700
–800
–900
–1000
水深 / m

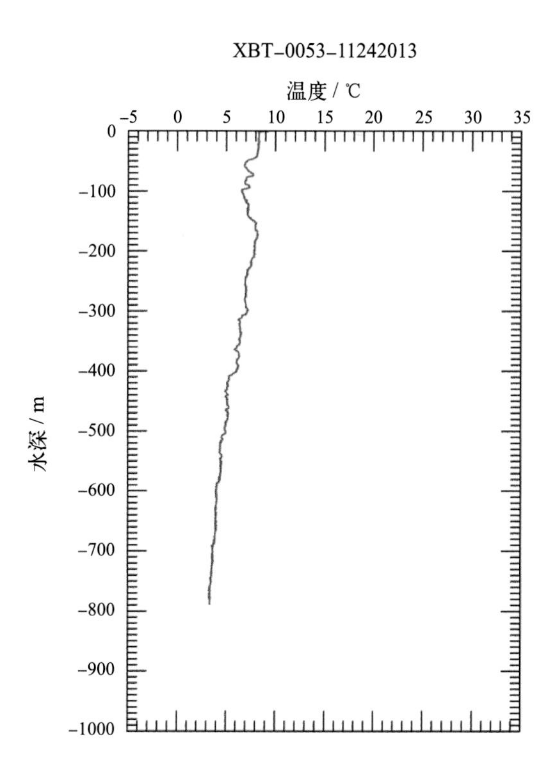
XBT–0053–11242013
温度 / ℃
–5
0
5
10
15
20
25
30
35
0
–100
–200
–300
–400
–500
–600
–700
–800
–900
–1000
水深 / m

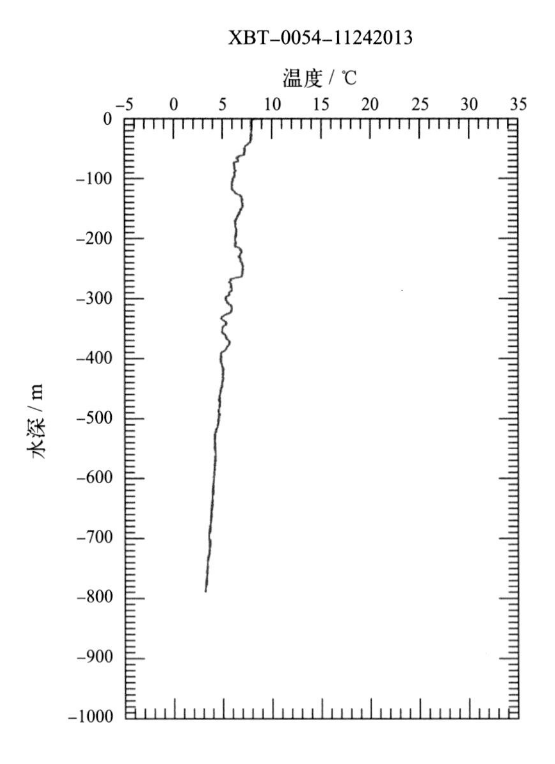
XBT-0054-11242013
温度 / ℃
水深 / m

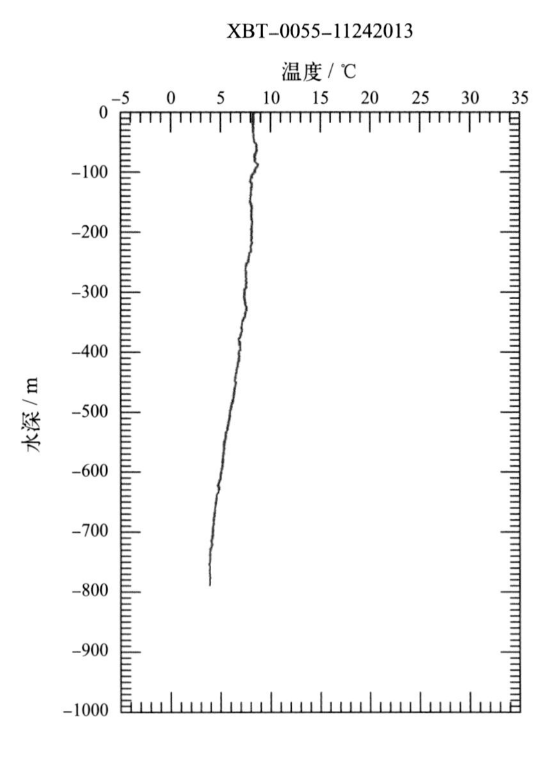
XBT-0055-11242013
温度 / ℃
水深 / m

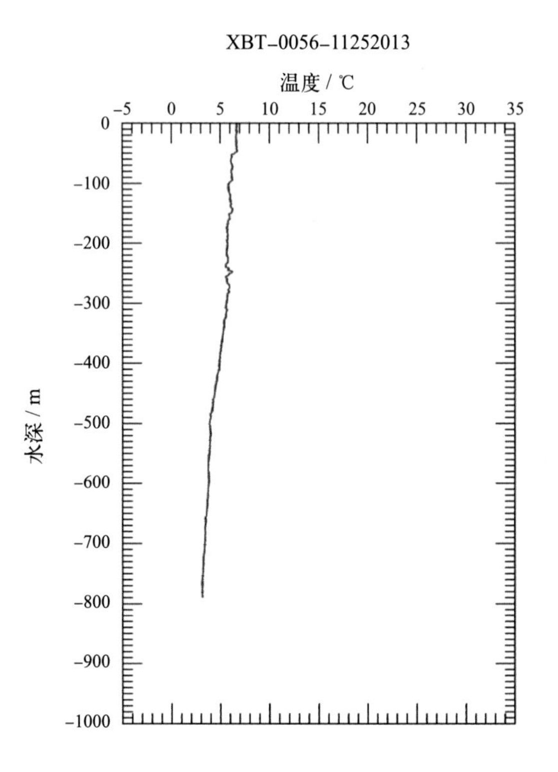
XBT-0056-11252013
温度 / ℃
水深 / m

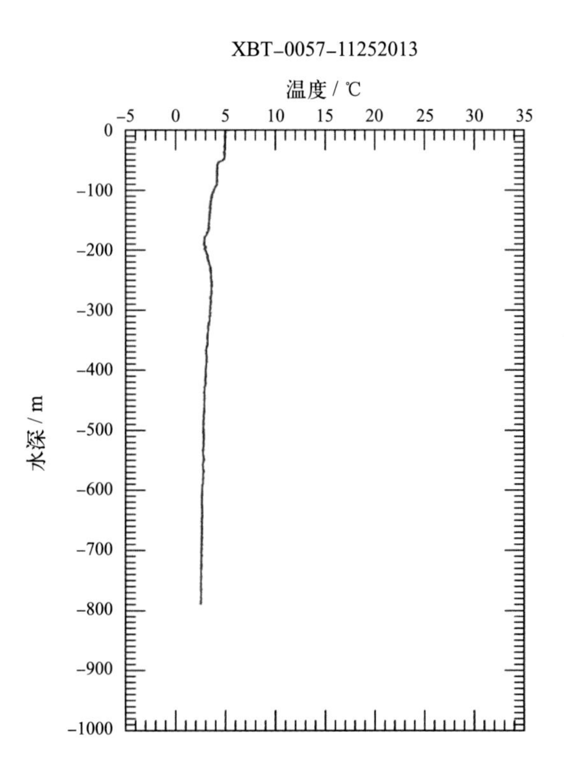
XBT-0057-11252013
温度 / ℃
水深 / m

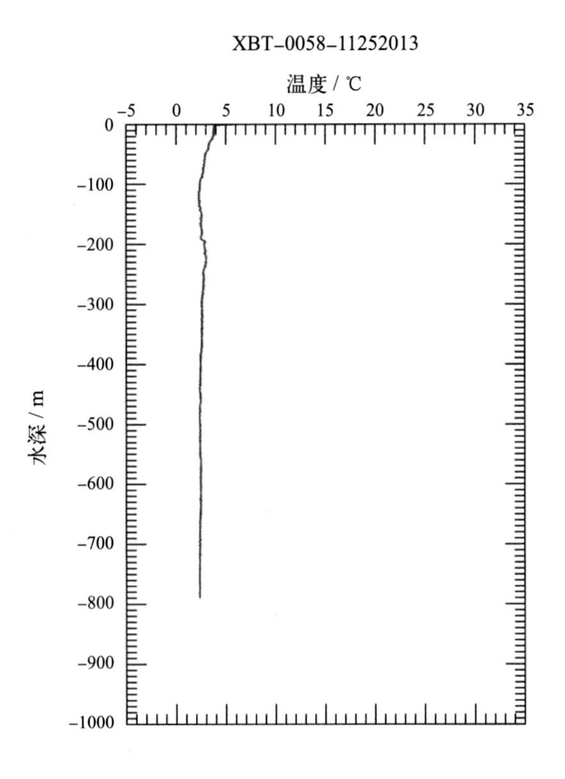
XBT-0058-11252013
温度 / ℃
-5 0 5 10 15 20 25 30 35
0 -100 -200 -300 -400 -500 -600 -700 -800 -900 -1000
水深 / m

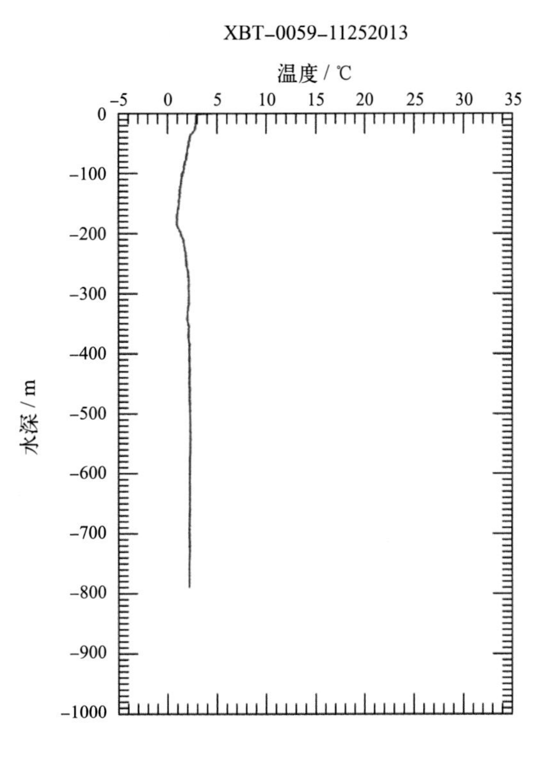
XBT-0059-11252013
温度 / ℃
-5 0 5 10 15 20 25 30 35
0 -100 -200 -300 -400 -500 -600 -700 -800 -900 -1000
水深 / m

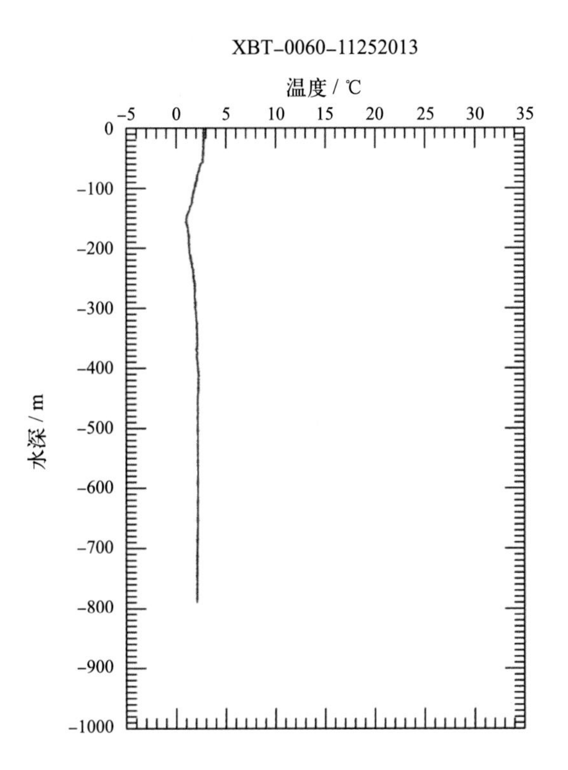
XBT-0060-11252013
温度 / ℃
-5 0 5 10 15 20 25 30 35
0 -100 -200 -300 -400 -500 -600 -700 -800 -900 -1000
水深 / m

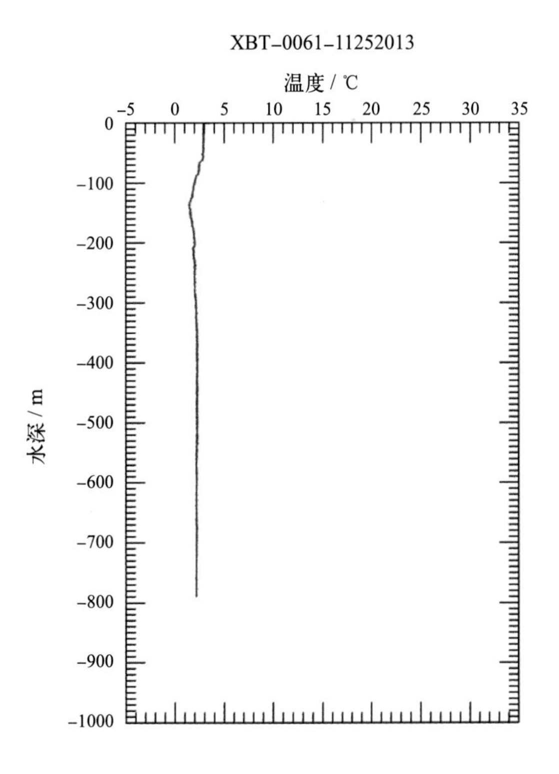
XBT-0061-11252013
温度 / ℃
-5 0 5 10 15 20 25 30 35
0 -100 -200 -300 -400 -500 -600 -700 -800 -900 -1000
水深 / m

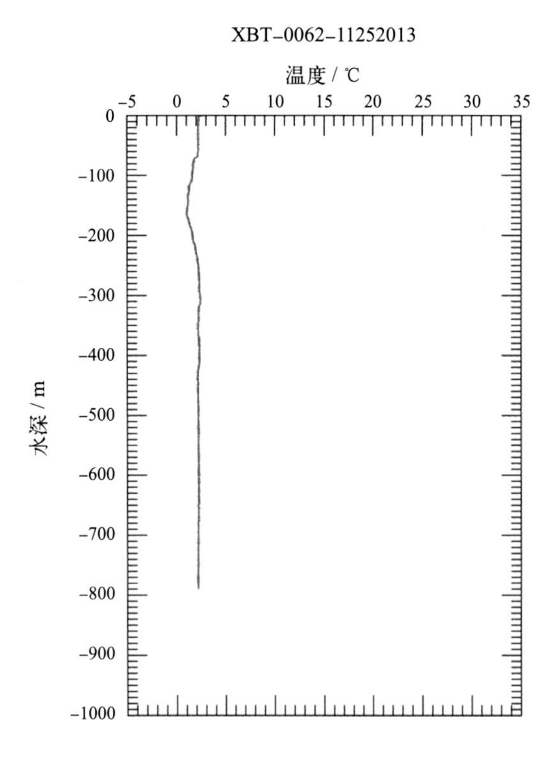
XBT–0062–11252013
温度 / ℃
–5 0 5 10 15 20 25 30 35
水深 / m
0 –100 –200 –300 –400 –500 –600 –700 –800 –900 –1000

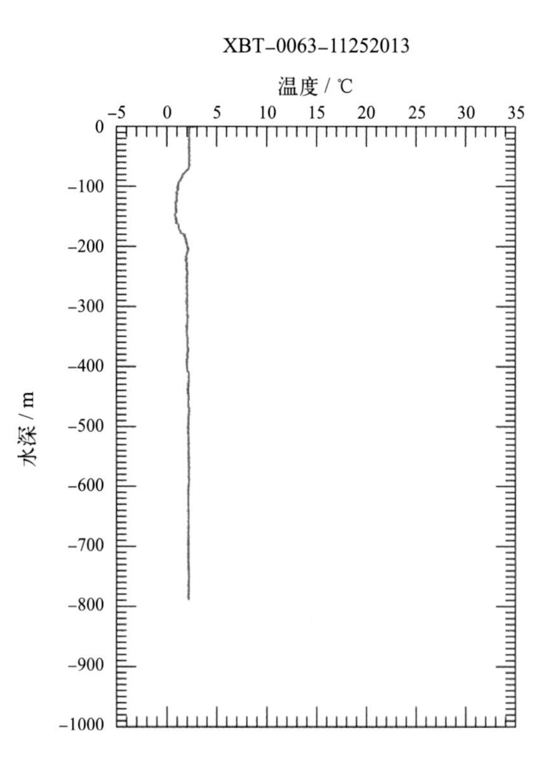
XBT–0063–11252013
温度 / ℃
–5 0 5 10 15 20 25 30 35
水深 / m
0 –100 –200 –300 –400 –500 –600 –700 –800 –900 –1000

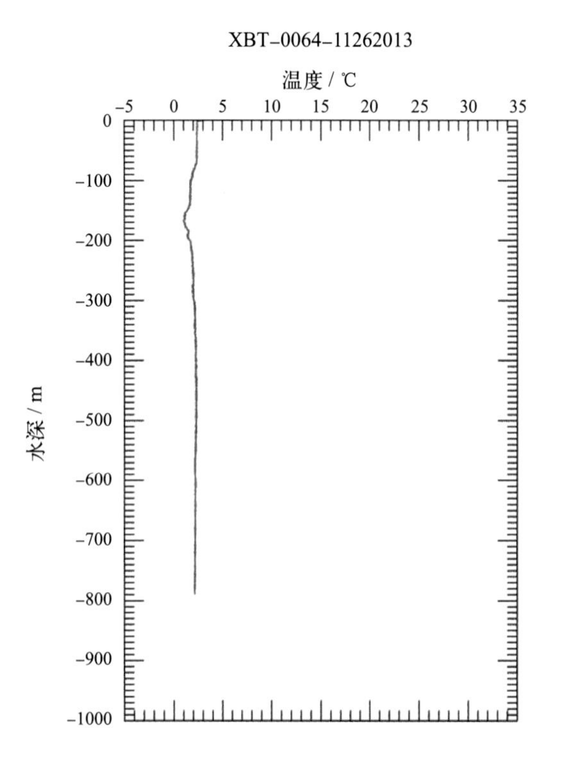
XBT–0064–11262013
温度 / ℃
–5 0 5 10 15 20 25 30 35
水深 / m
0 –100 –200 –300 –400 –500 –600 –700 –800 –900 –1000

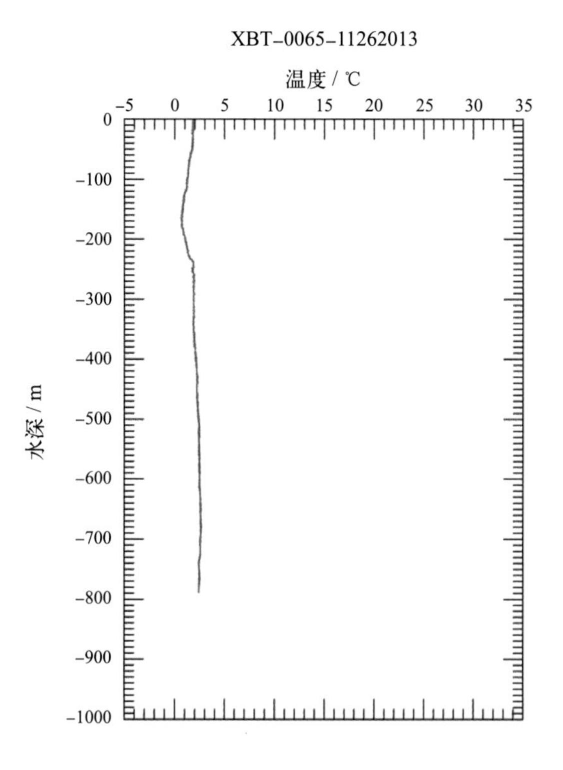
XBT–0065–11262013
温度 / ℃
–5 0 5 10 15 20 25 30 35
水深 / m
0 –100 –200 –300 –400 –500 –600 –700 –800 –900 –1000

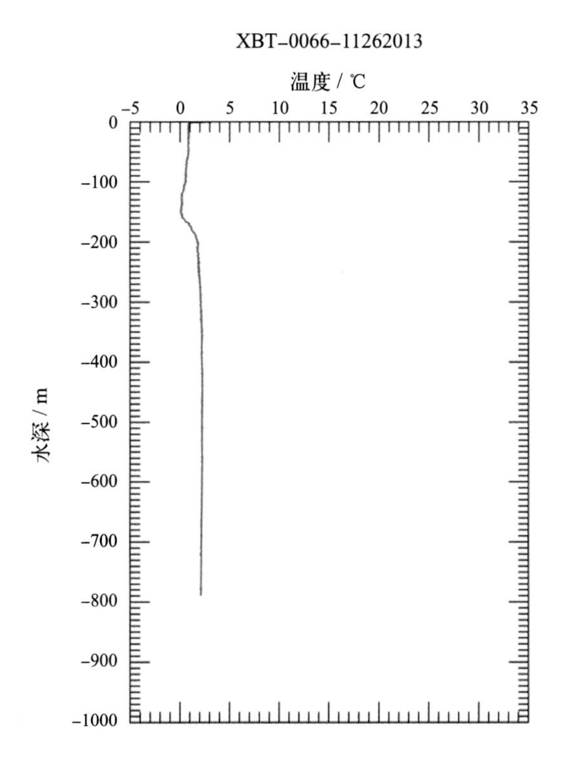
XBT-0066-11262013
温度 / ℃
水深 / m
-5
0
5
10
15
20
25
30
35
0
-100
-200
-300
-400
-500
-600
-700
-800
-900
-1000

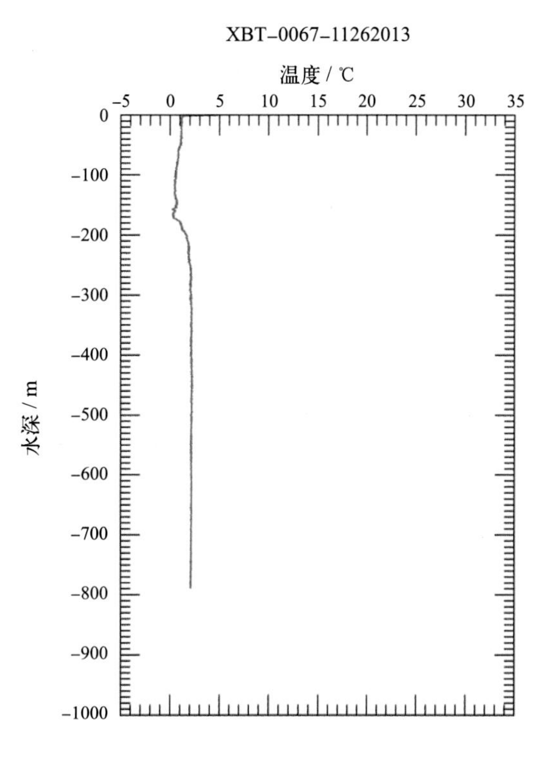
XBT-0067-11262013
温度 / ℃
水深 / m
-5
0
5
10
15
20
25
30
35
0
-100
-200
-300
-400
-500
-600
-700
-800
-900
-1000

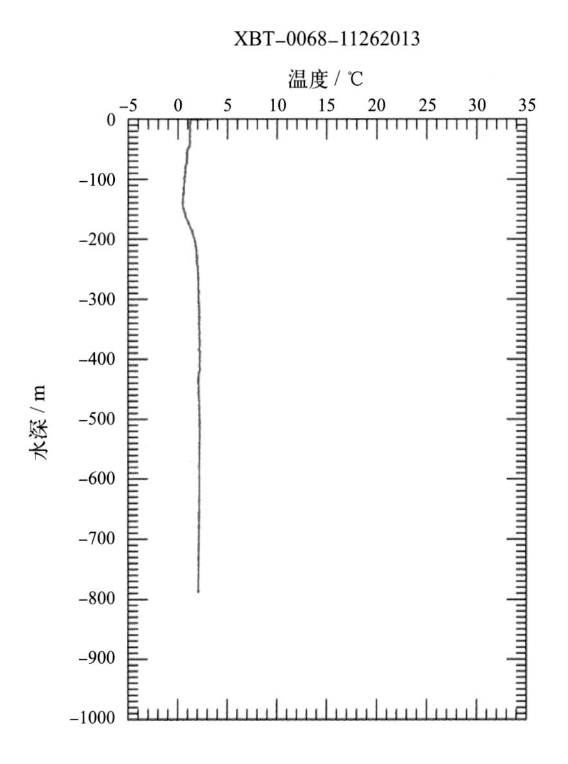
XBT-0068-11262013
温度 / ℃
水深 / m
-5
0
5
10
15
20
25
30
35
0
-100
-200
-300
-400
-500
-600
-700
-800
-900
-1000

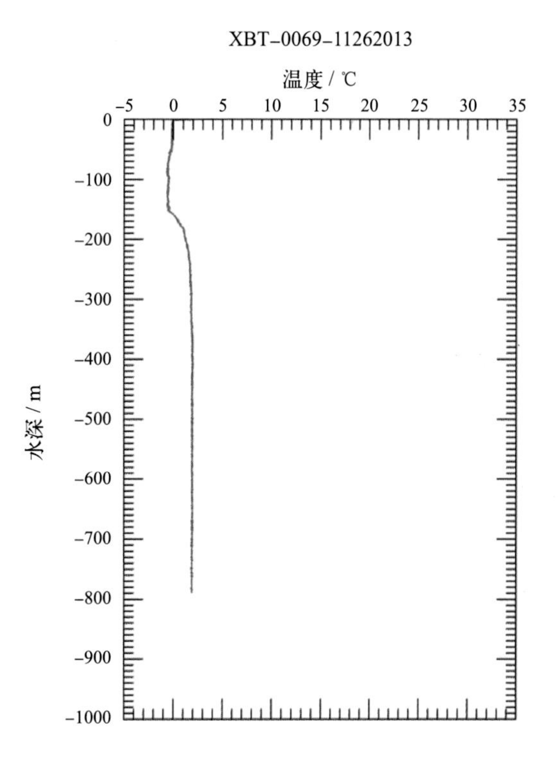
XBT-0069-11262013
温度 / ℃
水深 / m
-5
0
5
10
15
20
25
30
35
0
-100
-200
-300
-400
-500
-600
-700
-800
-900
-1000

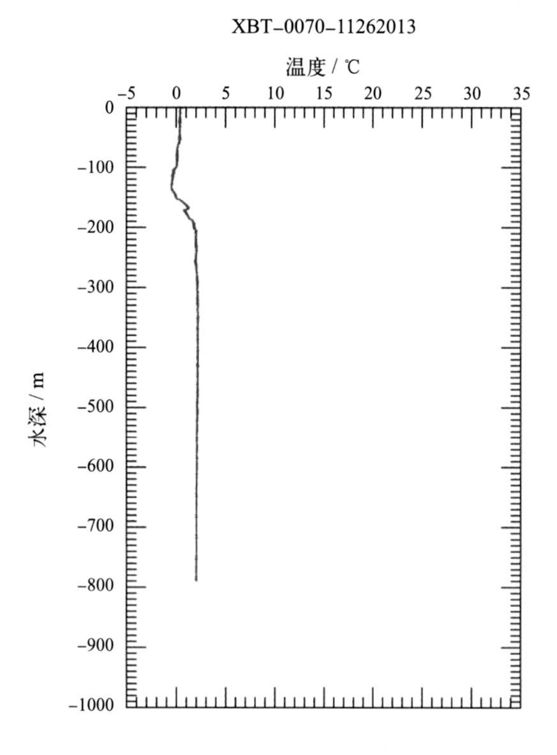
XBT-0070-11262013
温度 / ℃
-5
0
5
10
15
20
25
30
35
0
-100
-200
-300
-400
-500
-600
-700
-800
-900
-1000
水深 / m

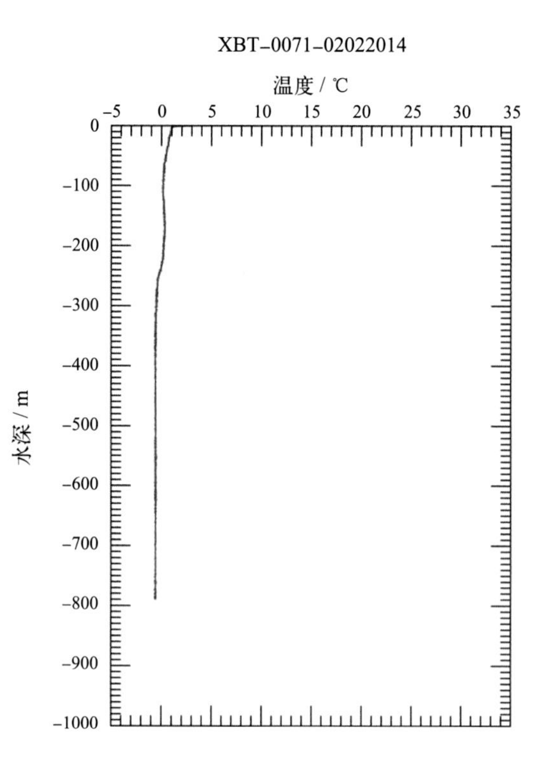
XBT-0071-02022014
温度 / ℃
-5
0
5
10
15
20
25
30
35
0
-100
-200
-300
-400
-500
-600
-700
-800
-900
-1000
水深 / m

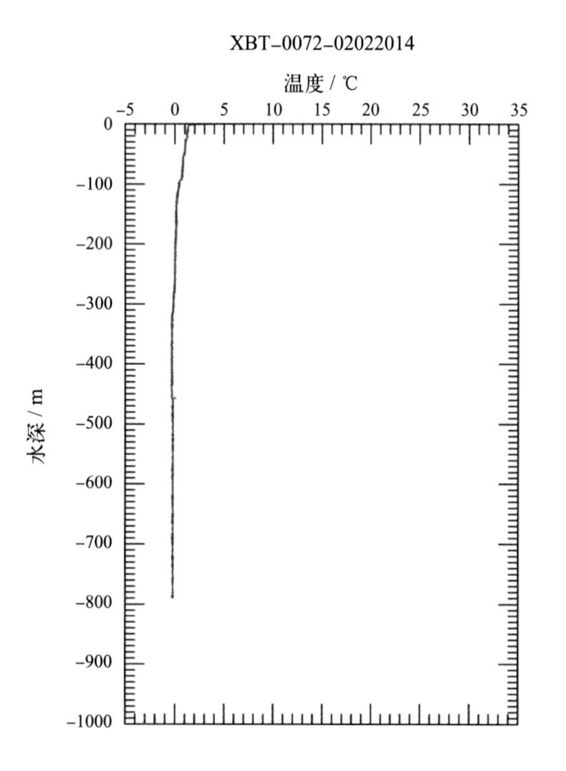
XBT-0072-02022014
温度 / ℃
-5
0
5
10
15
20
25
30
35
0
-100
-200
-300
-400
-500
-600
-700
-800
-900
-1000
水深 / m

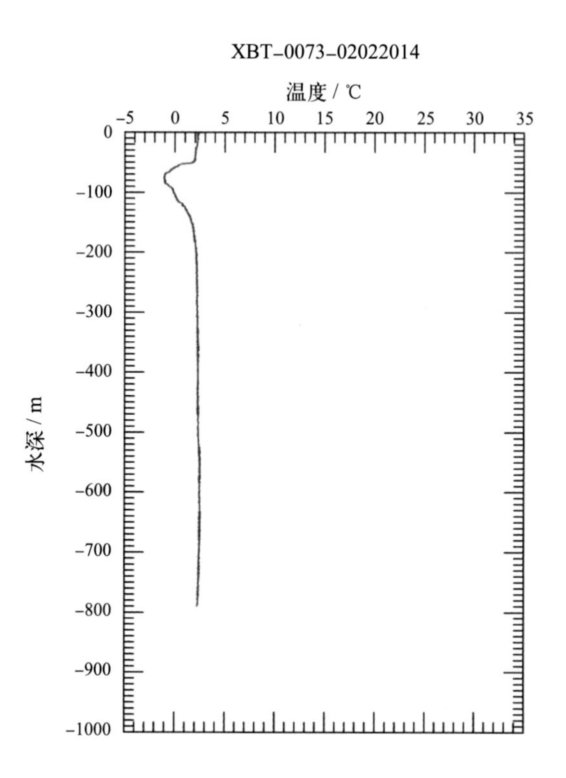
XBT-0073-02022014
温度 / ℃
-5
0
5
10
15
20
25
30
35
0
-100
-200
-300
-400
-500
-600
-700
-800
-900
-1000
水深 / m

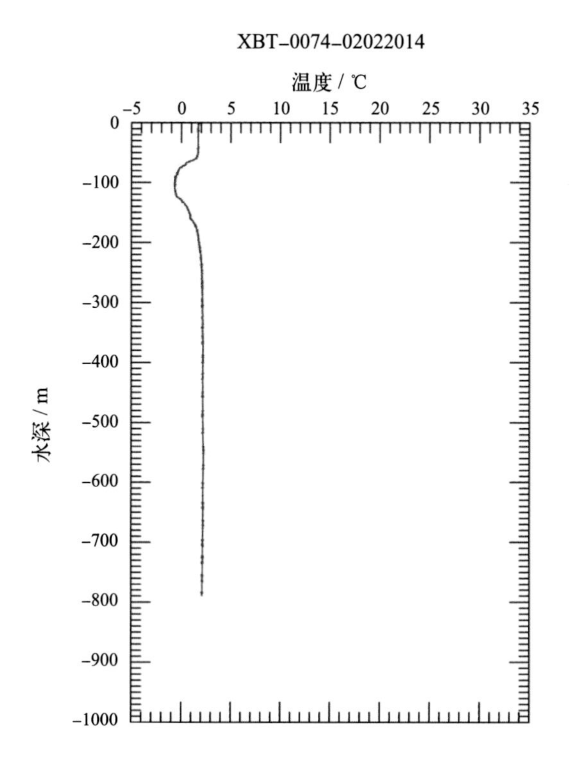
XBT–0074–02022014
温度 / ℃
–5 0 5 10 15 20 25 30 35
0
–100
–200
–300
–400
–500
–600
–700
–800
–900
–1000
水深 / m

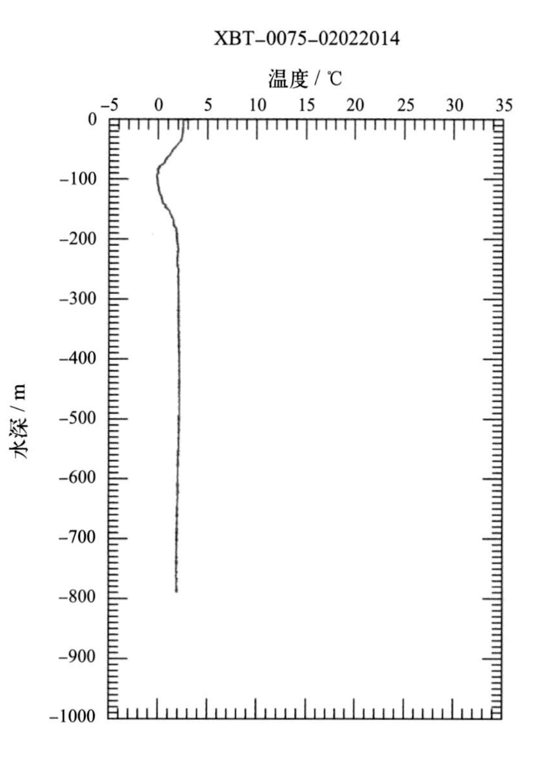
XBT–0075–02022014
温度 / ℃
–5 0 5 10 15 20 25 30 35
0
–100
–200
–300
–400
–500
–600
–700
–800
–900
–1000
水深 / m

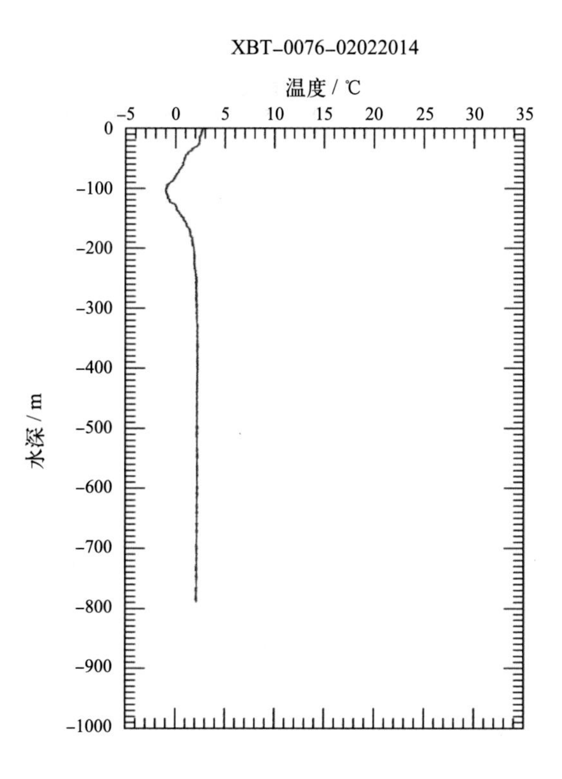
XBT–0076–02022014
温度 / ℃
–5 0 5 10 15 20 25 30 35
0
–100
–200
–300
–400
–500
–600
–700
–800
–900
–1000
水深 / m

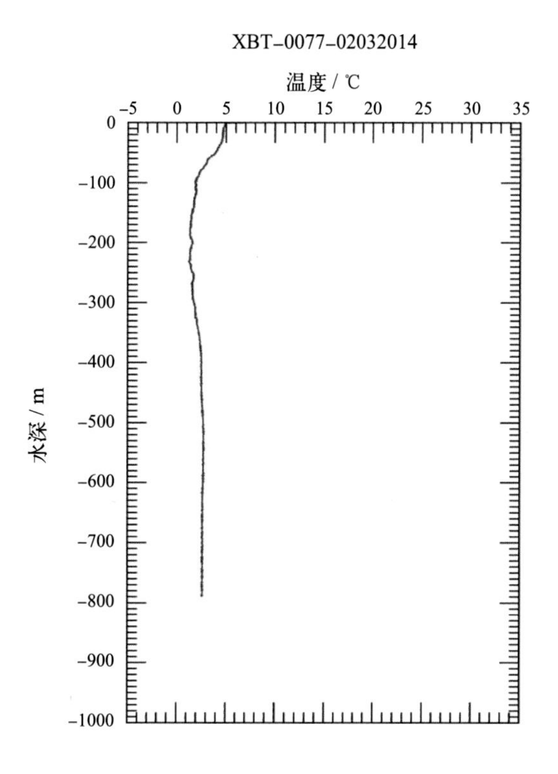
XBT–0077–02032014
温度 / ℃
–5 0 5 10 15 20 25 30 35
0
–100
–200
–300
–400
–500
–600
–700
–800
–900
–1000
水深 / m

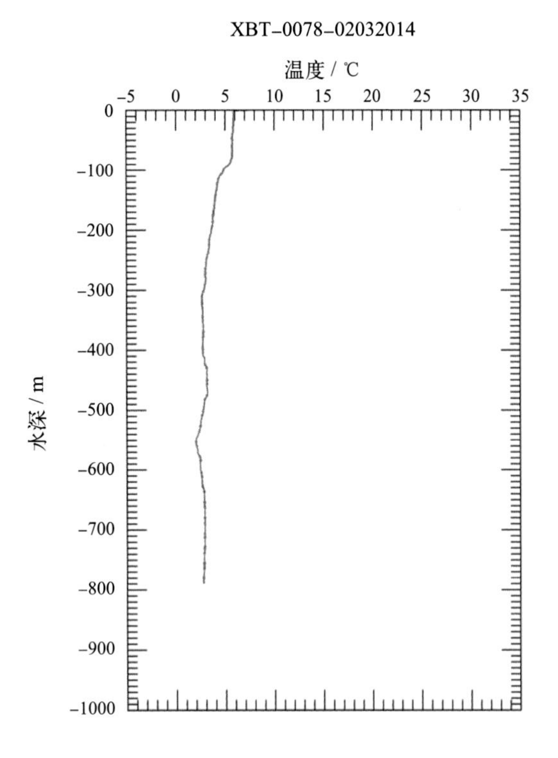
XBT-0078-02032014
温度 / ℃
-5 0 5 10 15 20 25 30 35
0 -100 -200 -300 -400 -500 -600 -700 -800 -900 -1000
水深 / m

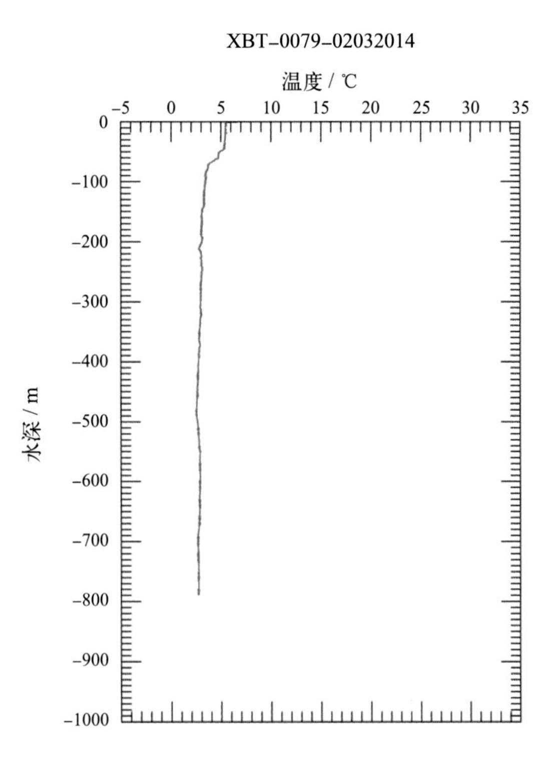
XBT-0079-02032014
温度 / ℃
-5 0 5 10 15 20 25 30 35
0 -100 -200 -300 -400 -500 -600 -700 -800 -900 -1000
水深 / m

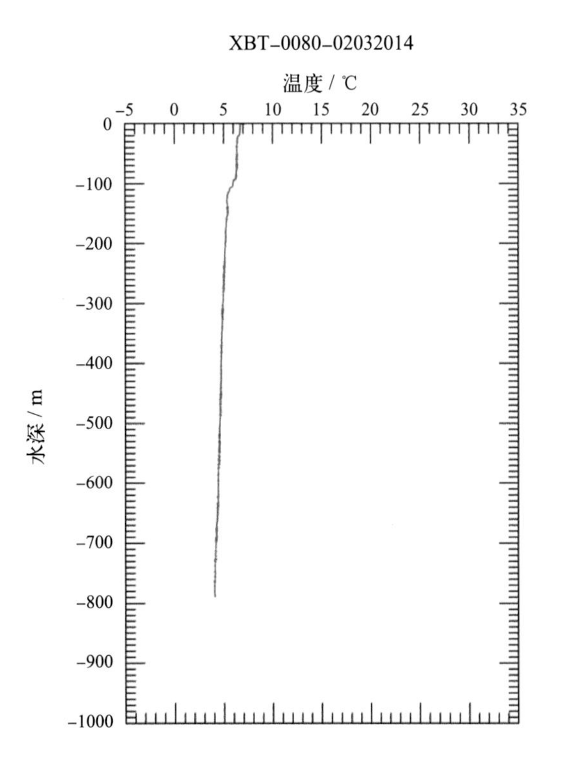
XBT-0080-02032014
温度 / ℃
-5 0 5 10 15 20 25 30 35
0 -100 -200 -300 -400 -500 -600 -700 -800 -900 -1000
水深 / m

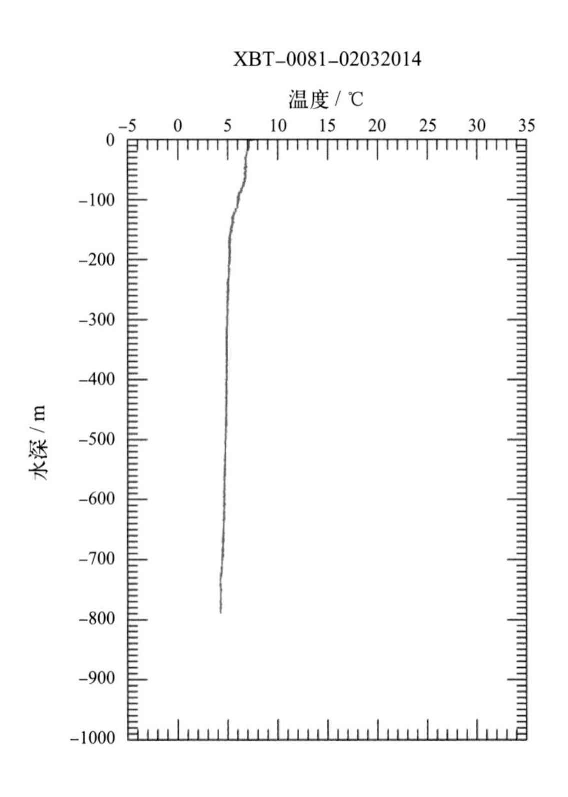
XBT-0081-02032014
温度 / ℃
-5 0 5 10 15 20 25 30 35
0 -100 -200 -300 -400 -500 -600 -700 -800 -900 -1000
水深 / m

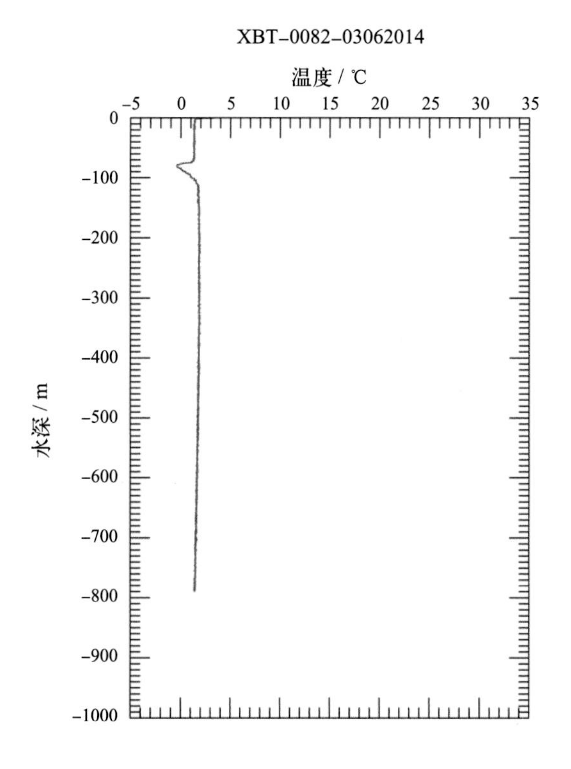
XBT-0082-03062014
温度 / ℃
水深 / m

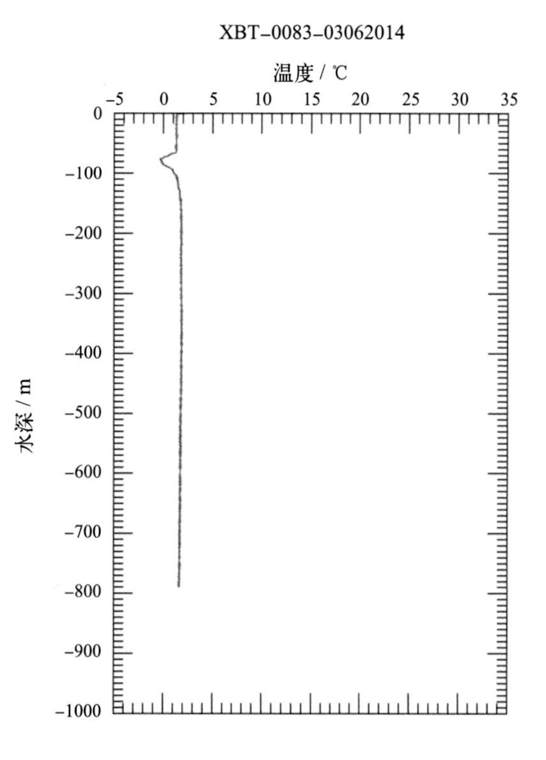
XBT-0083-03062014
温度 / ℃
水深 / m

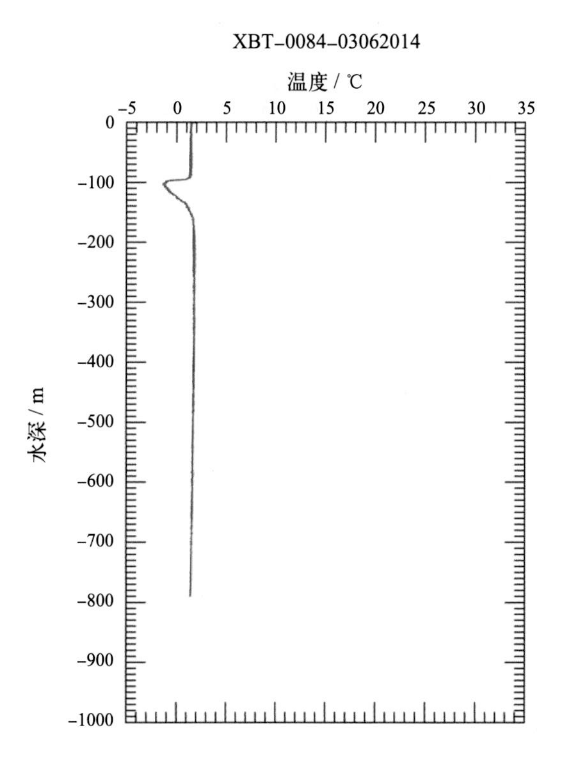
XBT-0084-03062014
温度 / ℃
水深 / m

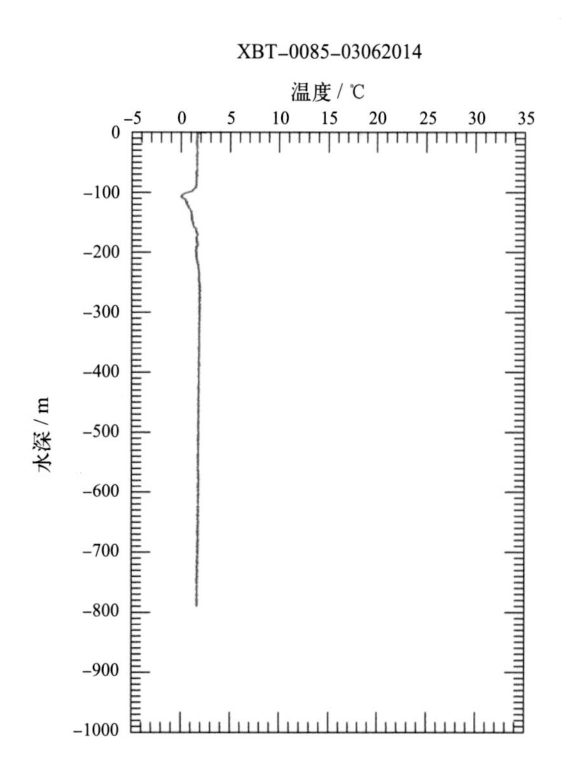
XBT-0085-03062014
温度 / ℃
水深 / m

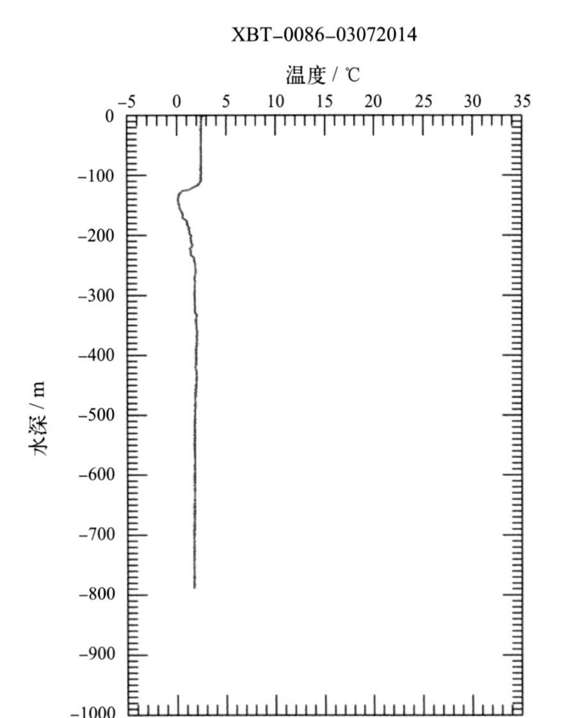
XBT–0086–03072014
温度 / ℃
水深 / m

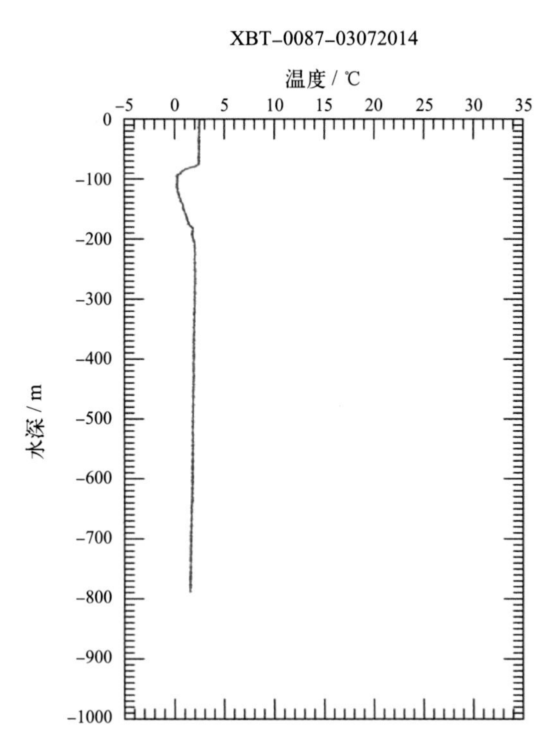
XBT–0087–03072014
温度 / ℃
水深 / m

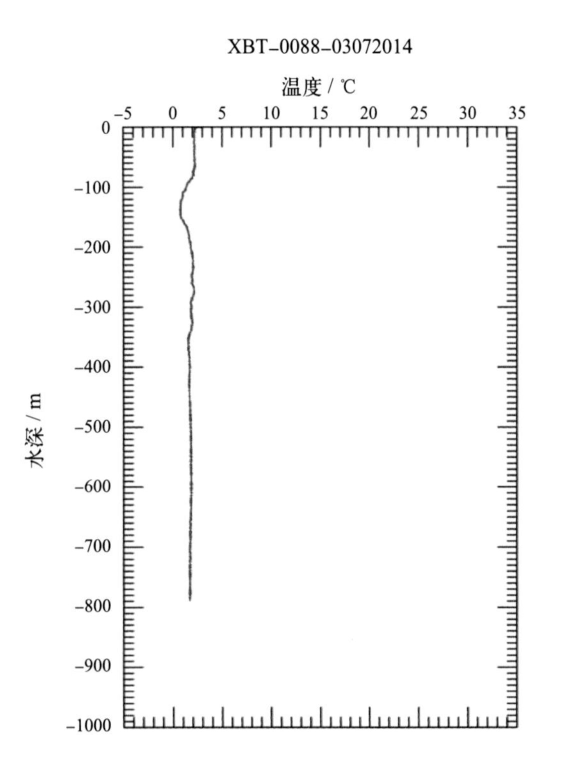
XBT–0088–03072014
温度 / ℃
水深 / m

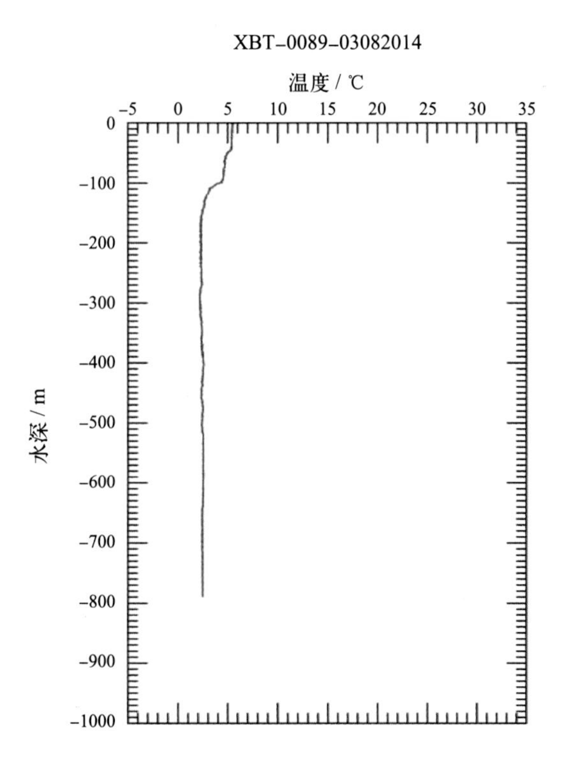
XBT–0089–03082014
温度 / ℃
水深 / m

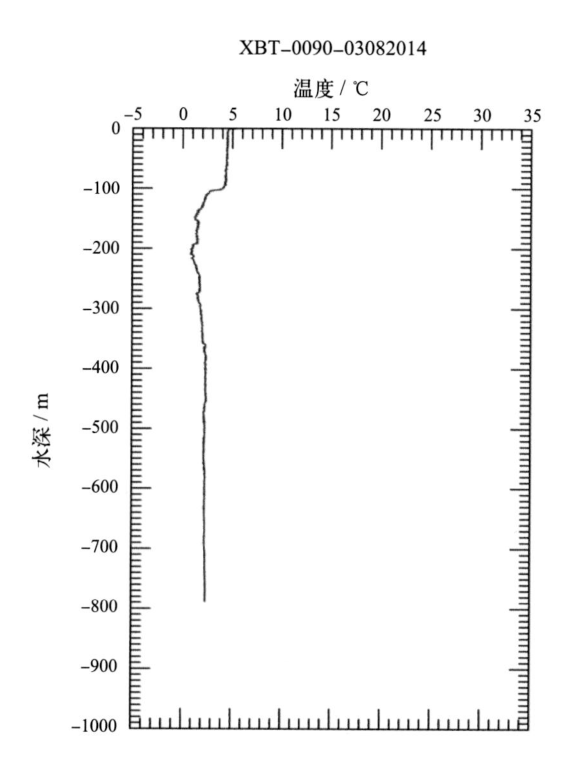
XBT-0090-03082014
温度 / ℃
-5
0
5
10
15
20
25
30
35
0
-100
-200
-300
-400
-500
-600
-700
-800
-900
-1000
水深 / m

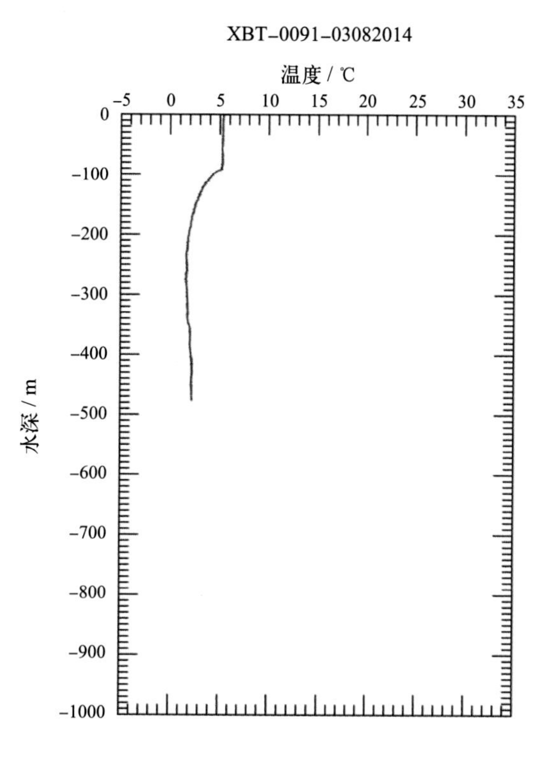
XBT-0091-03082014
温度 / ℃
-5
0
5
10
15
20
25
30
35
0
-100
-200
-300
-400
-500
-600
-700
-800
-900
-1000
水深 / m

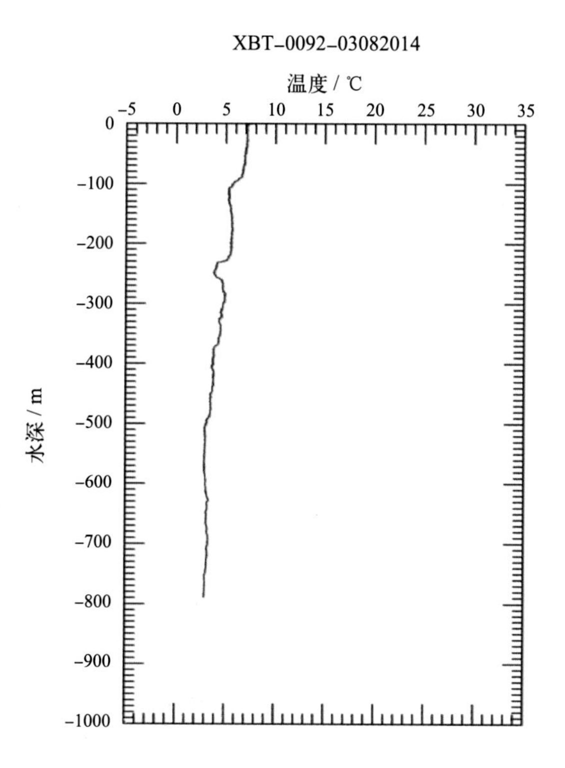
XBT-0092-03082014
温度 / ℃
-5
0
5
10
15
20
25
30
35
0
-100
-200
-300
-400
-500
-600
-700
-800
-900
-1000
水深 / m

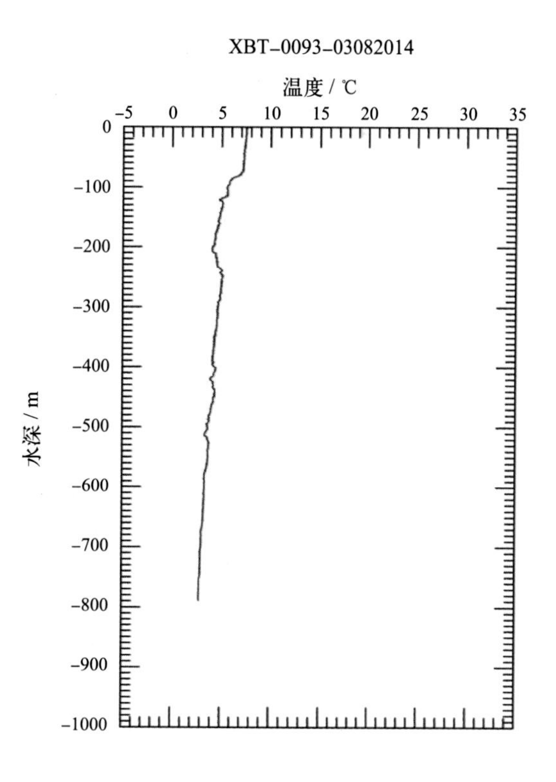
XBT-0093-03082014
温度 / ℃
-5
0
5
10
15
20
25
30
35
0
-100
-200
-300
-400
-500
-600
-700
-800
-900
-1000
水深 / m

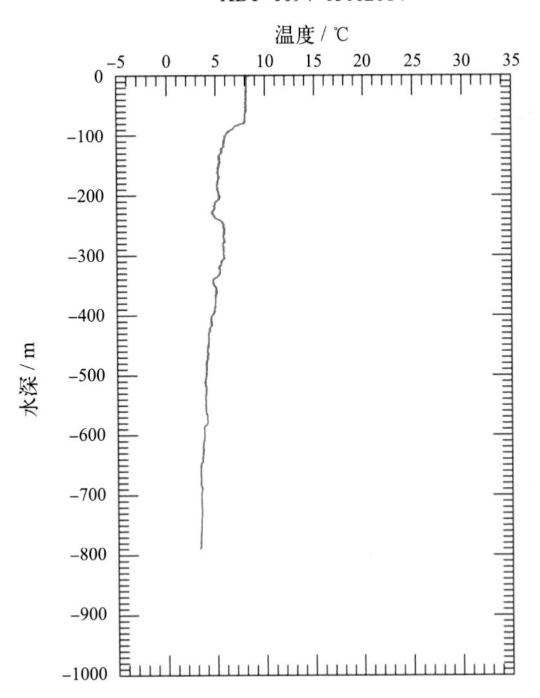
XBT-0094-03082014
温度 / ℃
水深 / m

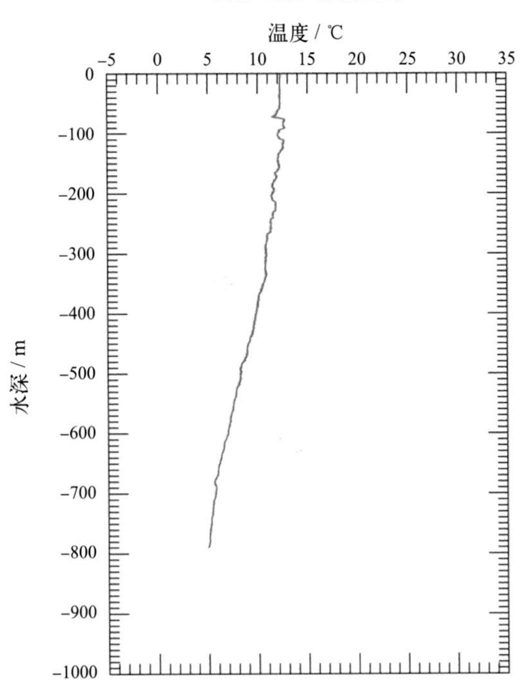
XBT-0095-03082014
温度 / ℃
水深 / m

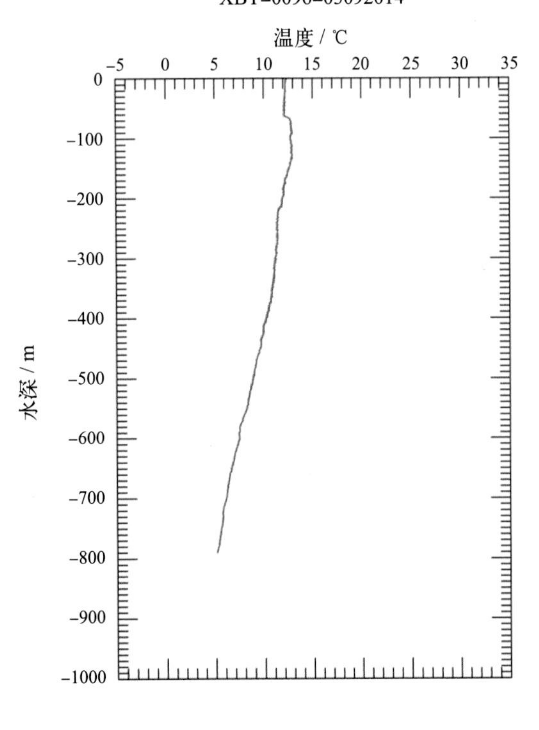
XBT-0096-03092014
温度 / ℃
水深 / m

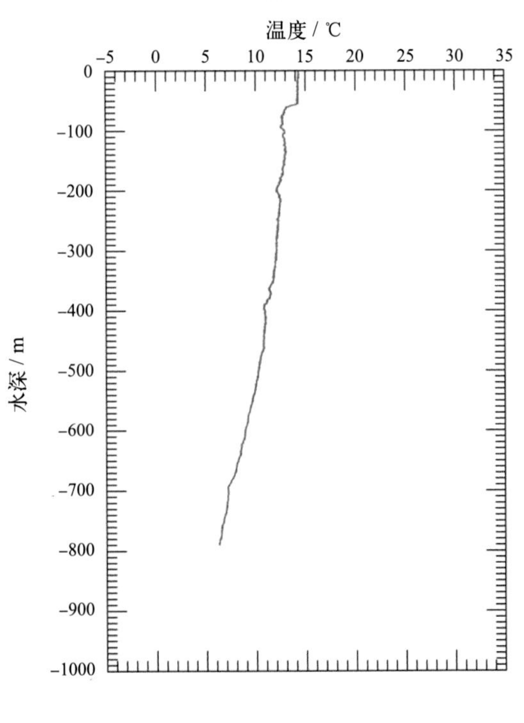
XBT-0097-03092014
温度 / ℃
水深 / m

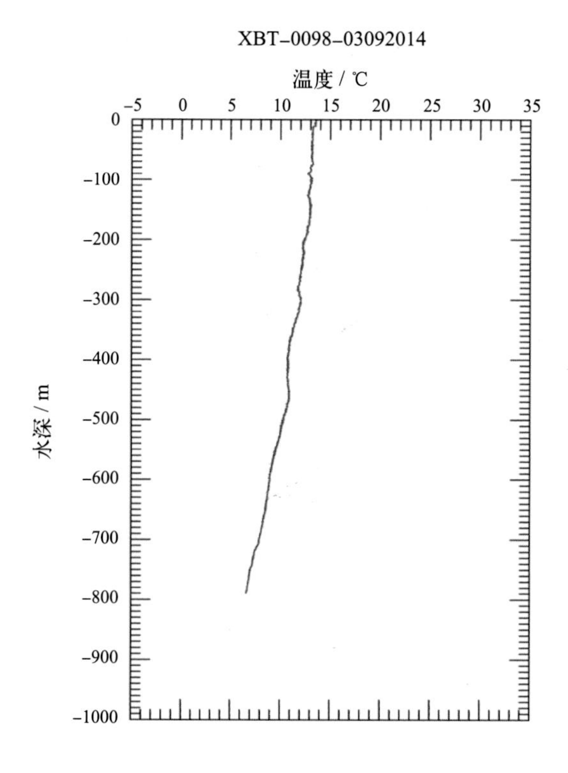
XBT-0098-03092014
温度 / ℃
-5 0 5 10 15 20 25 30 35
水深 / m
0 -100 -200 -300 -400 -500 -600 -700 -800 -900 -1000

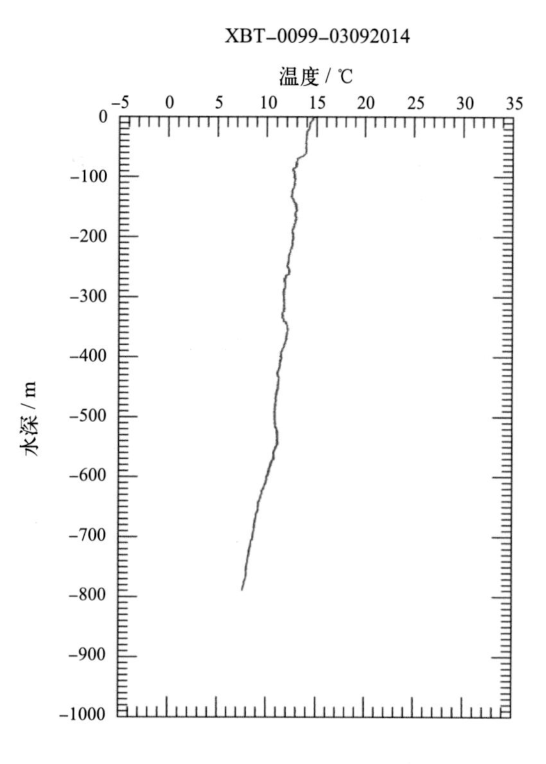
XBT-0099-03092014
温度 / ℃
-5 0 5 10 15 20 25 30 35
水深 / m
0 -100 -200 -300 -400 -500 -600 -700 -800 -900 -1000

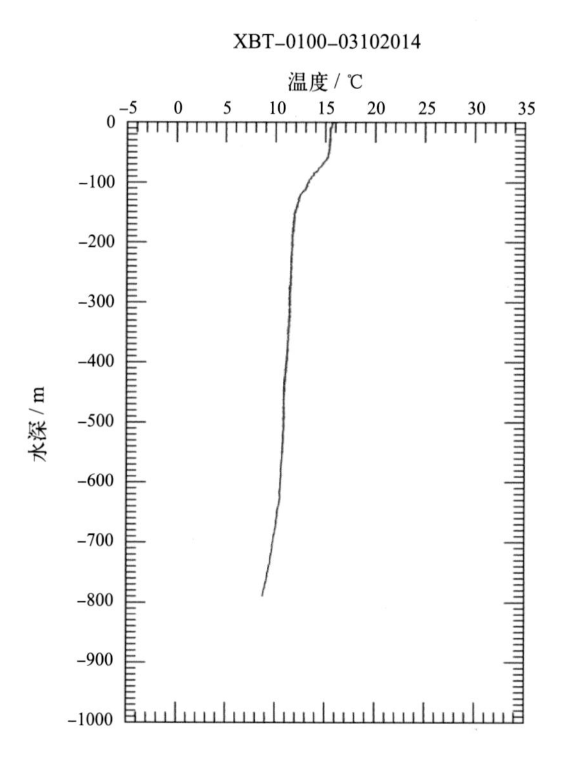
XBT-0100-03102014
温度 / ℃
-5 0 5 10 15 20 25 30 35
水深 / m
0 -100 -200 -300 -400 -500 -600 -700 -800 -900 -1000

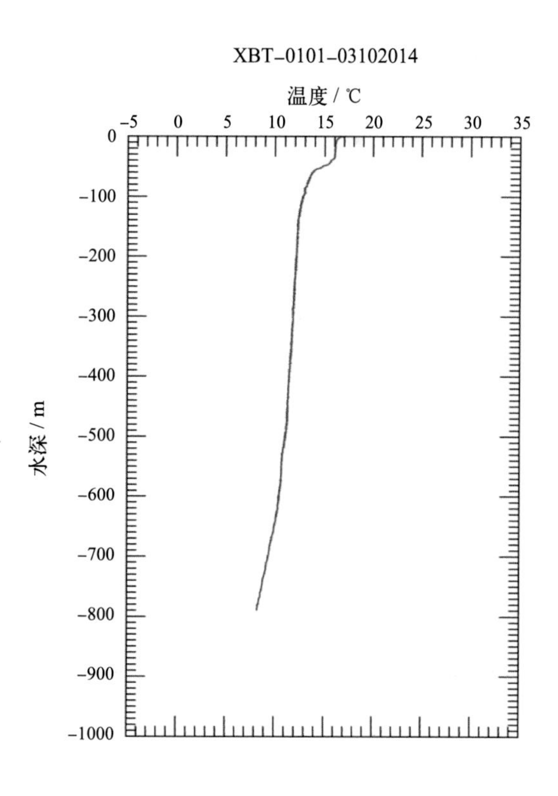
XBT-0101-03102014
温度 / ℃
-5 0 5 10 15 20 25 30 35
水深 / m
0 -100 -200 -300 -400 -500 -600 -700 -800 -900 -1000

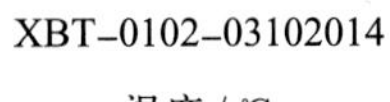

XBT–0102–03102014

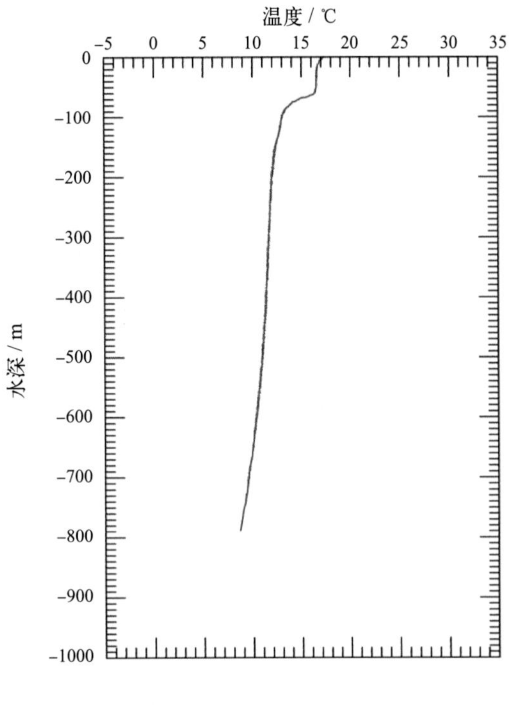

XBT–0103–03102014

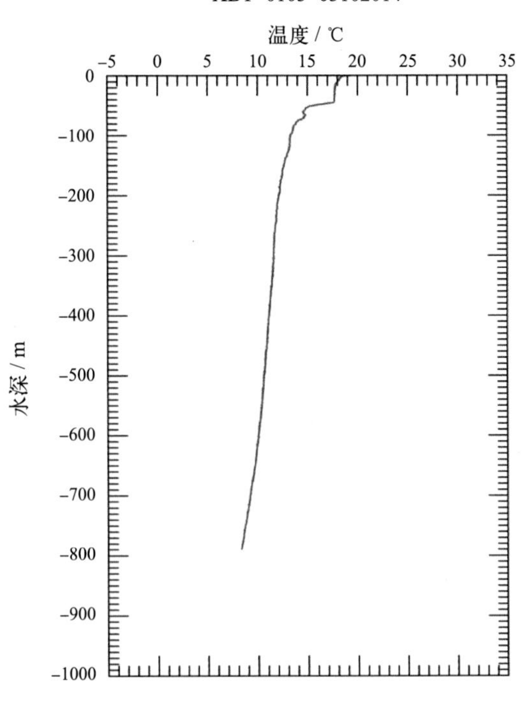

XBT–0104–03112014

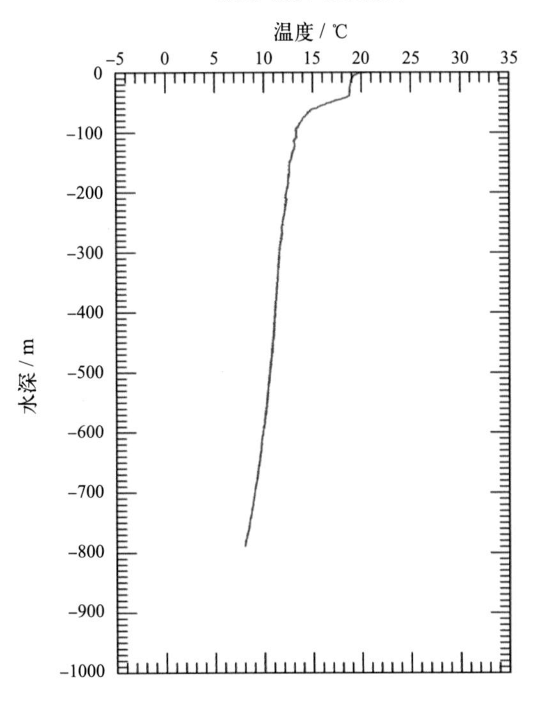

XBT–0105–04032014

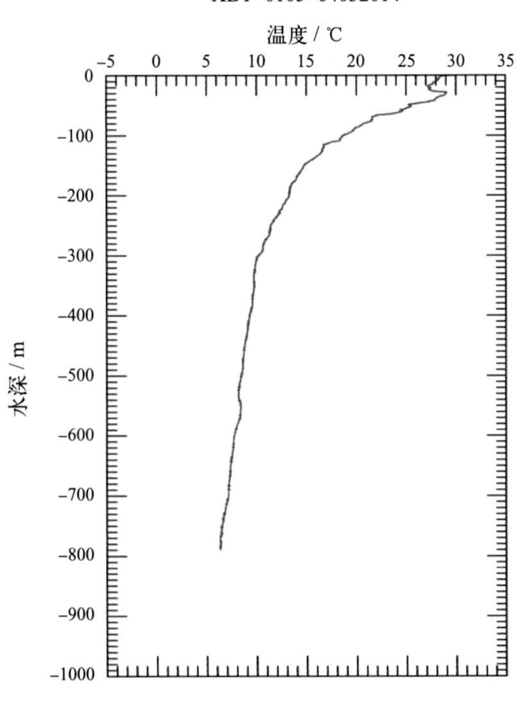

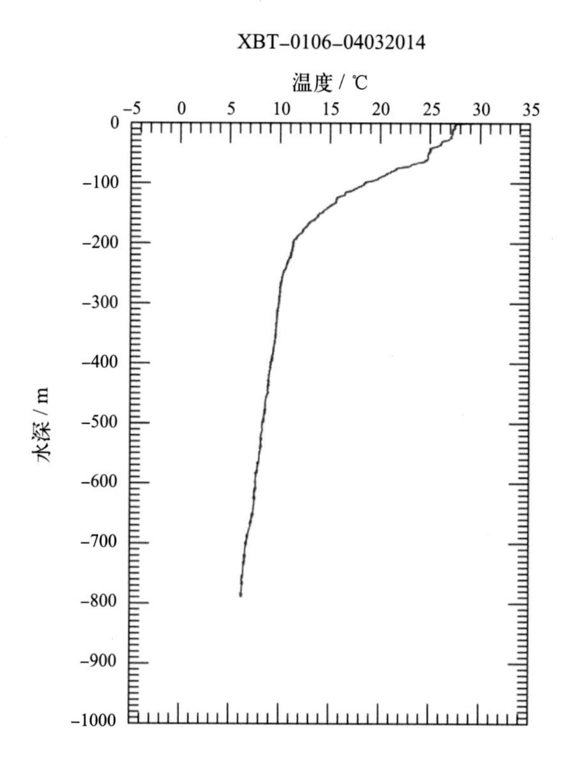
XBT-0106-04032014
温度 / ℃
水深 / m

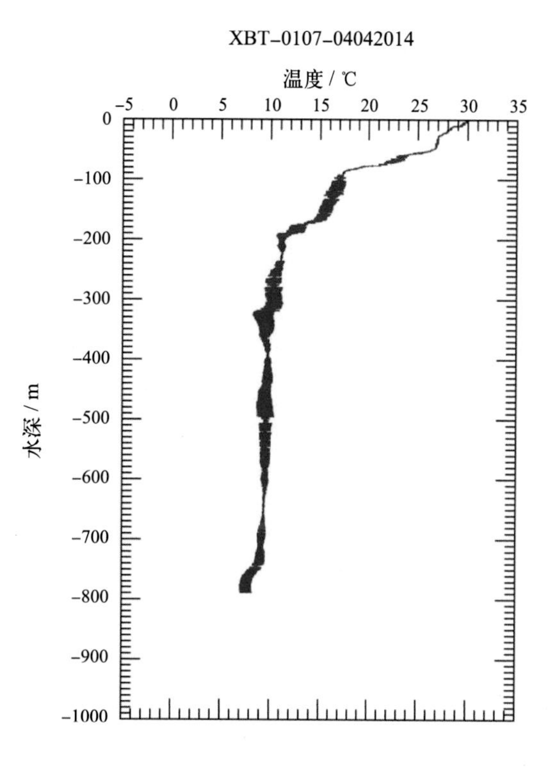
XBT-0107-04042014
温度 / ℃
水深 / m

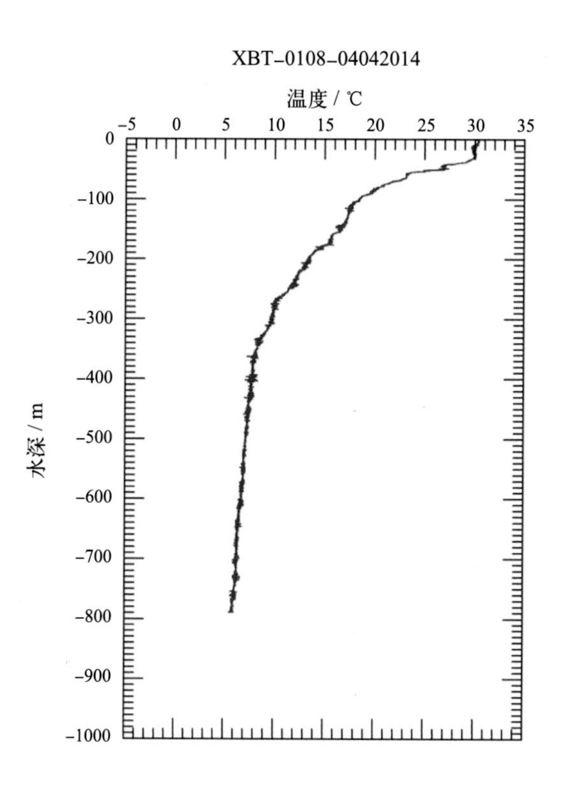
XBT-0108-04042014
温度 / ℃
水深 / m

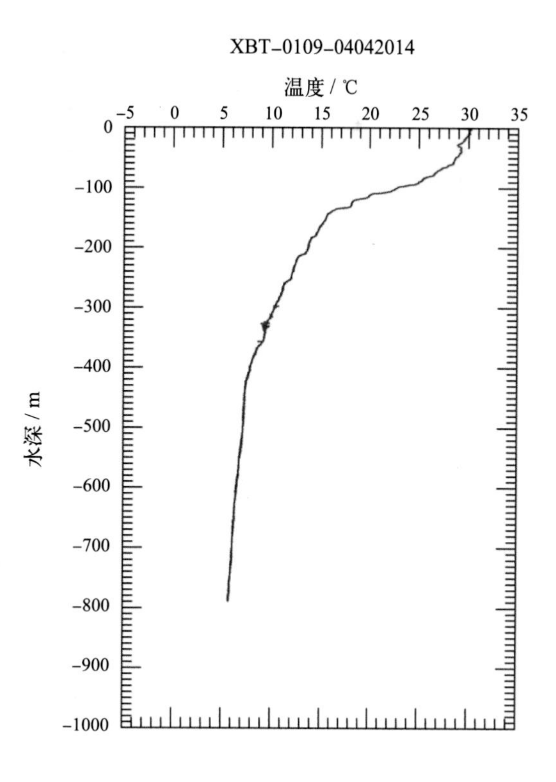
XBT-0109-04042014
温度 / ℃
水深 / m

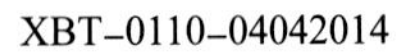

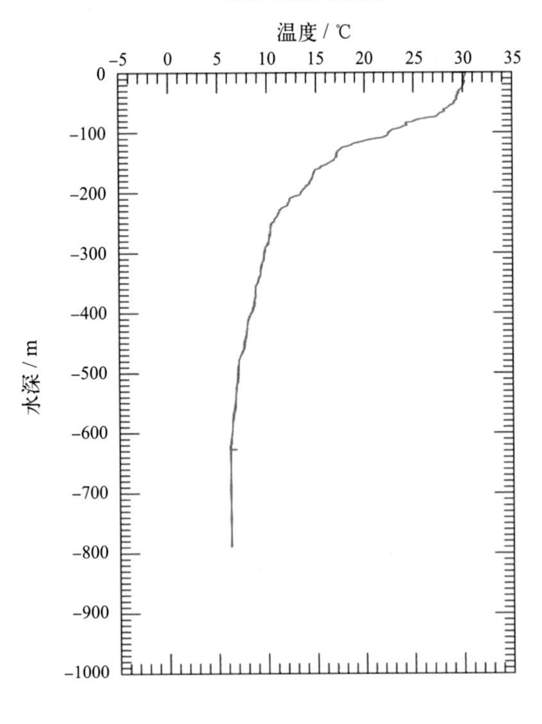
XBT–0110–04042014
温度 / ℃
–5
0
5
10
15
20
25
30
35
0
–100
–200
–300
–400
–500
–600
–700
–800
–900
–1000
水深 / m

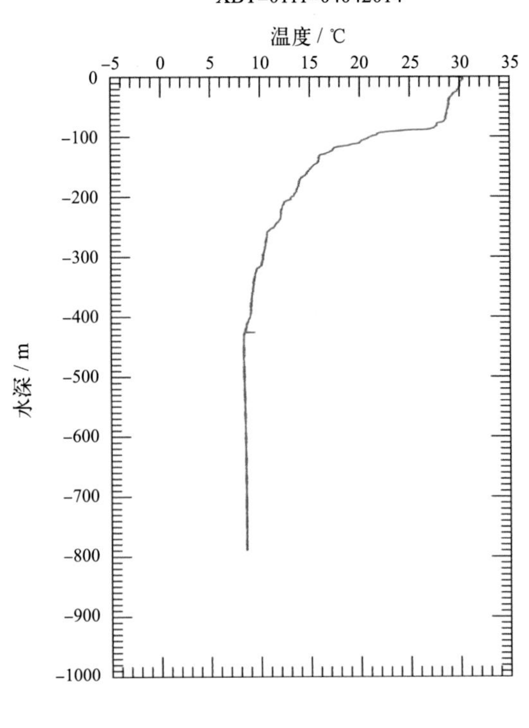
XBT–0111–04042014
温度 / ℃
–5
0
5
10
15
20
25
30
35
0
–100
–200
–300
–400
–500
–600
–700
–800
–900
–1000
水深 / m

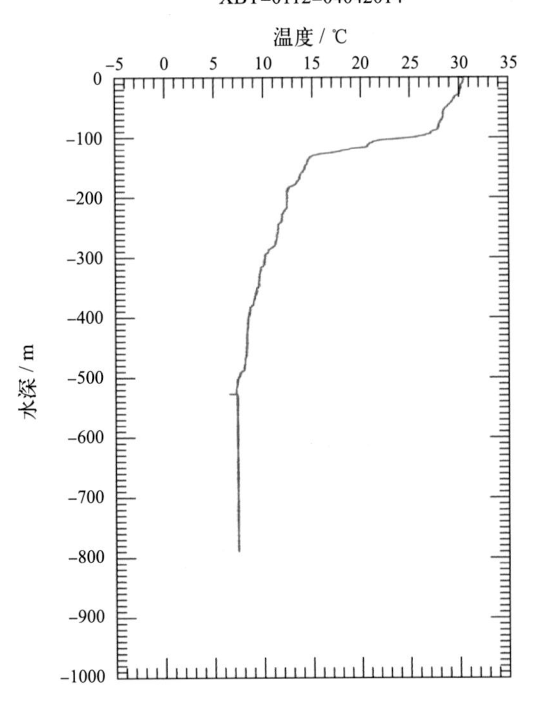
XBT–0112–04042014
温度 / ℃
–5
0
5
10
15
20
25
30
35
0
–100
–200
–300
–400
–500
–600
–700
–800
–900
–1000
水深 / m

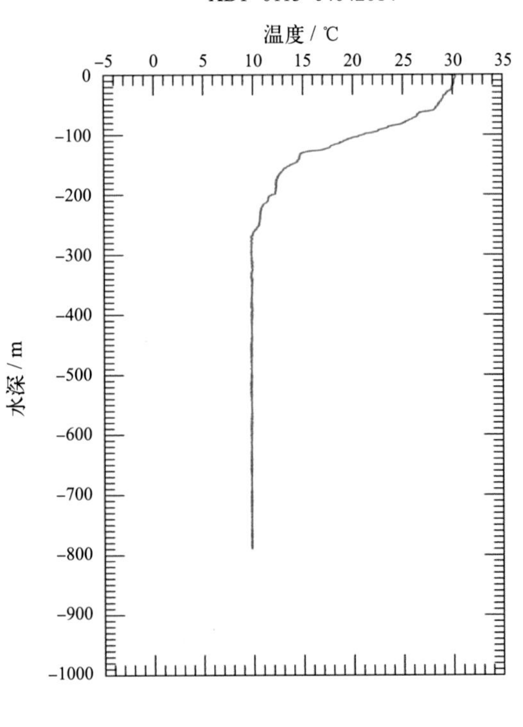
XBT–0113–04042014
温度 / ℃
–5
0
5
10
15
20
25
30
35
0
–100
–200
–300
–400
–500
–600
–700
–800
–900
–1000
水深 / m

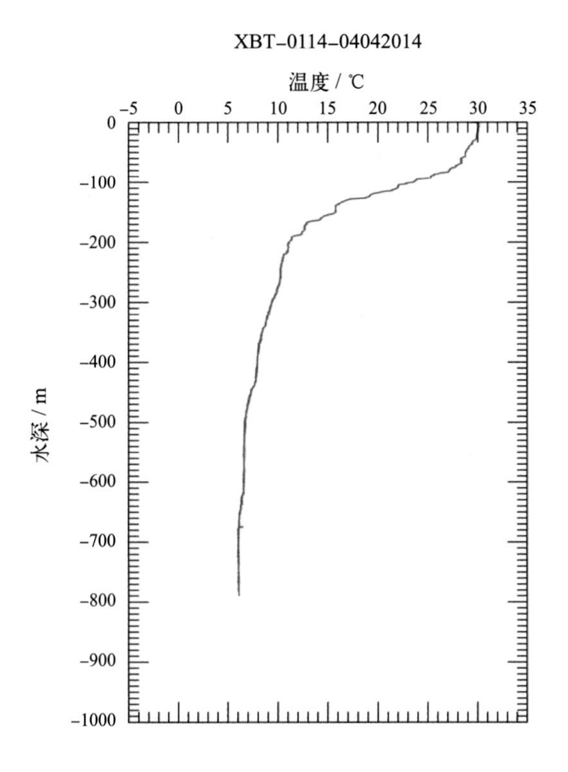
XBT-0114-04042014
温度 / ℃
-5 0 5 10 15 20 25 30 35
0 -100 -200 -300 -400 -500 -600 -700 -800 -900 -1000
水深 / m

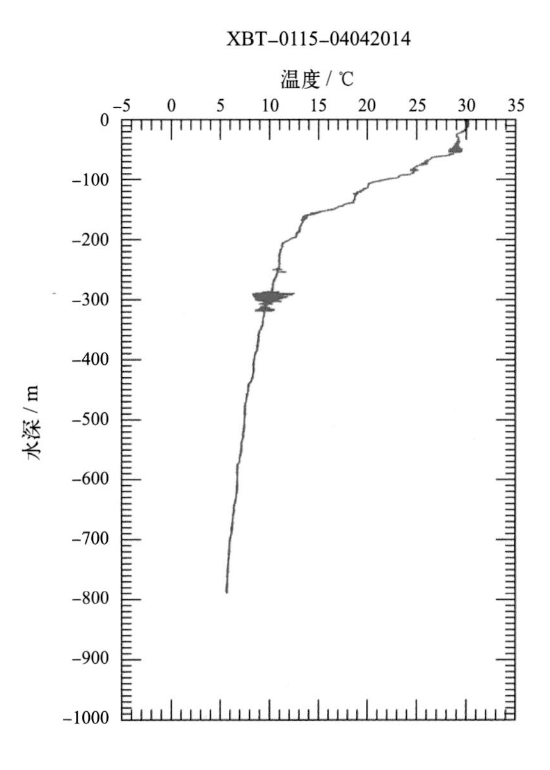
XBT-0115-04042014
温度 / ℃
-5 0 5 10 15 20 25 30 35
0 -100 -200 -300 -400 -500 -600 -700 -800 -900 -1000
水深 / m

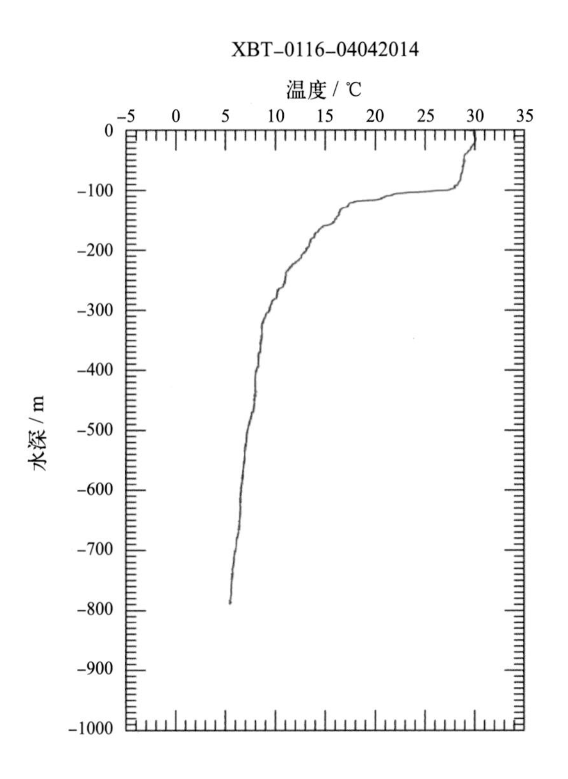
XBT-0116-04042014
温度 / ℃
-5 0 5 10 15 20 25 30 35
0 -100 -200 -300 -400 -500 -600 -700 -800 -900 -1000
水深 / m

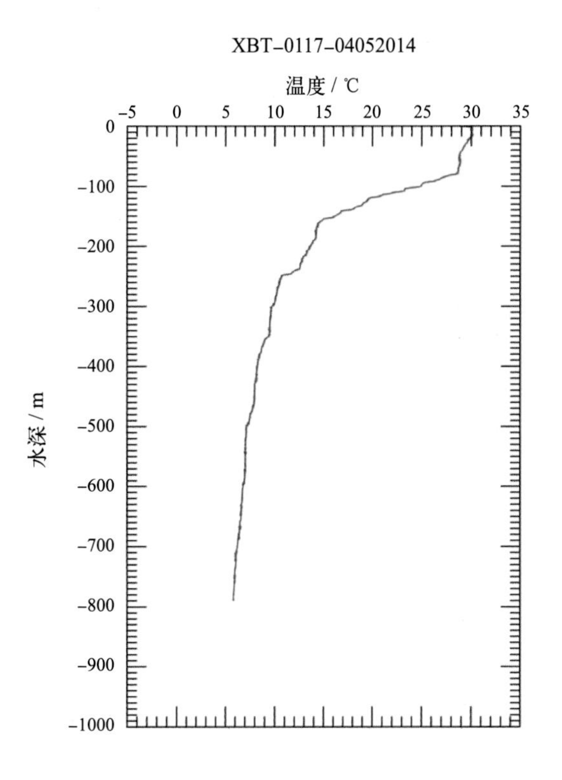
XBT-0117-04052014
温度 / ℃
-5 0 5 10 15 20 25 30 35
0 -100 -200 -300 -400 -500 -600 -700 -800 -900 -1000
水深 / m

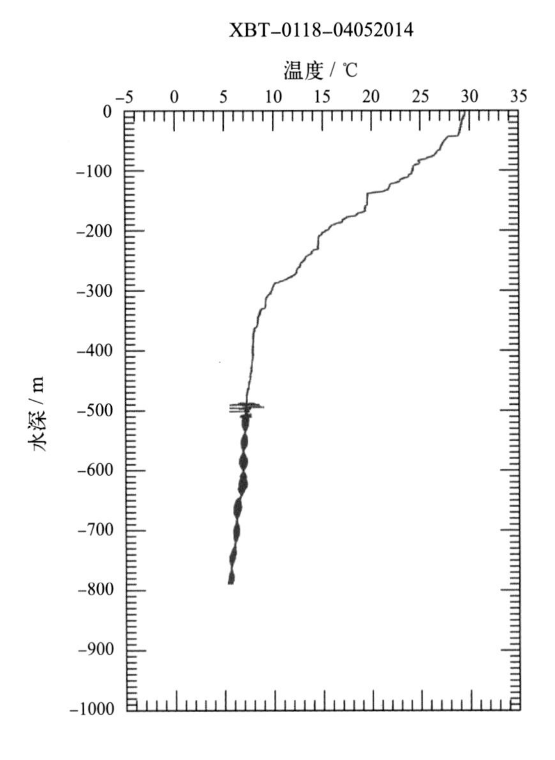
XBT–0118–04052014
温度 / ℃
水深 / m

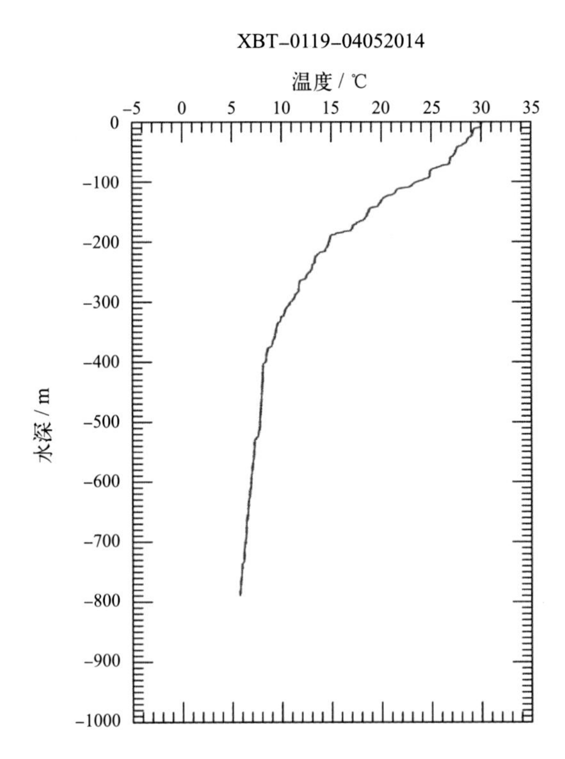
XBT–0119–04052014
温度 / ℃
水深 / m

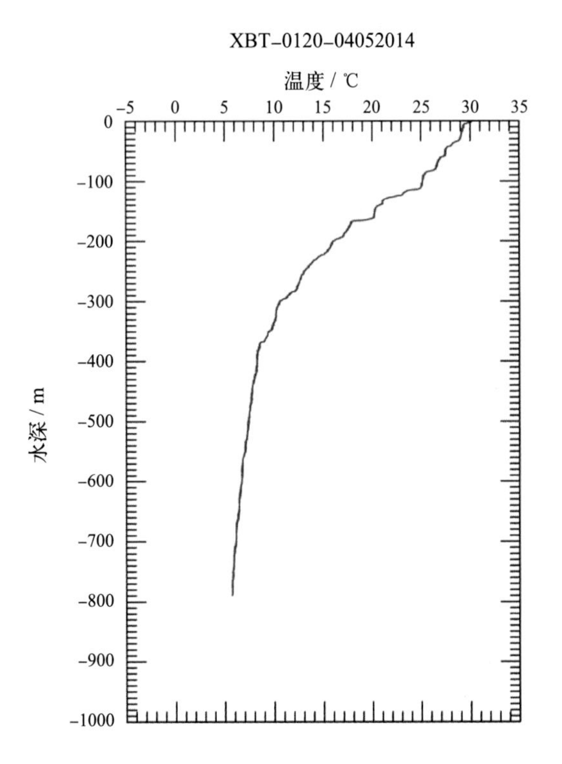
XBT–0120–04052014
温度 / ℃
水深 / m

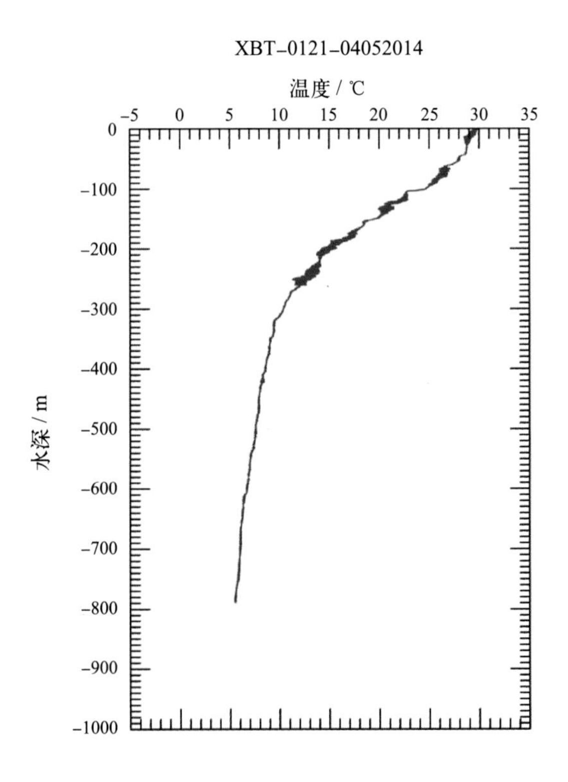
XBT–0121–04052014
温度 / ℃
水深 / m

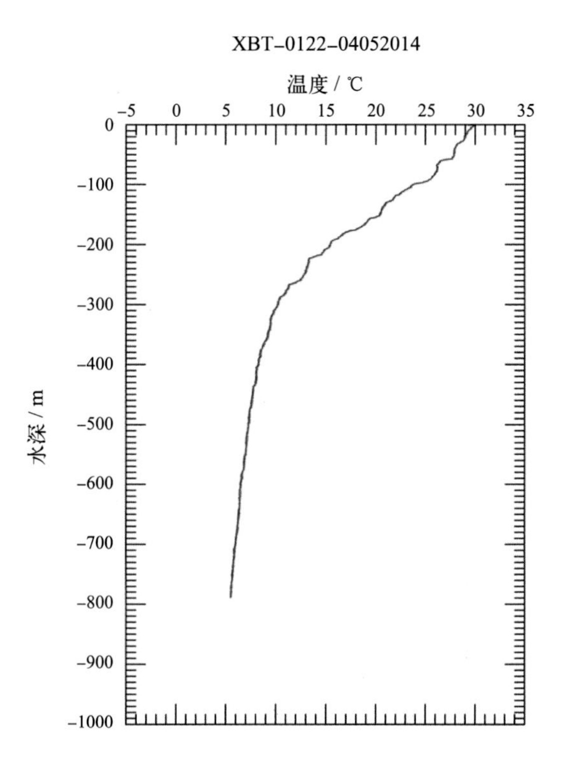
XBT–0122–04052014
温度 / ℃
水深 / m

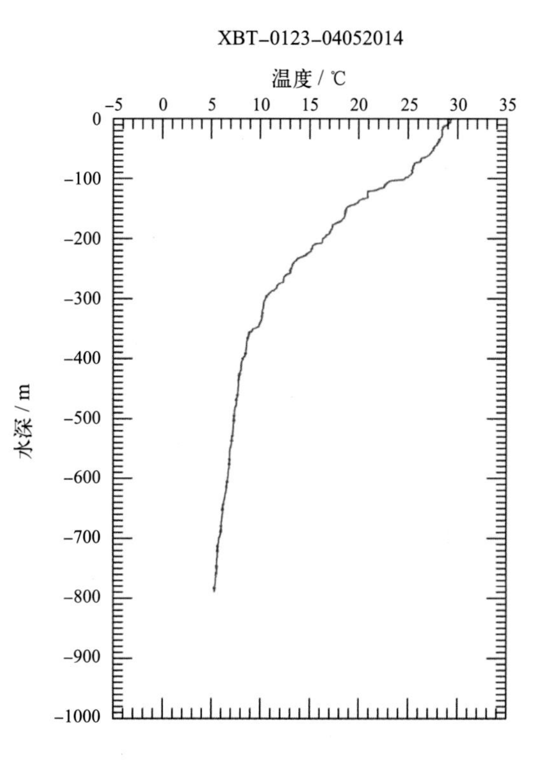
XBT–0123–04052014
温度 / ℃
水深 / m

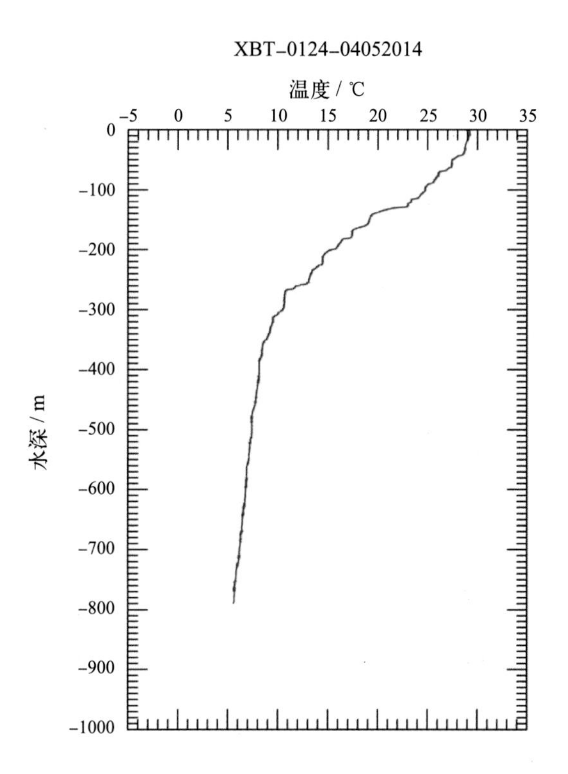
XBT–0124–04052014
温度 / ℃
水深 / m

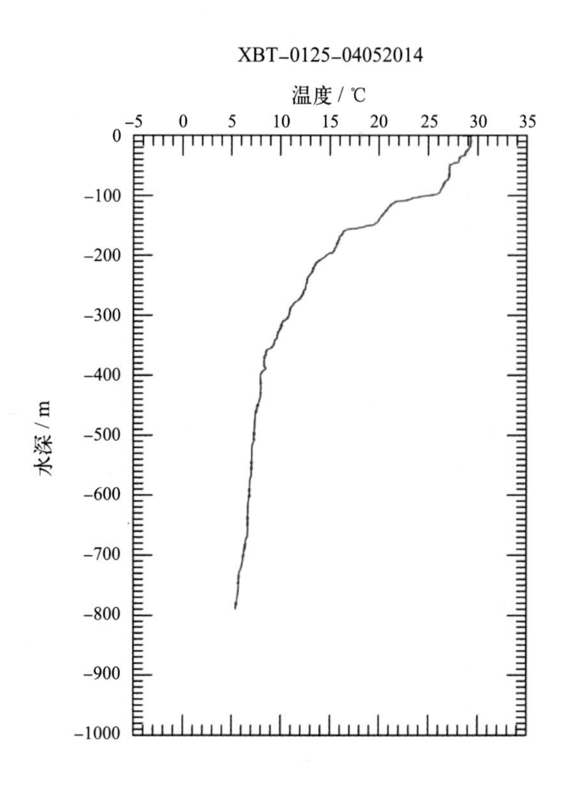
XBT–0125–04052014
温度 / ℃
水深 / m

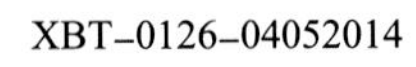

XBT–0126–04052014

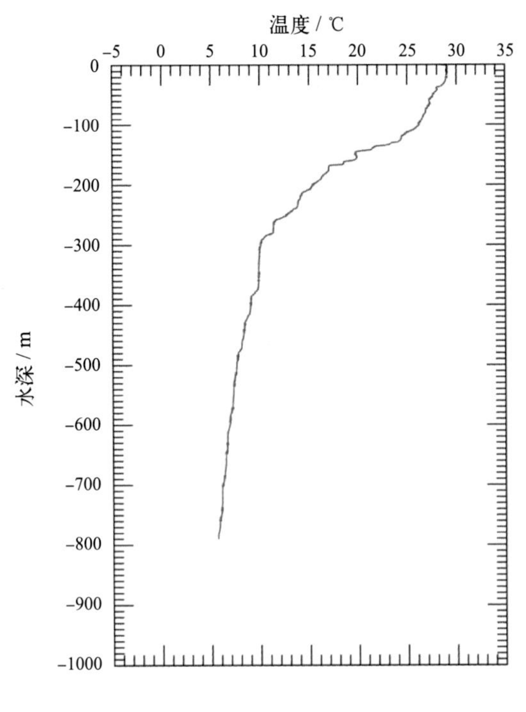

XBT–0127–04052014

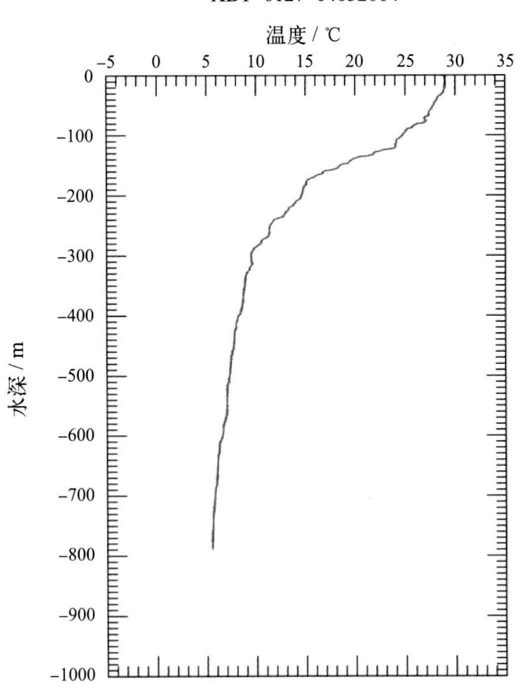

XBT–0128–04062014

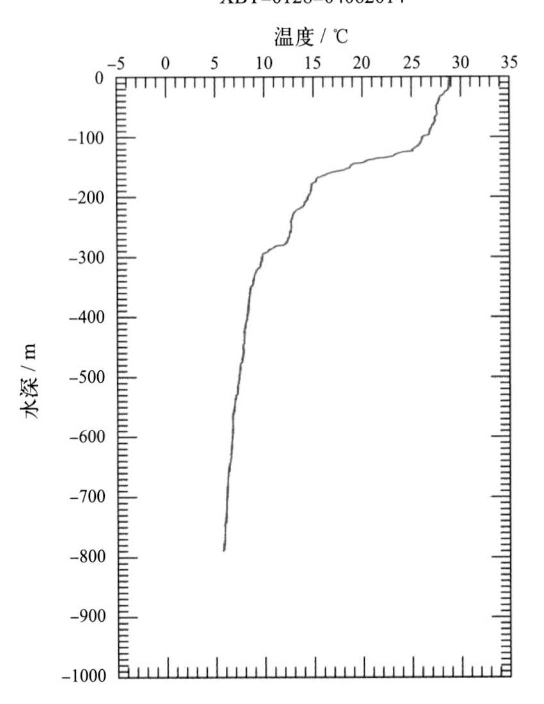

XBT–0129–04062014

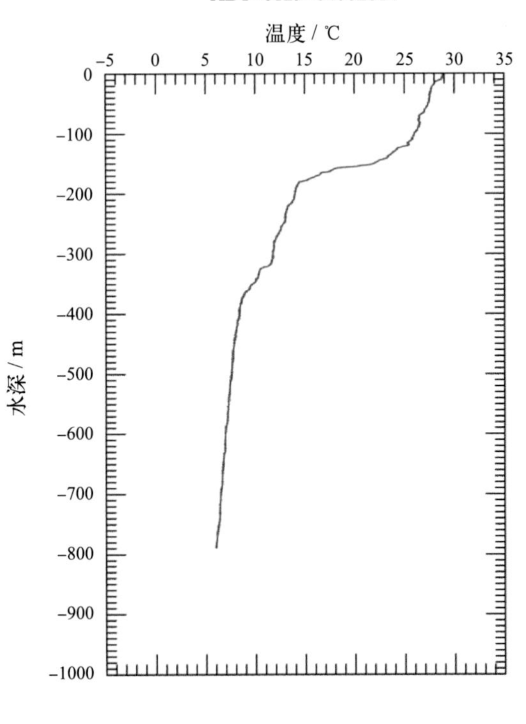

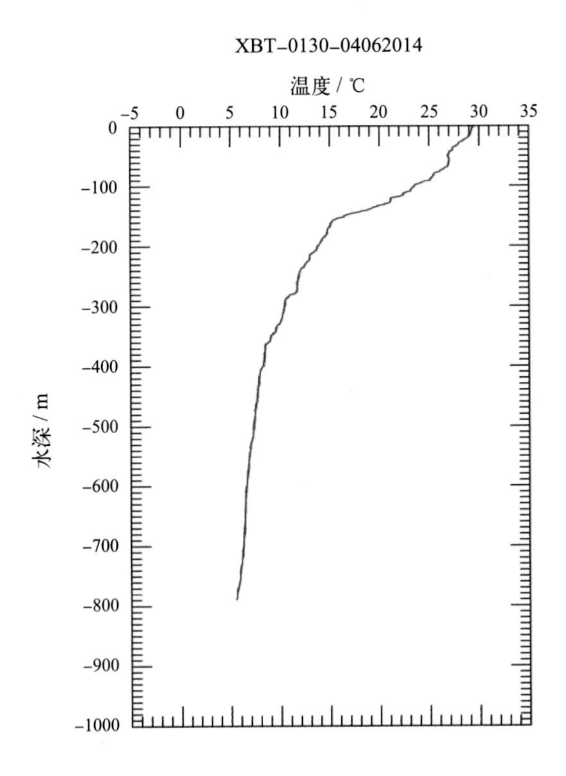
XBT–0130–04062014
温度 / ℃
–5 0 5 10 15 20 25 30 35
0 –100 –200 –300 –400 –500 –600 –700 –800 –900 –1000
水深 / m

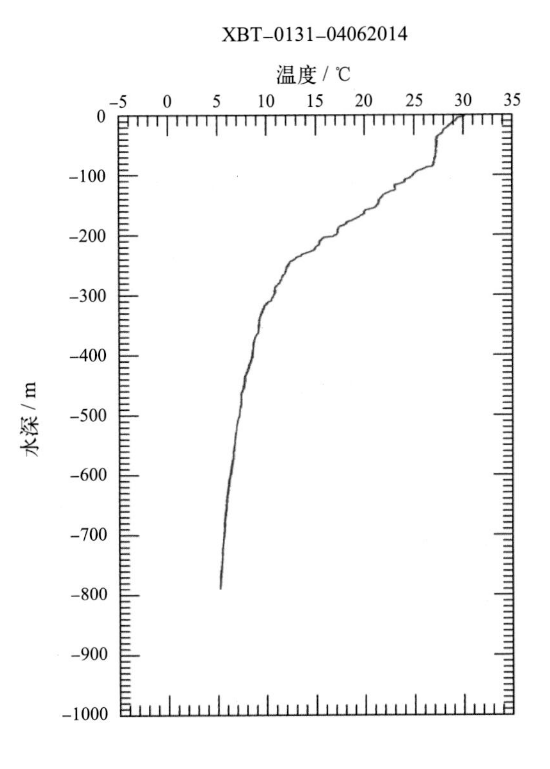
XBT–0131–04062014
温度 / ℃
–5 0 5 10 15 20 25 30 35
0 –100 –200 –300 –400 –500 –600 –700 –800 –900 –1000
水深 / m

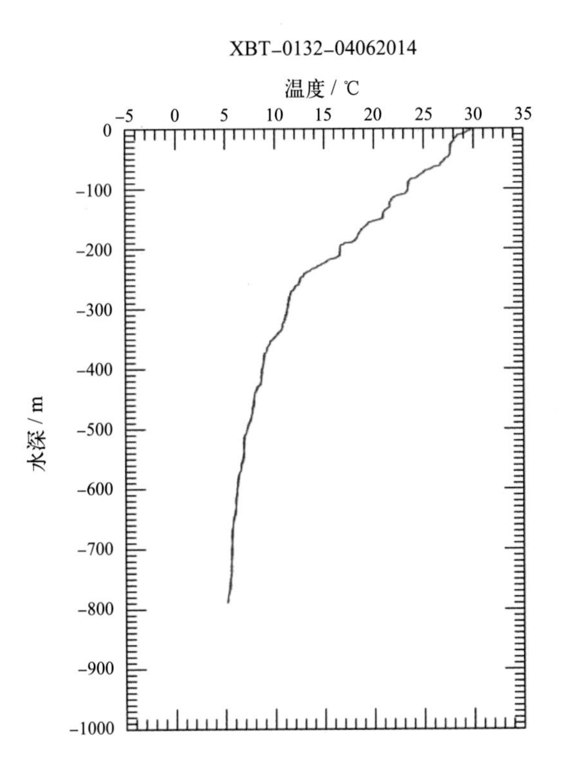
XBT–0132–04062014
温度 / ℃
–5 0 5 10 15 20 25 30 35
0 –100 –200 –300 –400 –500 –600 –700 –800 –900 –1000
水深 / m

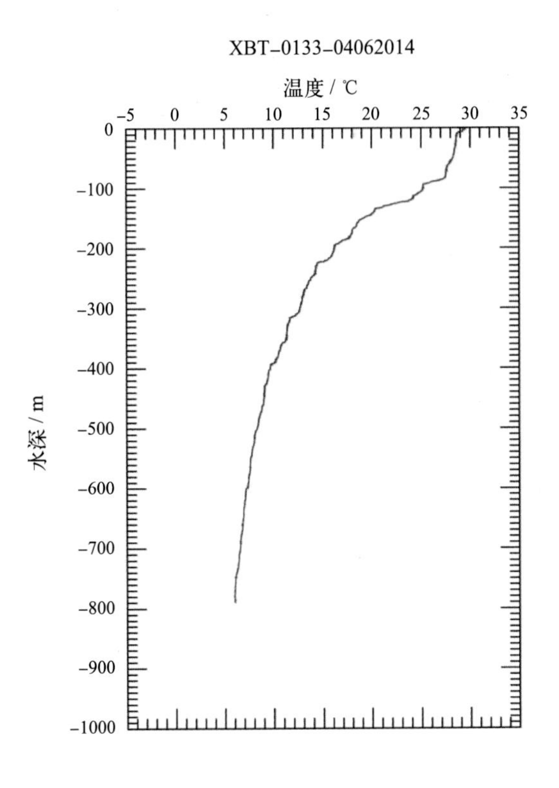
XBT–0133–04062014
温度 / ℃
–5 0 5 10 15 20 25 30 35
0 –100 –200 –300 –400 –500 –600 –700 –800 –900 –1000
水深 / m

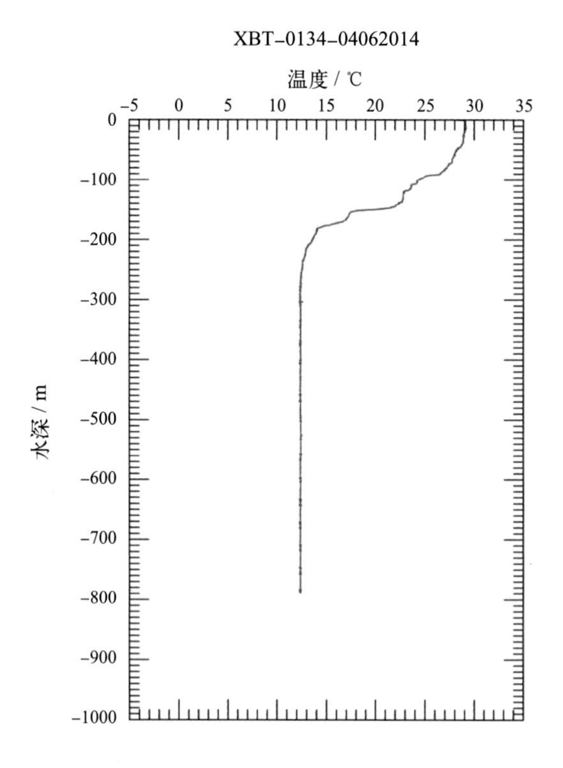
XBT-0134-04062014
温度 / ℃
−5
0
5
10
15
20
25
30
35
水深 / m
0
−100
−200
−300
−400
−500
−600
−700
−800
−900
−1000

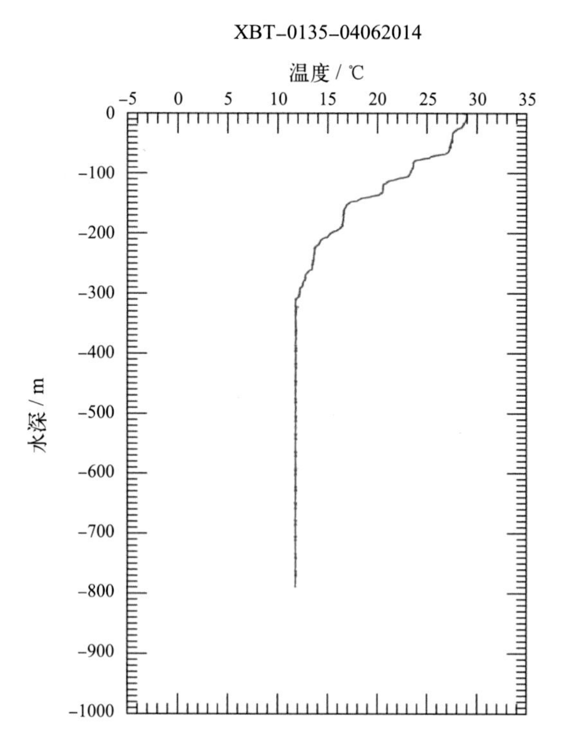
XBT-0135-04062014
温度 / ℃
−5
0
5
10
15
20
25
30
35
水深 / m
0
−100
−200
−300
−400
−500
−600
−700
−800
−900
−1000

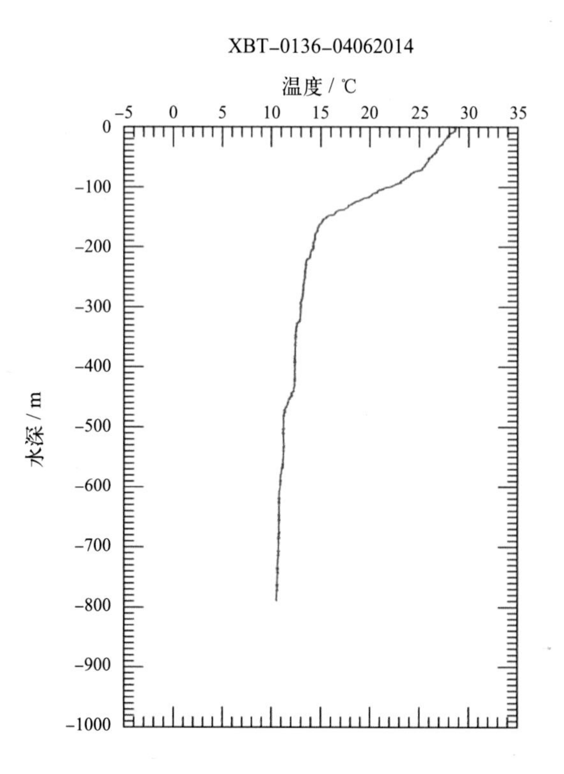
XBT-0136-04062014
温度 / ℃
−5
0
5
10
15
20
25
30
35
水深 / m
0
−100
−200
−300
−400
−500
−600
−700
−800
−900
−1000

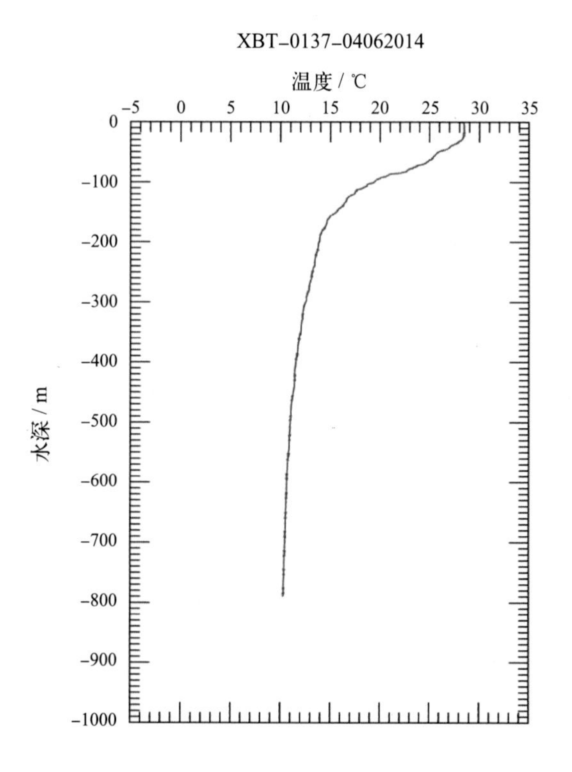
XBT-0137-04062014
温度 / ℃
−5
0
5
10
15
20
25
30
35
水深 / m
0
−100
−200
−300
−400
−500
−600
−700
−800
−900
−1000

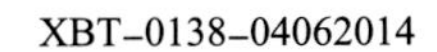
XBT–0138–04062014

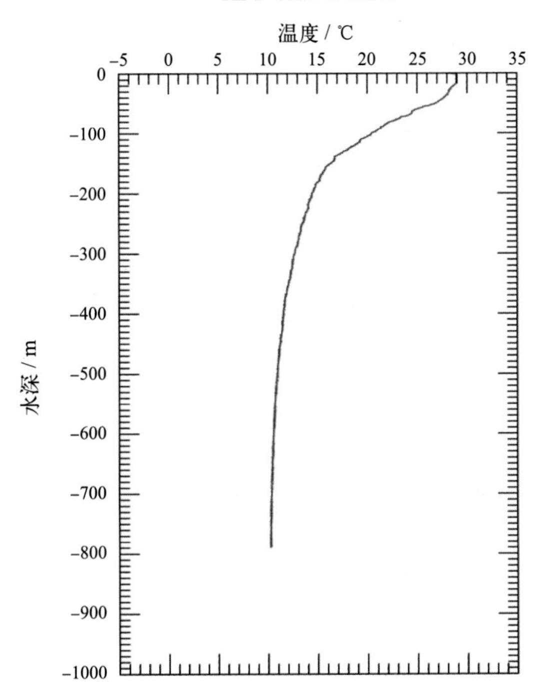
温度 / ℃
–5
0
5
10
15
20
25
30
35
0
–100
–200
–300
–400
–500
–600
–700
–800
–900
–1000
水深 / m

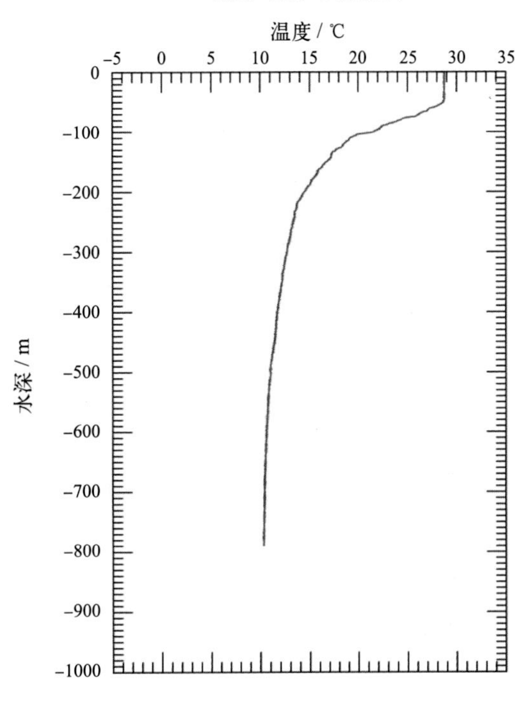
XBT–0139–04072014
温度 / ℃
–5
0
5
10
15
20
25
30
35
0
–100
–200
–300
–400
–500
–600
–700
–800
–900
–1000
水深 / m

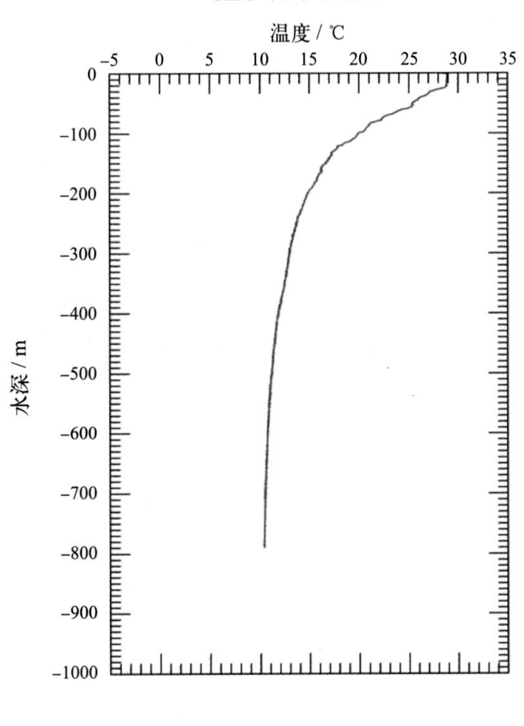
XBT–0140–04072014
温度 / ℃
–5
0
5
10
15
20
25
30
35
0
–100
–200
–300
–400
–500
–600
–700
–800
–900
–1000
水深 / m

4.3.3 基于 XCTD 的温盐剖面

4.3.3.1 大断面剖面

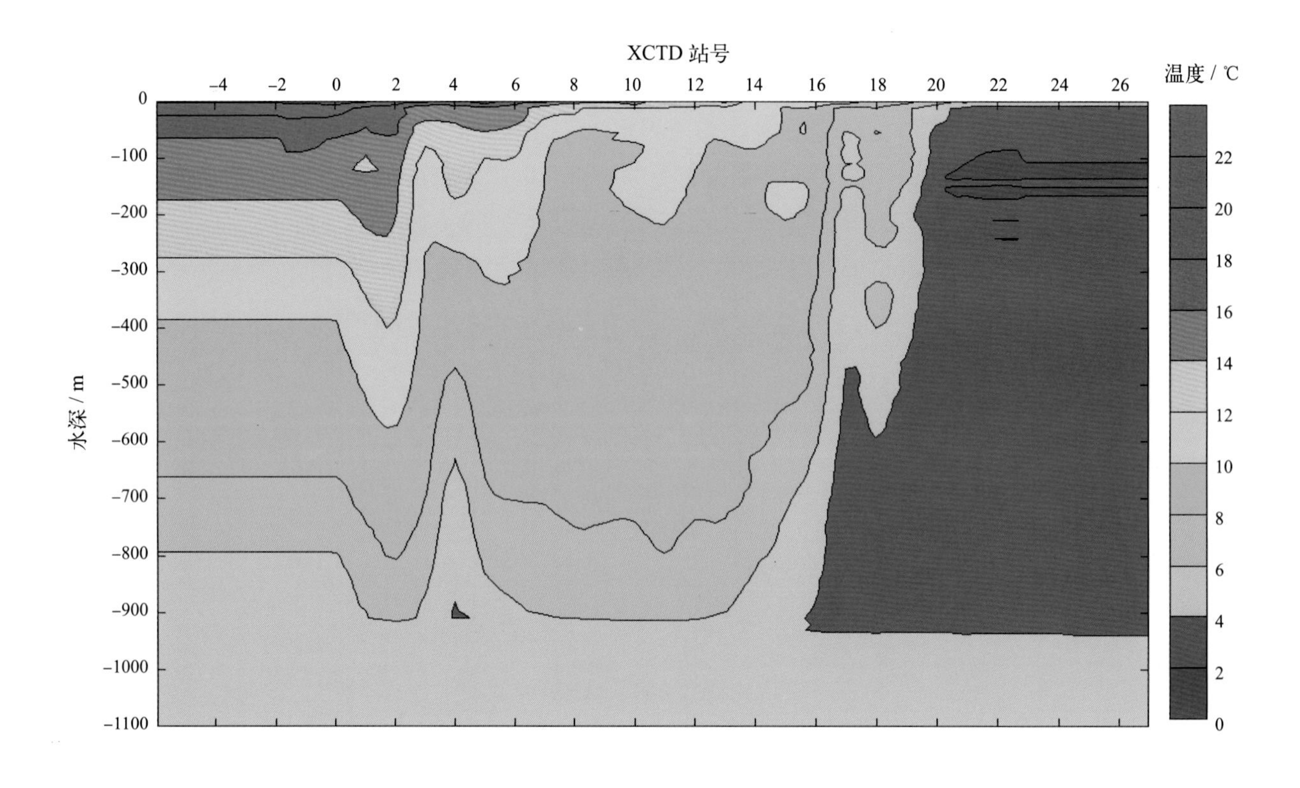

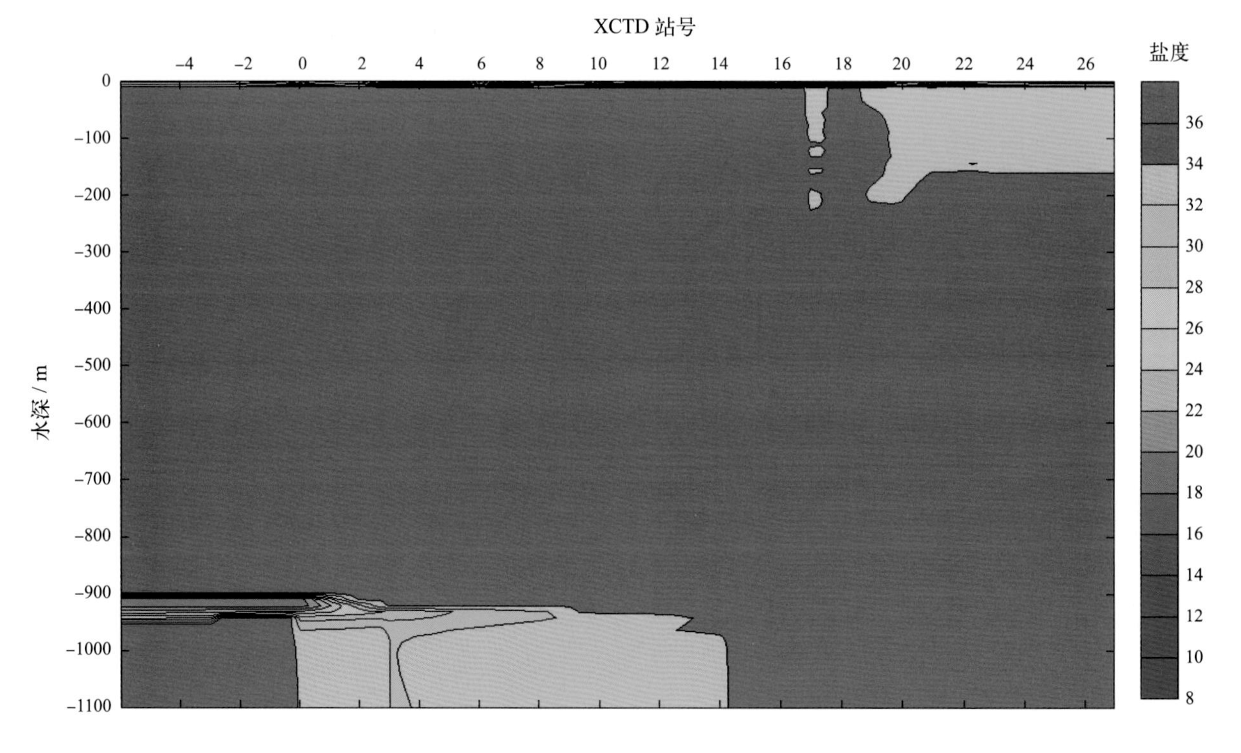

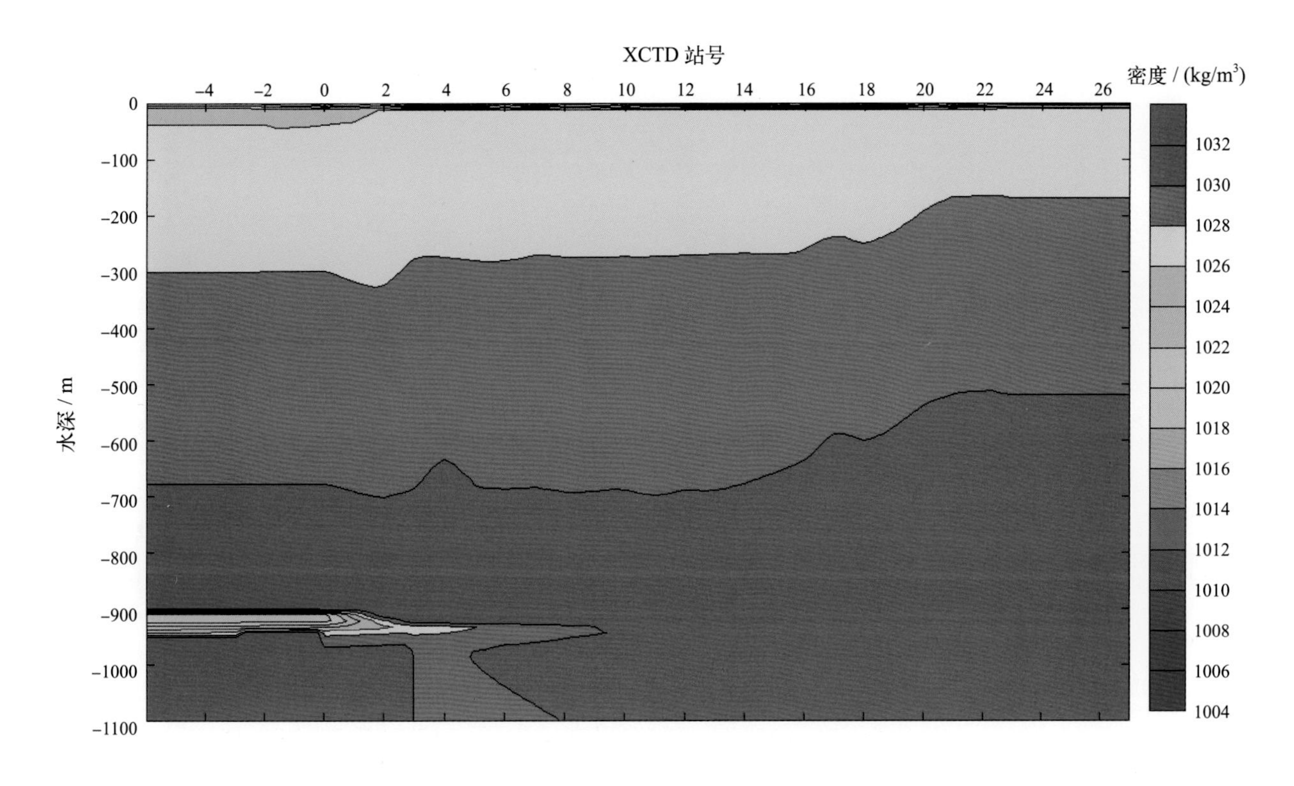

图 4-14 大断面 C1 温度、盐度与密度剖面图

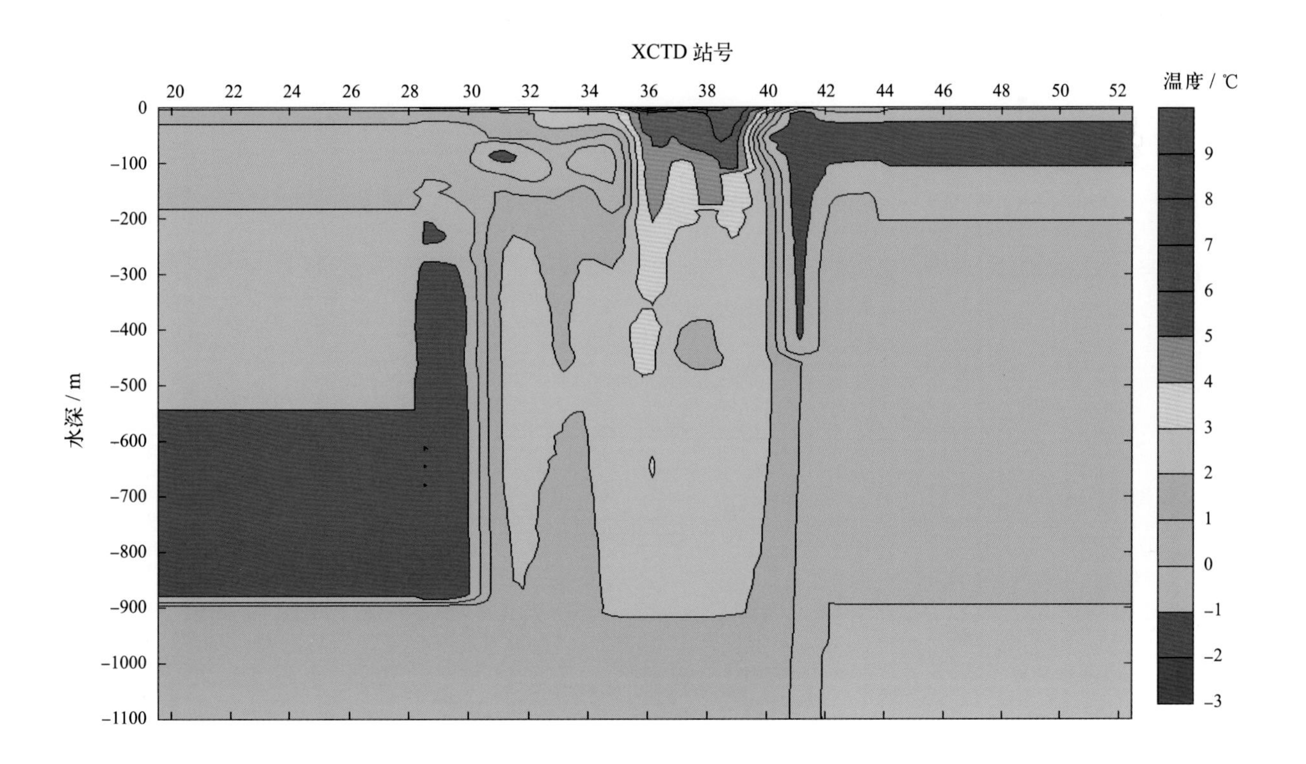

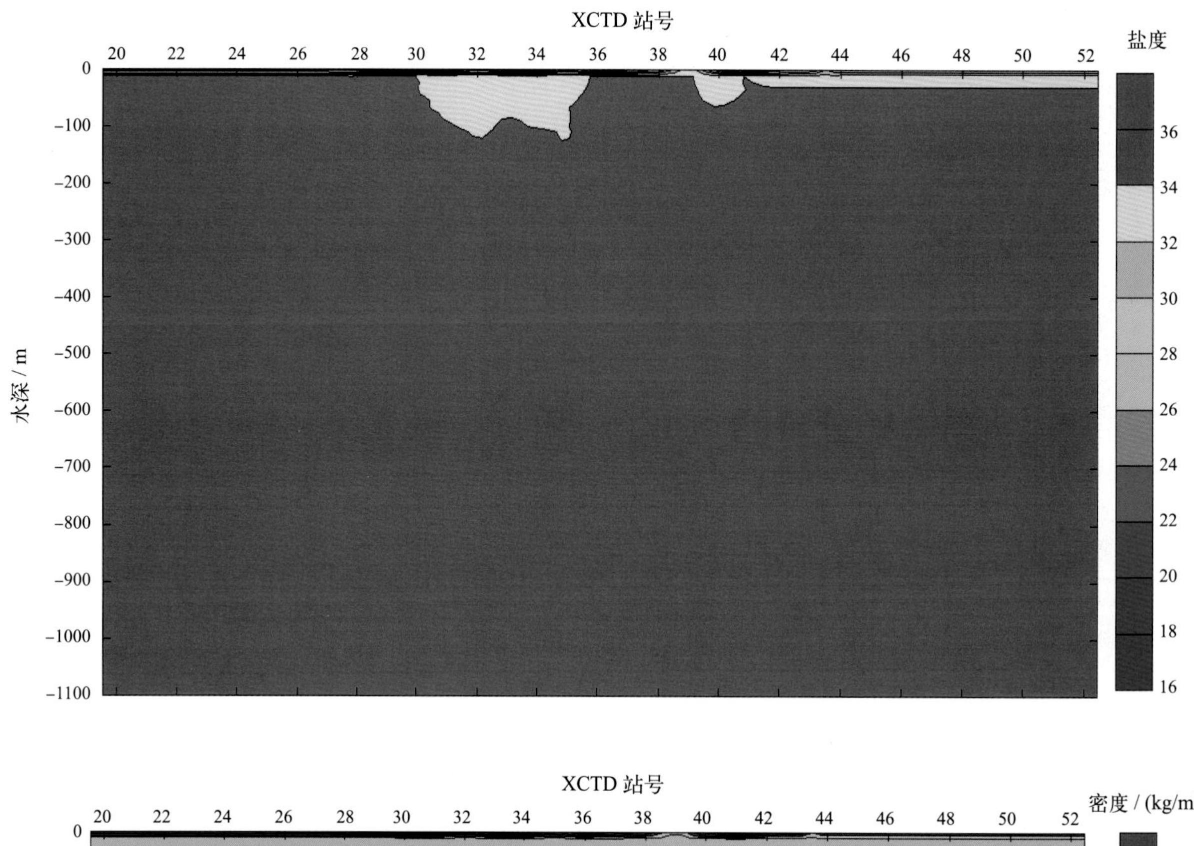

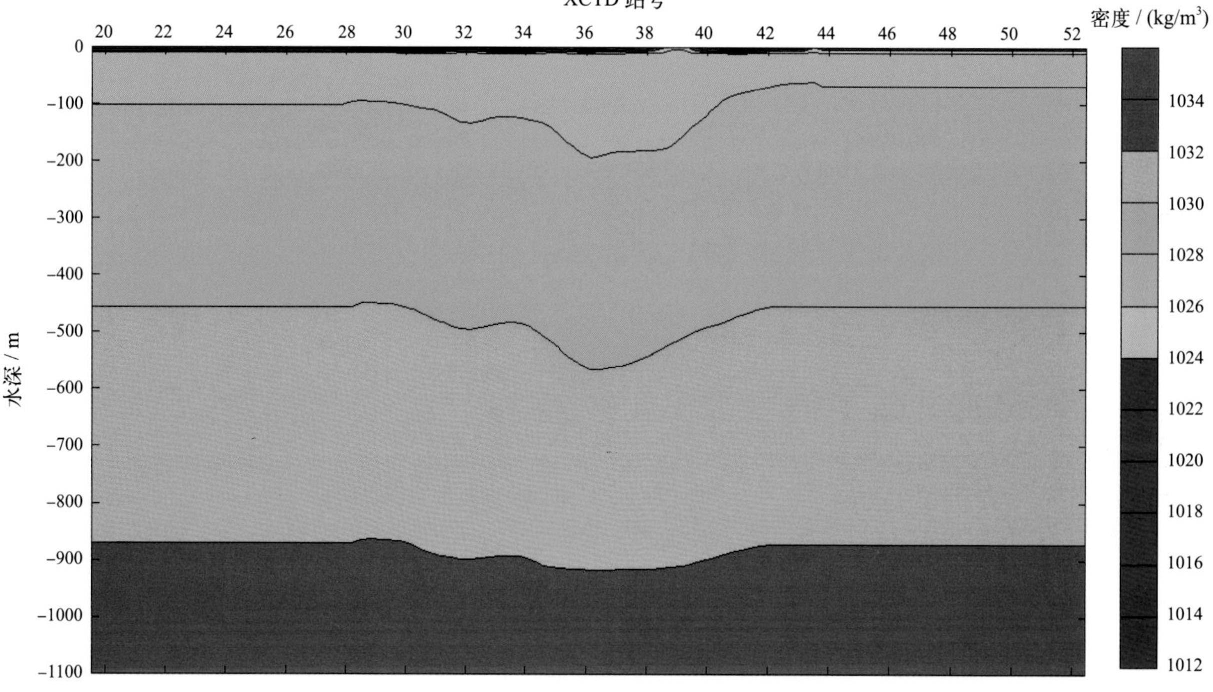

图 4-15　大断面 C2 温度、盐度与密度剖面图

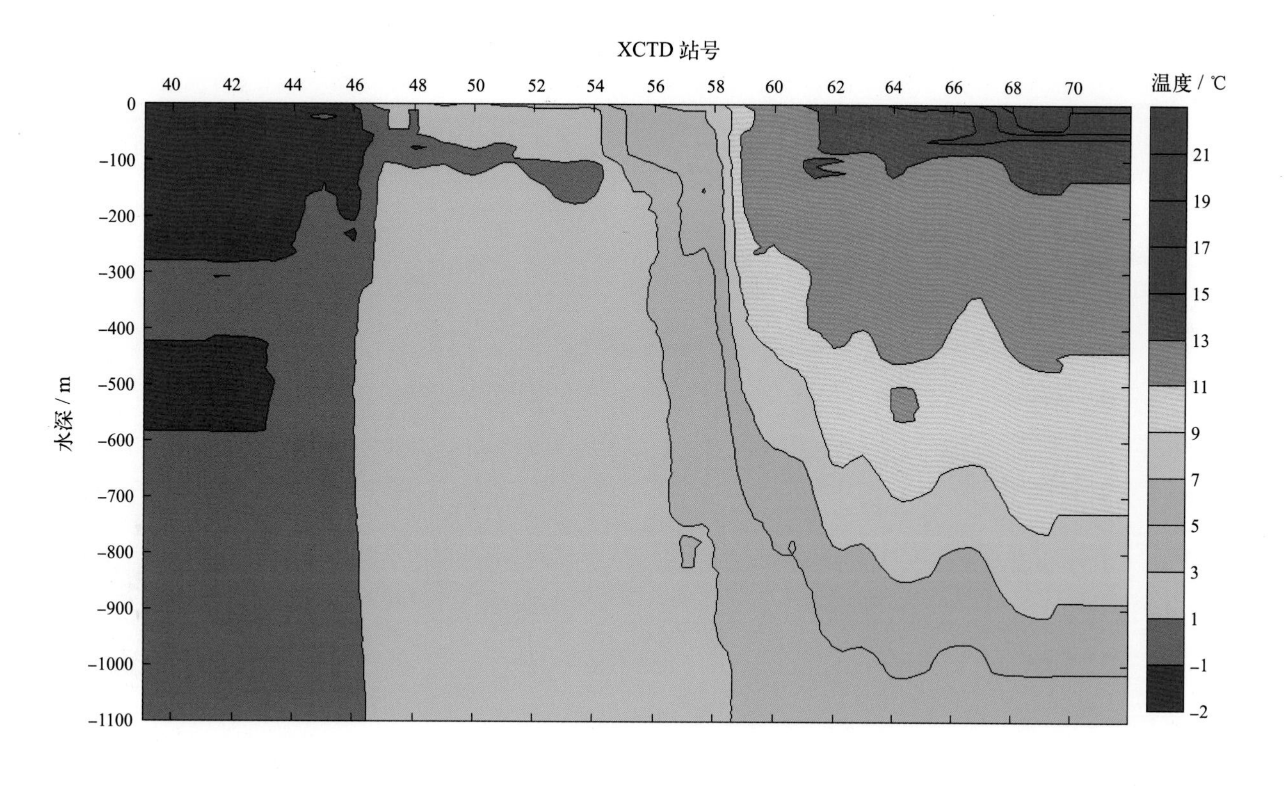
XCTD 站号
40
42
44
46
48
50
52
54
56
58
60
62
64
66
68
70
温度 / ℃
21
19
17
15
13
11
9
7
5
3
1
−1
−2
0
-100
-200
-300
-400
-500
-600
-700
-800
-900
-1000
-1100
水深 / m

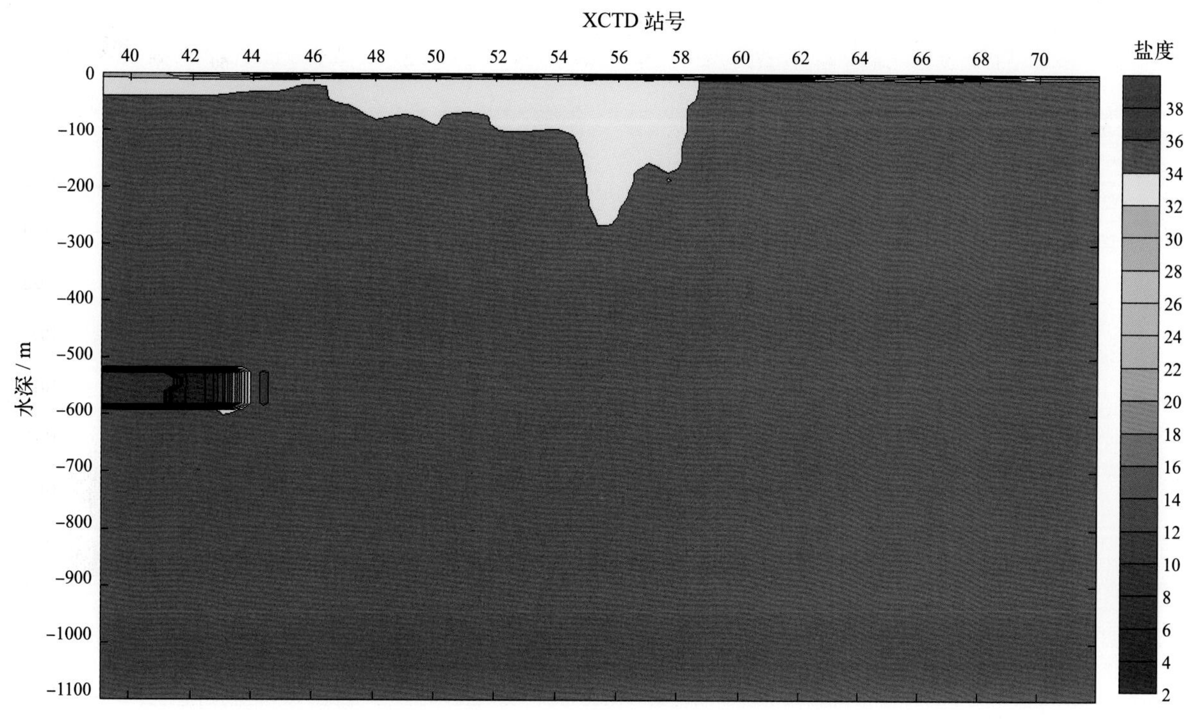
XCTD 站号
40
42
44
46
48
50
52
54
56
58
60
62
64
66
68
70
盐度
38
36
34
32
30
28
26
24
22
20
18
16
14
12
10
8
6
4
2
0
-100
-200
-300
-400
-500
-600
-700
-800
-900
-1000
-1100
水深 / m

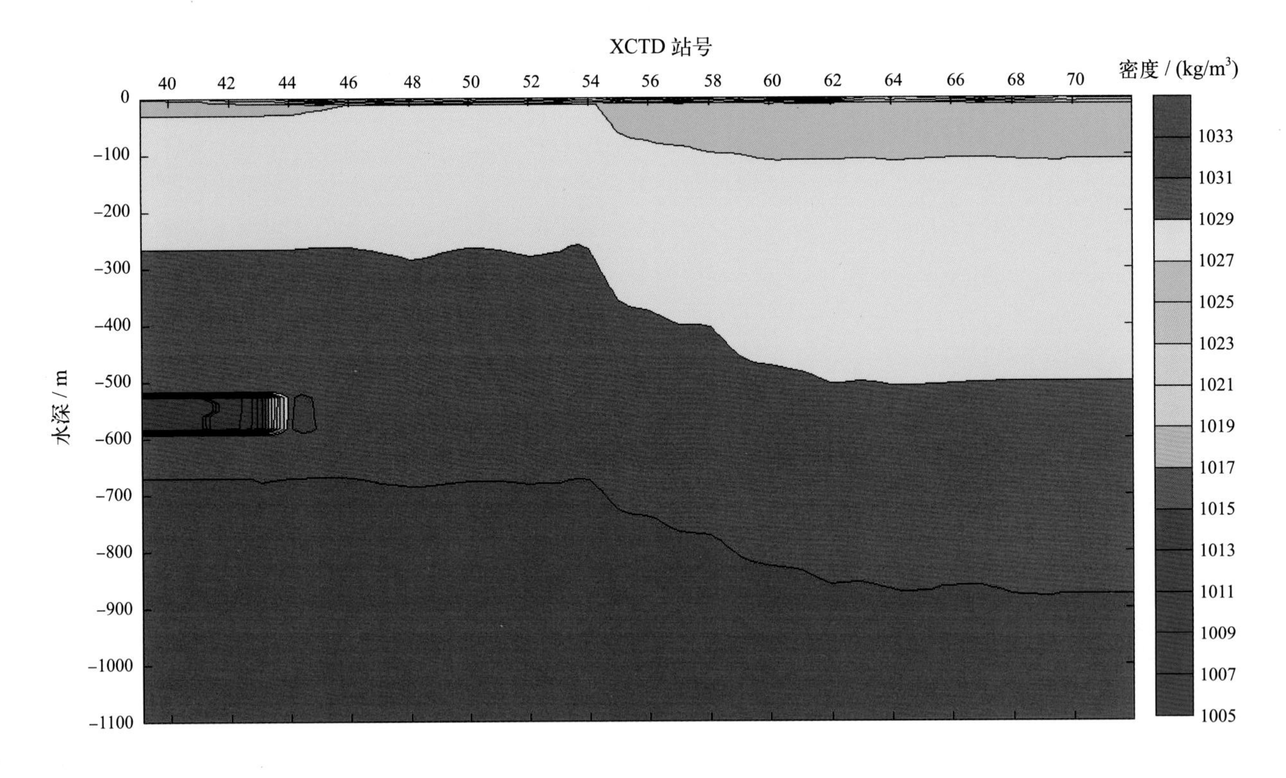

图 4-16 大断面 C3 温度、盐度与密度剖面图

4.3.3.2 XCTD 各站位垂直剖面

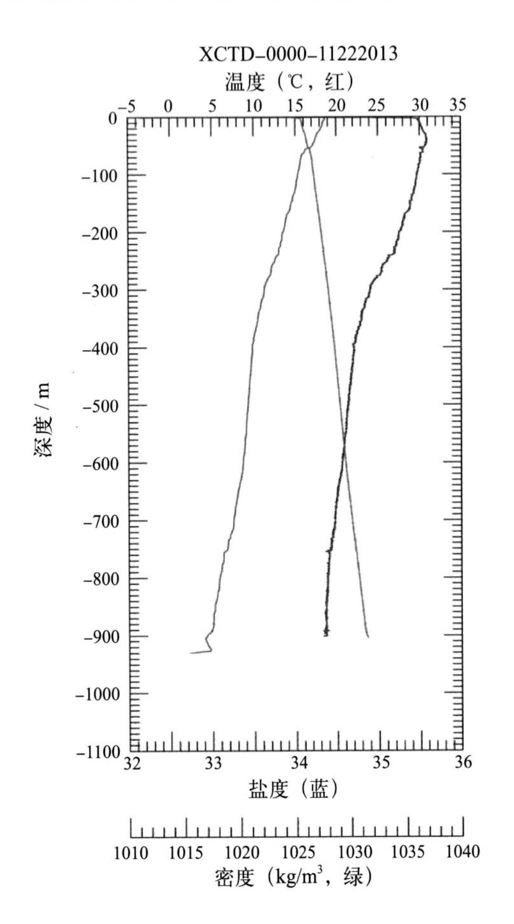

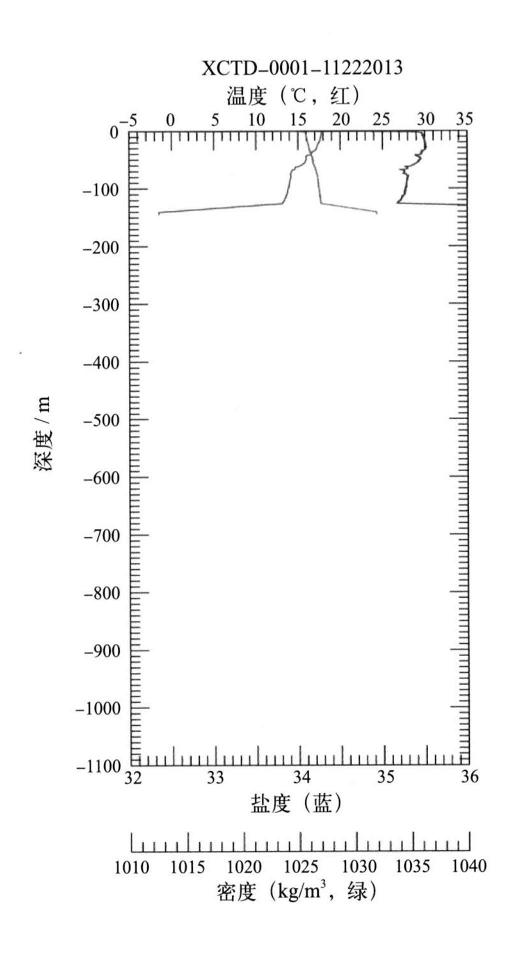

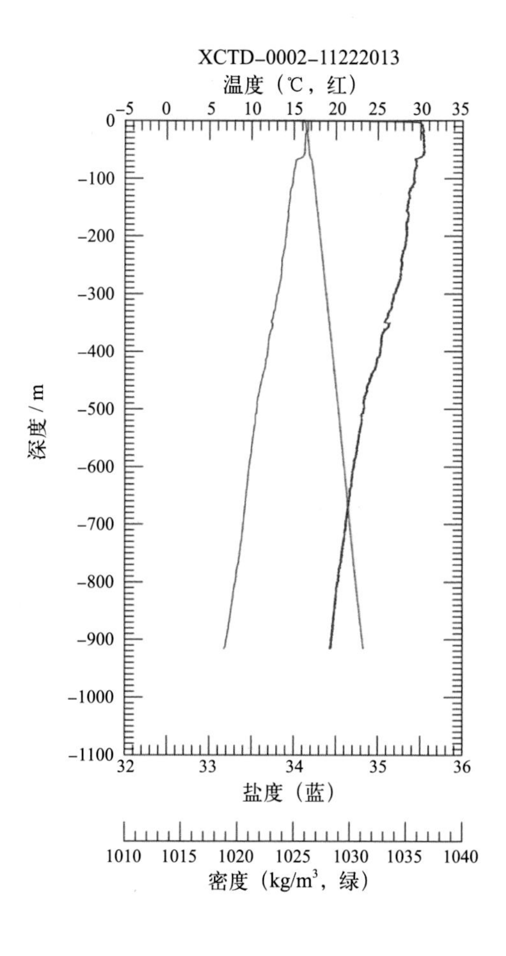
XCTD-0002-11222013
温度（℃，红）
深度 / m
盐度（蓝）
密度（kg/m³，绿）

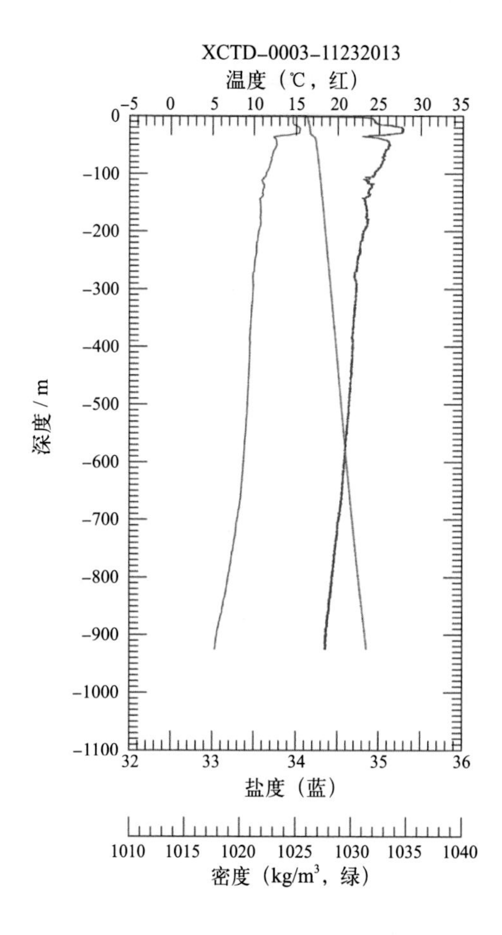
XCTD-0003-11232013
温度（℃，红）
深度 / m
盐度（蓝）
密度（kg/m³，绿）

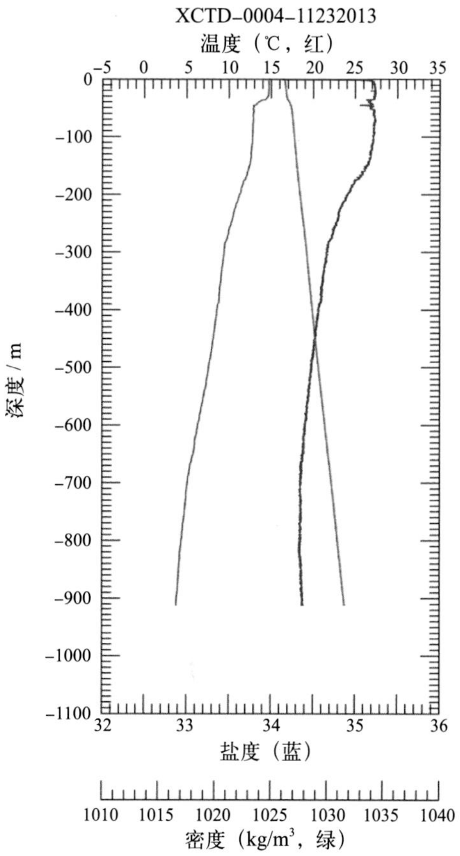
XCTD-0004-11232013
温度（℃，红）
深度 / m
盐度（蓝）
密度（kg/m³，绿）

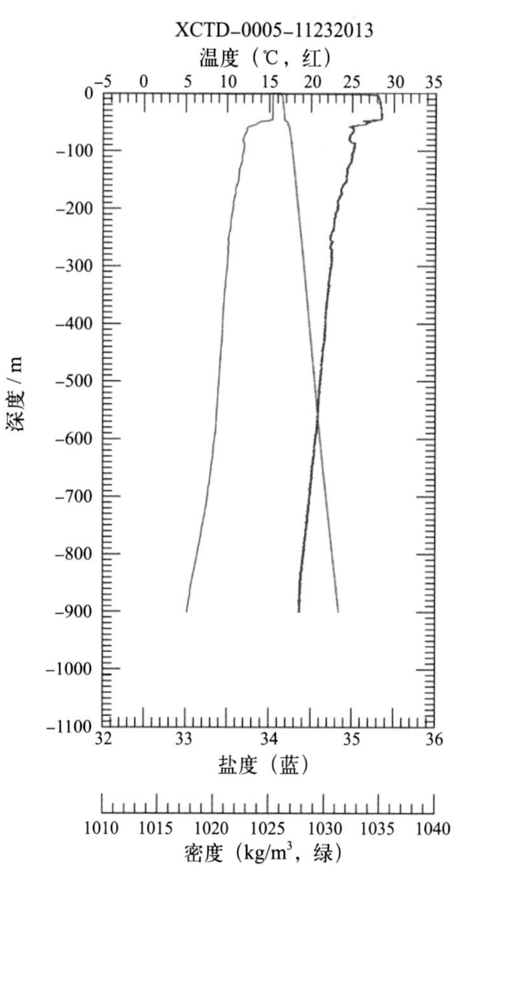
XCTD-0005-11232013
温度（℃，红）
深度 / m
盐度（蓝）
密度（kg/m³，绿）

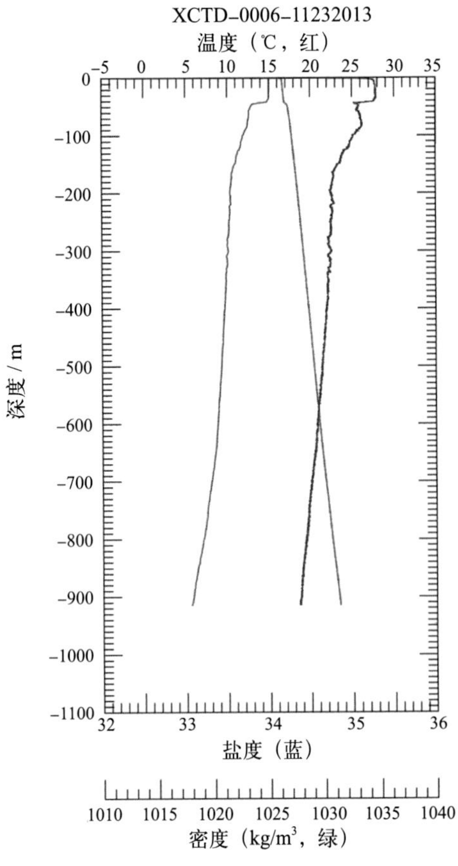

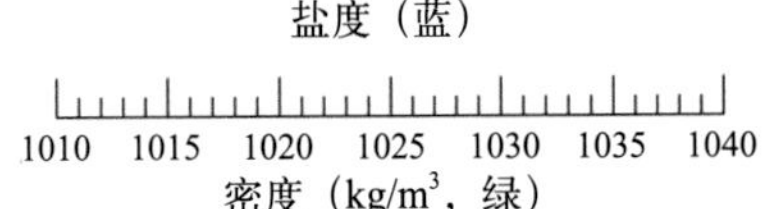

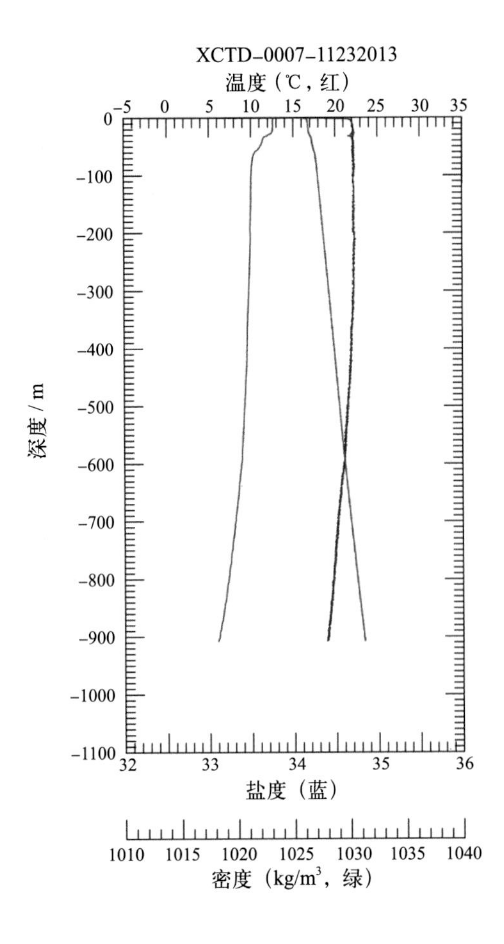

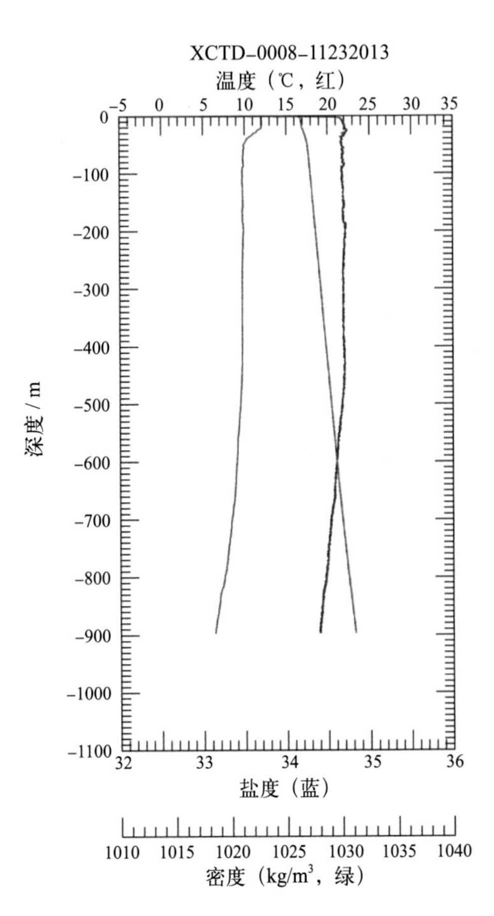

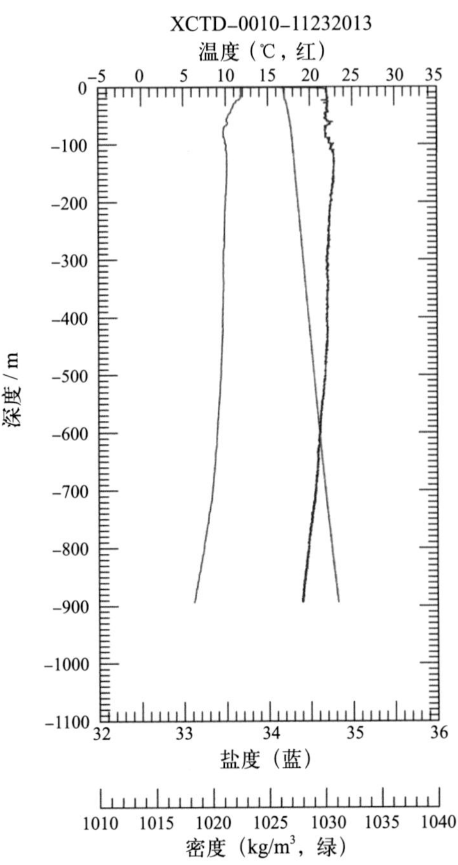

1010 1015 1020 1025 1030 1035 1040
密度（kg/m3，绿）

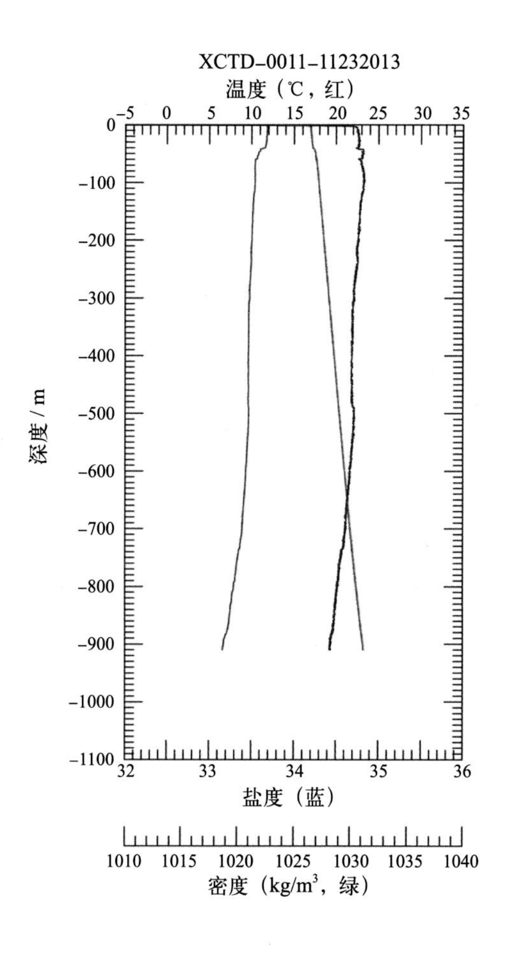
XCTD-0011-11232013
温度（℃，红）
深度 / m
盐度（蓝）
密度（kg/m³，绿）

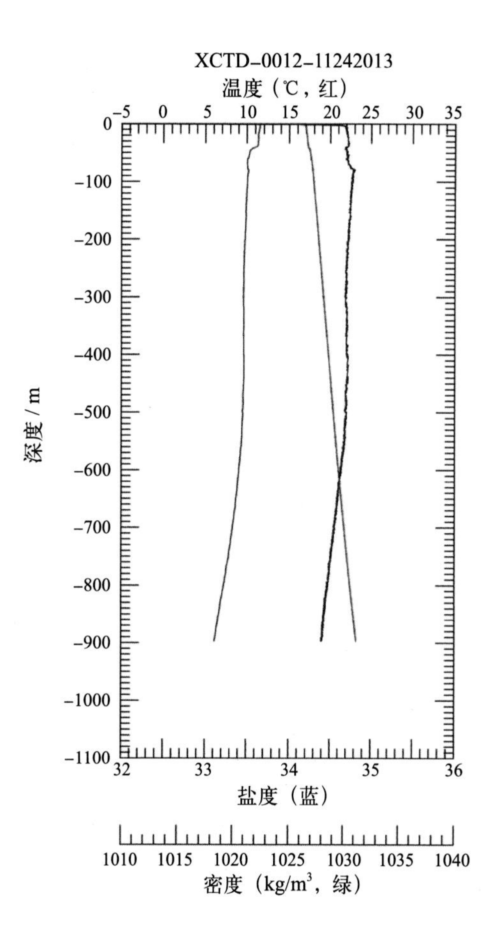
XCTD-0012-11242013
温度（℃，红）
深度 / m
盐度（蓝）
密度（kg/m³，绿）

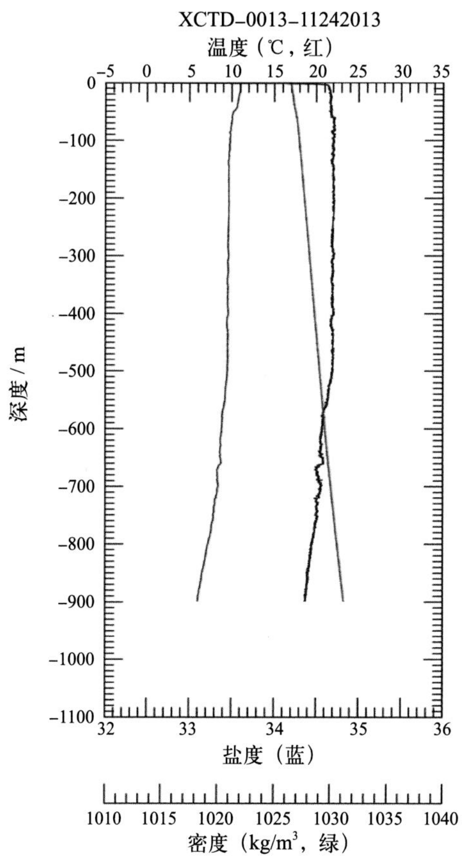
XCTD-0013-11242013
温度（℃，红）
深度 / m
盐度（蓝）
密度（kg/m³，绿）

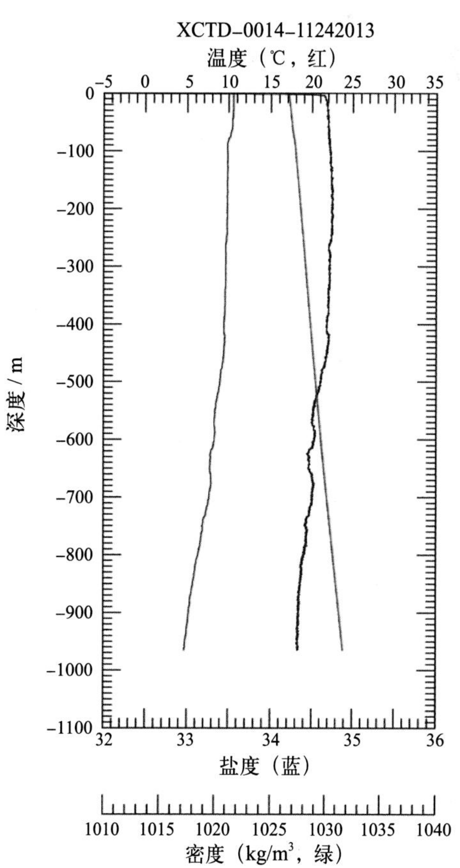
XCTD-0014-11242013
温度（℃，红）
深度 / m
盐度（蓝）
密度（kg/m³，绿）

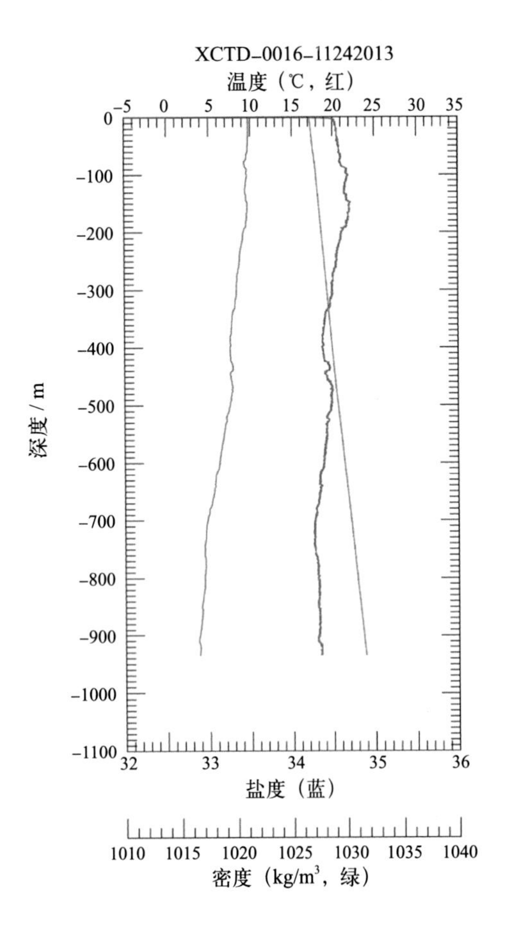
XCTD-0016-11242013
温度（℃，红）
-5 0 5 10 15 20 25 30 35
0
-100
-200
-300
-400
-500
-600
-700
-800
-900
-1000
-1100
深度 / m
32 33 34 35 36
盐度（蓝）
1010 1015 1020 1025 1030 1035 1040
密度（kg/m³，绿）

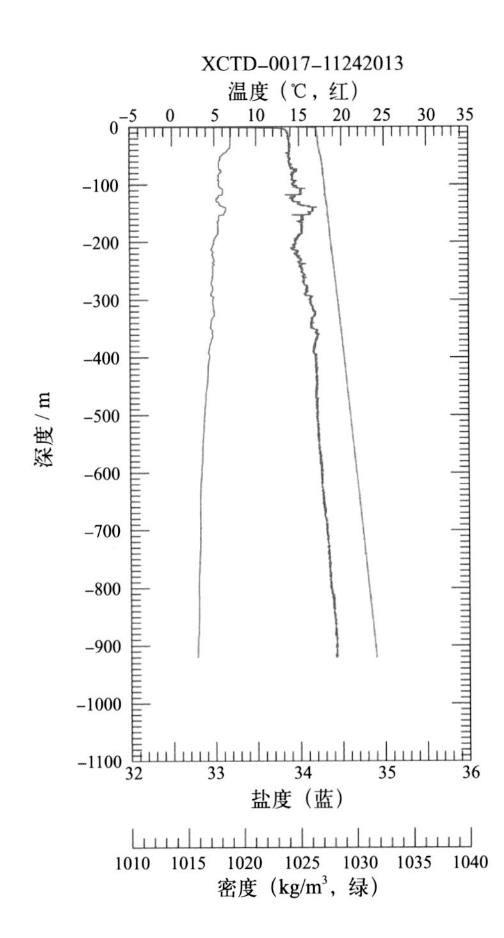
XCTD-0017-11242013
温度（℃，红）
-5 0 5 10 15 20 25 30 35
0
-100
-200
-300
-400
-500
-600
-700
-800
-900
-1000
-1100
深度 / m
32 33 34 35 36
盐度（蓝）
1010 1015 1020 1025 1030 1035 1040
密度（kg/m³，绿）

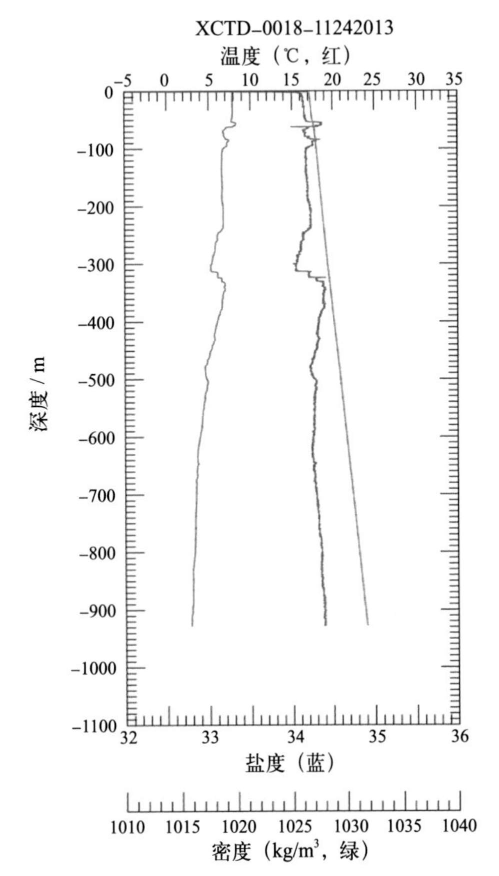
XCTD-0018-11242013
温度（℃，红）
-5 0 5 10 15 20 25 30 35
0
-100
-200
-300
-400
-500
-600
-700
-800
-900
-1000
-1100
深度 / m
32 33 34 35 36
盐度（蓝）
1010 1015 1020 1025 1030 1035 1040
密度（kg/m³，绿）

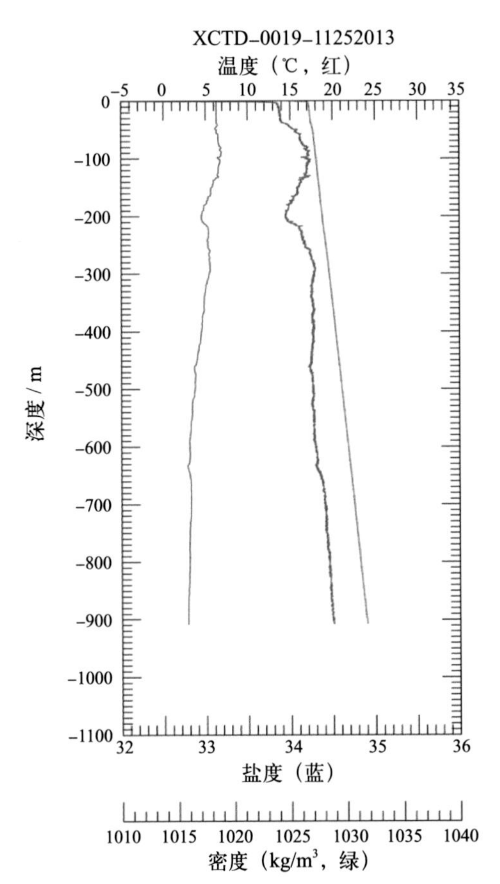
XCTD-0019-11252013
温度（℃，红）
-5 0 5 10 15 20 25 30 35
0
-100
-200
-300
-400
-500
-600
-700
-800
-900
-1000
-1100
深度 / m
32 33 34 35 36
盐度（蓝）
1010 1015 1020 1025 1030 1035 1040
密度（kg/m³，绿）

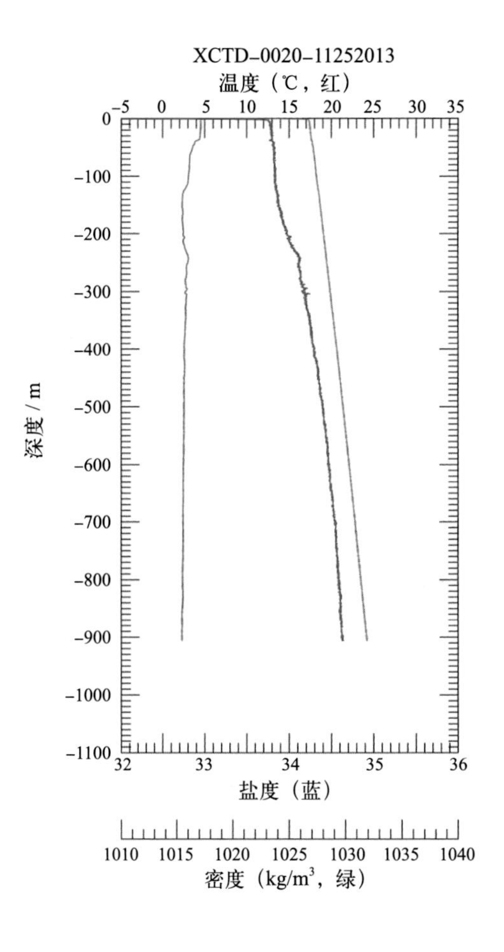
XCTD-0020-11252013
温度（℃，红）
深度 / m
盐度（蓝）
密度（kg/m³，绿）

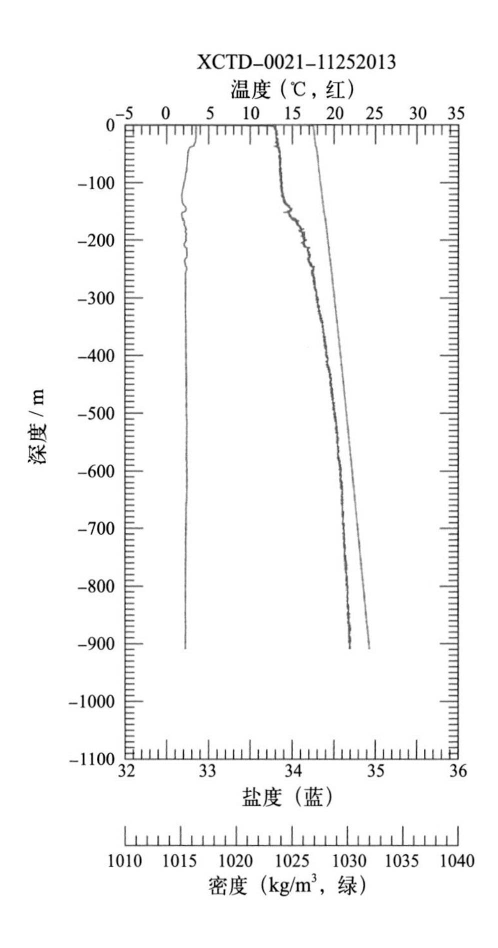
XCTD-0021-11252013
温度（℃，红）
深度 / m
盐度（蓝）
密度（kg/m³，绿）

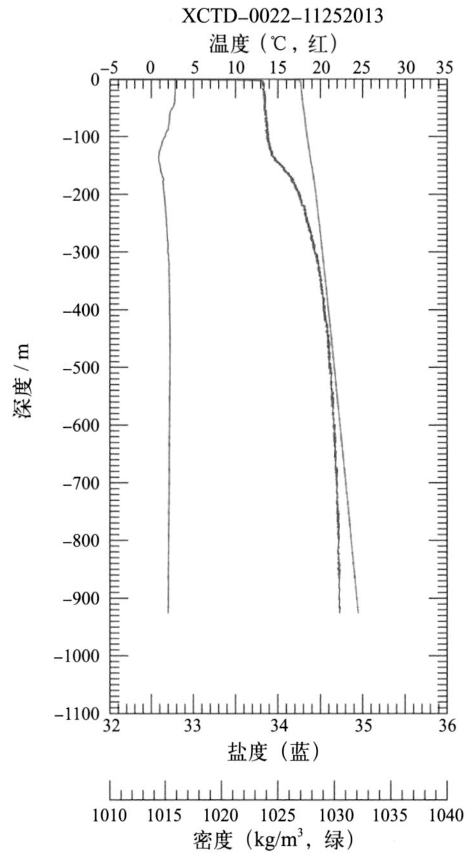
XCTD-0022-11252013
温度（℃，红）
深度 / m
盐度（蓝）
密度（kg/m³，绿）

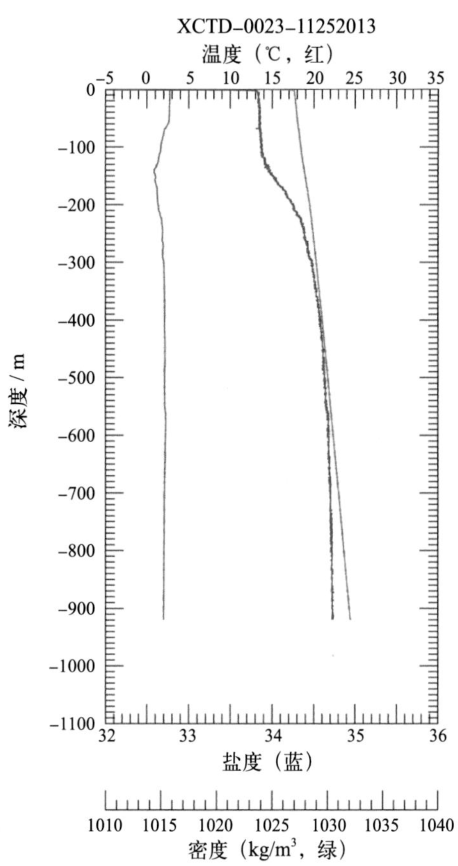
XCTD-0023-11252013
温度（℃，红）
深度 / m
盐度（蓝）
密度（kg/m³，绿）

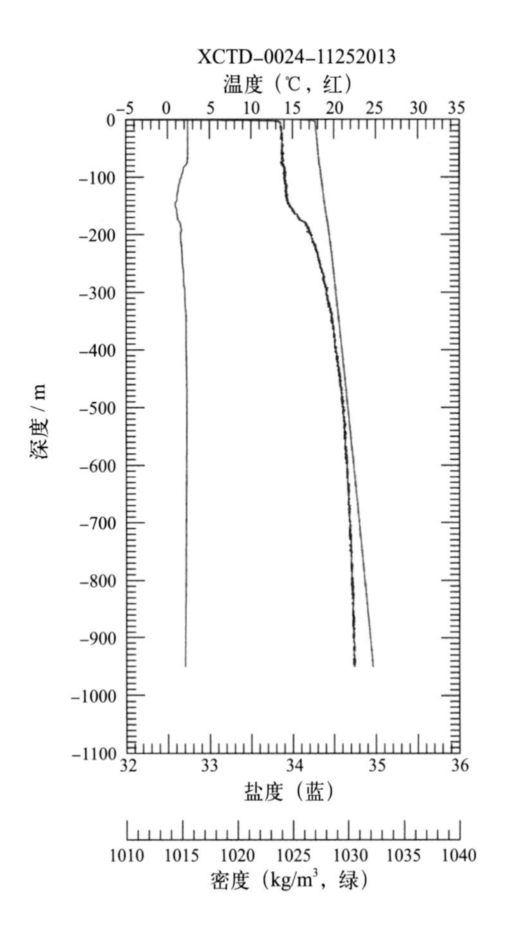
XCTD-0024-11252013
温度（℃，红）
深度 / m
盐度（蓝）
密度（kg/m³，绿）

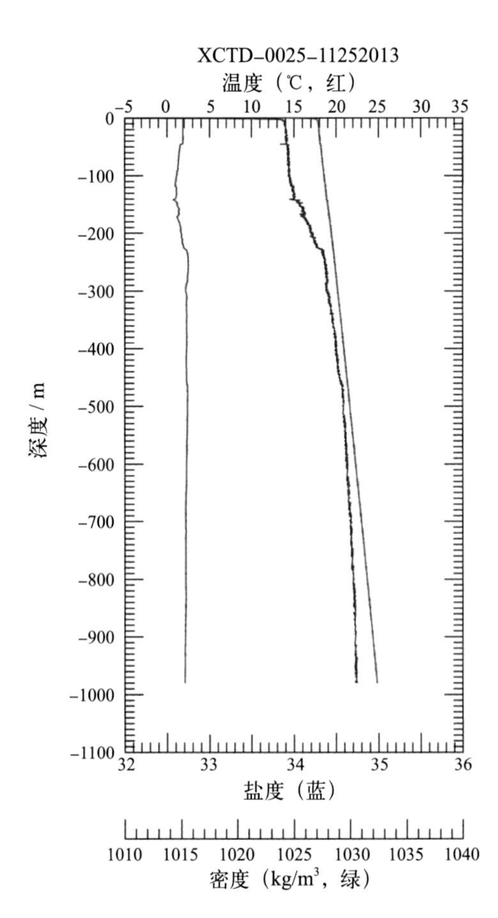
XCTD-0025-11252013
温度（℃，红）
深度 / m
盐度（蓝）
密度（kg/m³，绿）

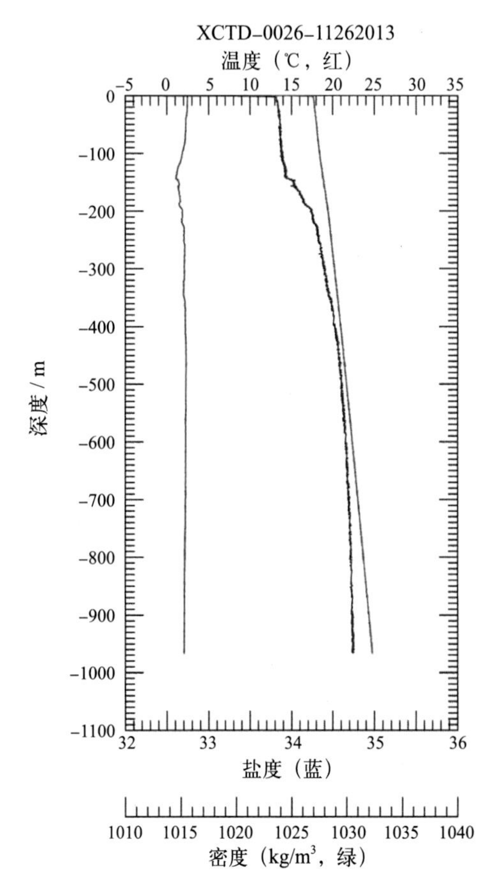
XCTD-0026-11262013
温度（℃，红）
深度 / m
盐度（蓝）
密度（kg/m³，绿）

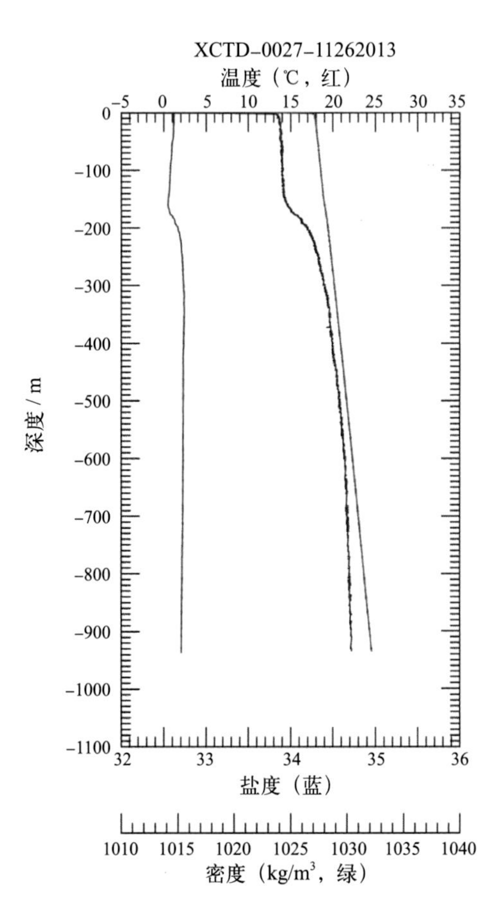
XCTD-0027-11262013
温度（℃，红）
深度 / m
盐度（蓝）
密度（kg/m³，绿）

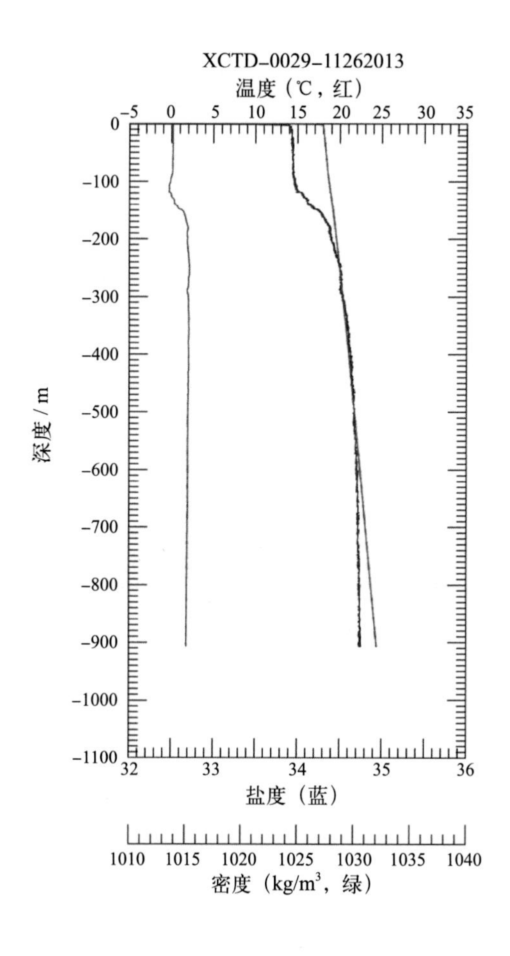
XCTD-0029-11262013
温度（℃，红）
深度 / m
盐度（蓝）
密度（kg/m³，绿）

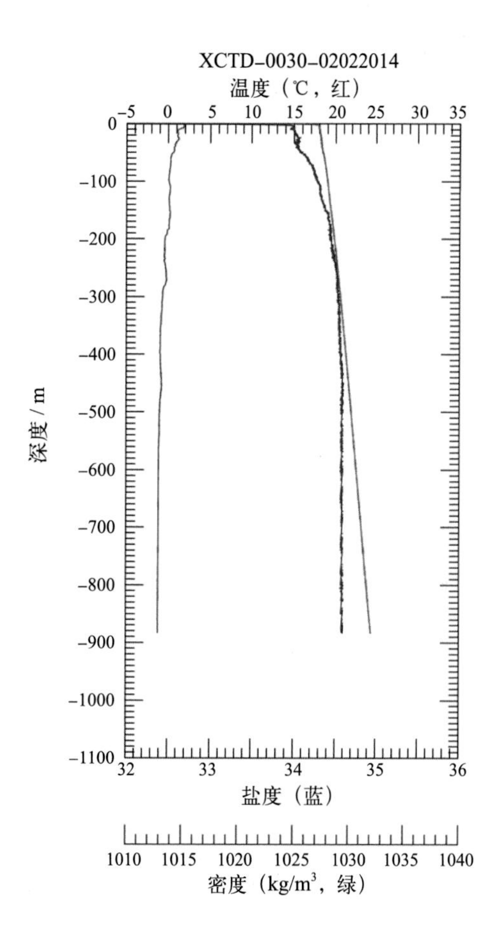
XCTD-0030-02022014
温度（℃，红）
深度 / m
盐度（蓝）
密度（kg/m³，绿）

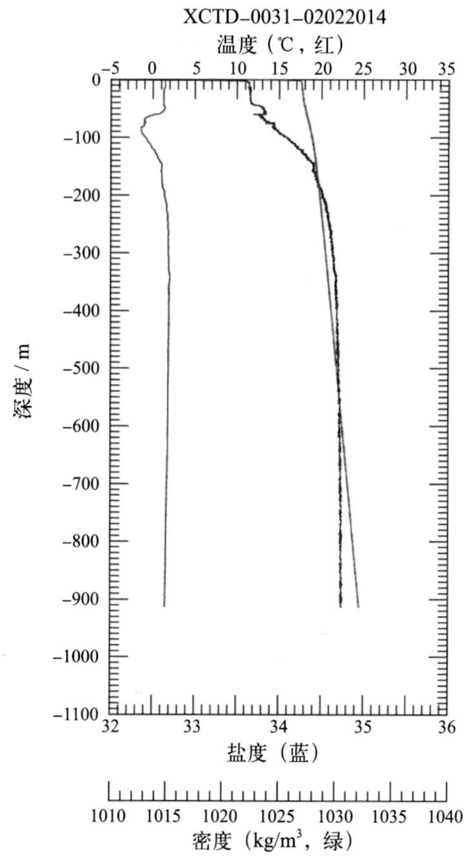
XCTD-0031-02022014
温度（℃，红）
深度 / m
盐度（蓝）
密度（kg/m³，绿）

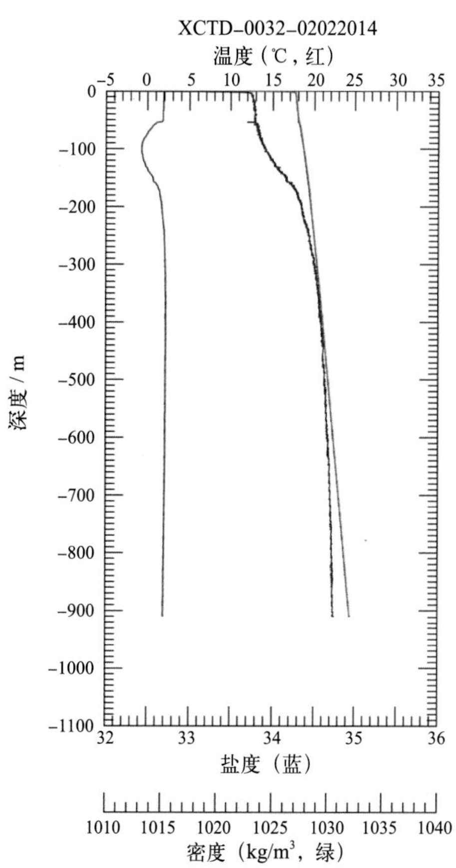
XCTD-0032-02022014
温度（℃，红）
深度 / m
盐度（蓝）
密度（kg/m³，绿）

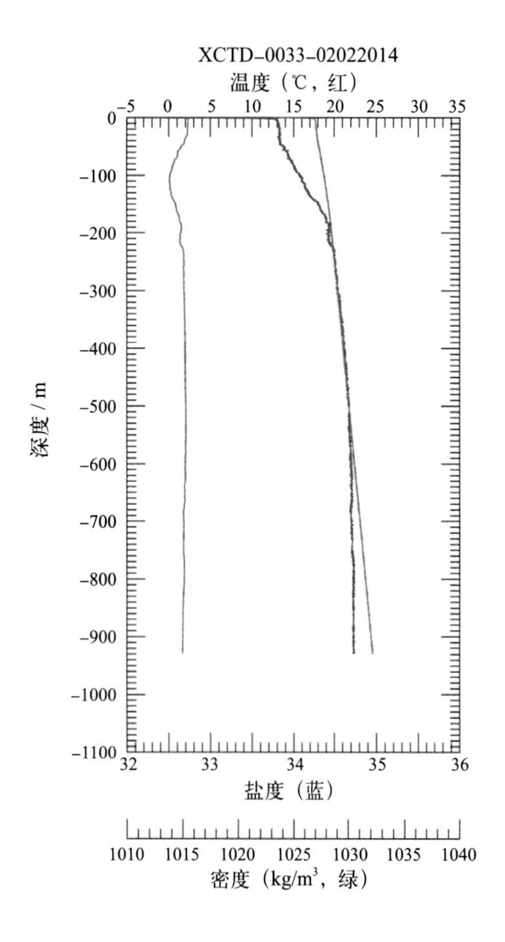
XCTD-0033-02022014
温度（℃，红）
-5 0 5 10 15 20 25 30 35
0
-100
-200
-300
-400
-500
-600
-700
-800
-900
-1000
-1100
深度 / m
32 33 34 35 36
盐度（蓝）
1010 1015 1020 1025 1030 1035 1040
密度（kg/m³，绿）

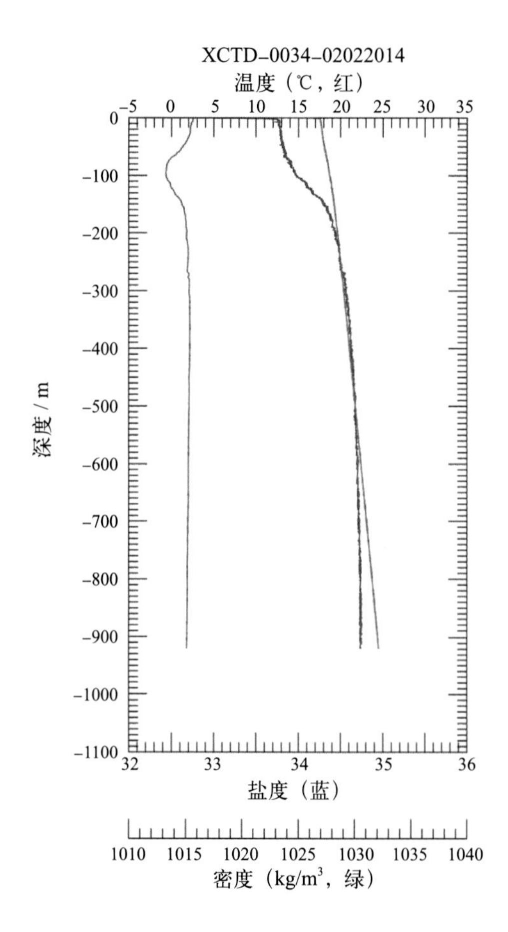
XCTD-0034-02022014
温度（℃，红）
-5 0 5 10 15 20 25 30 35
0
-100
-200
-300
-400
-500
-600
-700
-800
-900
-1000
-1100
深度 / m
32 33 34 35 36
盐度（蓝）
1010 1015 1020 1025 1030 1035 1040
密度（kg/m³，绿）

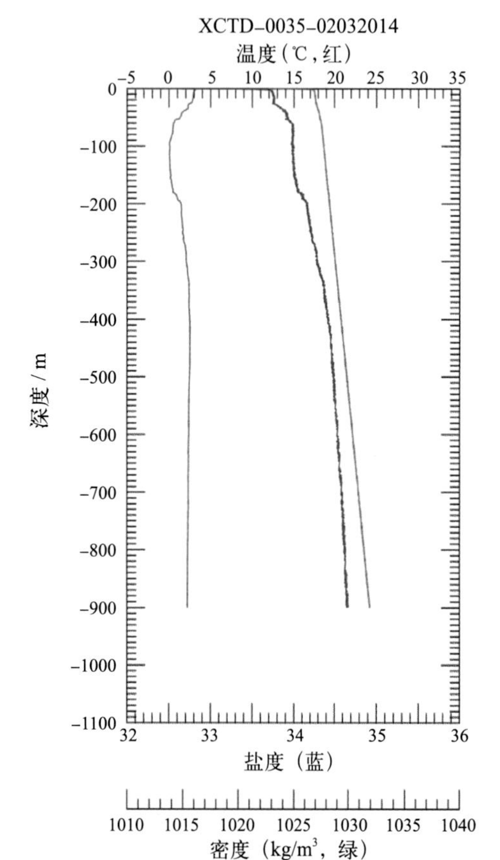
XCTD-0035-02032014
温度（℃，红）
-5 0 5 10 15 20 25 30 35
0
-100
-200
-300
-400
-500
-600
-700
-800
-900
-1000
-1100
深度 / m
32 33 34 35 36
盐度（蓝）
1010 1015 1020 1025 1030 1035 1040
密度（kg/m³，绿）

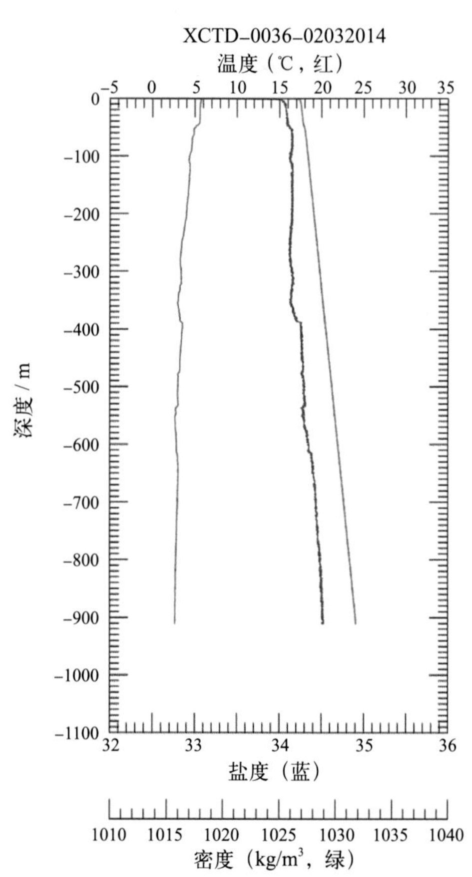
XCTD-0036-02032014
温度（℃，红）
-5 0 5 10 15 20 25 30 35
0
-100
-200
-300
-400
-500
-600
-700
-800
-900
-1000
-1100
深度 / m
32 33 34 35 36
盐度（蓝）
1010 1015 1020 1025 1030 1035 1040
密度（kg/m³，绿）

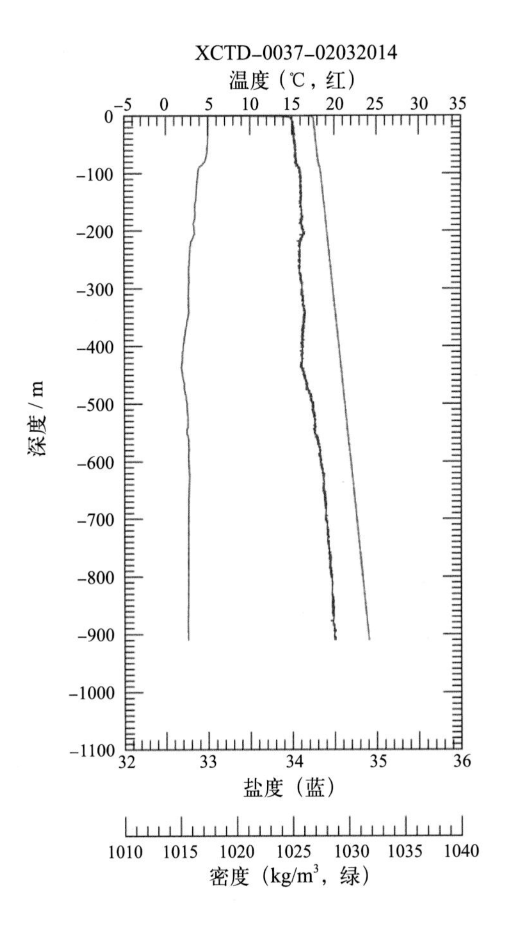
XCTD-0037-02032014
温度（℃，红）
深度 / m
盐度（蓝）
密度（kg/m³，绿）

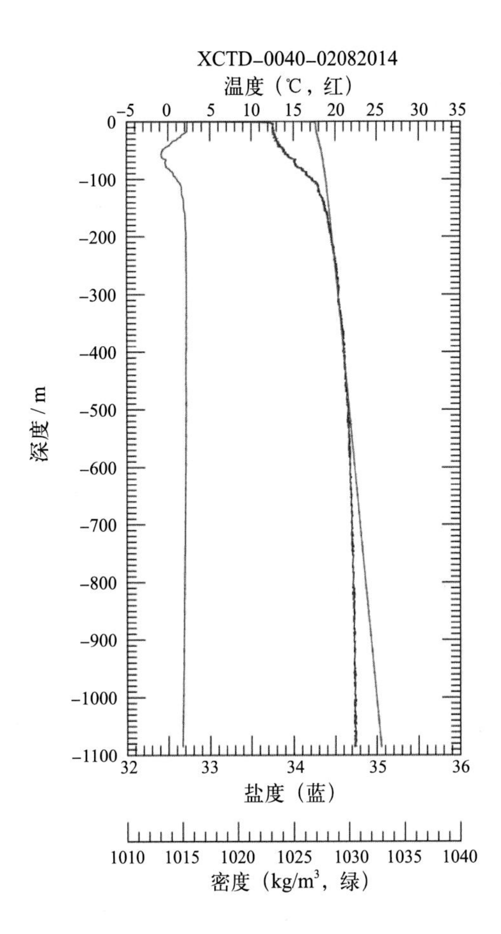
XCTD-0040-02082014
温度（℃，红）
深度 / m
盐度（蓝）
密度（kg/m³，绿）

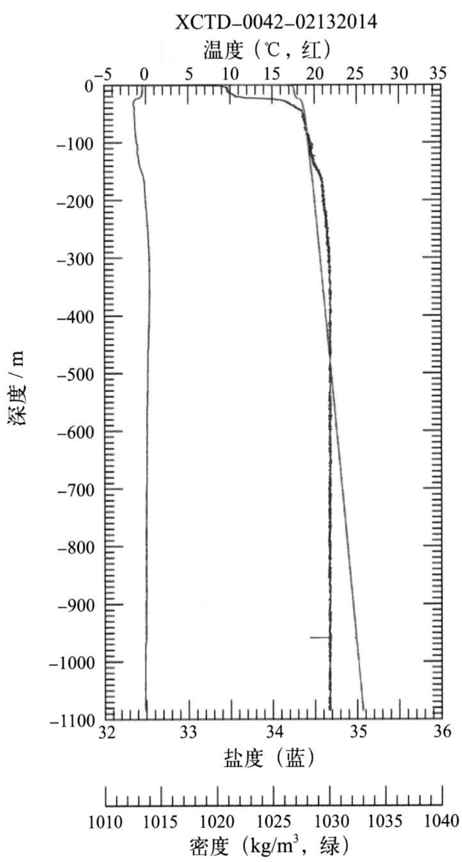
XCTD-0042-02132014
温度（℃，红）
深度 / m
盐度（蓝）
密度（kg/m³，绿）

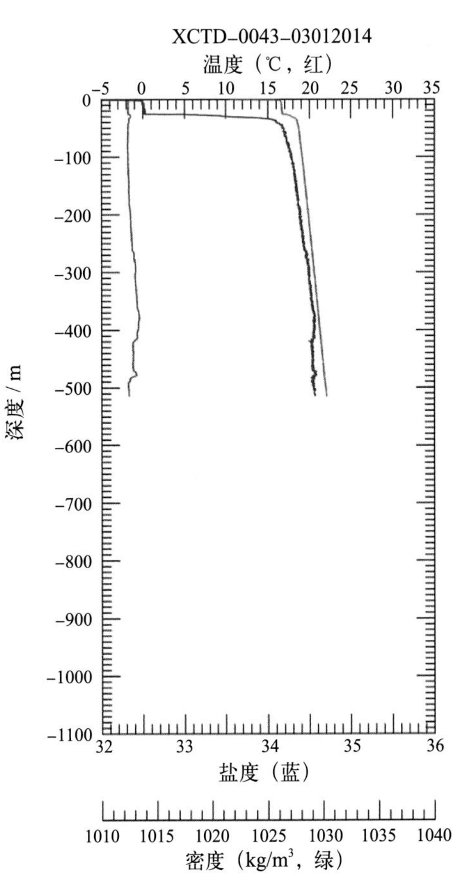
XCTD-0043-03012014
温度（℃，红）
深度 / m
盐度（蓝）
密度（kg/m³，绿）

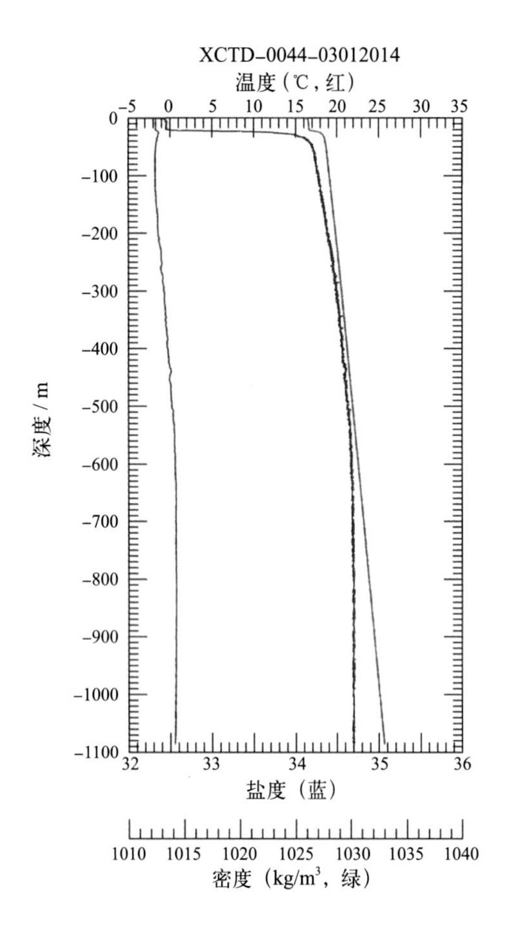
XCTD–0044–03012014
温度（℃，红）
–5 0 5 10 15 20 25 30 35
深度 / m
0 –100 –200 –300 –400 –500 –600 –700 –800 –900 –1000 –1100
32 33 34 35 36
盐度（蓝）
1010 1015 1020 1025 1030 1035 1040
密度（kg/m³，绿）

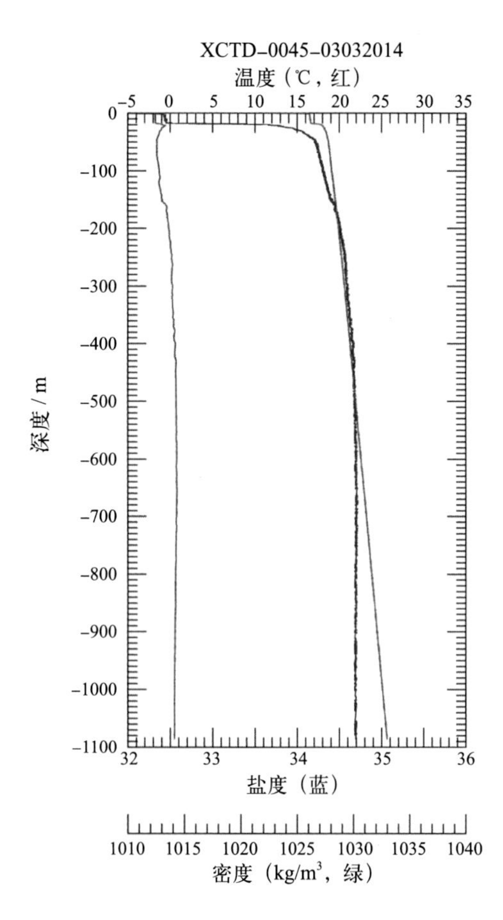
XCTD–0045–03032014
温度（℃，红）
–5 0 5 10 15 20 25 30 35
深度 / m
0 –100 –200 –300 –400 –500 –600 –700 –800 –900 –1000 –1100
32 33 34 35 36
盐度（蓝）
1010 1015 1020 1025 1030 1035 1040
密度（kg/m³，绿）

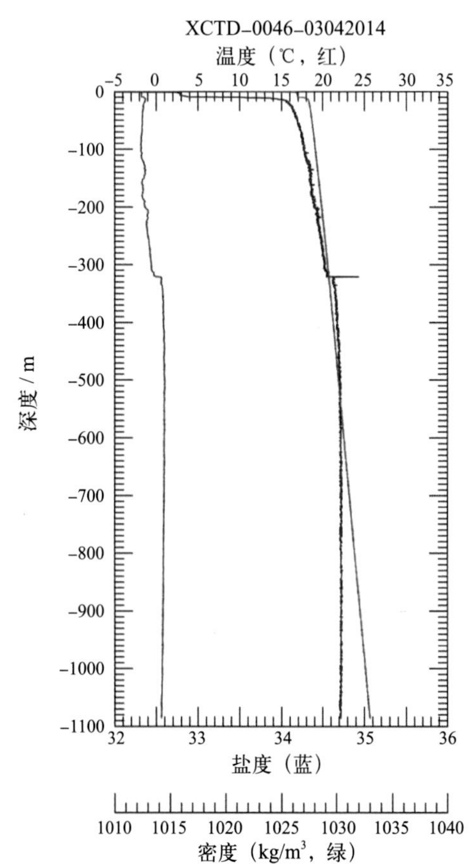
XCTD–0046–03042014
温度（℃，红）
–5 0 5 10 15 20 25 30 35
深度 / m
0 –100 –200 –300 –400 –500 –600 –700 –800 –900 –1000 –1100
32 33 34 35 36
盐度（蓝）
1010 1015 1020 1025 1030 1035 1040
密度（kg/m³，绿）

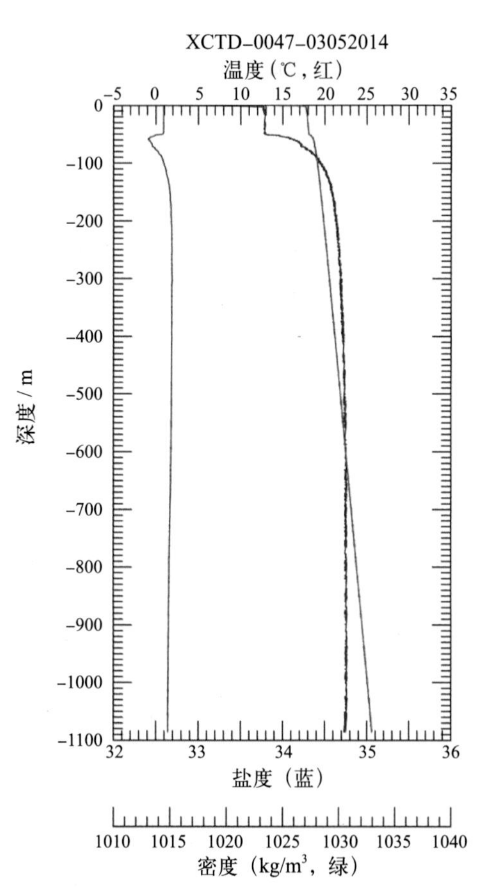
XCTD–0047–03052014
温度（℃，红）
–5 0 5 10 15 20 25 30 35
深度 / m
0 –100 –200 –300 –400 –500 –600 –700 –800 –900 –1000 –1100
32 33 34 35 36
盐度（蓝）
1010 1015 1020 1025 1030 1035 1040
密度（kg/m³，绿）

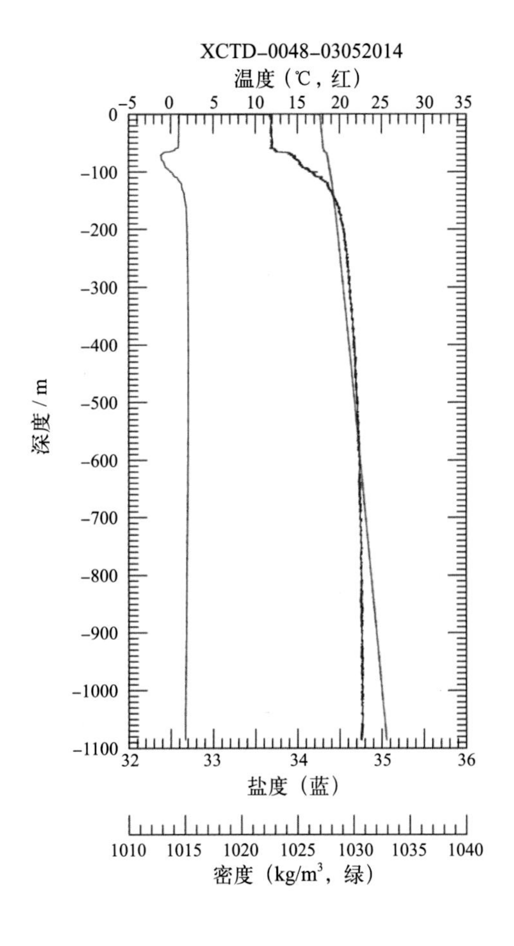
XCTD-0048-03052014
温度（℃，红）
深度 / m
盐度（蓝）
密度（kg/m³，绿）

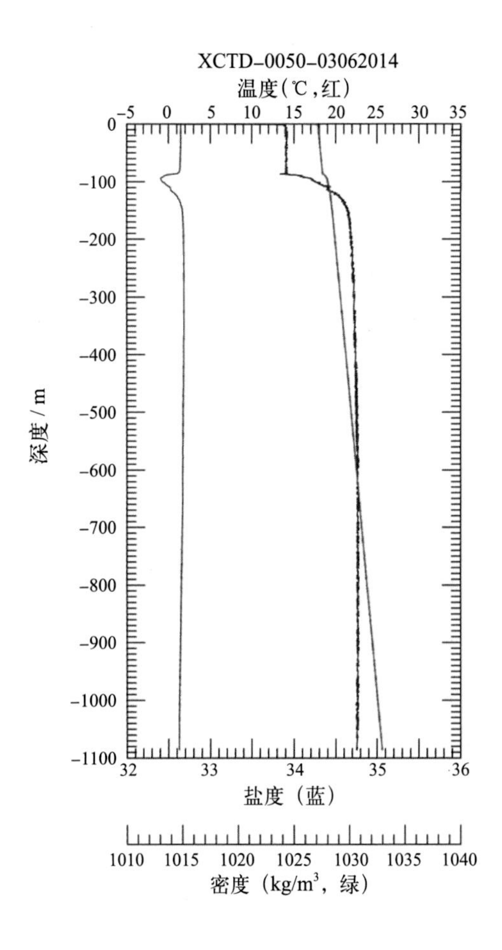
XCTD-0050-03062014
温度（℃，红）
深度 / m
盐度（蓝）
密度（kg/m³，绿）

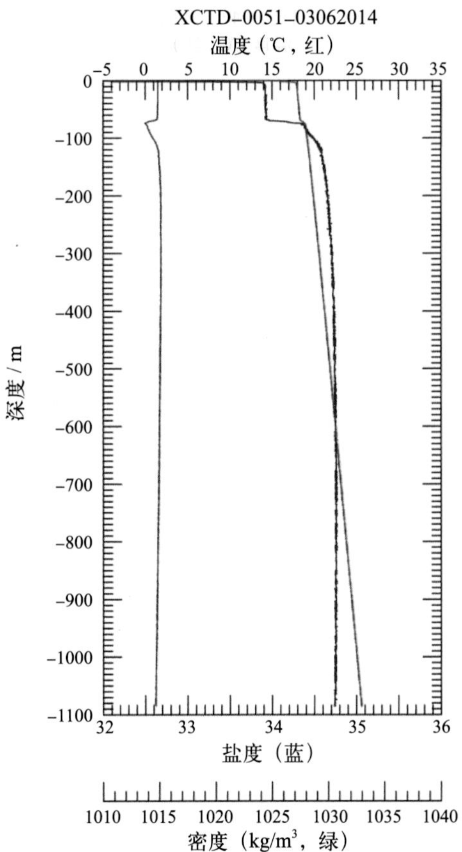
XCTD-0051-03062014
温度（℃，红）
深度 / m
盐度（蓝）
密度（kg/m³，绿）

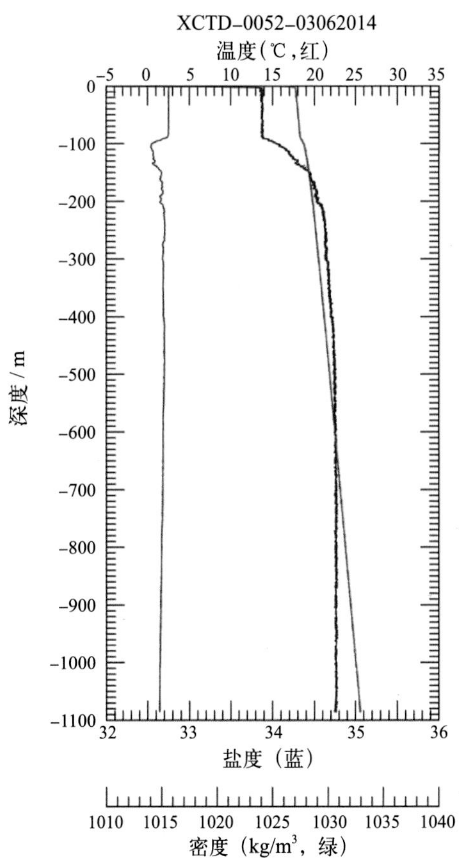
XCTD-0052-03062014
温度（℃，红）
深度 / m
盐度（蓝）
密度（kg/m³，绿）

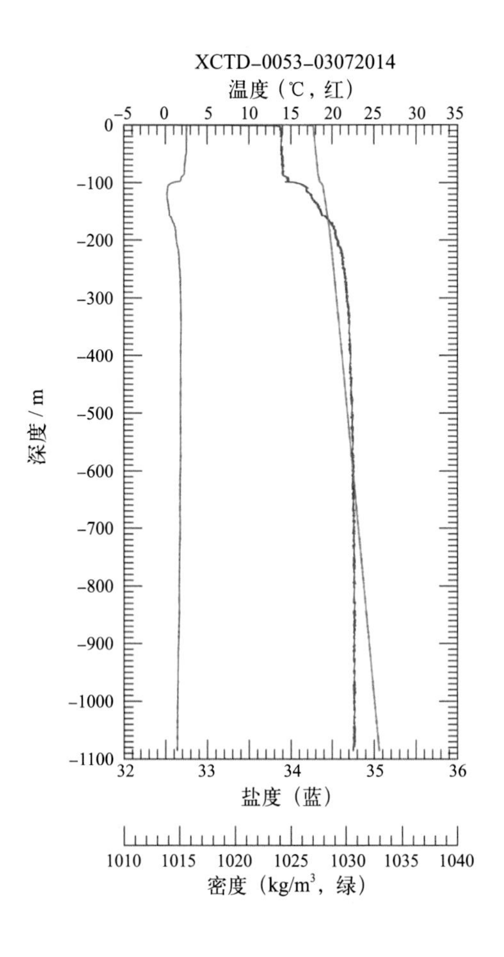
XCTD-0053-03072014
温度（℃，红）
-5 0 5 10 15 20 25 30 35
0
-100
-200
-300
-400
-500
-600
-700
-800
-900
-1000
-1100
深度 / m
32 33 34 35 36
盐度（蓝）
1010 1015 1020 1025 1030 1035 1040
密度（kg/m³，绿）

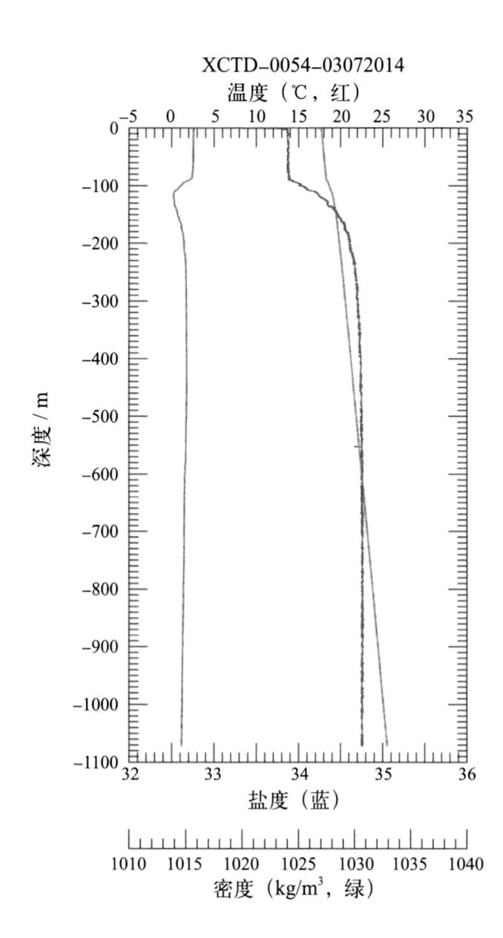
XCTD-0054-03072014
温度（℃，红）
-5 0 5 10 15 20 25 30 35
0
-100
-200
-300
-400
-500
-600
-700
-800
-900
-1000
-1100
深度 / m
32 33 34 35 36
盐度（蓝）
1010 1015 1020 1025 1030 1035 1040
密度（kg/m³，绿）

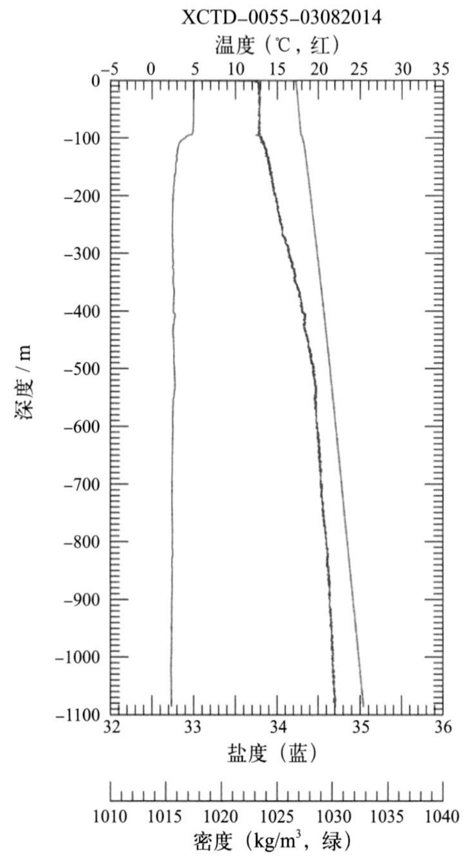
XCTD-0055-03082014
温度（℃，红）
-5 0 5 10 15 20 25 30 35
0
-100
-200
-300
-400
-500
-600
-700
-800
-900
-1000
-1100
深度 / m
32 33 34 35 36
盐度（蓝）
1010 1015 1020 1025 1030 1035 1040
密度（kg/m³，绿）

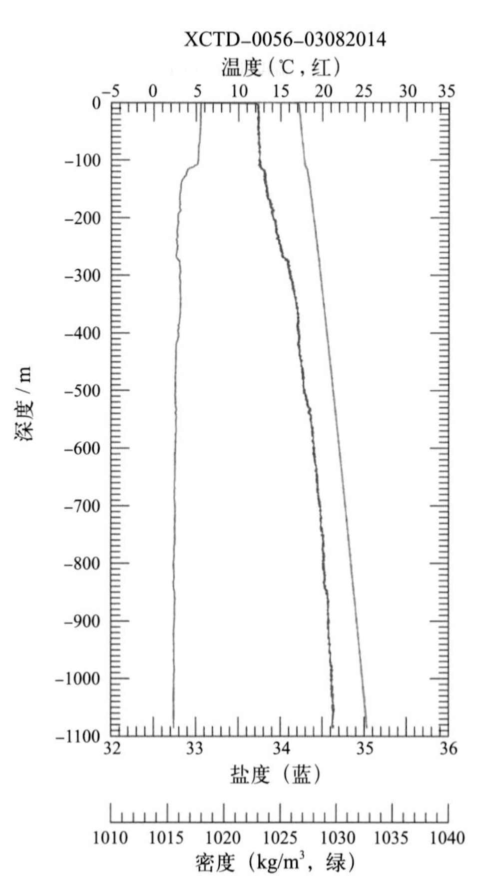
XCTD-0056-03082014
温度（℃，红）
-5 0 5 10 15 20 25 30 35
0
-100
-200
-300
-400
-500
-600
-700
-800
-900
-1000
-1100
深度 / m
32 33 34 35 36
盐度（蓝）
1010 1015 1020 1025 1030 1035 1040
密度（kg/m³，绿）

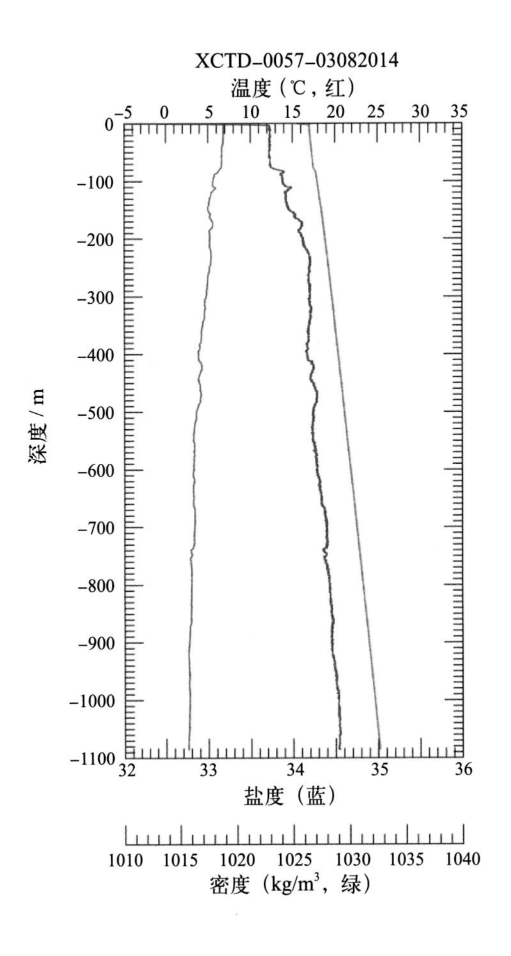
XCTD-0057-03082014
温度（℃，红）
深度 / m
盐度（蓝）
密度（kg/m³，绿）

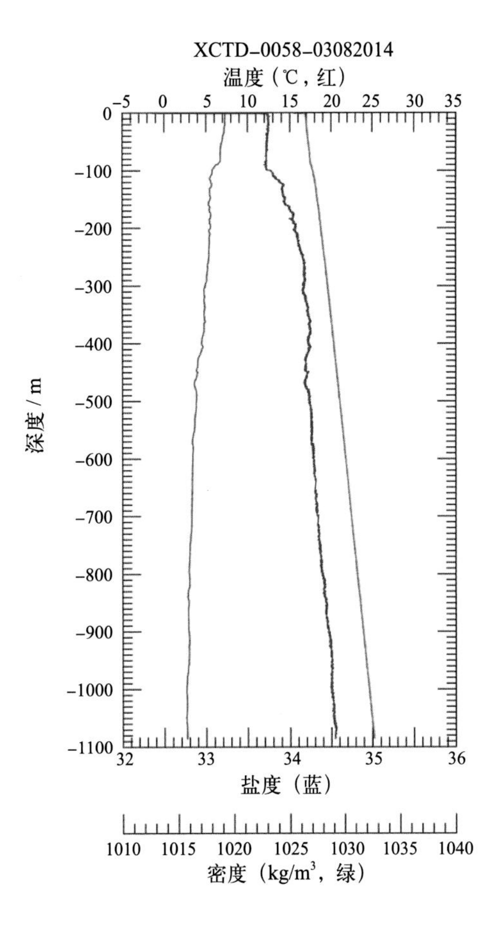
XCTD-0058-03082014
温度（℃，红）
深度 / m
盐度（蓝）
密度（kg/m³，绿）

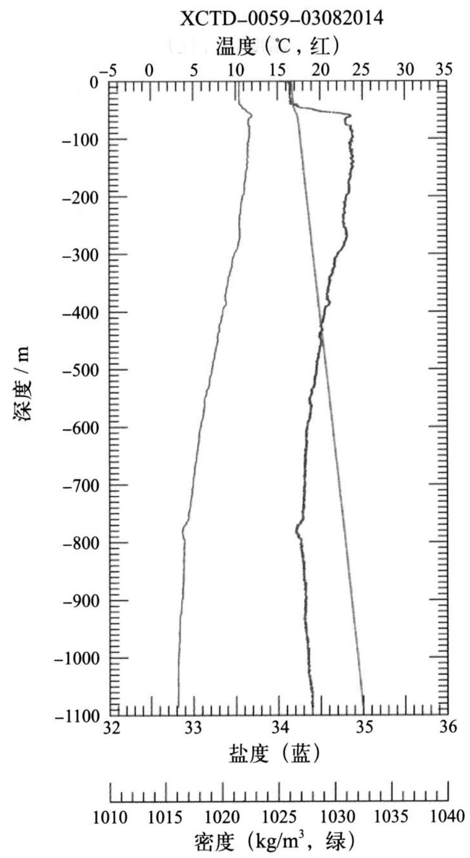
XCTD-0059-03082014
温度（℃，红）
深度 / m
盐度（蓝）
密度（kg/m³，绿）

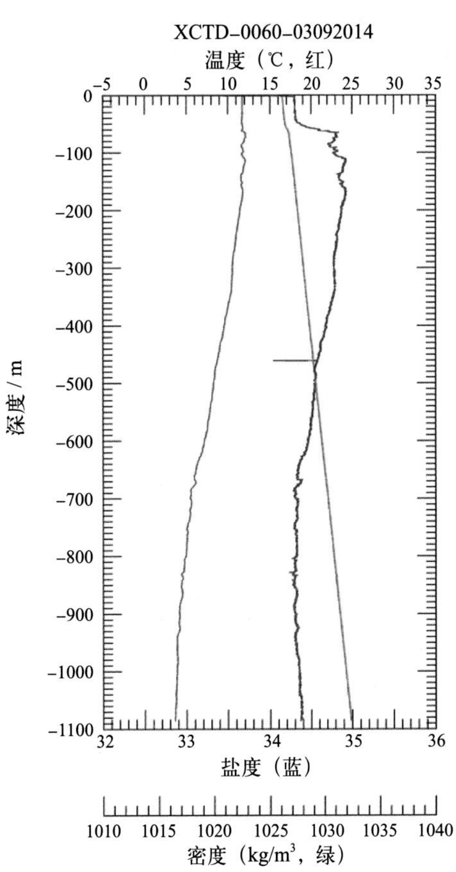
XCTD-0060-03092014
温度（℃，红）
深度 / m
盐度（蓝）
密度（kg/m³，绿）

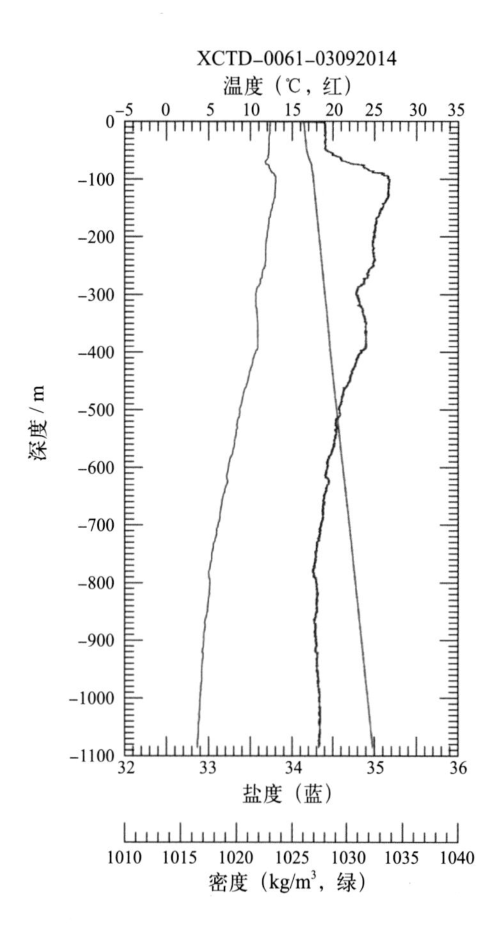
XCTD-0061-03092014
温度（℃，红）
深度 / m
盐度（蓝）
密度（kg/m³，绿）

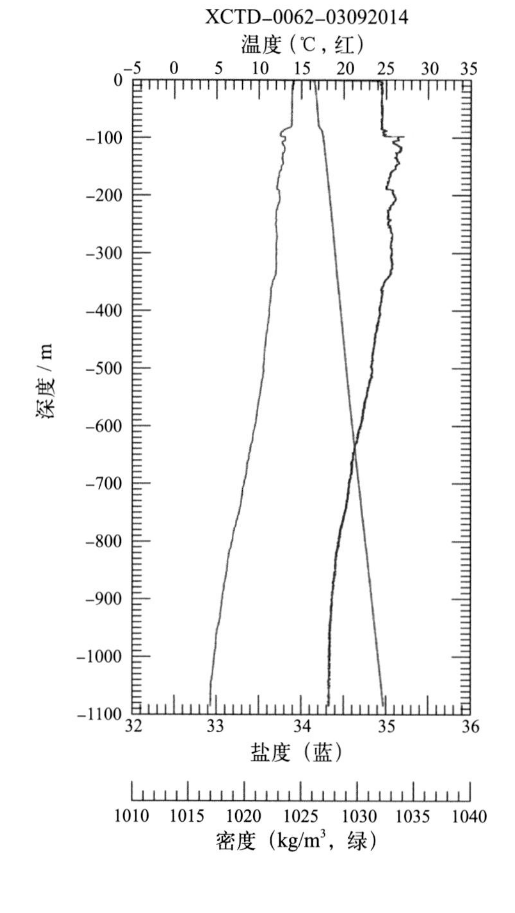
XCTD-0062-03092014
温度（℃，红）
深度 / m
盐度（蓝）
密度（kg/m³，绿）

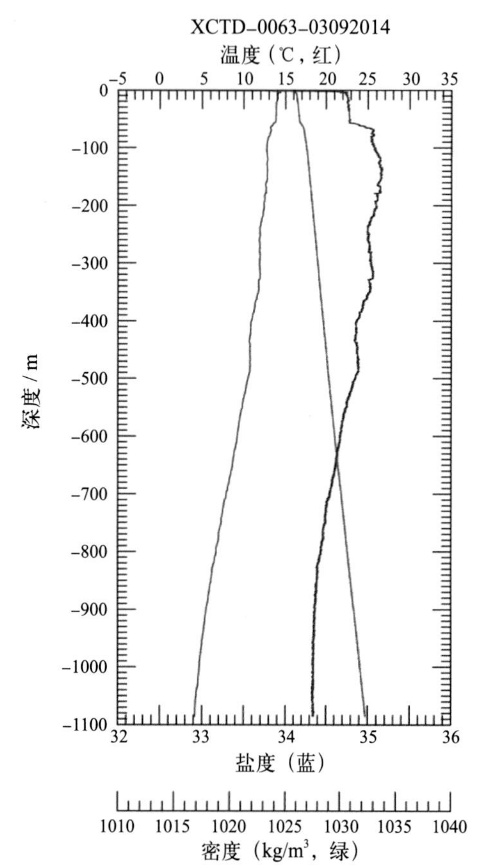
XCTD-0063-03092014
温度（℃，红）
深度 / m
盐度（蓝）
密度（kg/m³，绿）

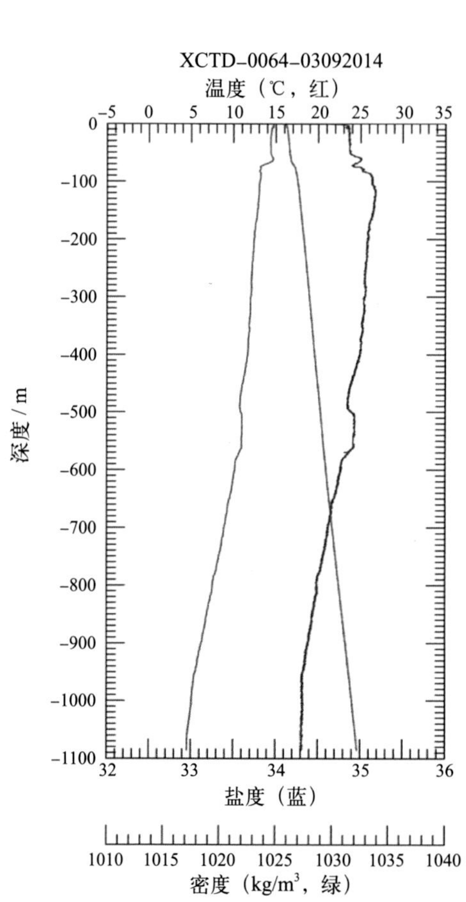
XCTD-0064-03092014
温度（℃，红）
深度 / m
盐度（蓝）
密度（kg/m³，绿）

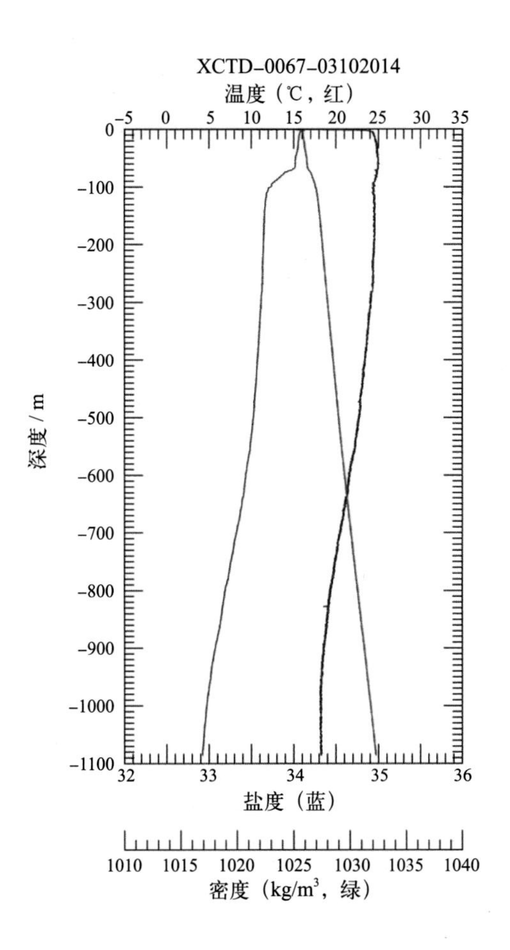
XCTD-0067-03102014
温度（℃，红）
-5 0 5 10 15 20 25 30 35
0
-100
-200
-300
-400
-500
-600
-700
-800
-900
-1000
-1100
深度 / m
32 33 34 35 36
盐度（蓝）
1010 1015 1020 1025 1030 1035 1040
密度（kg/m³，绿）

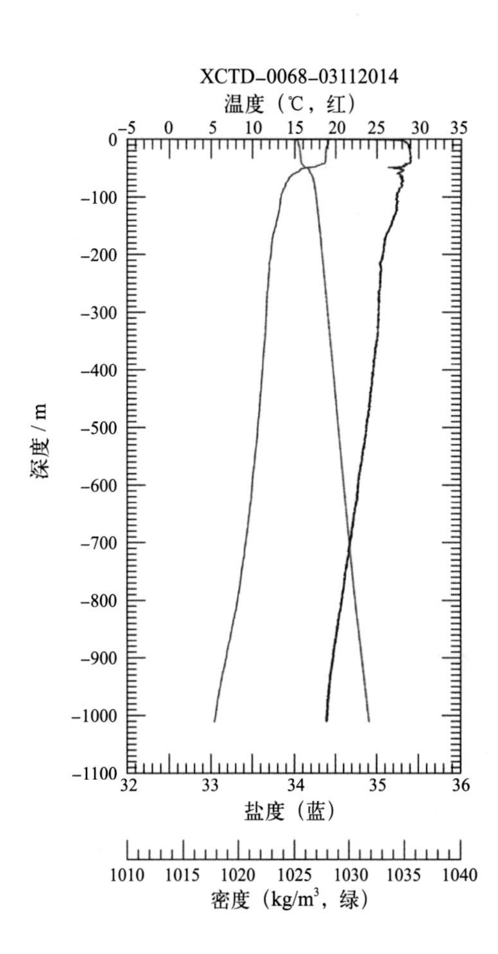
XCTD-0068-03112014
温度（℃，红）
-5 0 5 10 15 20 25 30 35
0
-100
-200
-300
-400
-500
-600
-700
-800
-900
-1000
-1100
深度 / m
32 33 34 35 36
盐度（蓝）
1010 1015 1020 1025 1030 1035 1040
密度（kg/m³，绿）

5 中国第 31 次南极考察走航观测图集

5.1 走航气象

5.1.1 走航观测站点分布图

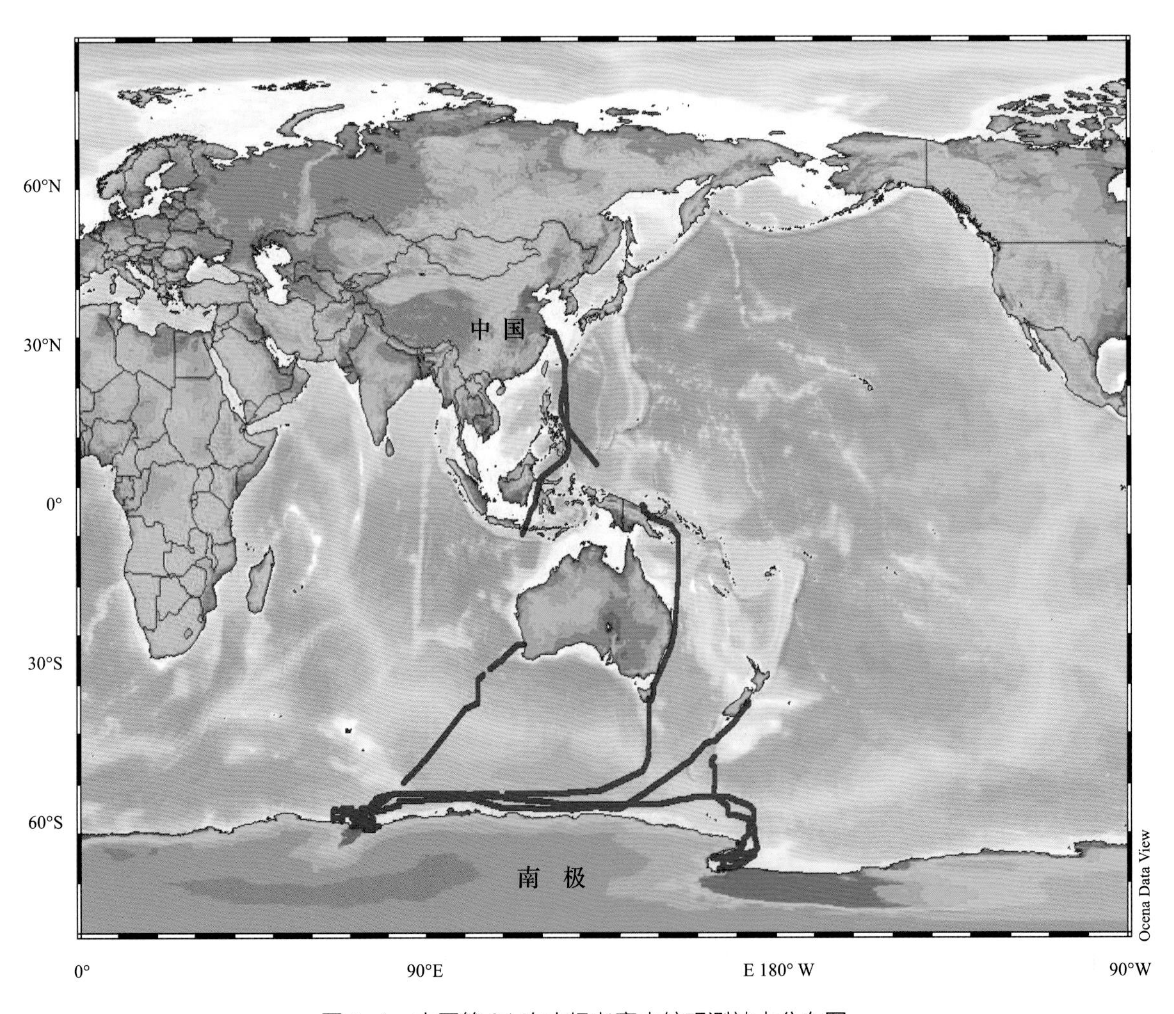

图 5-1 中国第 31 次南极考察走航观测站点分布图

5.1.2 气温断面图

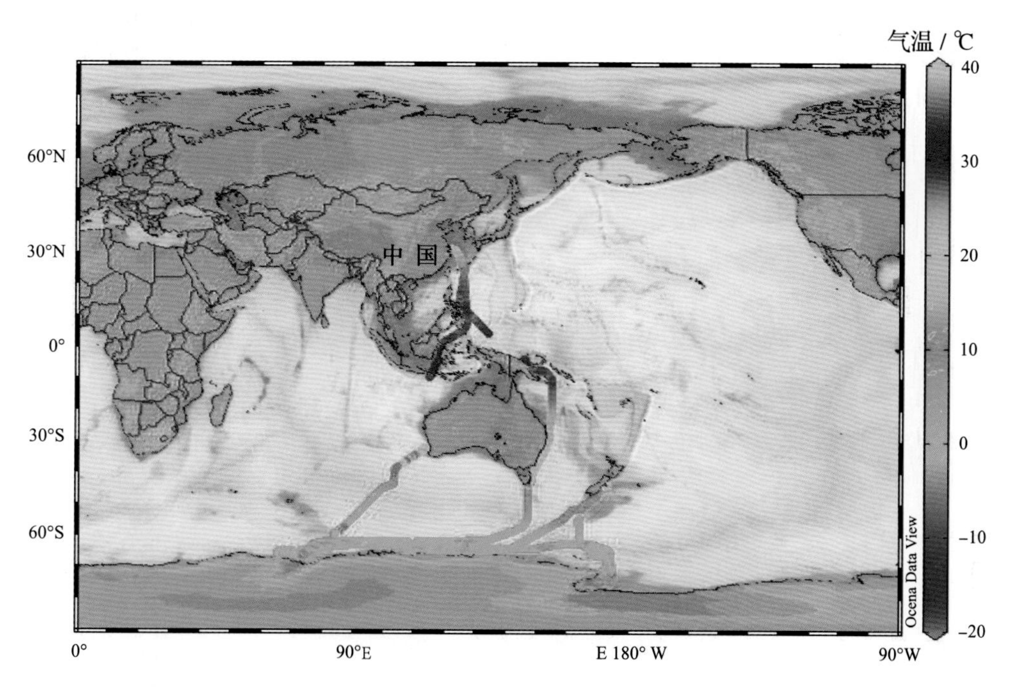

图 5-2 中国第 31 次南极考察走航气温断面图

5.1.3 湿度断面图

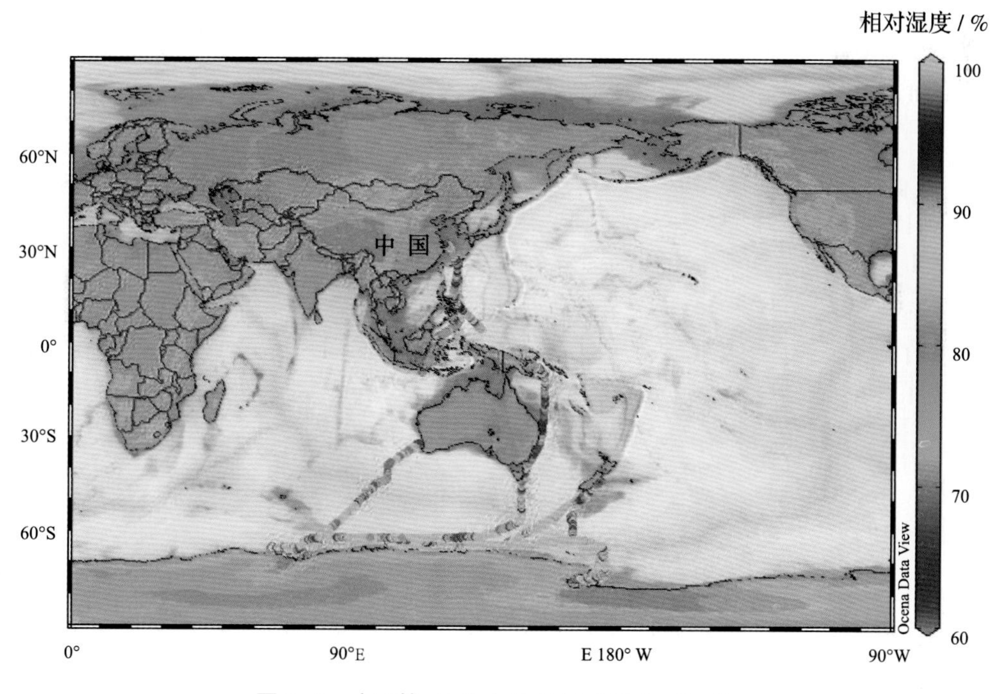

图 5-3 中国第 31 次南极考察走航湿度断面图

5.2　走航表层温盐

5.2.1　表层水温断面图

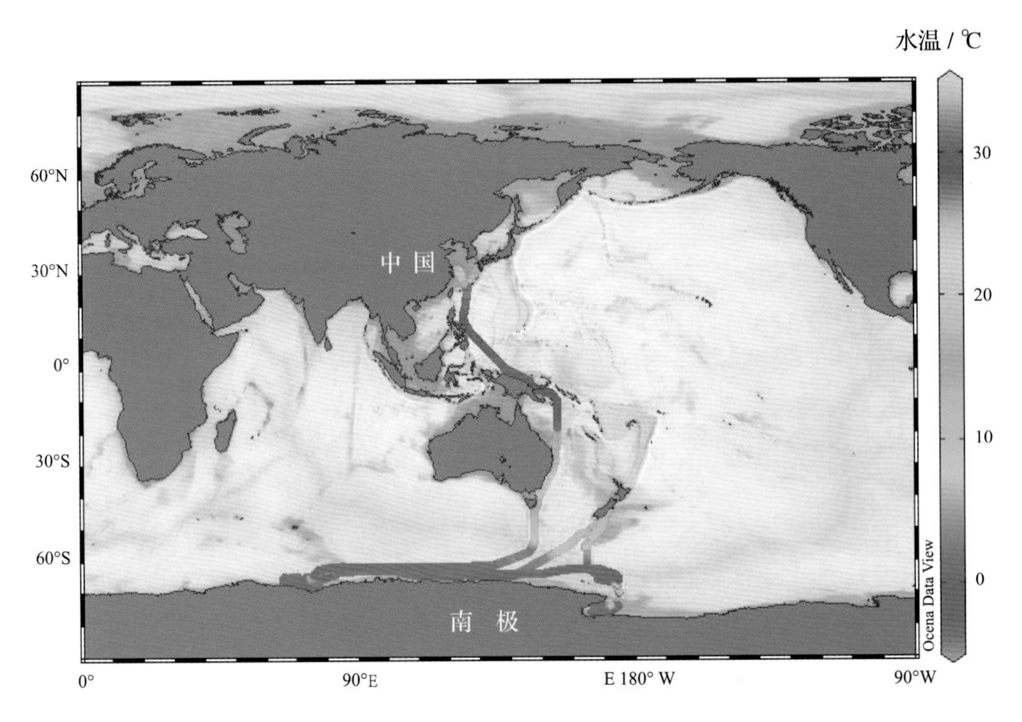

图 5-4　中国第 31 次南极考察走航表层水温断面图

5.2.2　表层盐度断面图

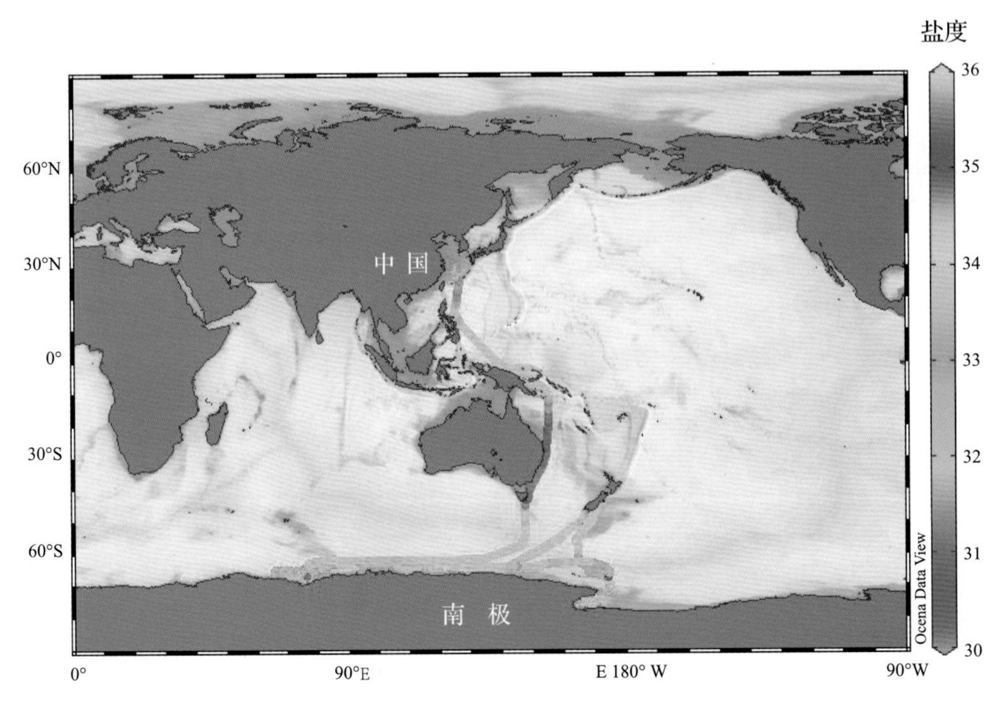

图 5-5　中国第 31 次南极考察走航表层盐度断面图

5.3 走航温盐剖面

5.3.1 剖面站位示意图

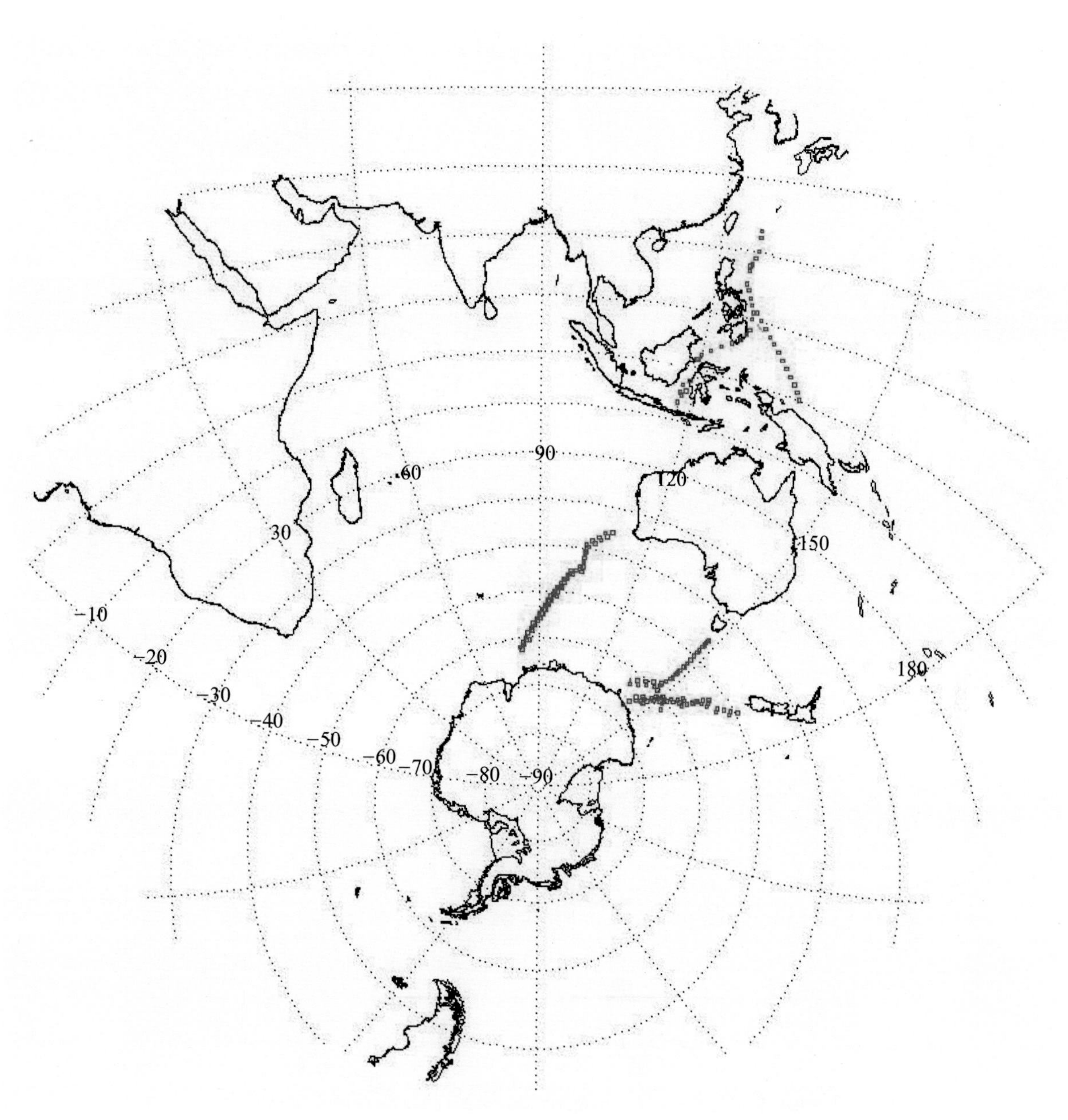

图 5-6 中国第 31 次南极考察走航 XBT/XCTD 站位示意图

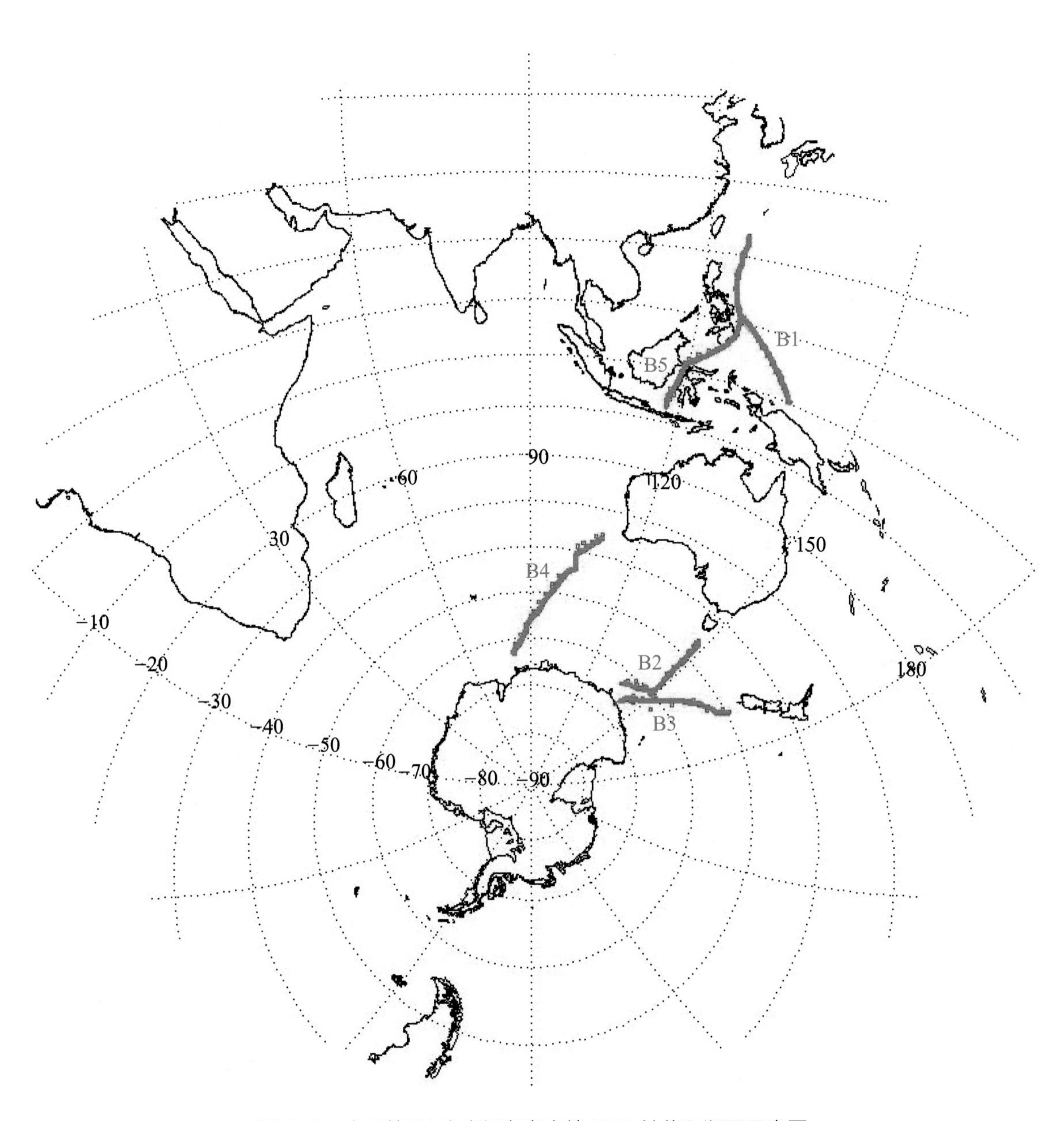

图 5-7　中国第 31 次南极考察走航 XBT 站位和断面示意图

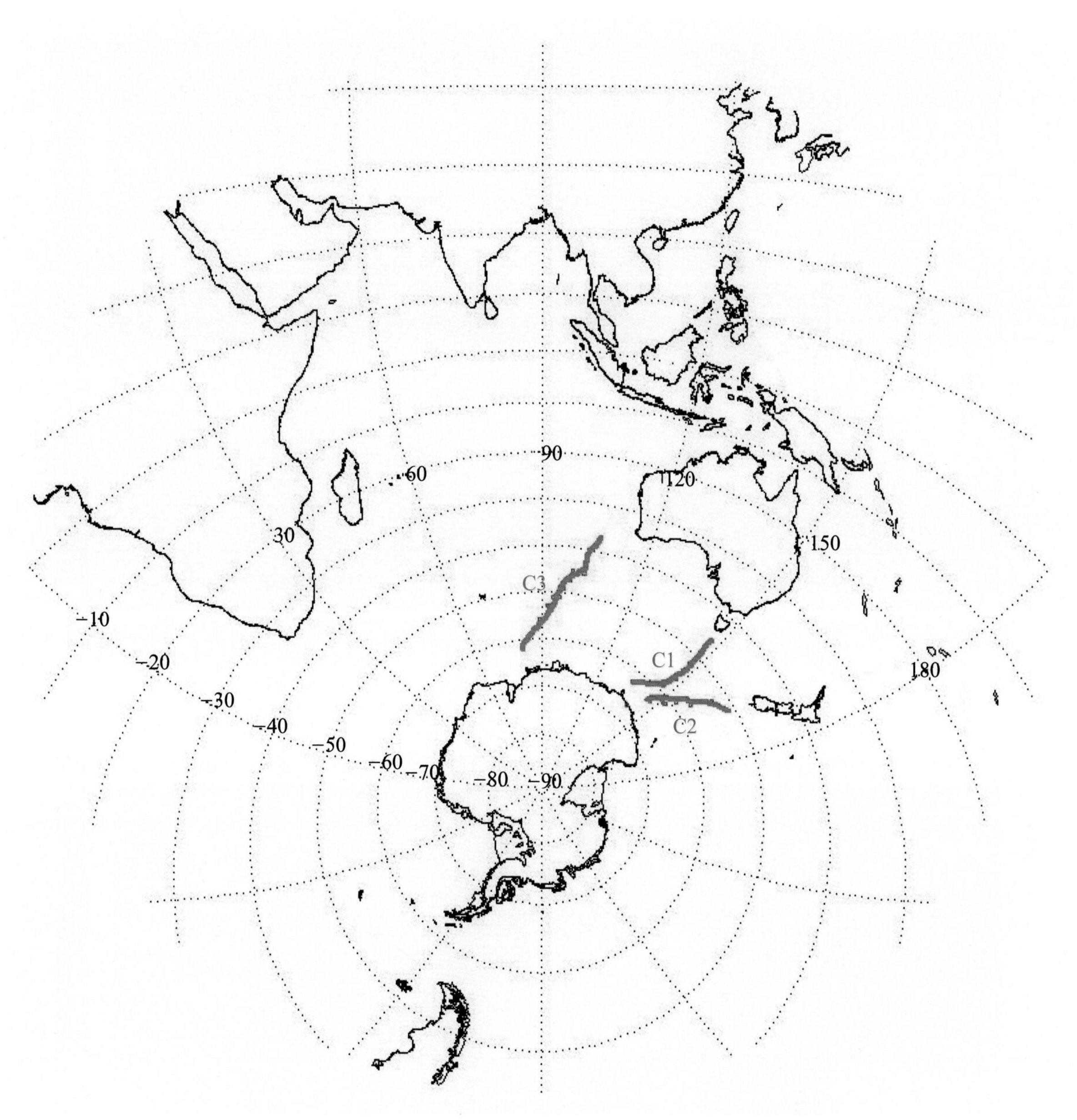

图 5-8 中国第 31 次南极考察走航 XCTD 站位和断面示意图

5.3.2 基于XBT的温度剖面

5.3.2.1 大断面剖面

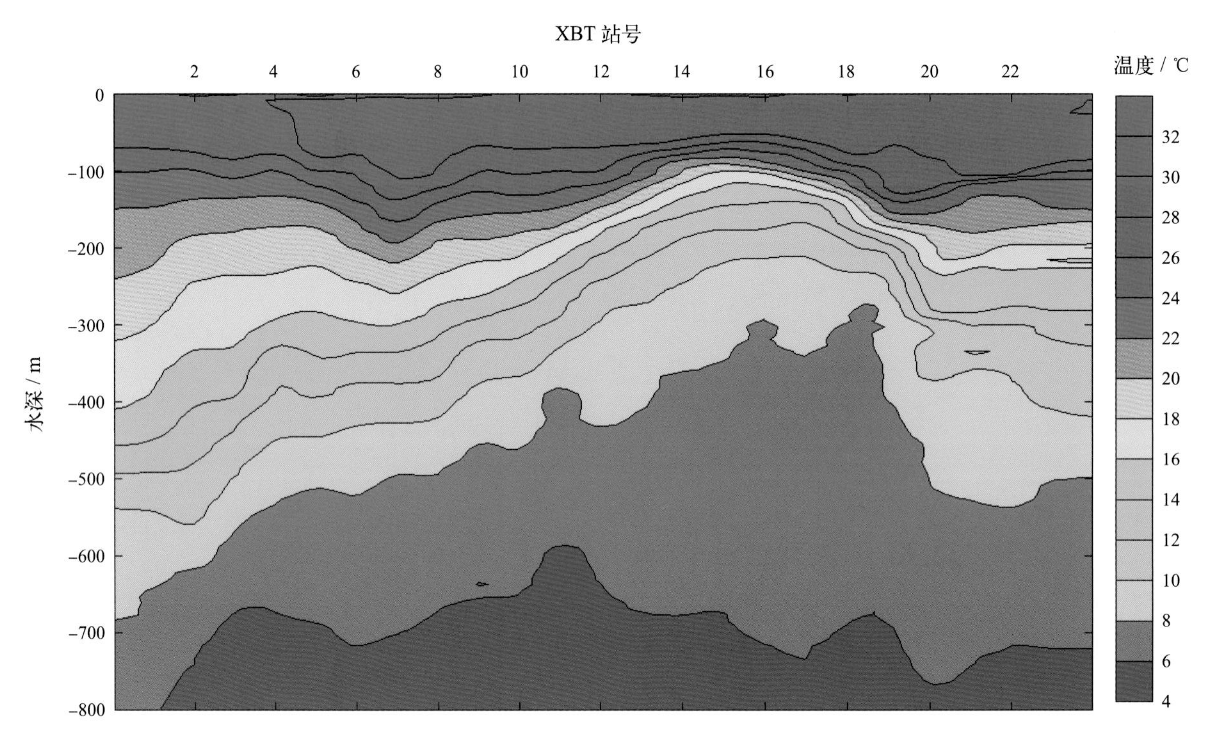

图 5-9 大断面 B1 温度剖面图

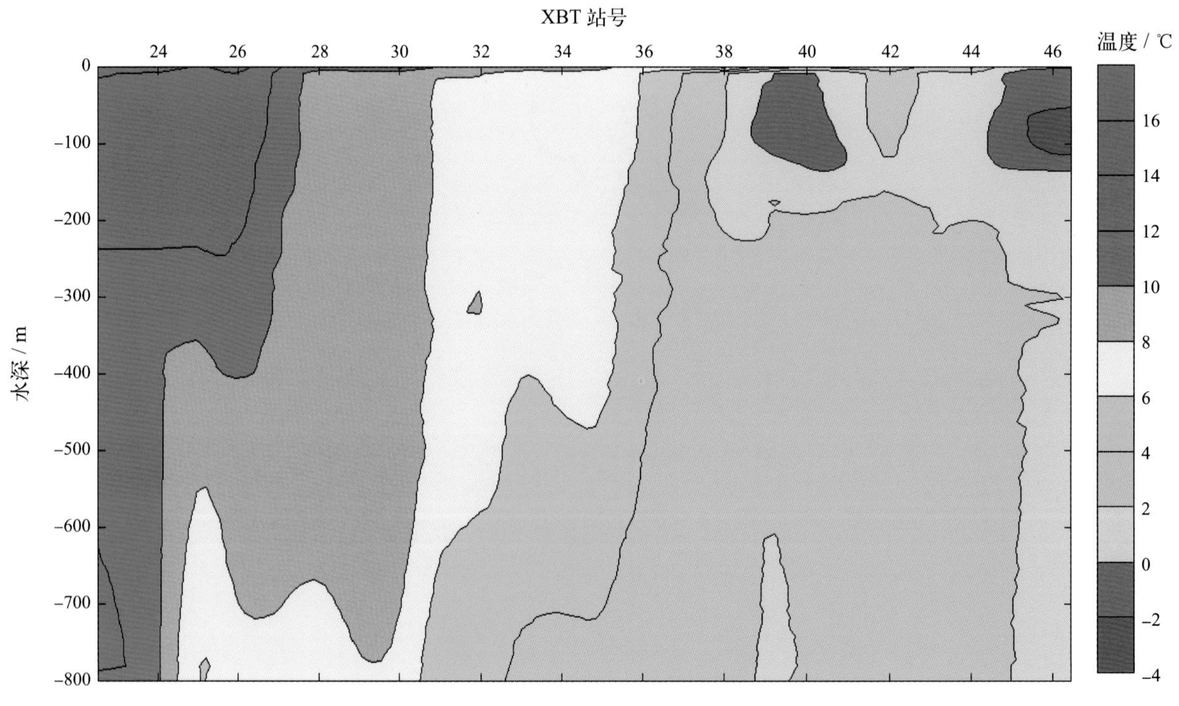

图 5-10 大断面 B2 温度剖面图

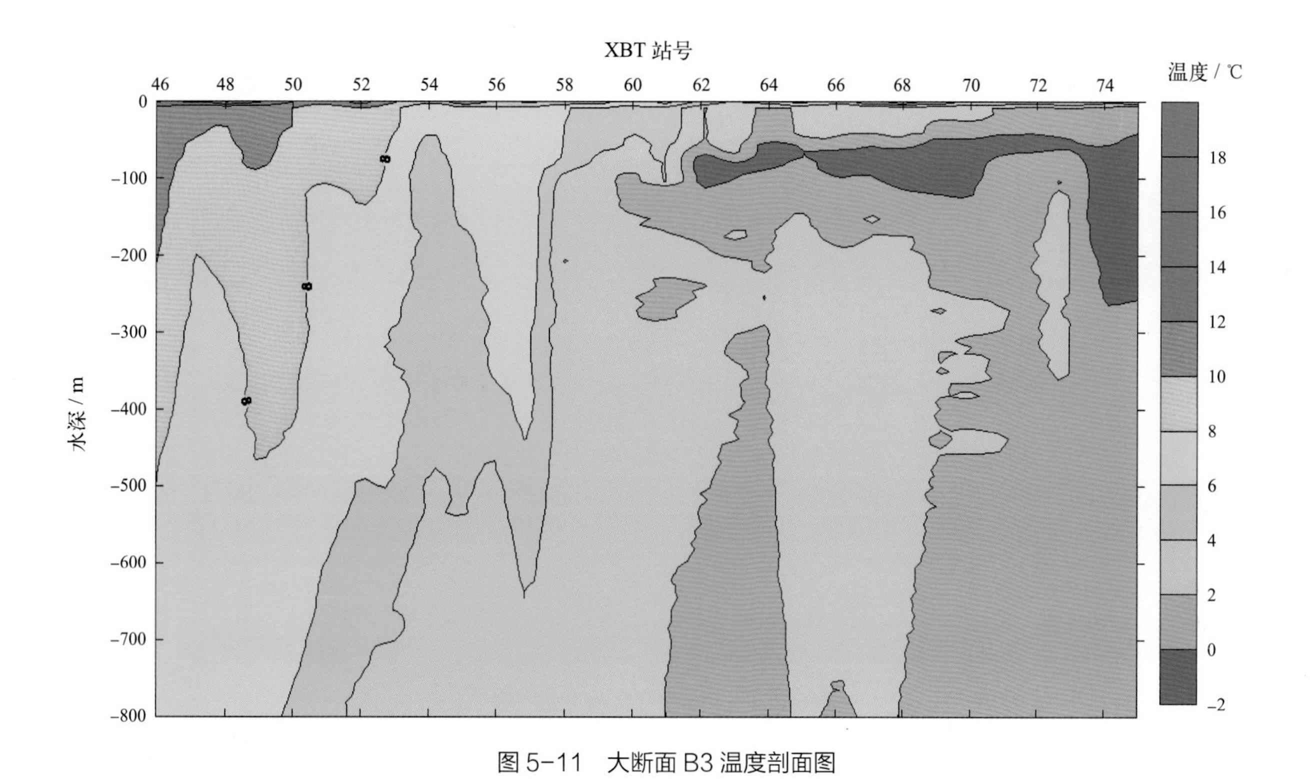

图 5-11　大断面 B3 温度剖面图

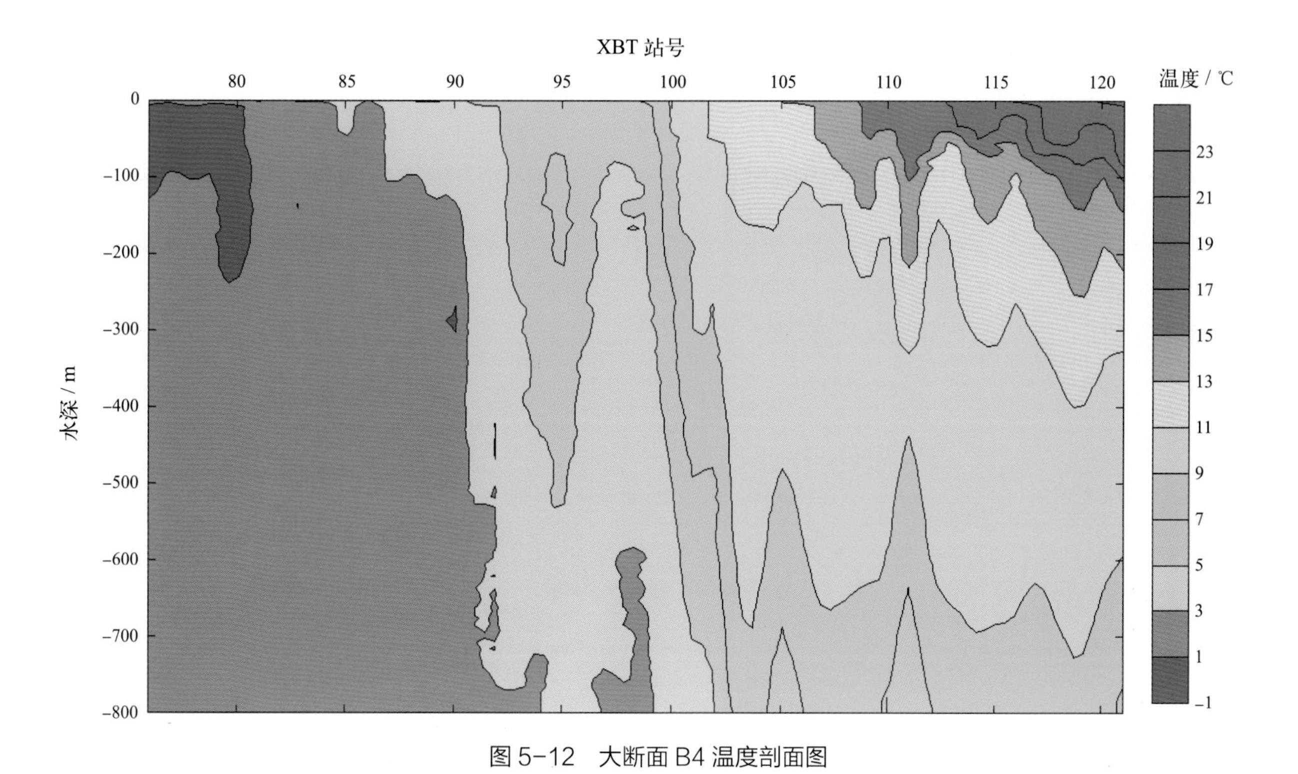

图 5-12　大断面 B4 温度剖面图

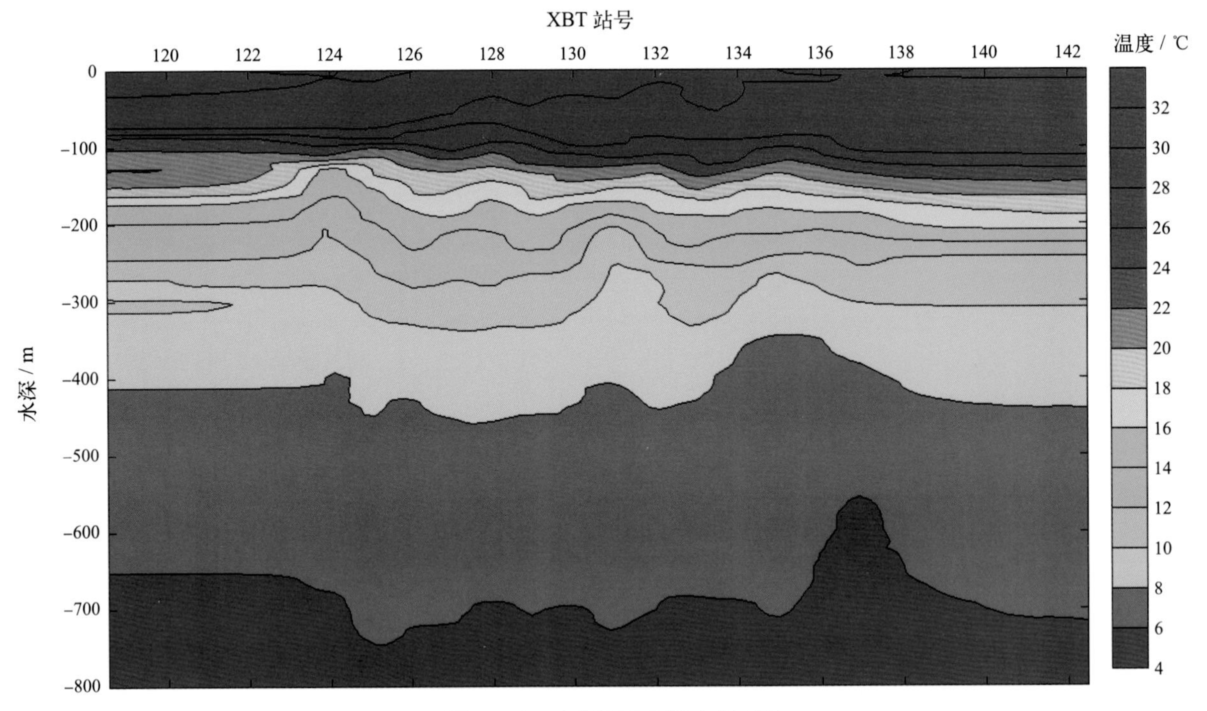

图 5-13　大断面 B5 温度剖面图

5.3.2.2　XBT 各站位垂直剖面

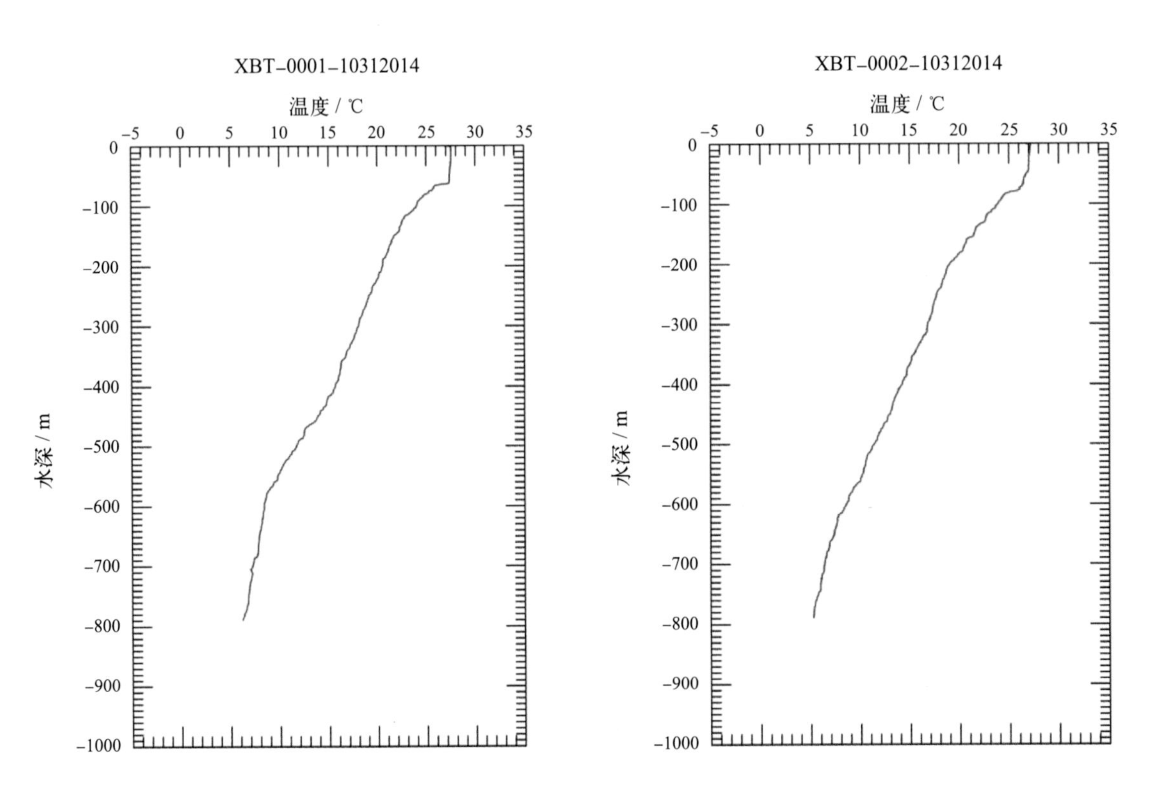

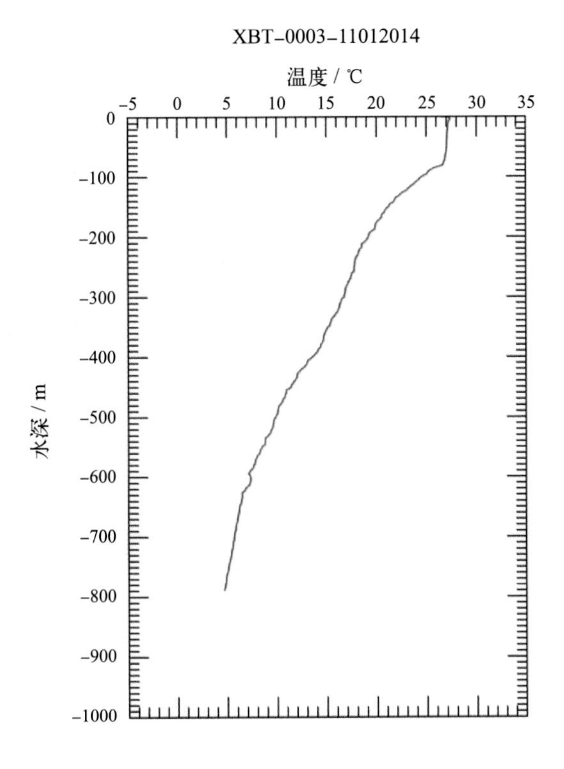
XBT–0003–11012014
温度 / ℃
–5 0 5 10 15 20 25 30 35
0 –100 –200 –300 –400 –500 –600 –700 –800 –900 –1000
水深 / m

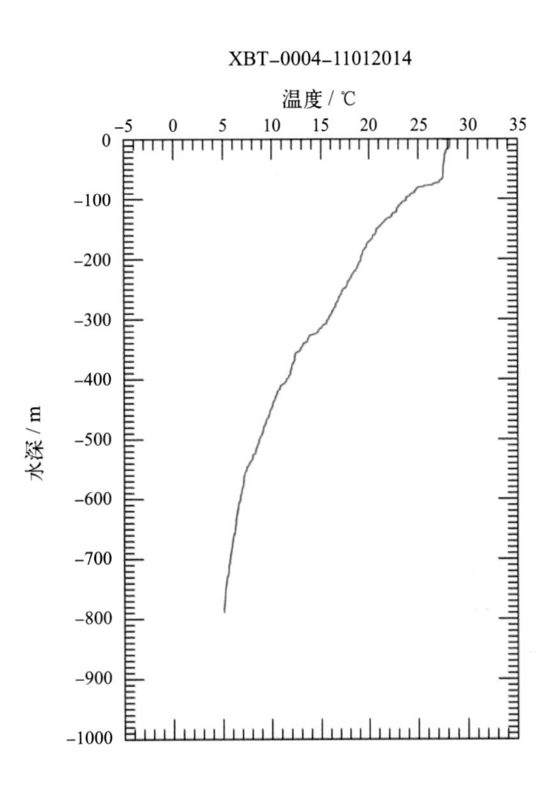
XBT–0004–11012014
温度 / ℃
–5 0 5 10 15 20 25 30 35
0 –100 –200 –300 –400 –500 –600 –700 –800 –900 –1000
水深 / m

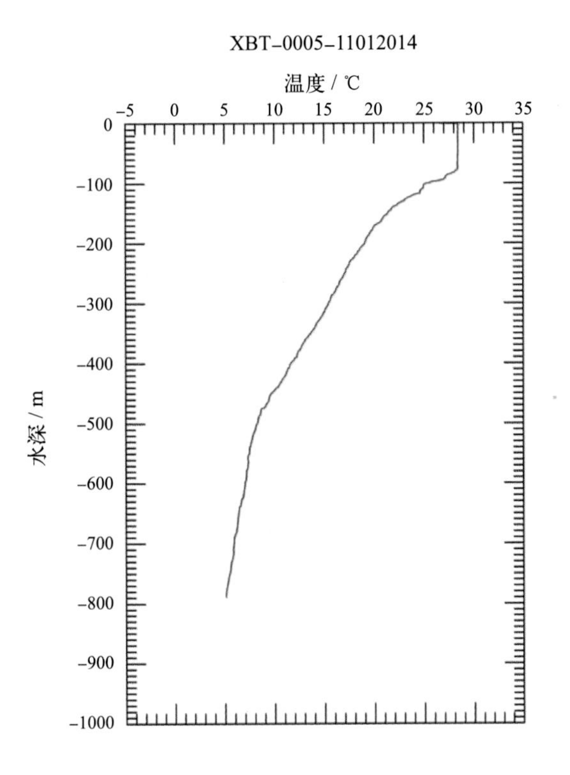
XBT–0005–11012014
温度 / ℃
–5 0 5 10 15 20 25 30 35
0 –100 –200 –300 –400 –500 –600 –700 –800 –900 –1000
水深 / m

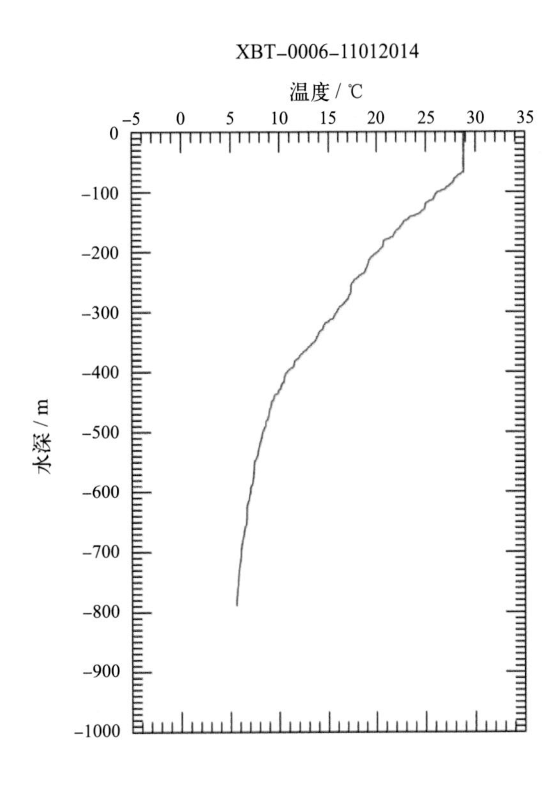
XBT–0006–11012014
温度 / ℃
–5 0 5 10 15 20 25 30 35
0 –100 –200 –300 –400 –500 –600 –700 –800 –900 –1000
水深 / m

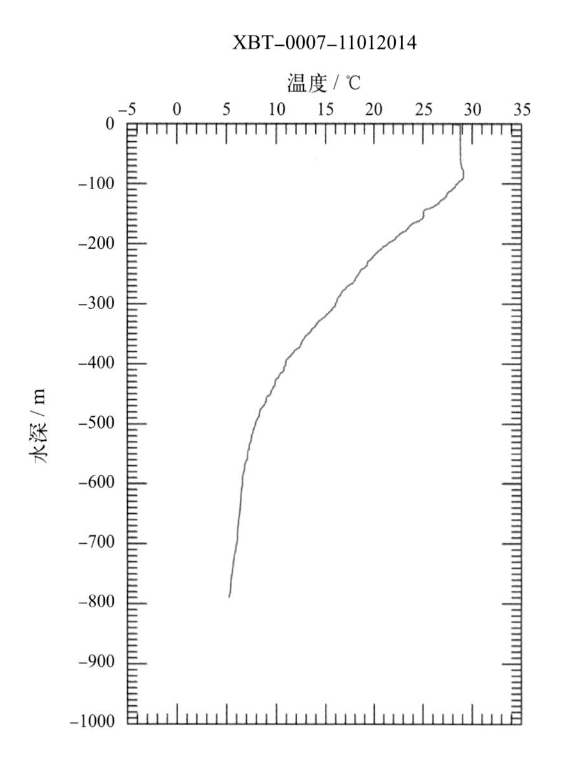
XBT-0007-11012014
温度 / ℃
水深 / m

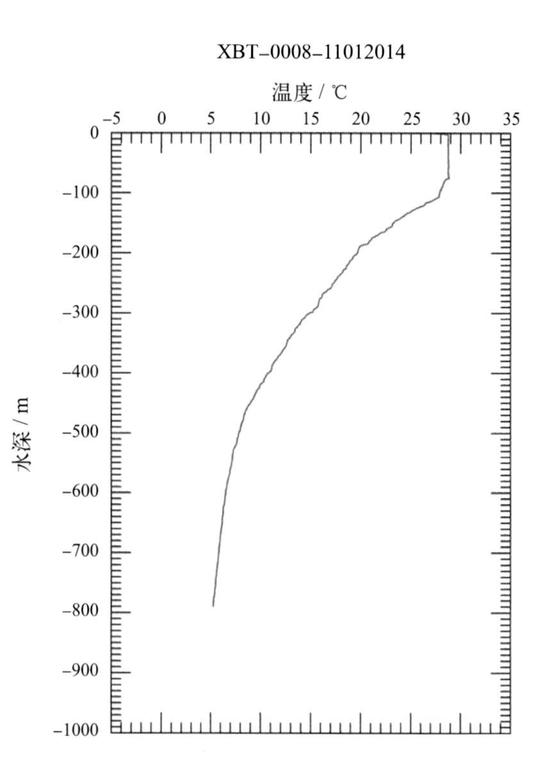
XBT-0008-11012014
温度 / ℃
水深 / m

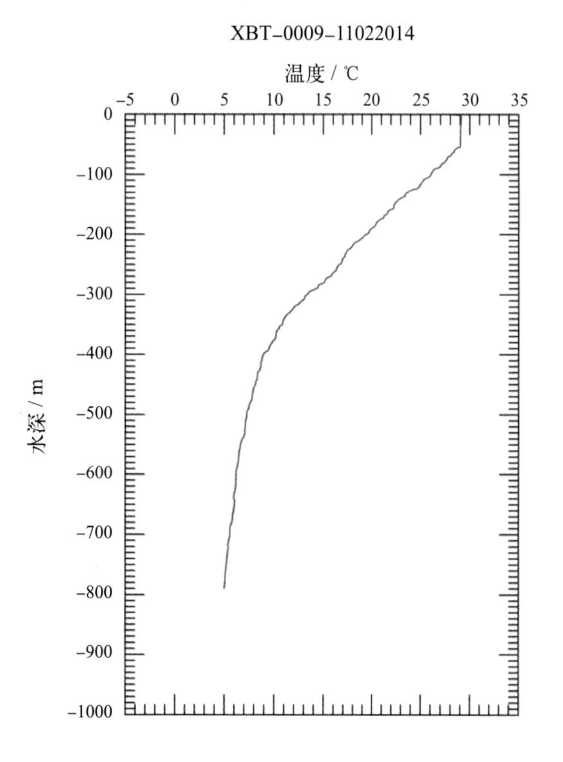
XBT-0009-11022014
温度 / ℃
水深 / m

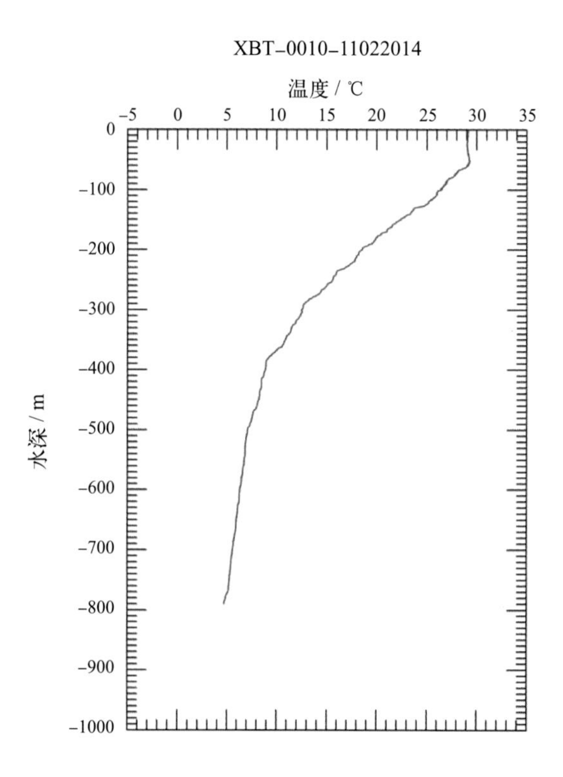
XBT-0010-11022014
温度 / ℃
水深 / m

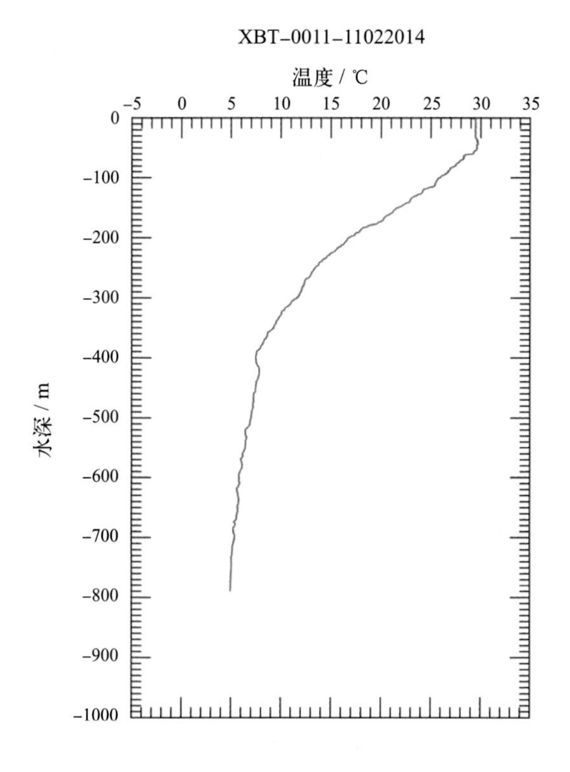
XBT-0011-11022014
温度 / ℃
-5
0
5
10
15
20
25
30
35
0
-100
-200
-300
-400
-500
-600
-700
-800
-900
-1000
水深 / m

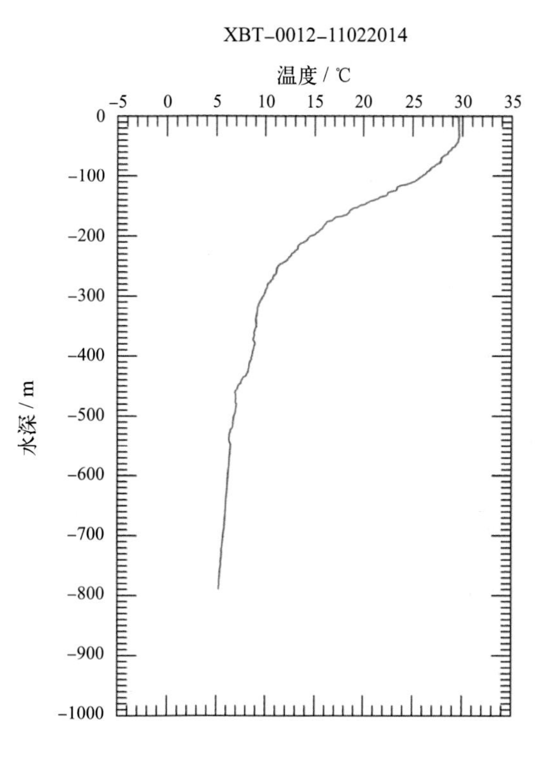
XBT-0012-11022014
温度 / ℃
-5
0
5
10
15
20
25
30
35
0
-100
-200
-300
-400
-500
-600
-700
-800
-900
-1000
水深 / m

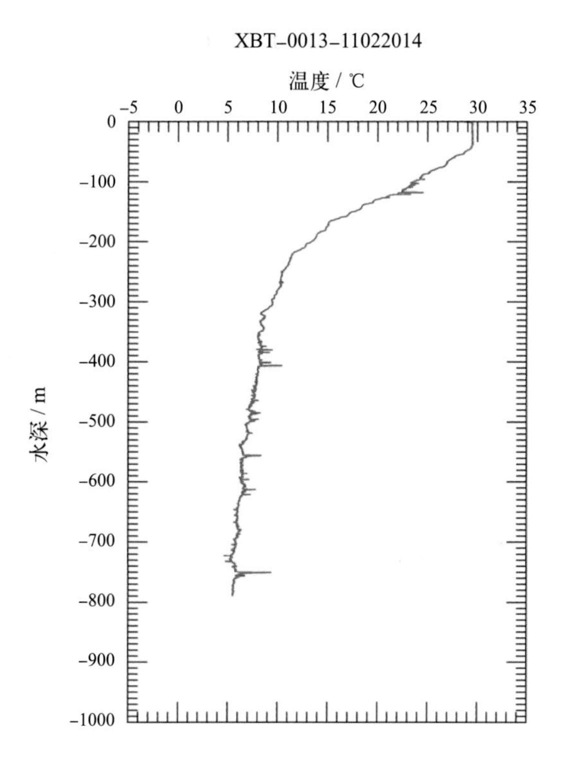
XBT-0013-11022014
温度 / ℃
-5
0
5
10
15
20
25
30
35
0
-100
-200
-300
-400
-500
-600
-700
-800
-900
-1000
水深 / m

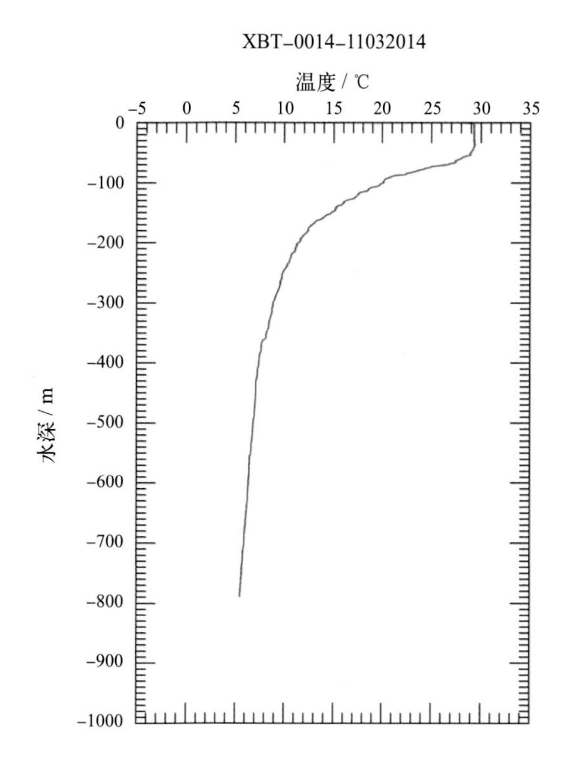
XBT-0014-11032014
温度 / ℃
-5
0
5
10
15
20
25
30
35
0
-100
-200
-300
-400
-500
-600
-700
-800
-900
-1000
水深 / m

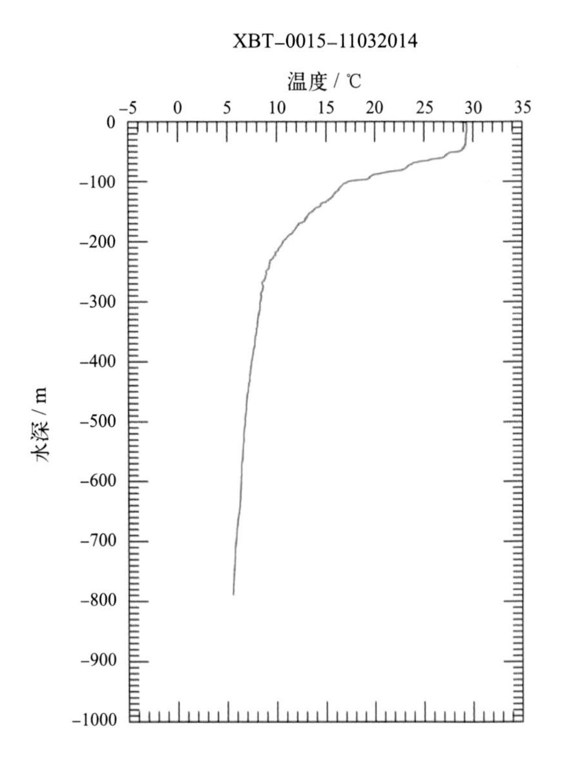
XBT–0015–11032014
温度 / ℃
–5
0
5
10
15
20
25
30
35
0
–100
–200
–300
–400
–500
–600
–700
–800
–900
–1000
水深 / m

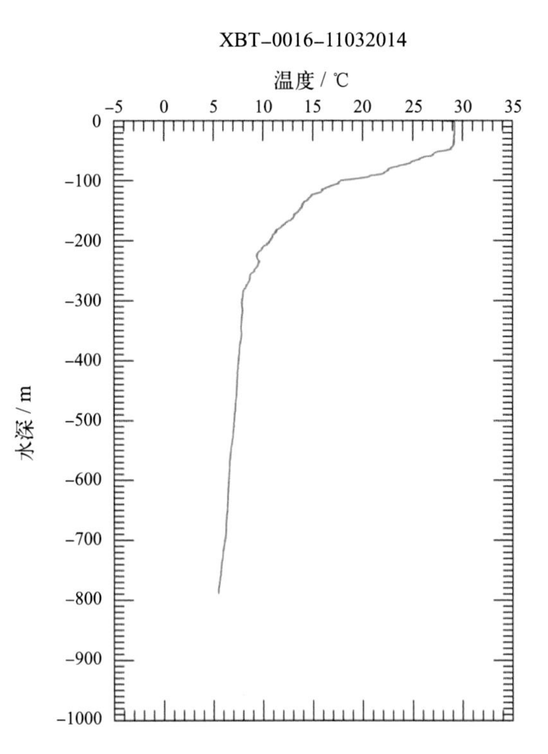
XBT–0016–11032014
温度 / ℃
–5
0
5
10
15
20
25
30
35
0
–100
–200
–300
–400
–500
–600
–700
–800
–900
–1000
水深 / m

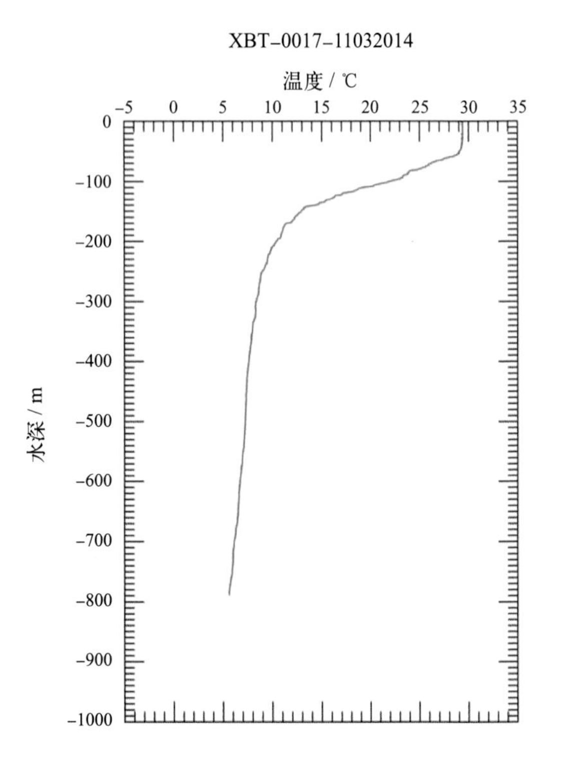
XBT–0017–11032014
温度 / ℃
–5
0
5
10
15
20
25
30
35
0
–100
–200
–300
–400
–500
–600
–700
–800
–900
–1000
水深 / m

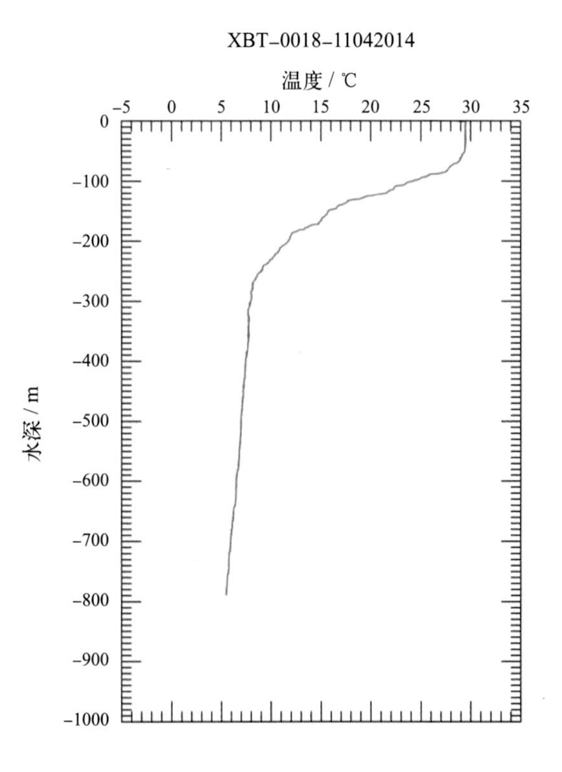
XBT–0018–11042014
温度 / ℃
–5
0
5
10
15
20
25
30
35
0
–100
–200
–300
–400
–500
–600
–700
–800
–900
–1000
水深 / m

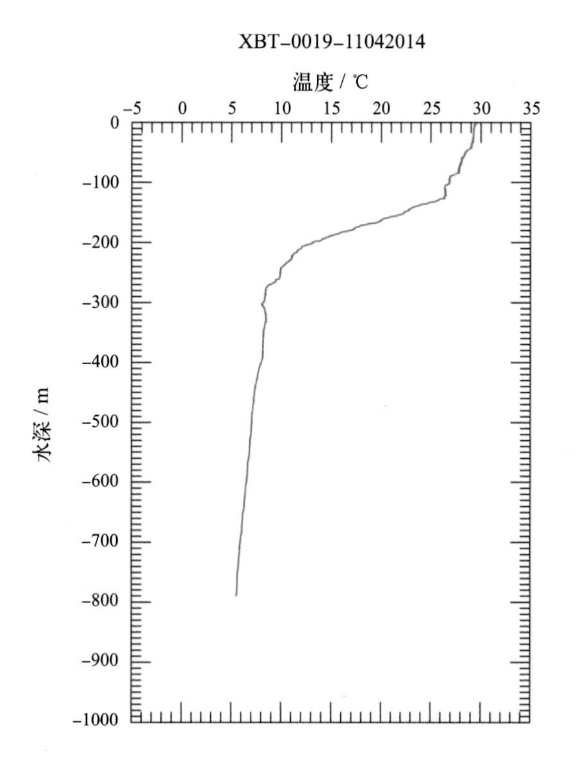
XBT-0019-11042014
温度 / ℃
水深 / m

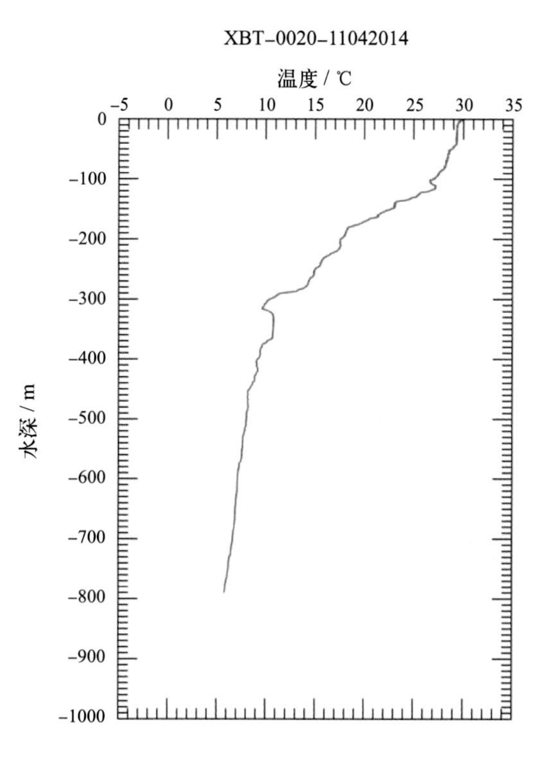
XBT-0020-11042014
温度 / ℃
水深 / m

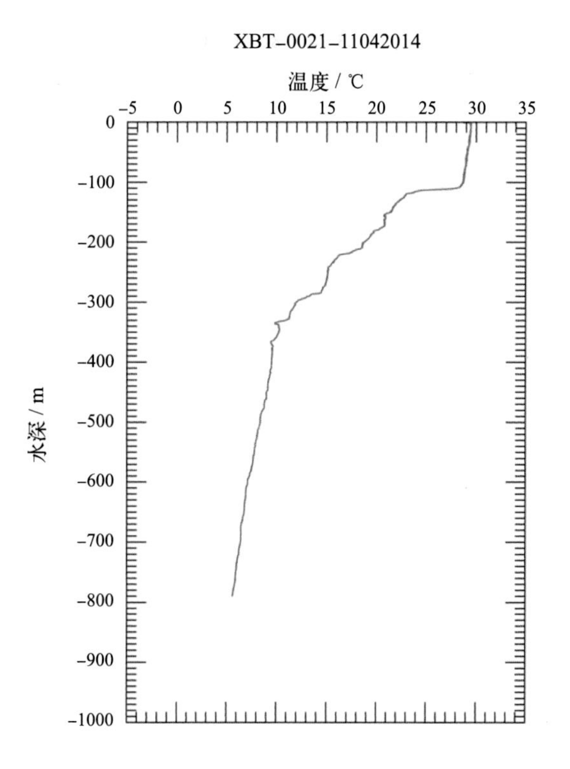
XBT-0021-11042014
温度 / ℃
水深 / m

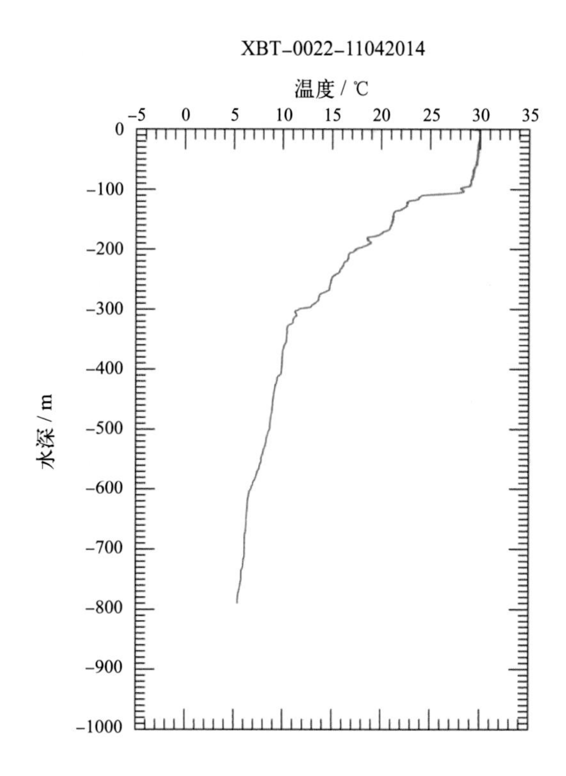
XBT-0022-11042014
温度 / ℃
水深 / m

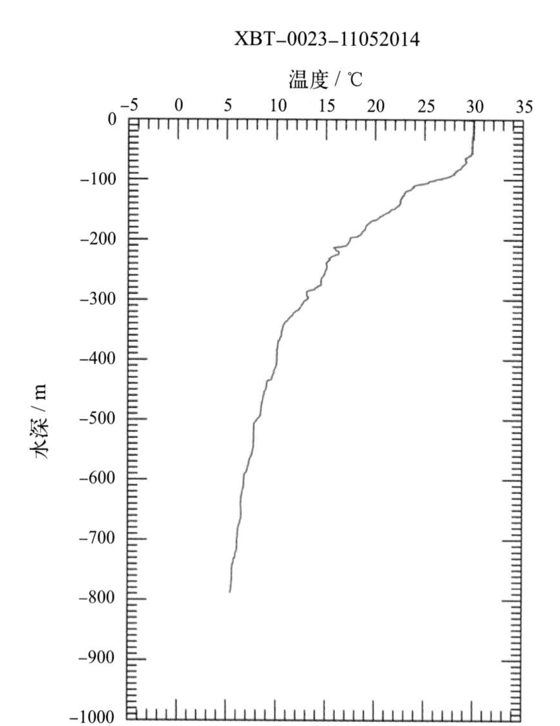
XBT-0023-11052014
温度 / ℃
-5 0 5 10 15 20 25 30 35
0 -100 -200 -300 -400 -500 -600 -700 -800 -900 -1000
水深 / m

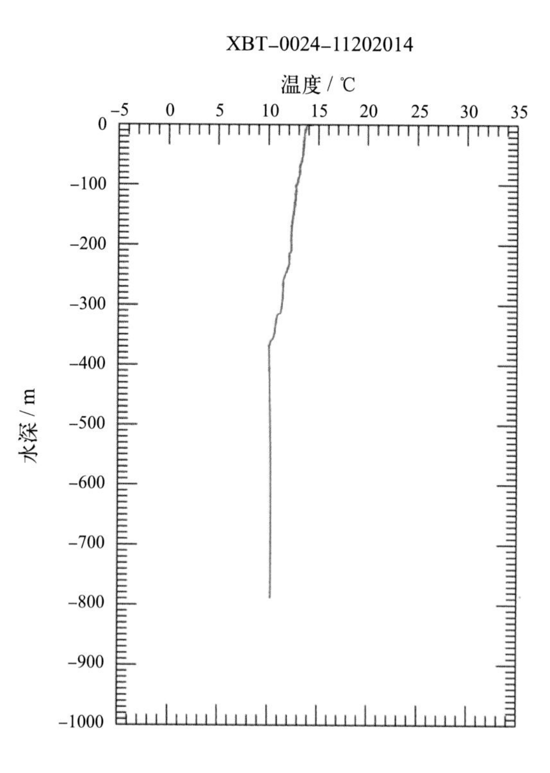
XBT-0024-11202014
温度 / ℃
-5 0 5 10 15 20 25 30 35
0 -100 -200 -300 -400 -500 -600 -700 -800 -900 -1000
水深 / m

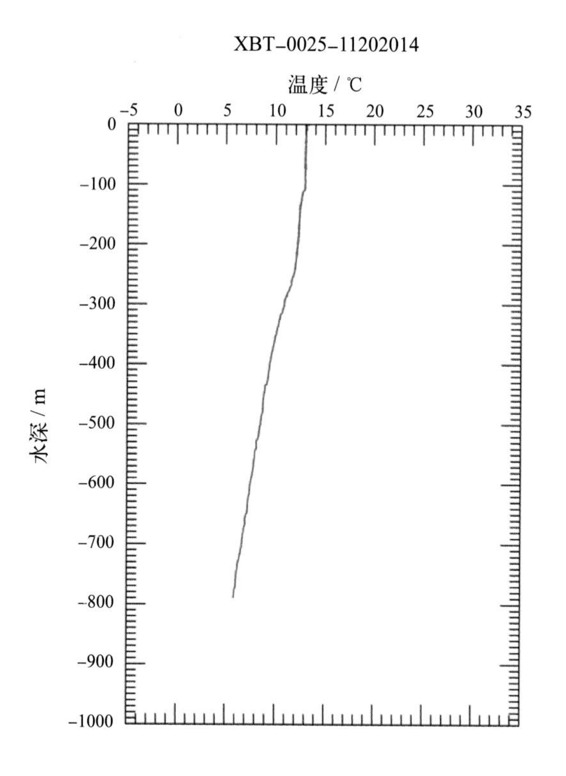
XBT-0025-11202014
温度 / ℃
-5 0 5 10 15 20 25 30 35
0 -100 -200 -300 -400 -500 -600 -700 -800 -900 -1000
水深 / m

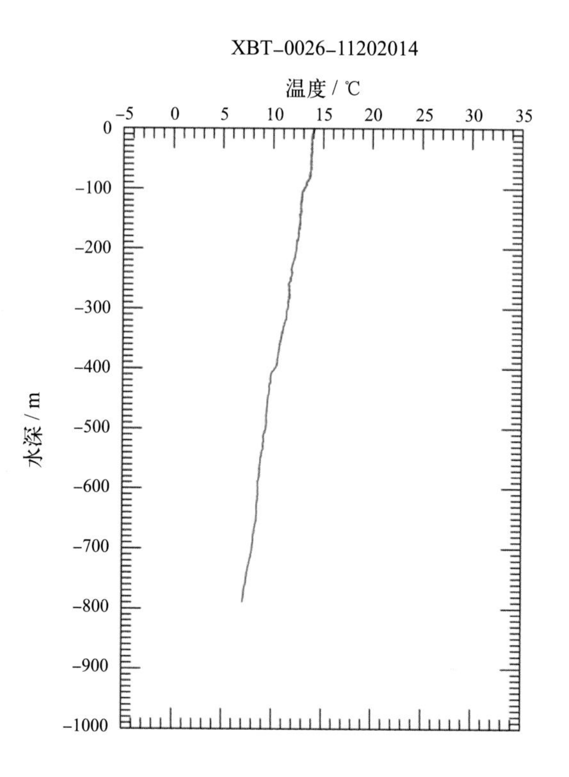
XBT-0026-11202014
温度 / ℃
-5 0 5 10 15 20 25 30 35
0 -100 -200 -300 -400 -500 -600 -700 -800 -900 -1000
水深 / m

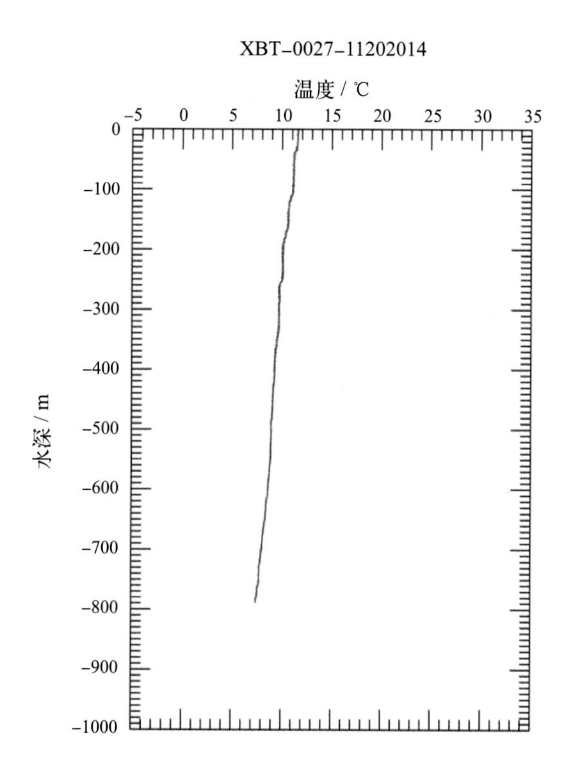
XBT–0027–11202014
温度 / ℃
–5 0 5 10 15 20 25 30 35
0
-100
-200
-300
-400
-500
-600
-700
-800
-900
-1000
水深 / m

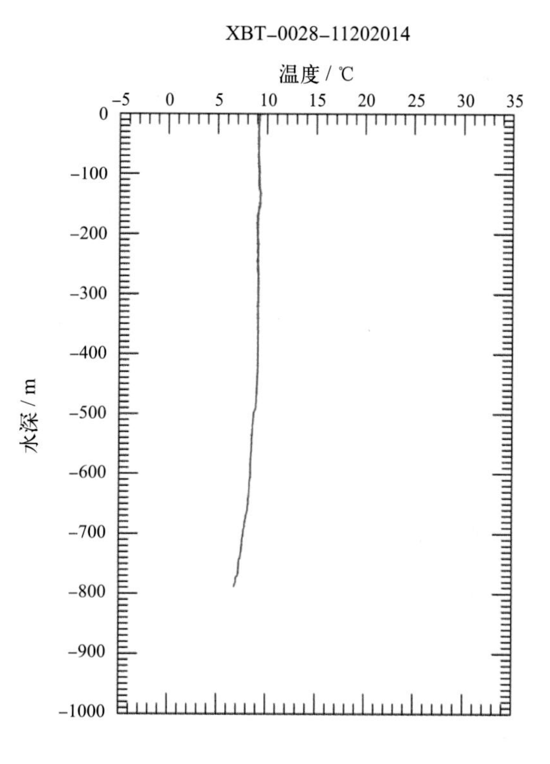
XBT–0028–11202014
温度 / ℃
–5 0 5 10 15 20 25 30 35
0
-100
-200
-300
-400
-500
-600
-700
-800
-900
-1000
水深 / m

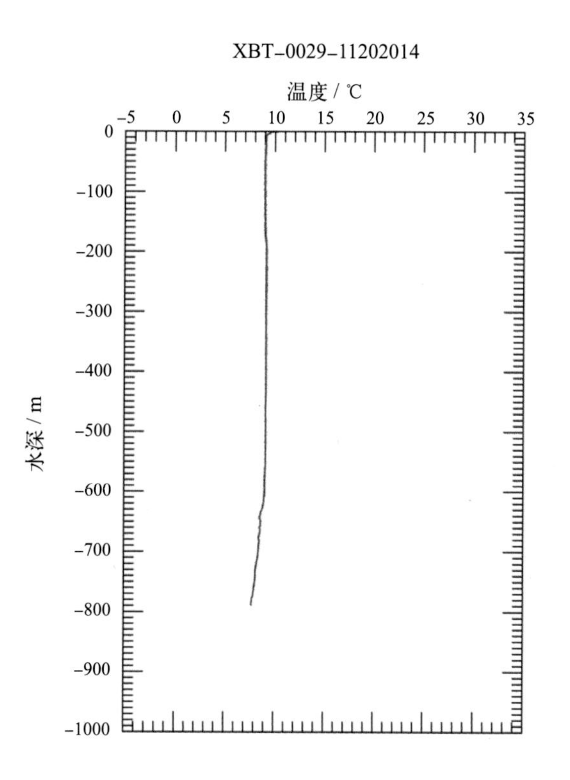
XBT–0029–11202014
温度 / ℃
–5 0 5 10 15 20 25 30 35
0
-100
-200
-300
-400
-500
-600
-700
-800
-900
-1000
水深 / m

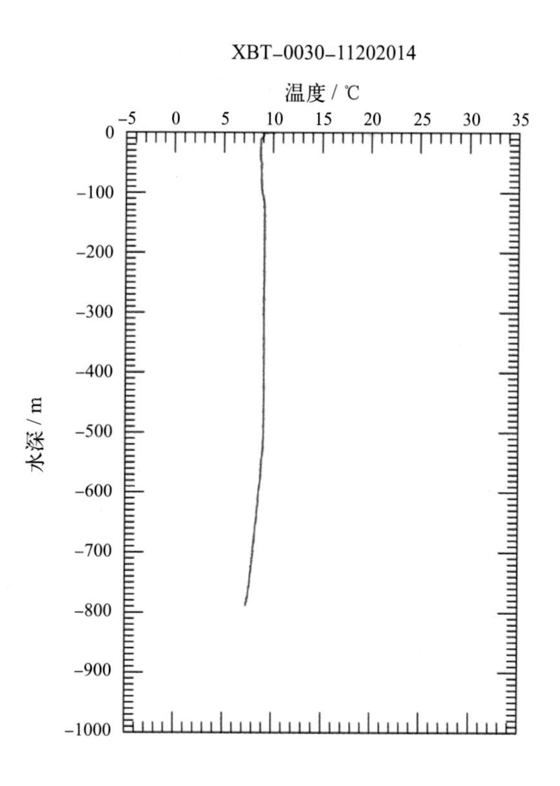
XBT–0030–11202014
温度 / ℃
–5 0 5 10 15 20 25 30 35
0
-100
-200
-300
-400
-500
-600
-700
-800
-900
-1000
水深 / m

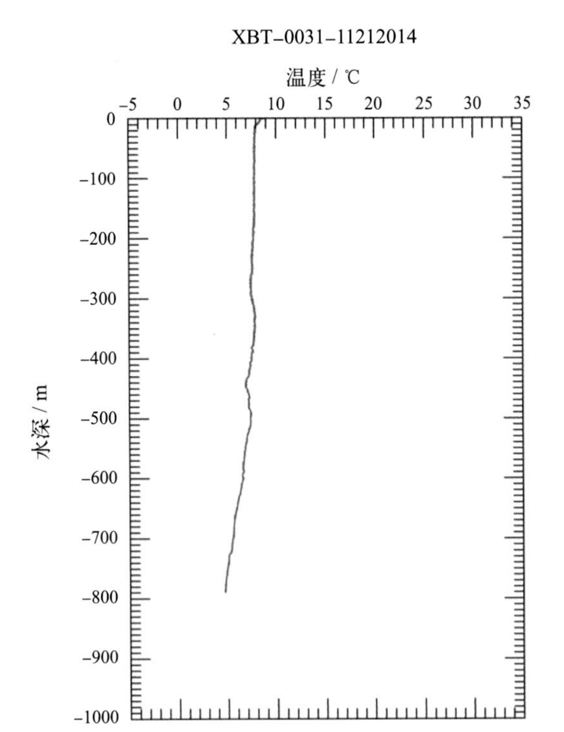
XBT–0031–11212014
温度 / ℃
–5 0 5 10 15 20 25 30 35
0
–100
–200
–300
–400
–500
–600
–700
–800
–900
–1000
水深 / m

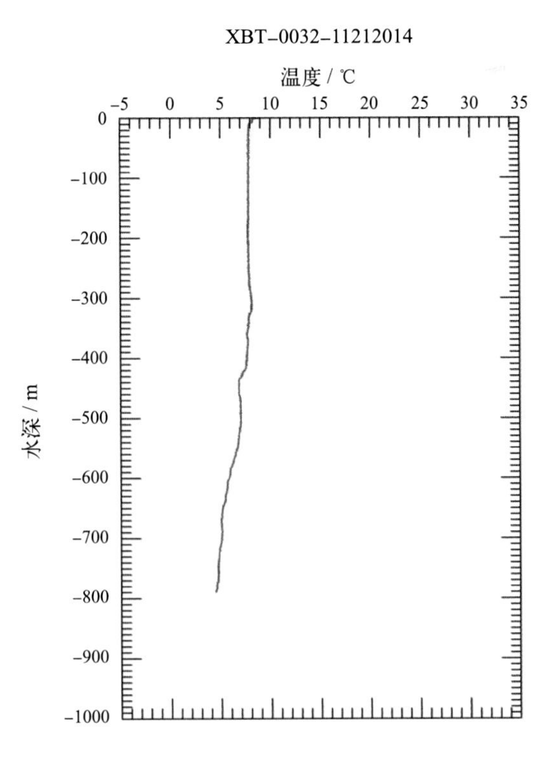
XBT–0032–11212014
温度 / ℃
–5 0 5 10 15 20 25 30 35
0
–100
–200
–300
–400
–500
–600
–700
–800
–900
–1000
水深 / m

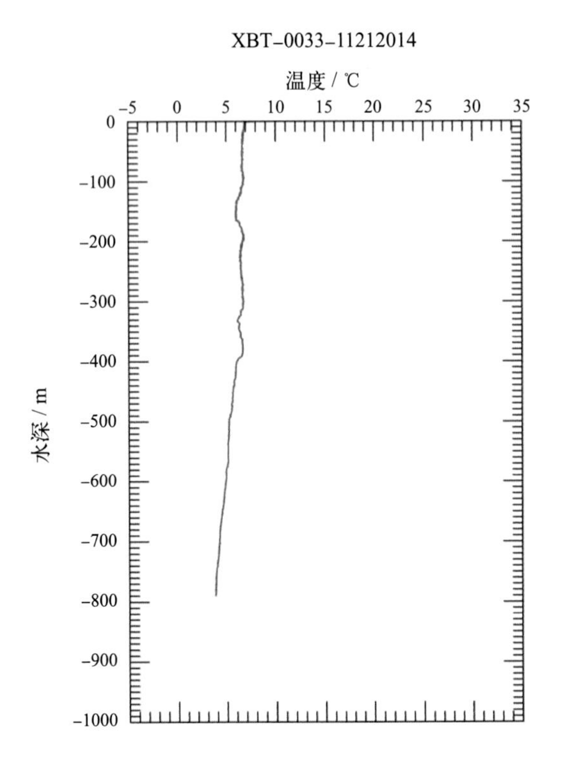
XBT–0033–11212014
温度 / ℃
–5 0 5 10 15 20 25 30 35
0
–100
–200
–300
–400
–500
–600
–700
–800
–900
–1000
水深 / m

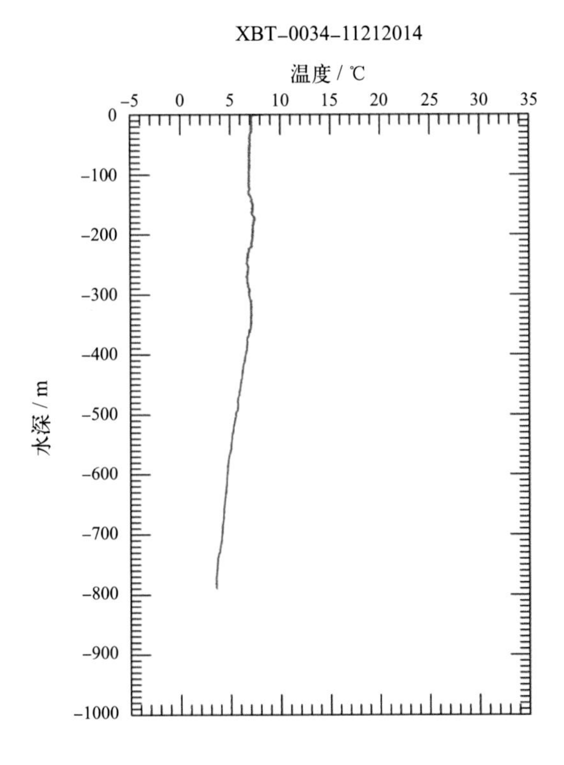
XBT–0034–11212014
温度 / ℃
–5 0 5 10 15 20 25 30 35
0
–100
–200
–300
–400
–500
–600
–700
–800
–900
–1000
水深 / m

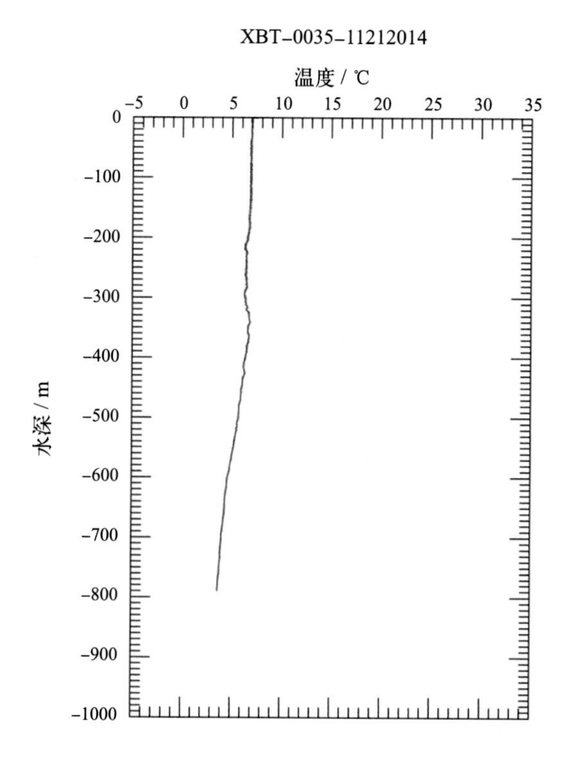
XBT–0035–11212014
温度 / ℃
–5
0
5
10
15
20
25
30
35
水深 / m
0
–100
–200
–300
–400
–500
–600
–700
–800
–900
–1000

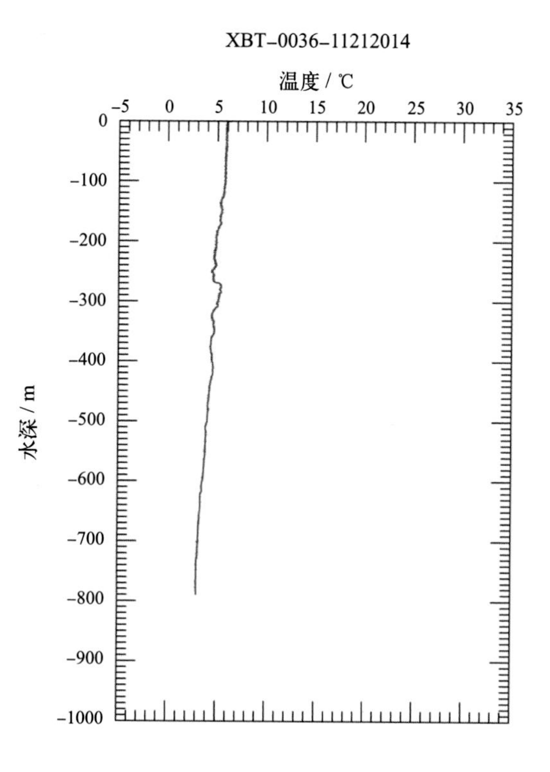
XBT–0036–11212014
温度 / ℃
–5
0
5
10
15
20
25
30
35
水深 / m
0
–100
–200
–300
–400
–500
–600
–700
–800
–900
–1000

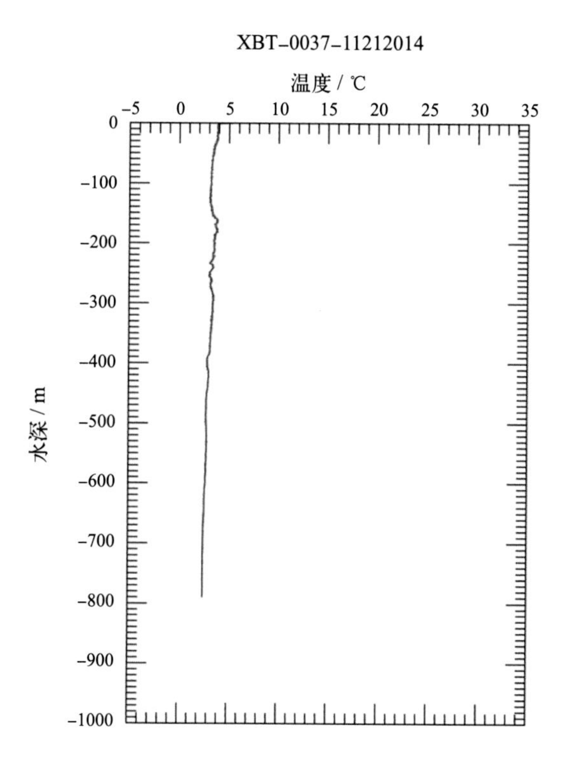
XBT–0037–11212014
温度 / ℃
–5
0
5
10
15
20
25
30
35
水深 / m
0
–100
–200
–300
–400
–500
–600
–700
–800
–900
–1000

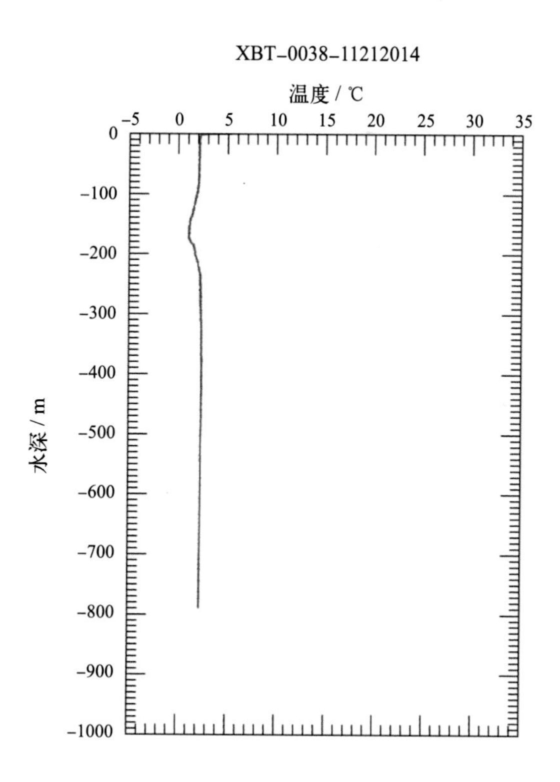
XBT–0038–11212014
温度 / ℃
–5
0
5
10
15
20
25
30
35
水深 / m
0
–100
–200
–300
–400
–500
–600
–700
–800
–900
–1000

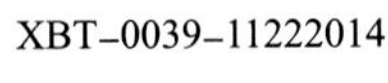

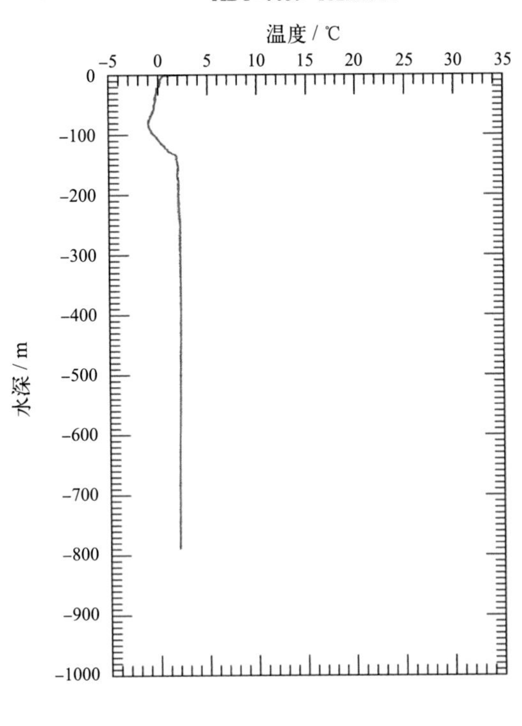
XBT-0039-11222014
温度 / ℃
-5 0 5 10 15 20 25 30 35
0 -100 -200 -300 -400 -500 -600 -700 -800 -900 -1000
水深 / m

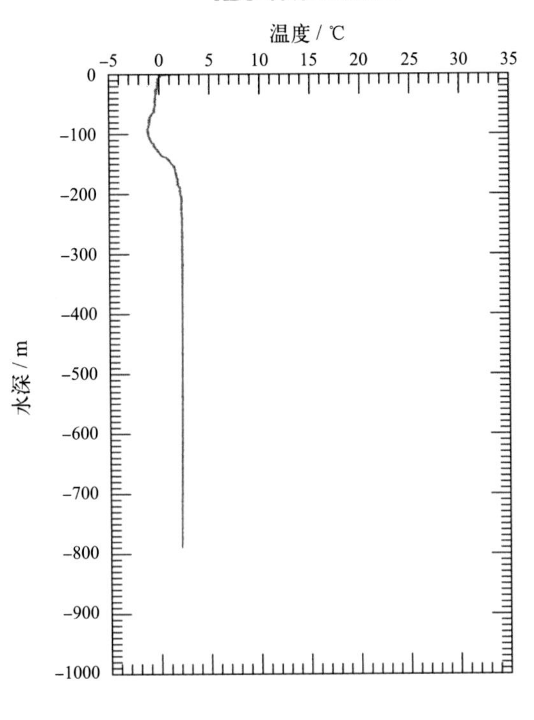
XBT-0040-11222014
温度 / ℃
-5 0 5 10 15 20 25 30 35
0 -100 -200 -300 -400 -500 -600 -700 -800 -900 -1000
水深 / m

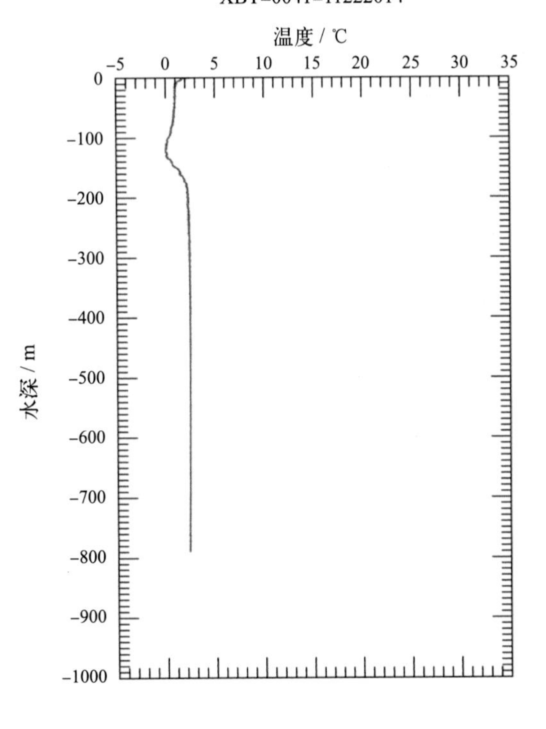
XBT-0041-11222014
温度 / ℃
-5 0 5 10 15 20 25 30 35
0 -100 -200 -300 -400 -500 -600 -700 -800 -900 -1000
水深 / m

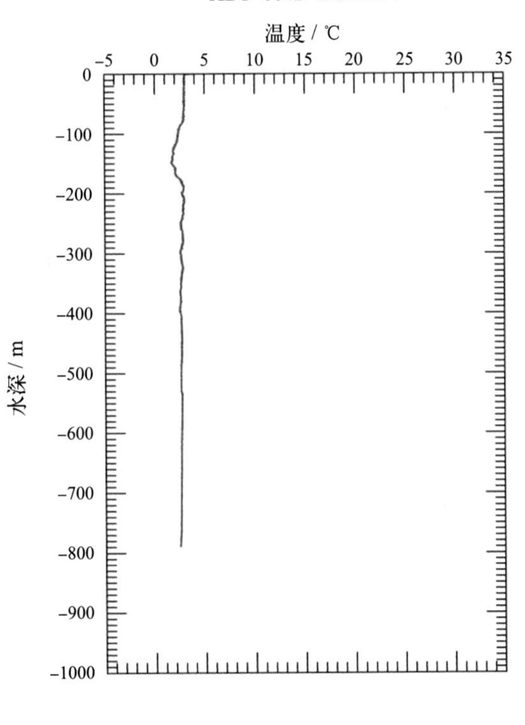
XBT-0042-11222014
温度 / ℃
-5 0 5 10 15 20 25 30 35
0 -100 -200 -300 -400 -500 -600 -700 -800 -900 -1000
水深 / m

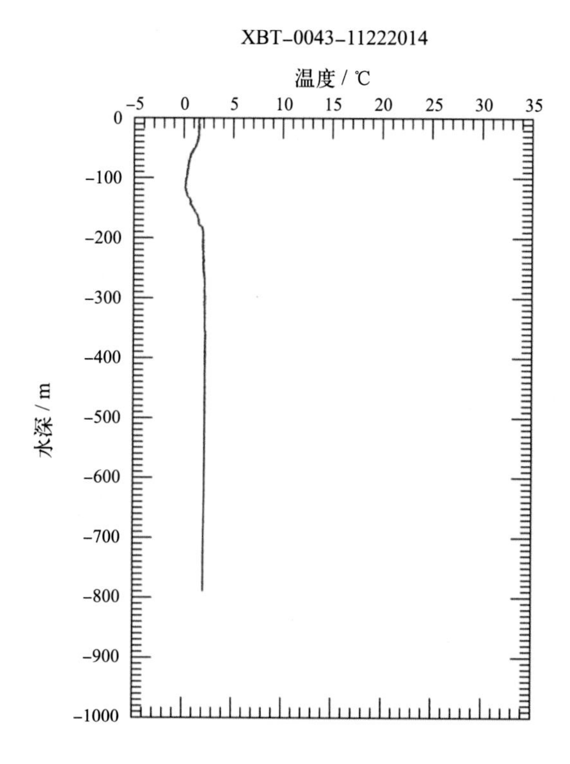
XBT-0043-11222014
温度 / ℃
-5
0
5
10
15
20
25
30
35
0
-100
-200
-300
-400
-500
-600
-700
-800
-900
-1000
水深 / m

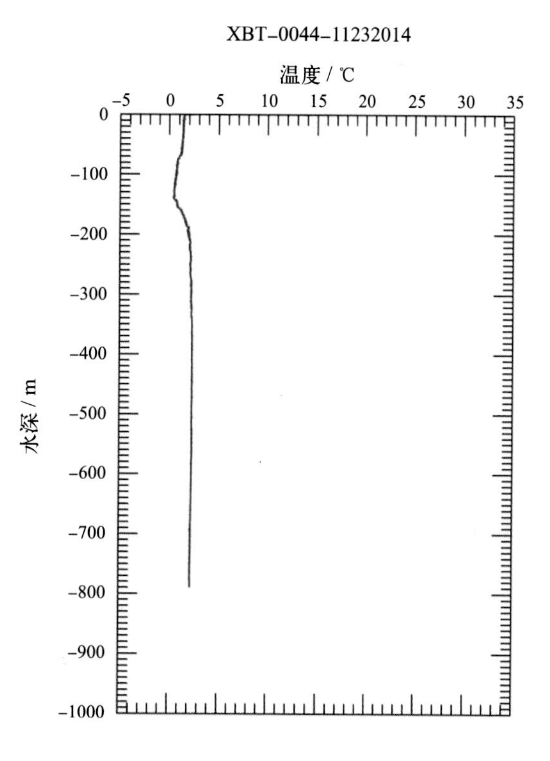
XBT-0044-11232014
温度 / ℃
-5
0
5
10
15
20
25
30
35
0
-100
-200
-300
-400
-500
-600
-700
-800
-900
-1000
水深 / m

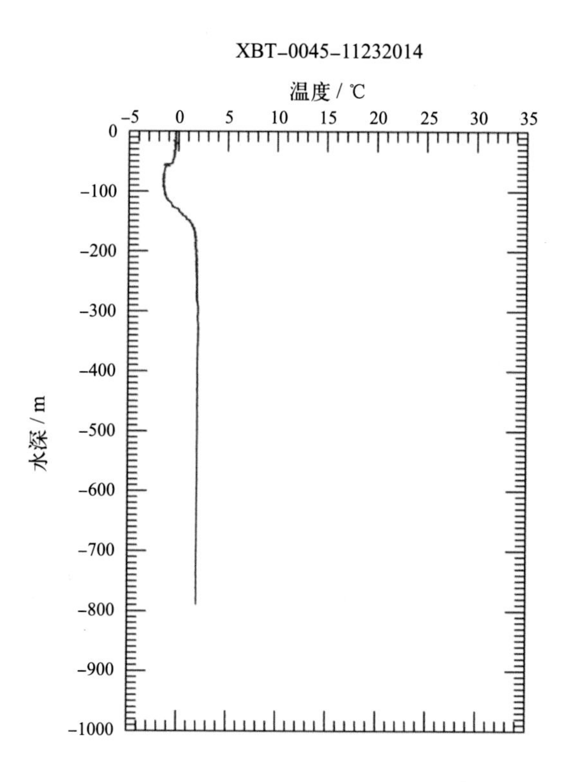
XBT-0045-11232014
温度 / ℃
-5
0
5
10
15
20
25
30
35
0
-100
-200
-300
-400
-500
-600
-700
-800
-900
-1000
水深 / m

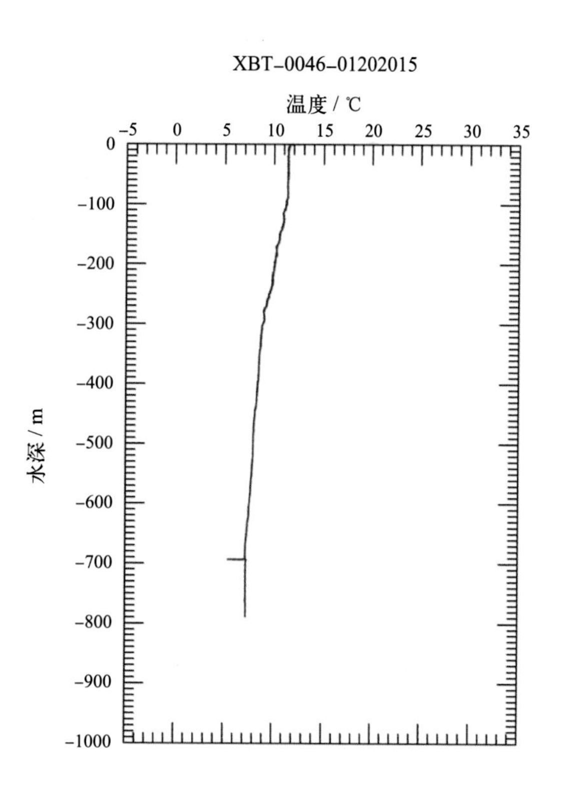
XBT-0046-01202015
温度 / ℃
-5
0
5
10
15
20
25
30
35
0
-100
-200
-300
-400
-500
-600
-700
-800
-900
-1000
水深 / m

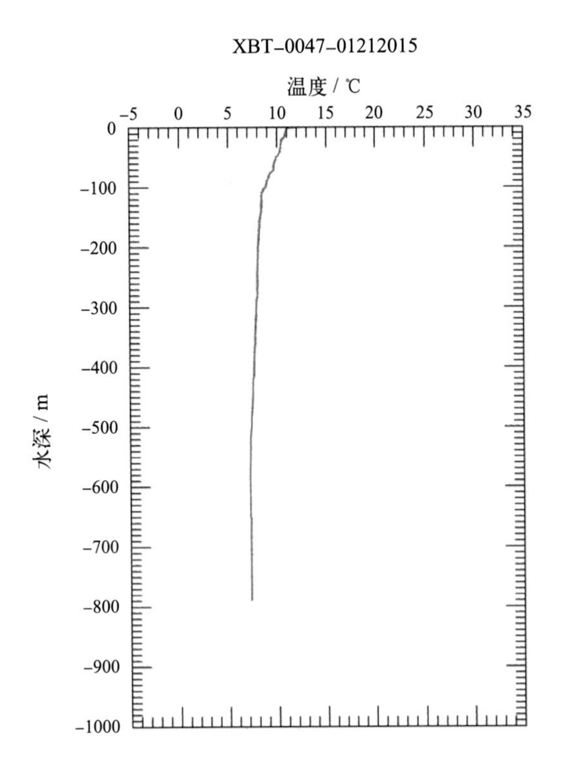
XBT-0047-01212015
温度 / ℃
-5
0
5
10
15
20
25
30
35
0
-100
-200
-300
-400
-500
-600
-700
-800
-900
-1000
水深 / m

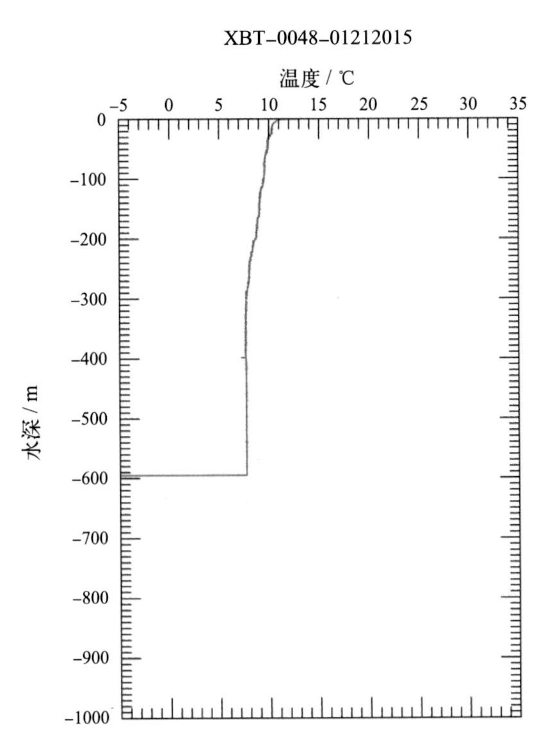
XBT-0048-01212015
温度 / ℃
-5
0
5
10
15
20
25
30
35
0
-100
-200
-300
-400
-500
-600
-700
-800
-900
-1000
水深 / m

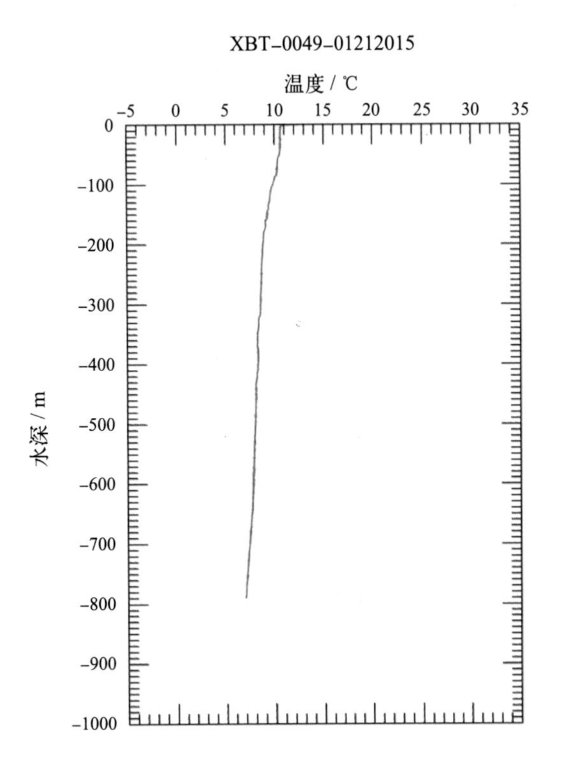
XBT-0049-01212015
温度 / ℃
-5
0
5
10
15
20
25
30
35
0
-100
-200
-300
-400
-500
-600
-700
-800
-900
-1000
水深 / m

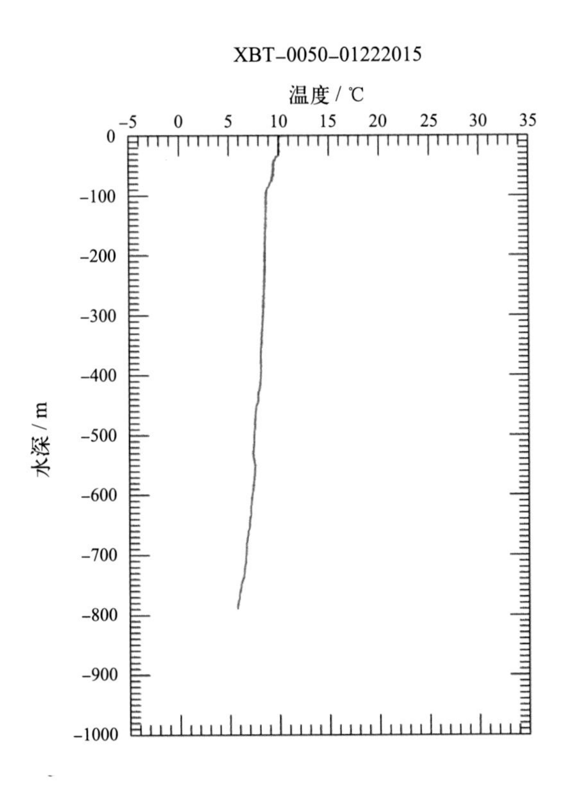
XBT-0050-01222015
温度 / ℃
-5
0
5
10
15
20
25
30
35
0
-100
-200
-300
-400
-500
-600
-700
-800
-900
-1000
水深 / m

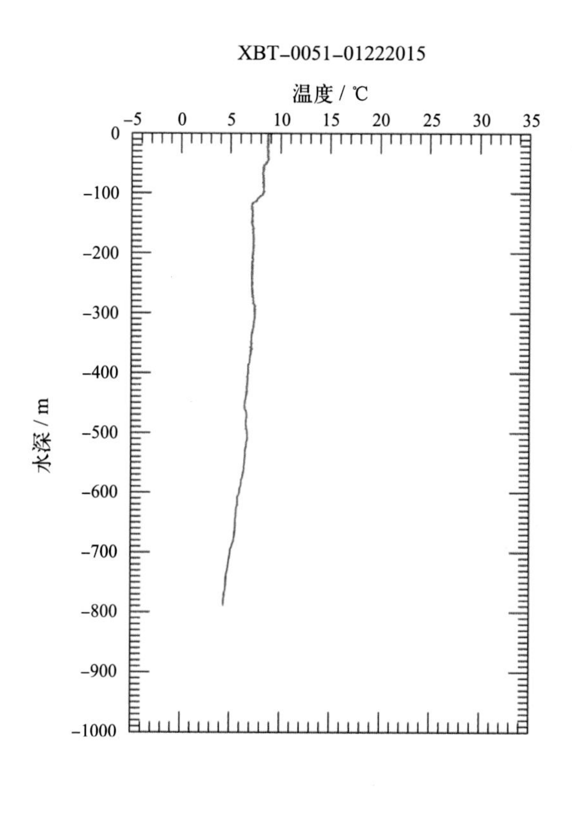
XBT–0051–01222015
温度 / ℃
−5 0 5 10 15 20 25 30 35
水深 / m
0 −100 −200 −300 −400 −500 −600 −700 −800 −900 −1000

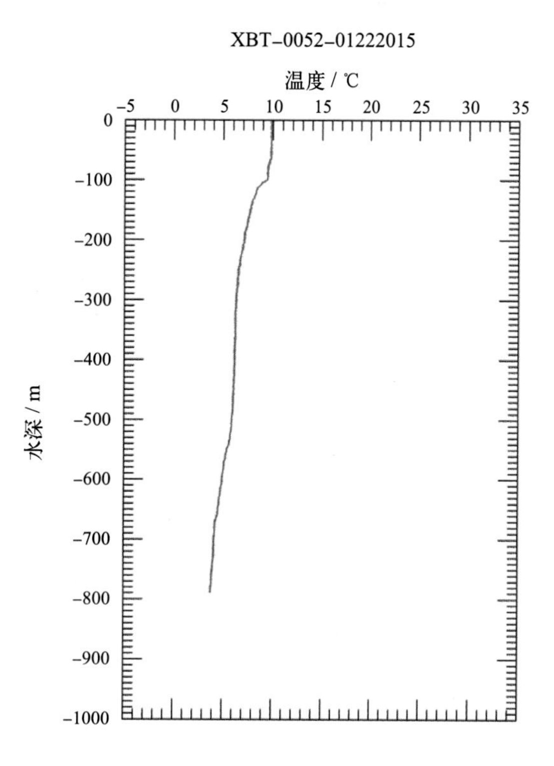
XBT–0052–01222015
温度 / ℃
−5 0 5 10 15 20 25 30 35
水深 / m
0 −100 −200 −300 −400 −500 −600 −700 −800 −900 −1000

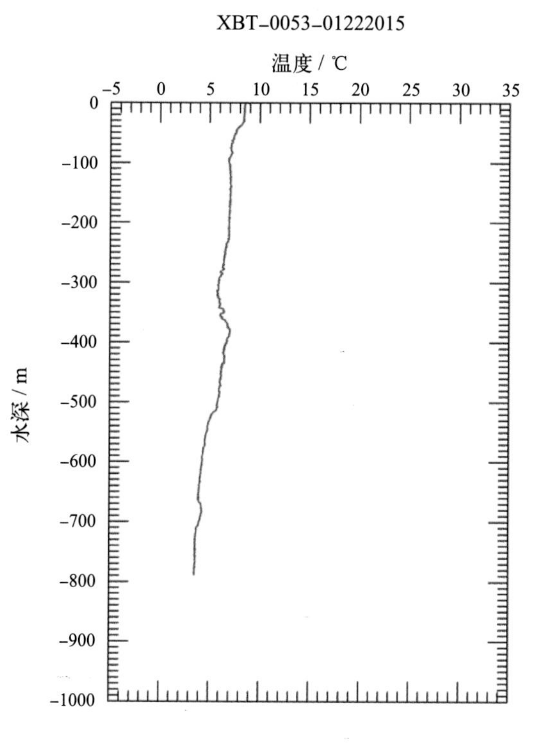
XBT–0053–01222015
温度 / ℃
−5 0 5 10 15 20 25 30 35
水深 / m
0 −100 −200 −300 −400 −500 −600 −700 −800 −900 −1000

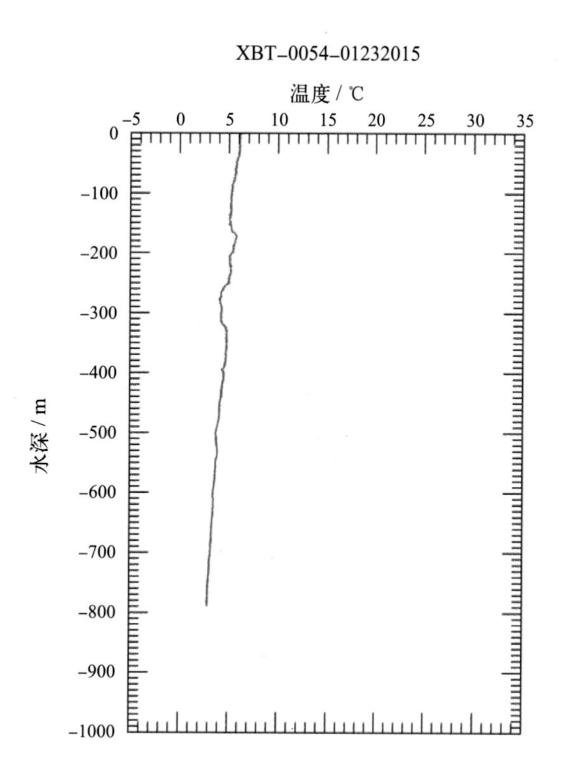
XBT–0054–01232015
温度 / ℃
−5 0 5 10 15 20 25 30 35
水深 / m
0 −100 −200 −300 −400 −500 −600 −700 −800 −900 −1000

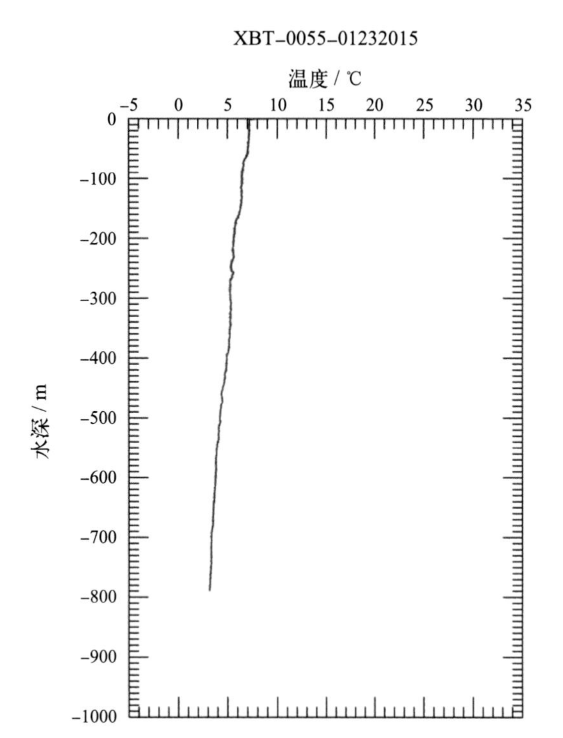
XBT–0055–01232015
温度 / ℃
水深 / m

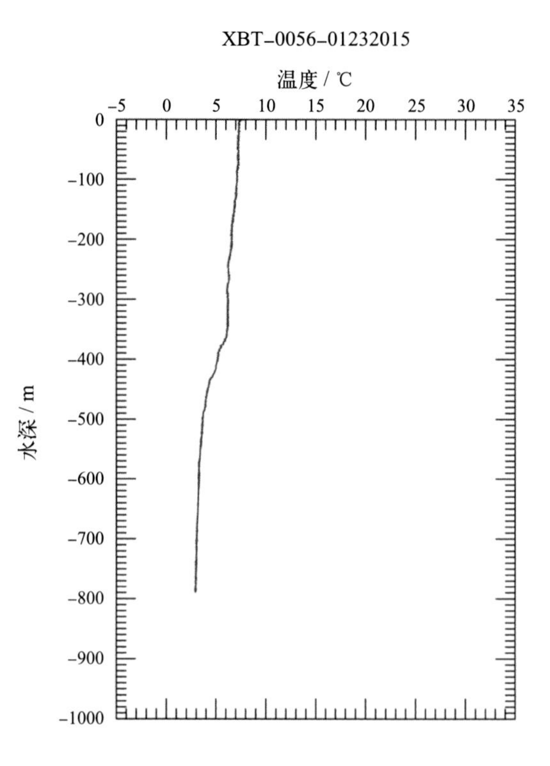
XBT–0056–01232015
温度 / ℃
水深 / m

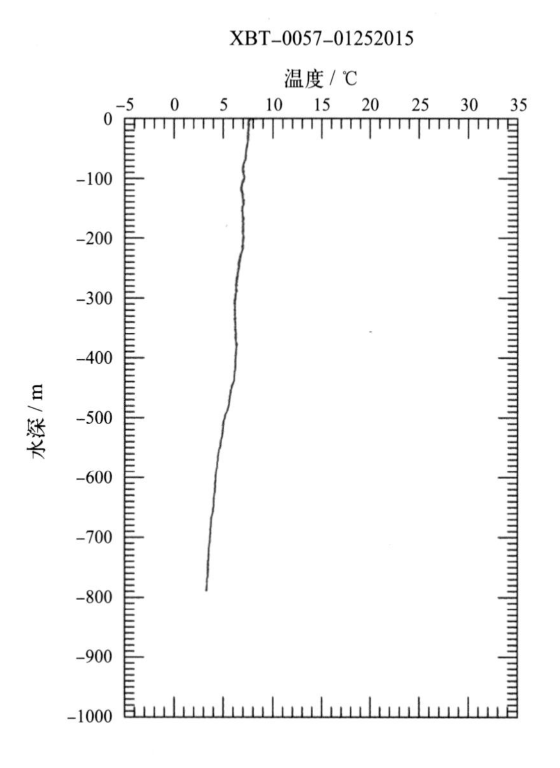
XBT–0057–01252015
温度 / ℃
水深 / m

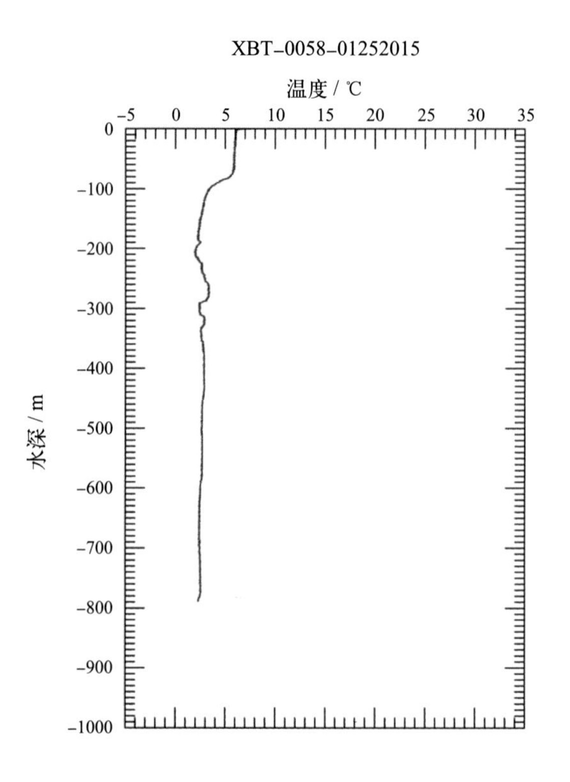
XBT–0058–01252015
温度 / ℃
水深 / m

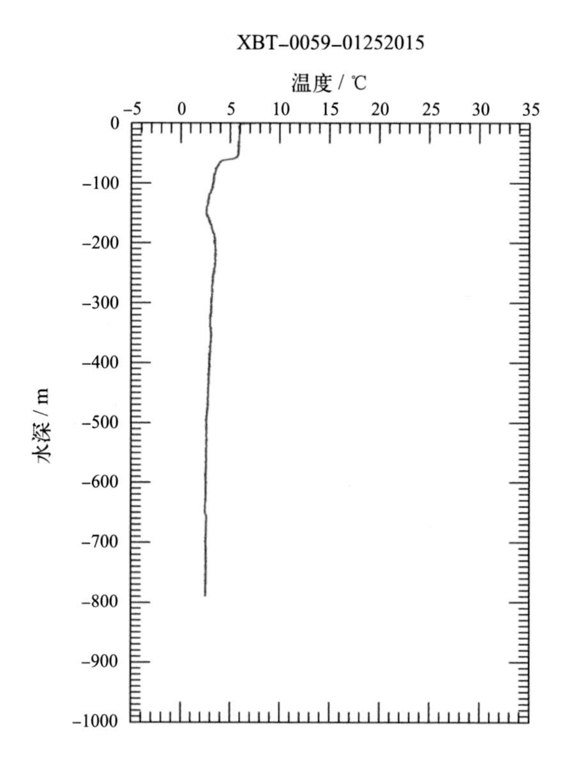
XBT-0059-01252015
温度 / ℃
-5 0 5 10 15 20 25 30 35
0
-100
-200
-300
-400
-500
-600
-700
-800
-900
-1000
水深 / m

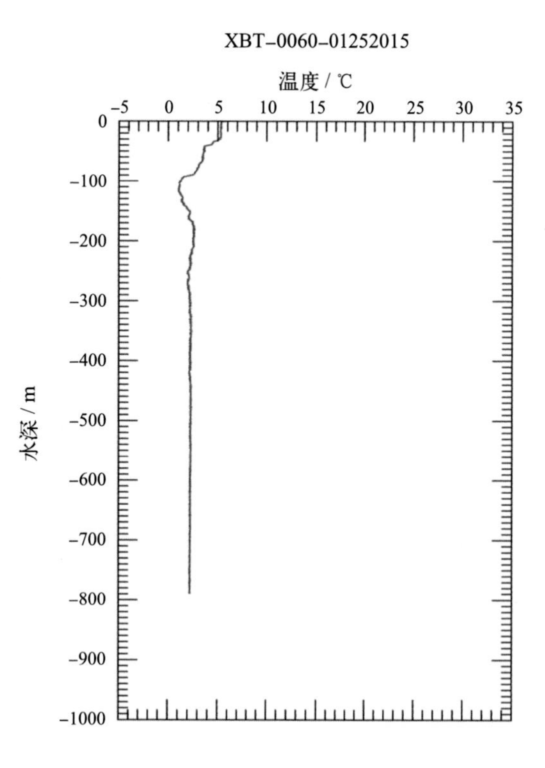
XBT-0060-01252015
温度 / ℃
-5 0 5 10 15 20 25 30 35
0
-100
-200
-300
-400
-500
-600
-700
-800
-900
-1000
水深 / m

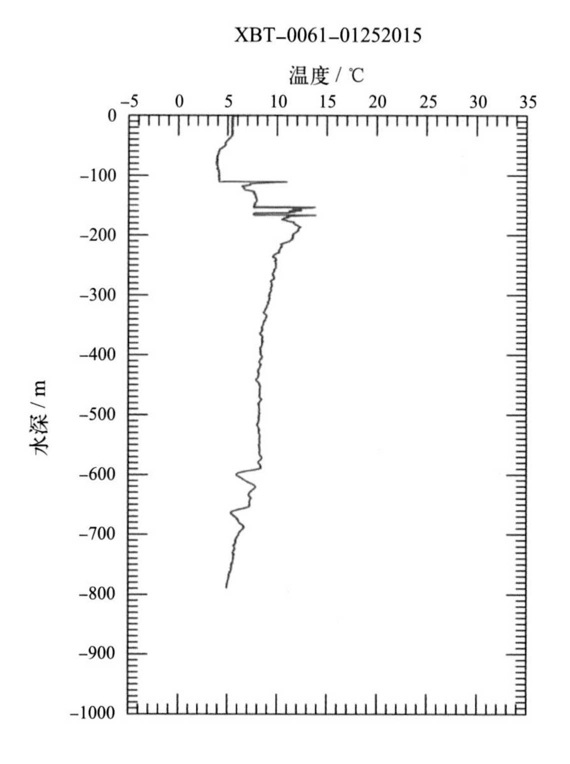
XBT-0061-01252015
温度 / ℃
-5 0 5 10 15 20 25 30 35
0
-100
-200
-300
-400
-500
-600
-700
-800
-900
-1000
水深 / m

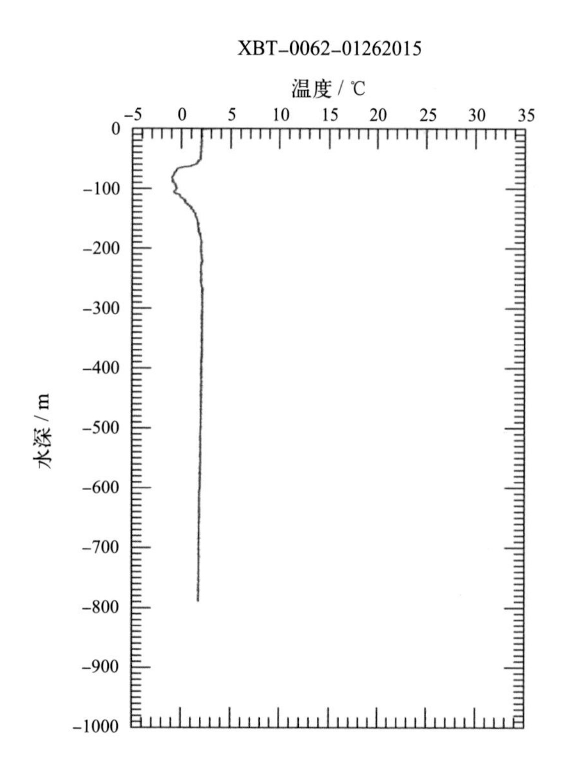
XBT-0062-01262015
温度 / ℃
-5 0 5 10 15 20 25 30 35
0
-100
-200
-300
-400
-500
-600
-700
-800
-900
-1000
水深 / m

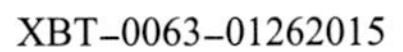
XBT-0063-01262015

温度 / ℃
-5 0 5 10 15 20 25 30 35
0 -100 -200 -300 -400 -500 -600 -700 -800 -900 -1000
水深 / m

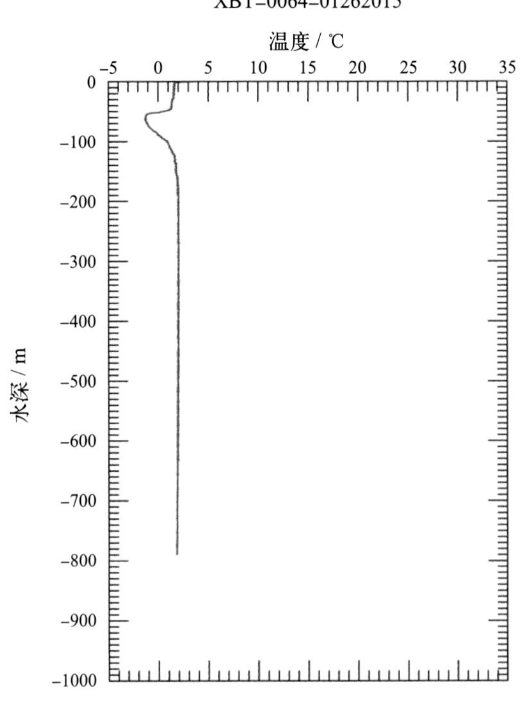

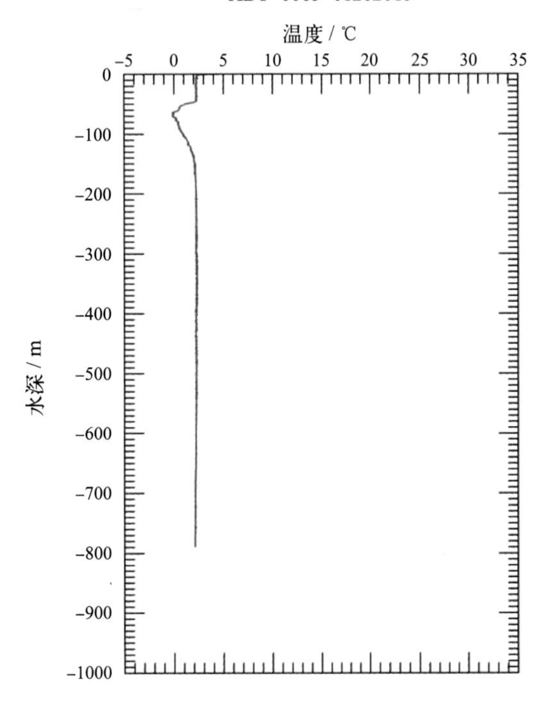

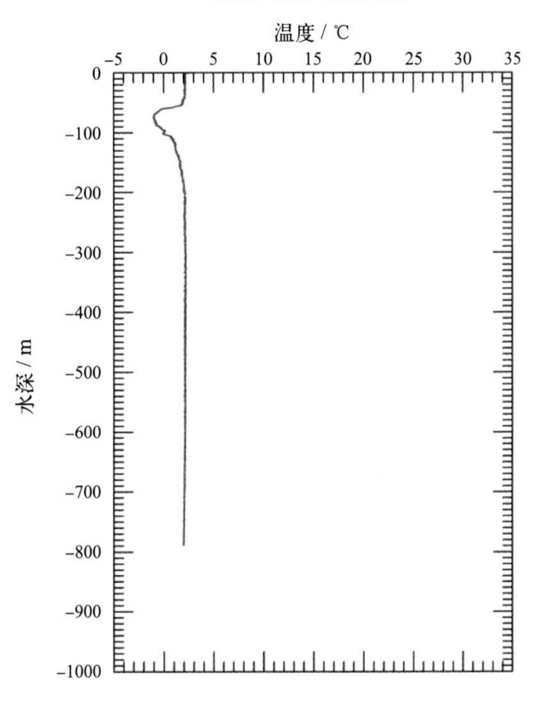

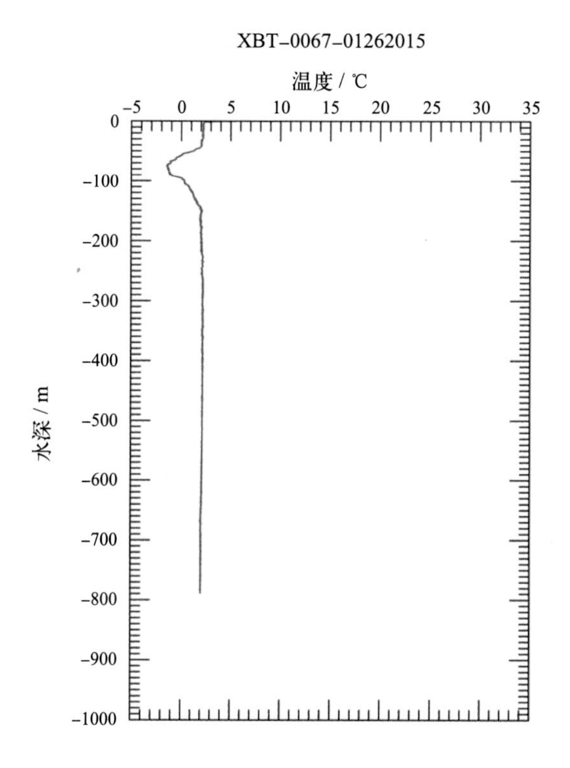
XBT-0067-01262015
温度 / ℃
-5
0
5
10
15
20
25
30
35
0
-100
-200
-300
-400
-500
-600
-700
-800
-900
-1000
水深 / m

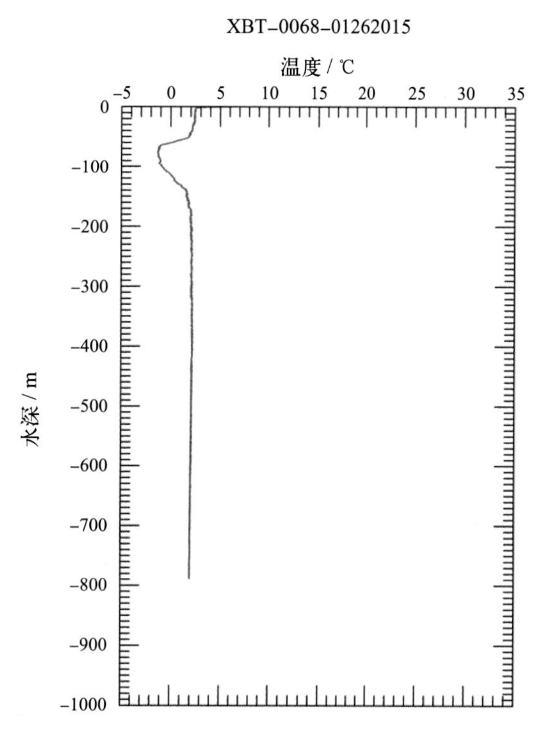
XBT-0068-01262015
温度 / ℃
-5
0
5
10
15
20
25
30
35
0
-100
-200
-300
-400
-500
-600
-700
-800
-900
-1000
水深 / m

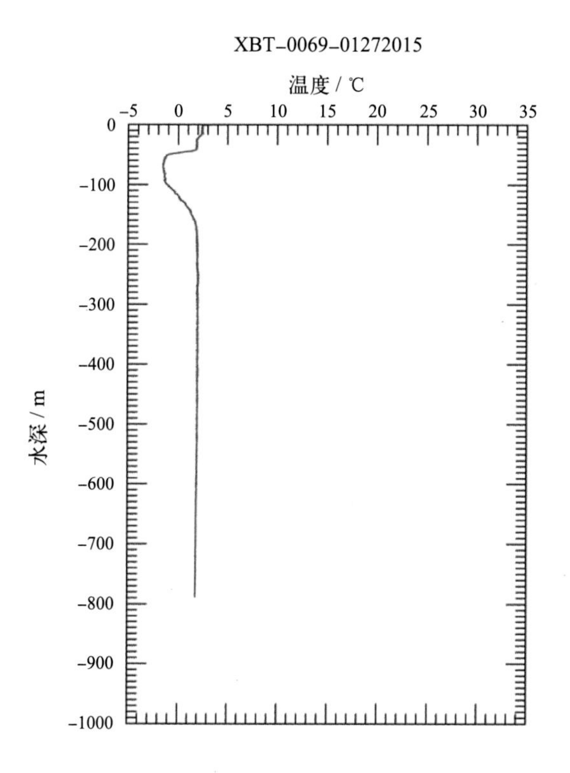
XBT-0069-01272015
温度 / ℃
-5
0
5
10
15
20
25
30
35
0
-100
-200
-300
-400
-500
-600
-700
-800
-900
-1000
水深 / m

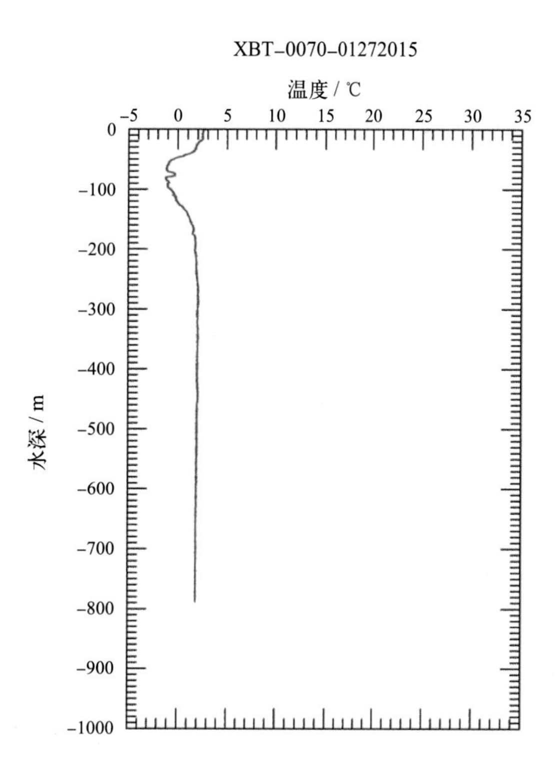
XBT-0070-01272015
温度 / ℃
-5
0
5
10
15
20
25
30
35
0
-100
-200
-300
-400
-500
-600
-700
-800
-900
-1000
水深 / m

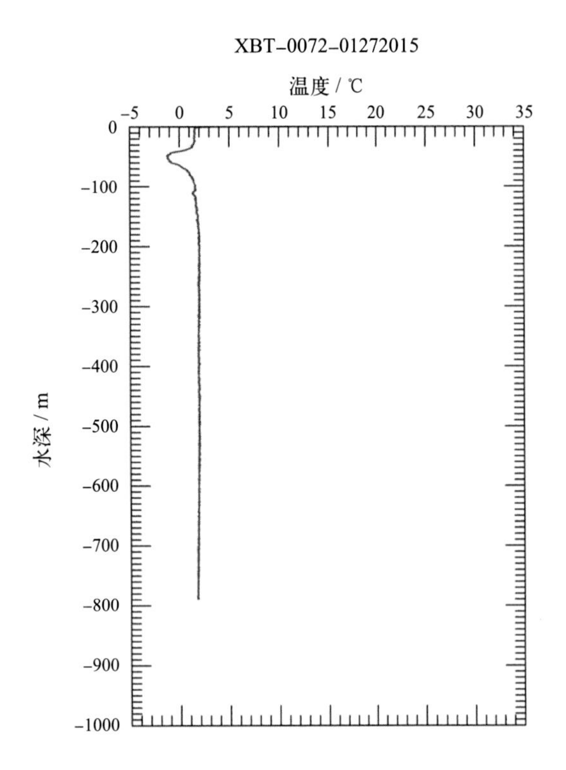
XBT–0072–01272015
温度 / ℃
–5 0 5 10 15 20 25 30 35
0 –100 –200 –300 –400 –500 –600 –700 –800 –900 –1000
水深 / m

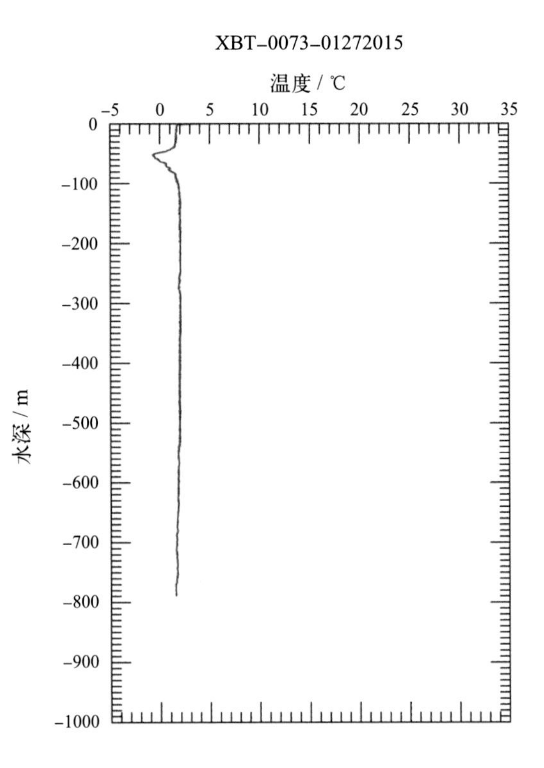
XBT–0073–01272015
温度 / ℃
–5 0 5 10 15 20 25 30 35
0 –100 –200 –300 –400 –500 –600 –700 –800 –900 –1000
水深 / m

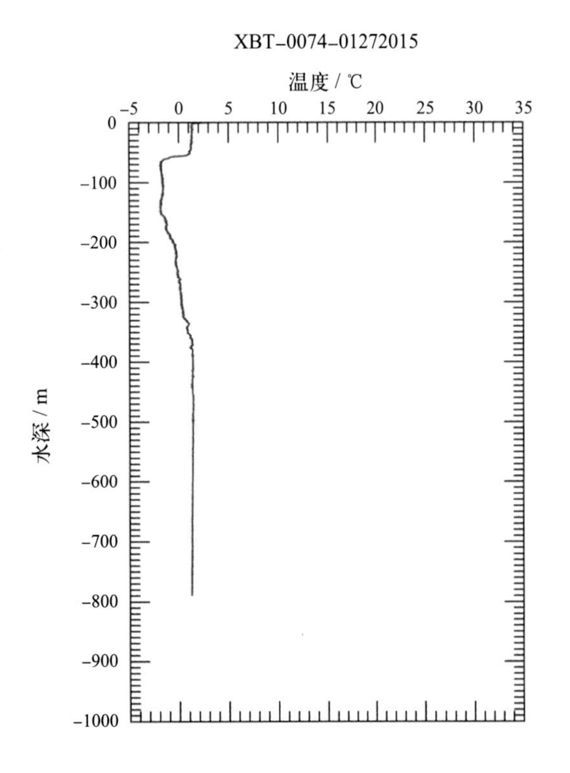
XBT–0074–01272015
温度 / ℃
–5 0 5 10 15 20 25 30 35
0 –100 –200 –300 –400 –500 –600 –700 –800 –900 –1000
水深 / m

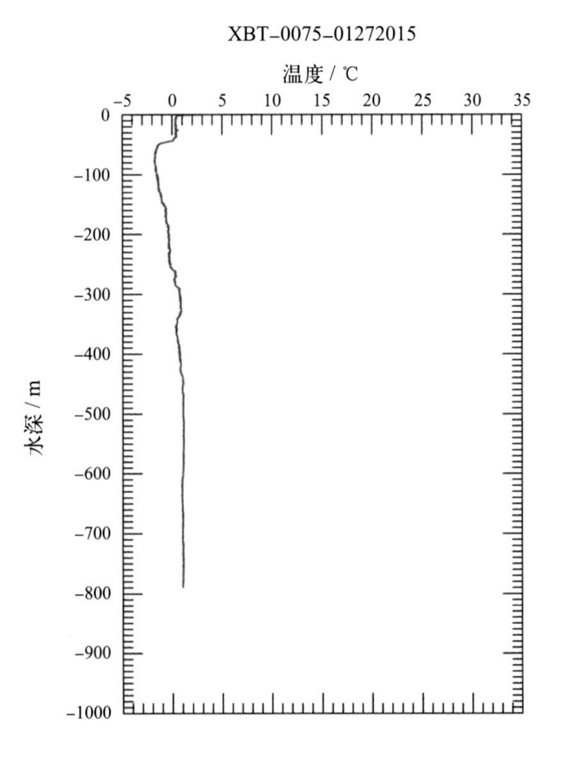
XBT–0075–01272015
温度 / ℃
–5 0 5 10 15 20 25 30 35
0 –100 –200 –300 –400 –500 –600 –700 –800 –900 –1000
水深 / m

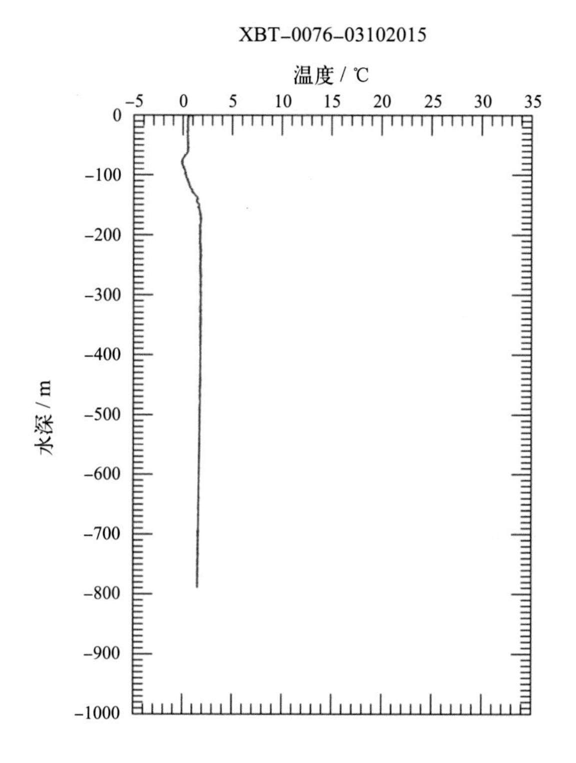
XBT–0076–03102015
温度 / ℃
–5 0 5 10 15 20 25 30 35
0
–100
–200
–300
–400
–500
–600
–700
–800
–900
–1000
水深 / m

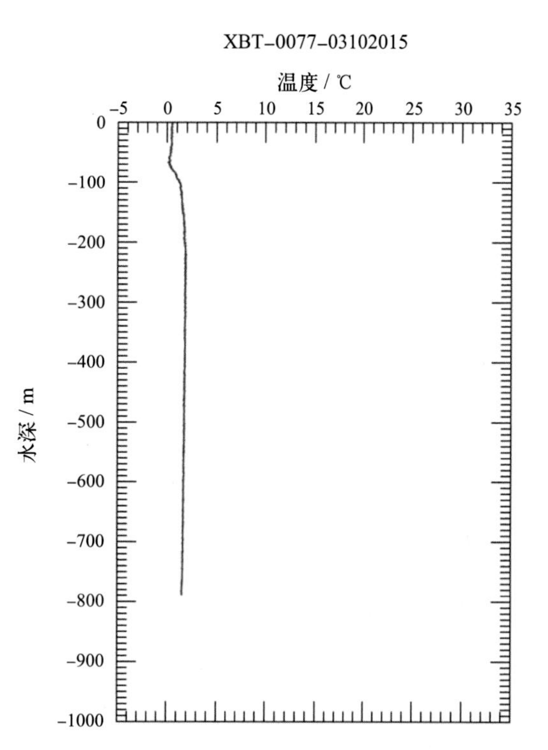
XBT–0077–03102015
温度 / ℃
–5 0 5 10 15 20 25 30 35
0
–100
–200
–300
–400
–500
–600
–700
–800
–900
–1000
水深 / m

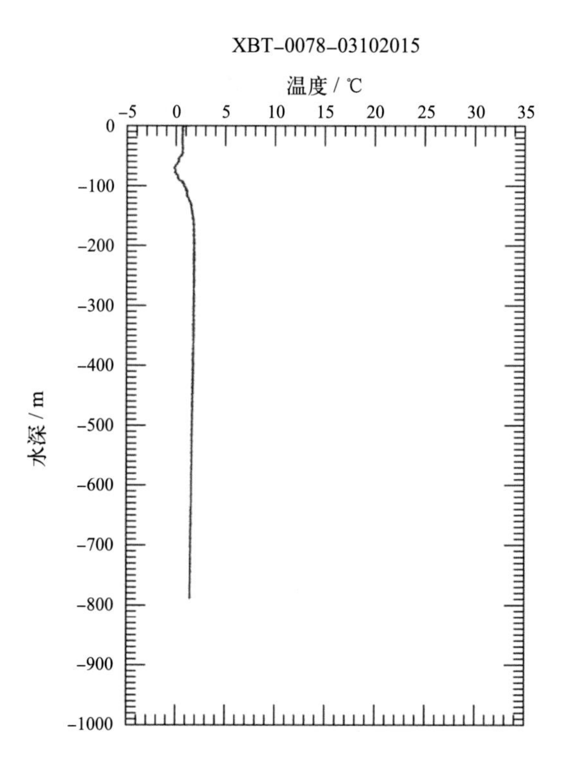
XBT–0078–03102015
温度 / ℃
–5 0 5 10 15 20 25 30 35
0
–100
–200
–300
–400
–500
–600
–700
–800
–900
–1000
水深 / m

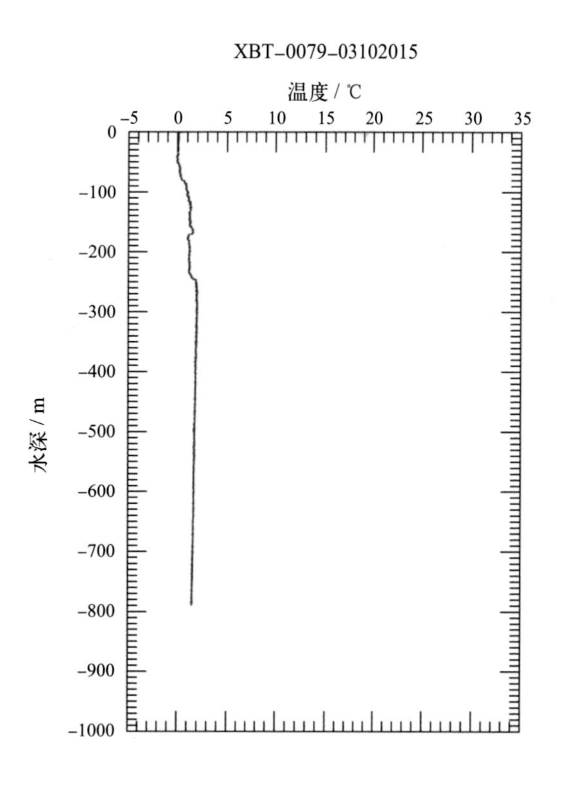
XBT–0079–03102015
温度 / ℃
–5 0 5 10 15 20 25 30 35
0
–100
–200
–300
–400
–500
–600
–700
–800
–900
–1000
水深 / m

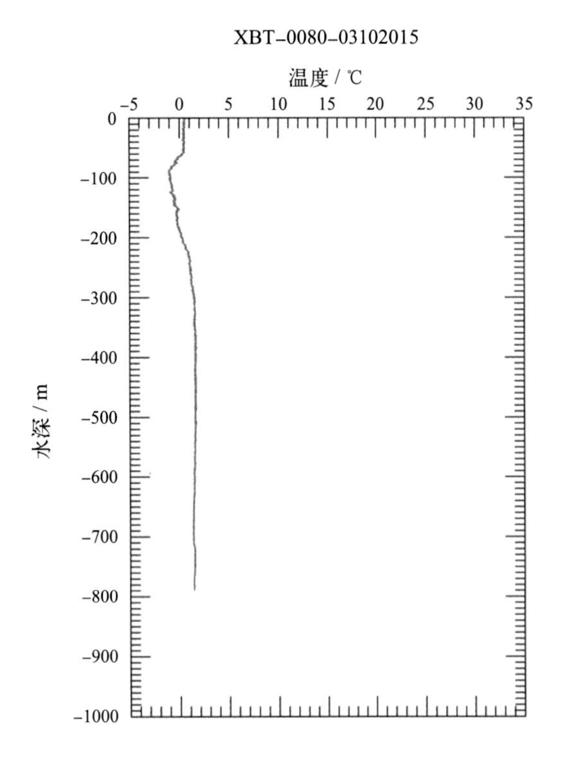
XBT-0080-03102015
温度 / ℃
-5
0
5
10
15
20
25
30
35
0
-100
-200
-300
-400
-500
-600
-700
-800
-900
-1000
水深 / m

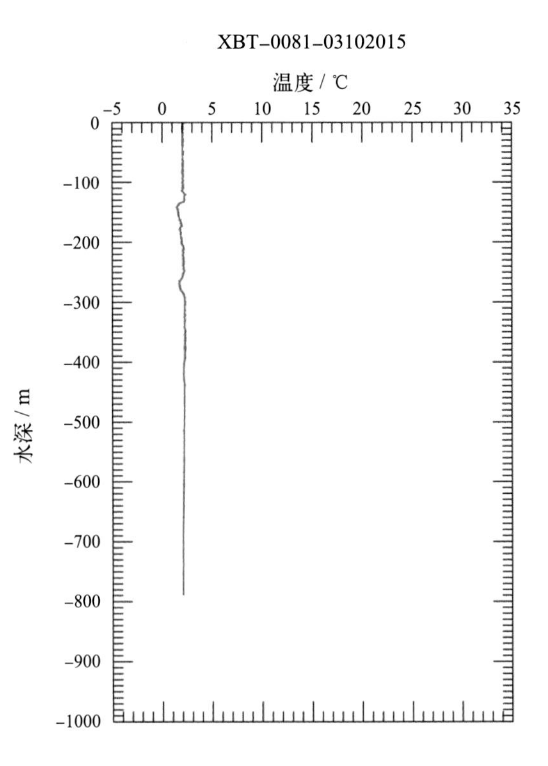
XBT-0081-03102015
温度 / ℃
-5
0
5
10
15
20
25
30
35
0
-100
-200
-300
-400
-500
-600
-700
-800
-900
-1000
水深 / m

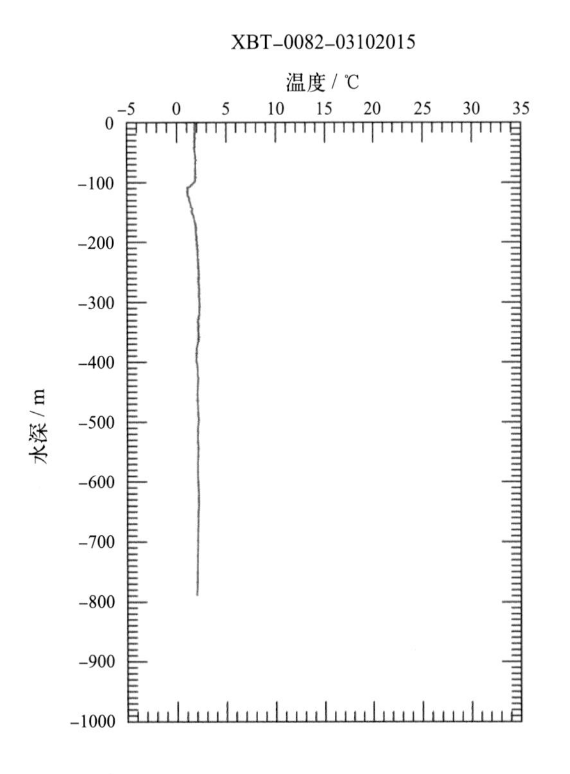
XBT-0082-03102015
温度 / ℃
-5
0
5
10
15
20
25
30
35
0
-100
-200
-300
-400
-500
-600
-700
-800
-900
-1000
水深 / m

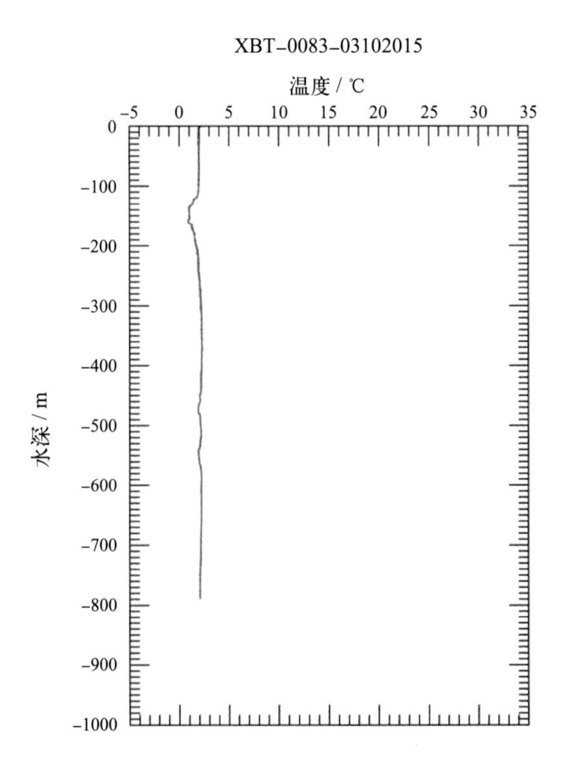
XBT-0083-03102015
温度 / ℃
-5
0
5
10
15
20
25
30
35
0
-100
-200
-300
-400
-500
-600
-700
-800
-900
-1000
水深 / m

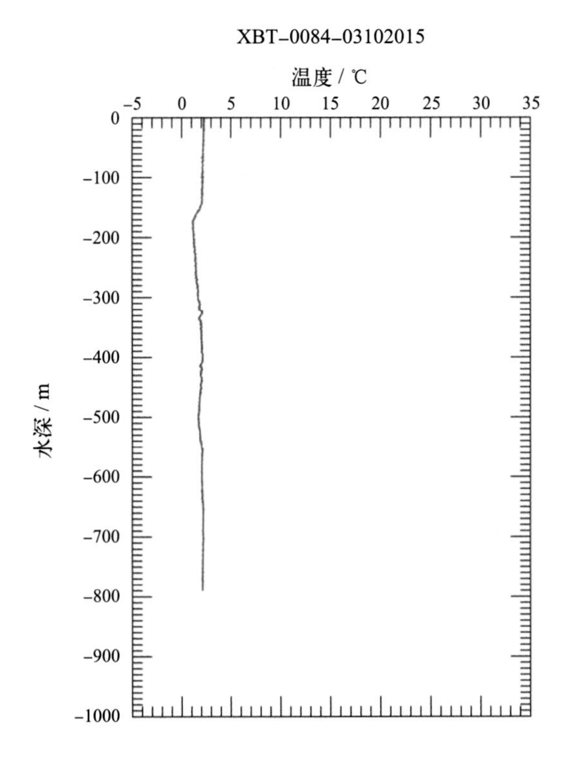
XBT–0084–03102015
温度 / ℃
水深 / m

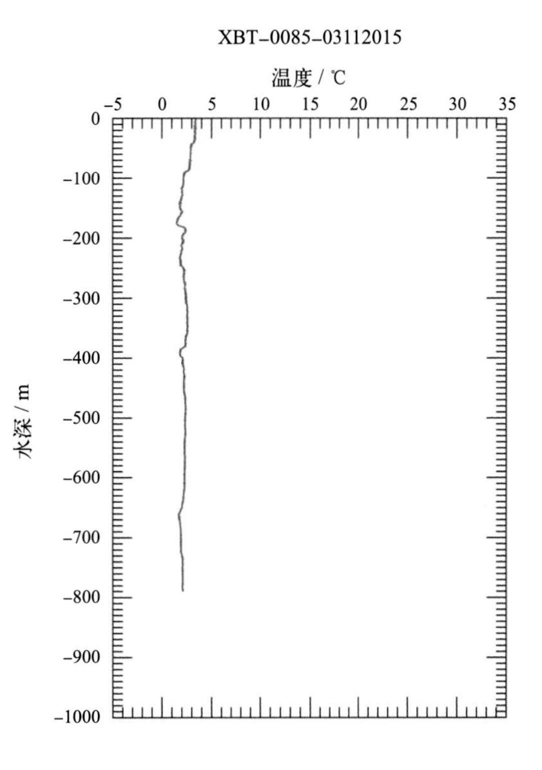
XBT–0085–03112015
温度 / ℃
水深 / m

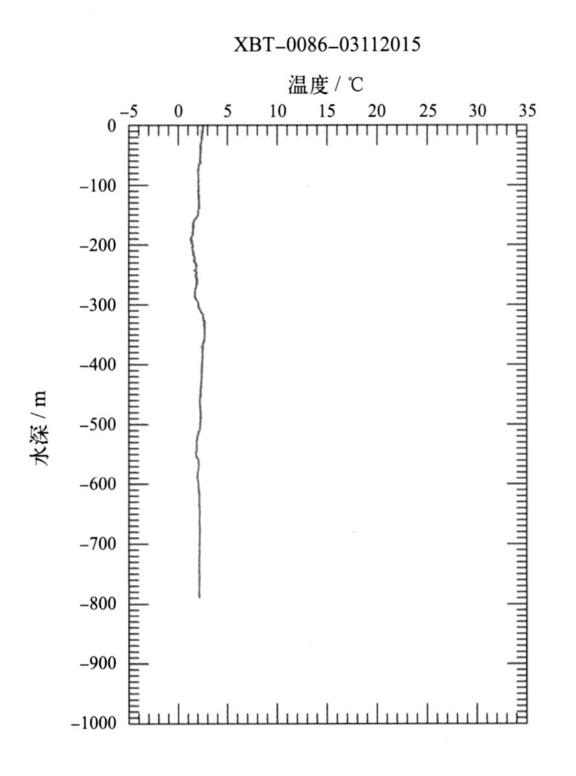
XBT–0086–03112015
温度 / ℃
水深 / m

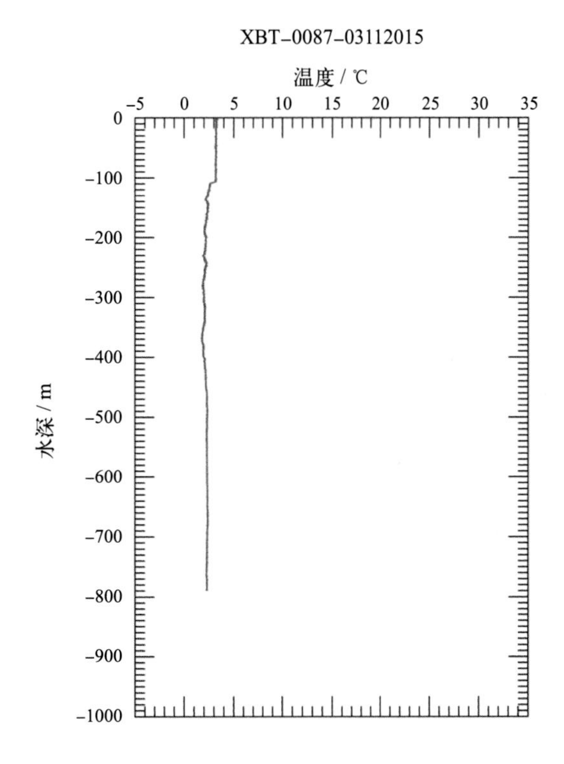
XBT–0087–03112015
温度 / ℃
水深 / m

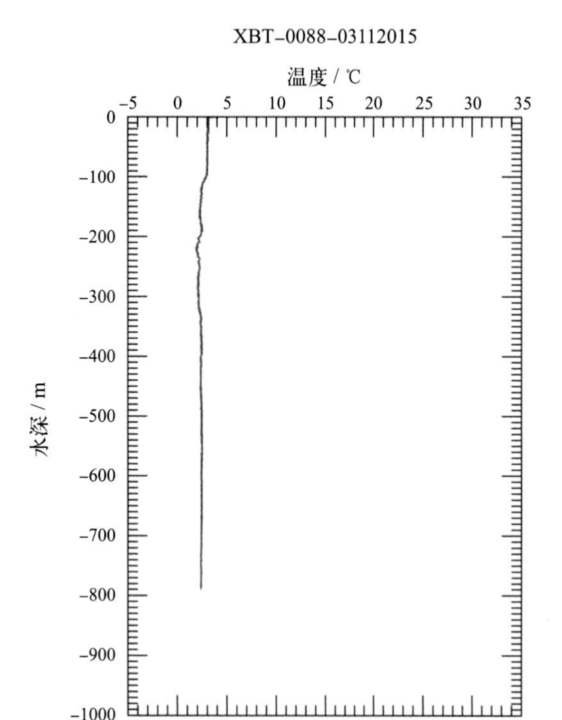
XBT-0088-03112015
温度 / ℃
水深 / m

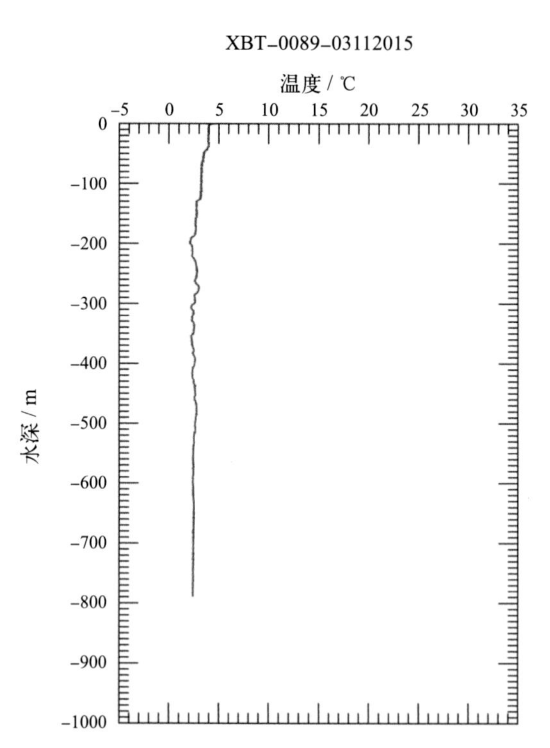
XBT-0089-03112015
温度 / ℃
水深 / m

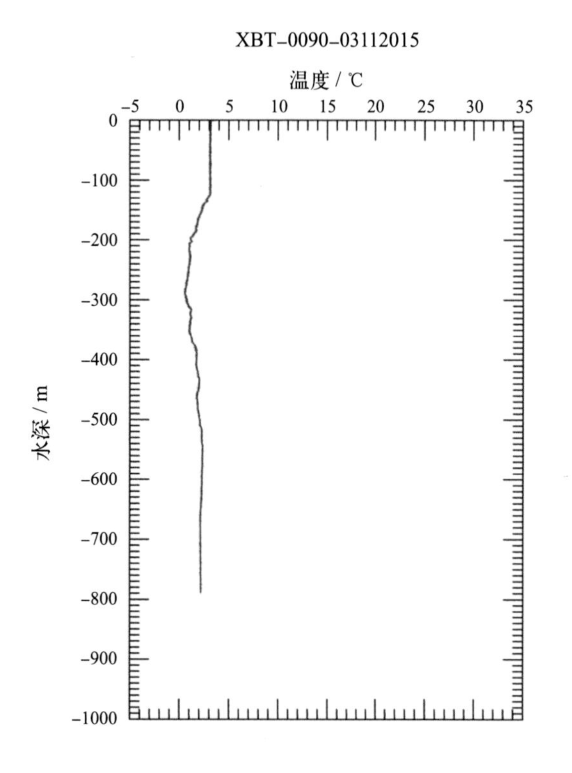
XBT-0090-03112015
温度 / ℃
水深 / m

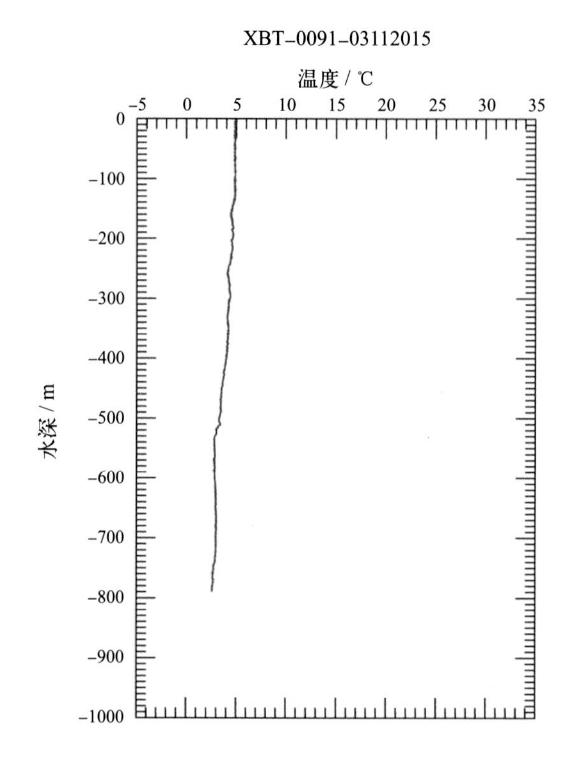
XBT-0091-03112015
温度 / ℃
水深 / m

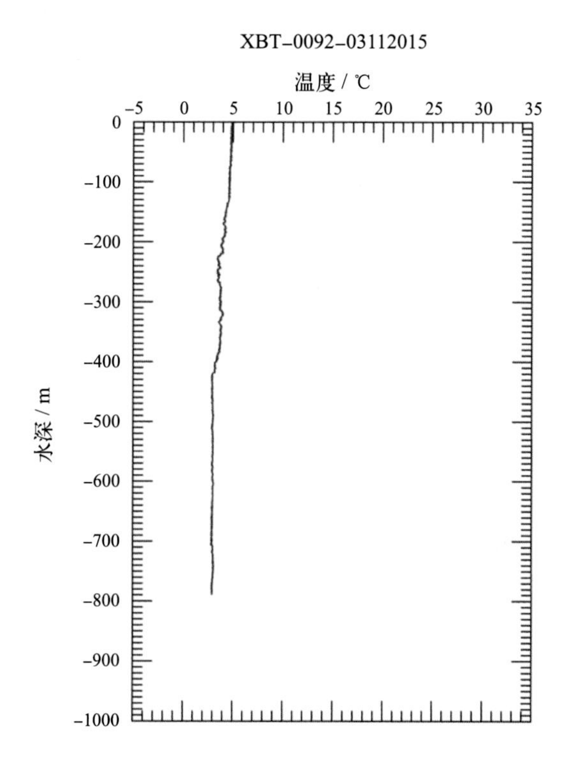
XBT-0092-03112015
温度 / ℃
-5 0 5 10 15 20 25 30 35
0
-100
-200
-300
-400
-500
-600
-700
-800
-900
-1000
水深 / m

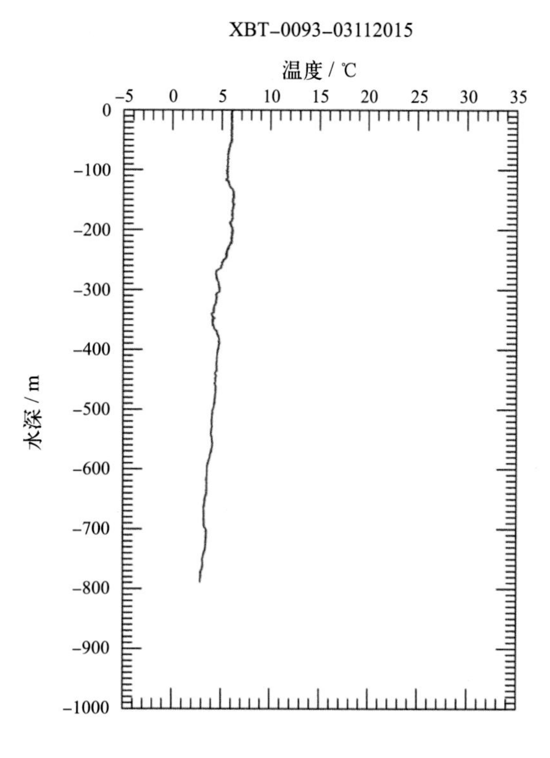
XBT-0093-03112015
温度 / ℃
-5 0 5 10 15 20 25 30 35
0
-100
-200
-300
-400
-500
-600
-700
-800
-900
-1000
水深 / m

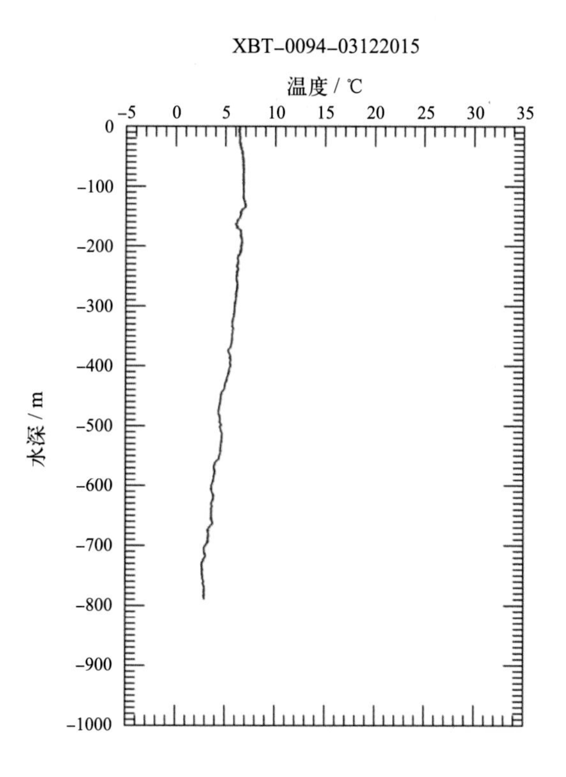
XBT-0094-03122015
温度 / ℃
-5 0 5 10 15 20 25 30 35
0
-100
-200
-300
-400
-500
-600
-700
-800
-900
-1000
水深 / m

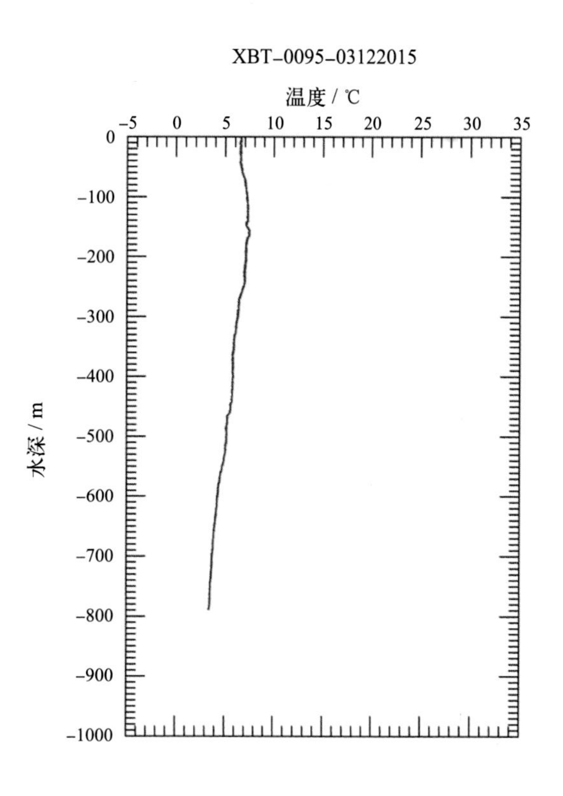
XBT-0095-03122015
温度 / ℃
-5 0 5 10 15 20 25 30 35
0
-100
-200
-300
-400
-500
-600
-700
-800
-900
-1000
水深 / m

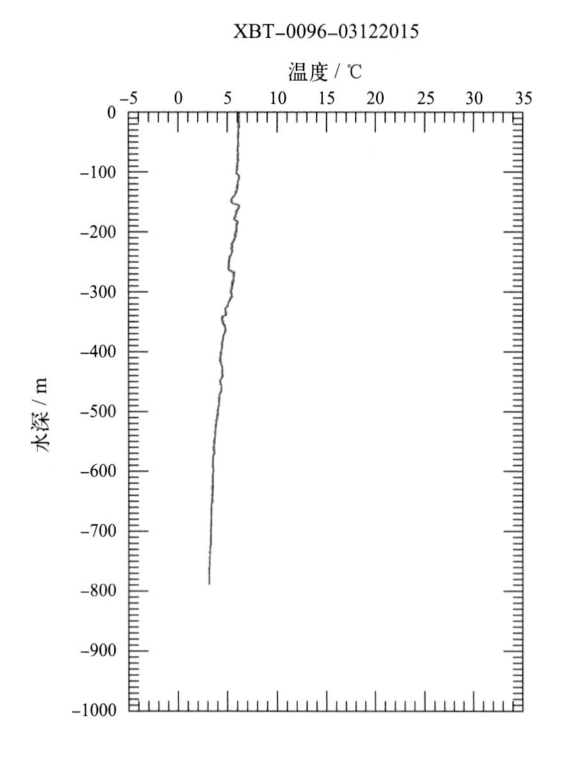
XBT-0096-03122015
温度 / ℃
水深 / m

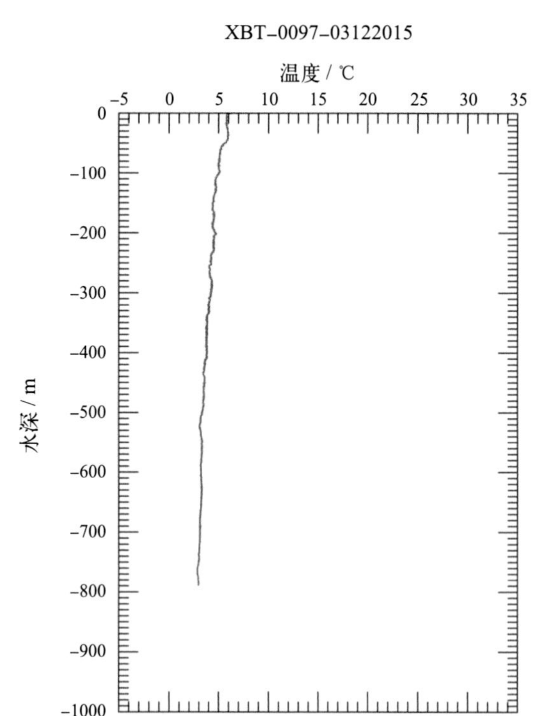
XBT-0097-03122015
温度 / ℃
水深 / m

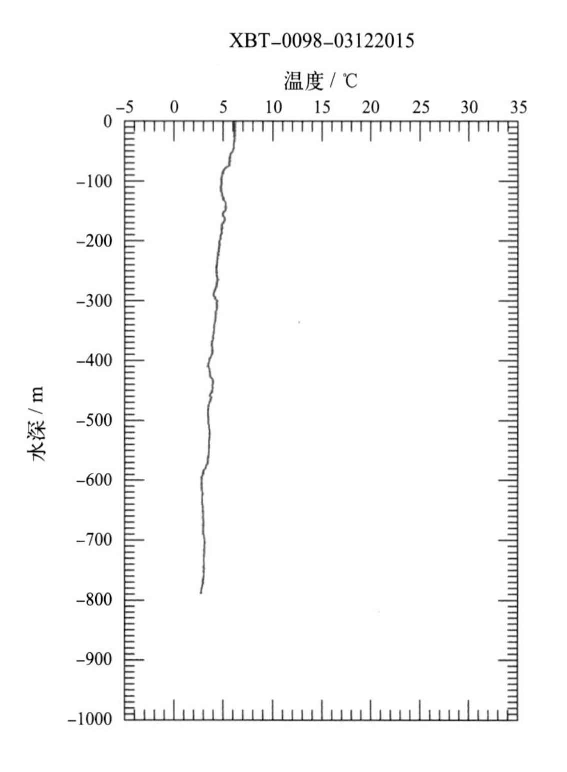
XBT-0098-03122015
温度 / ℃
水深 / m

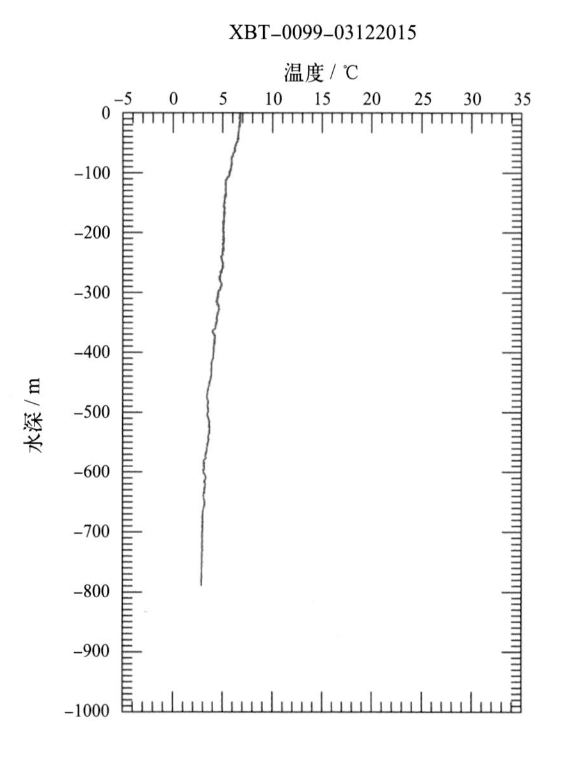
XBT-0099-03122015
温度 / ℃
水深 / m

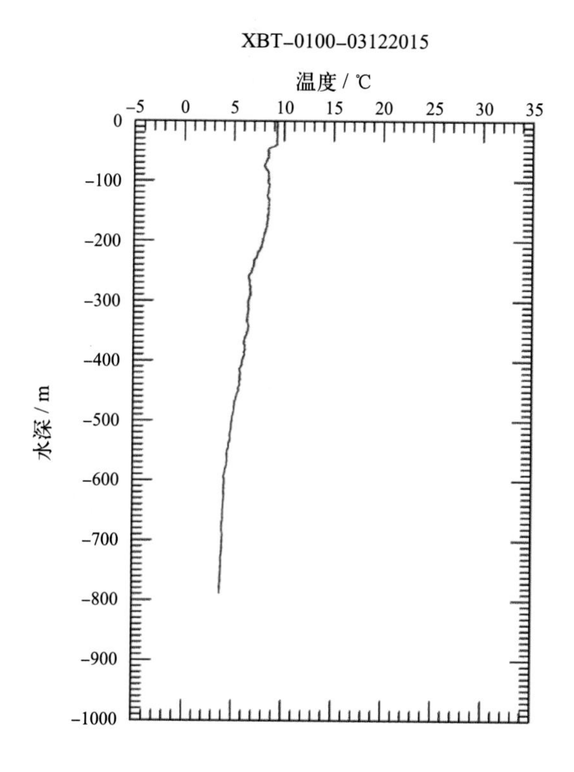
XBT-0100-03122015
温度 / ℃
水深 / m
-5 0 5 10 15 20 25 30 35
0 -100 -200 -300 -400 -500 -600 -700 -800 -900 -1000

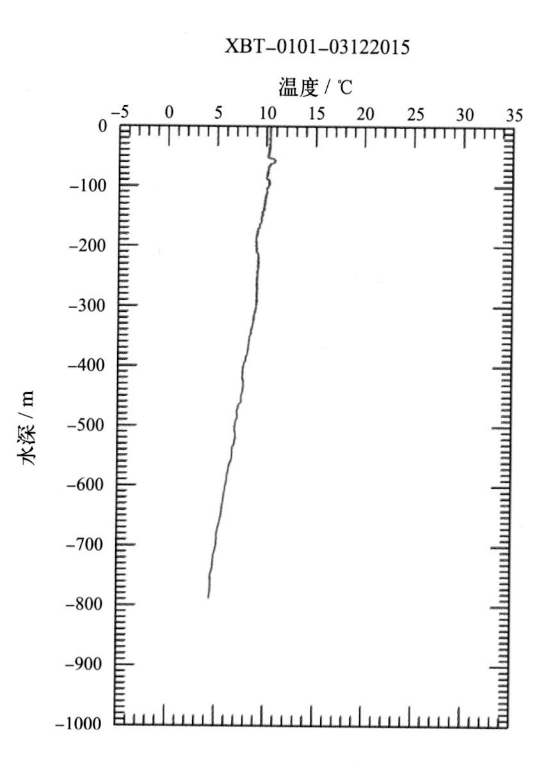
XBT-0101-03122015
温度 / ℃
水深 / m
-5 0 5 10 15 20 25 30 35
0 -100 -200 -300 -400 -500 -600 -700 -800 -900 -1000

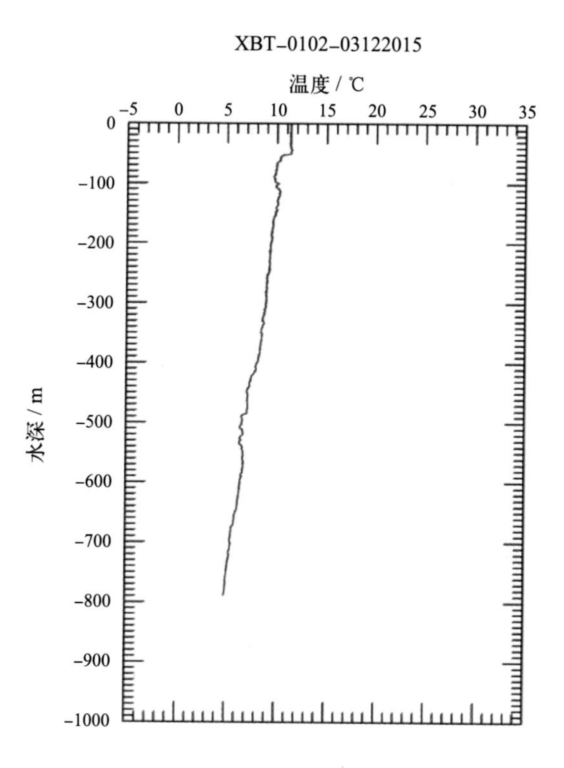
XBT-0102-03122015
温度 / ℃
水深 / m
-5 0 5 10 15 20 25 30 35
0 -100 -200 -300 -400 -500 -600 -700 -800 -900 -1000

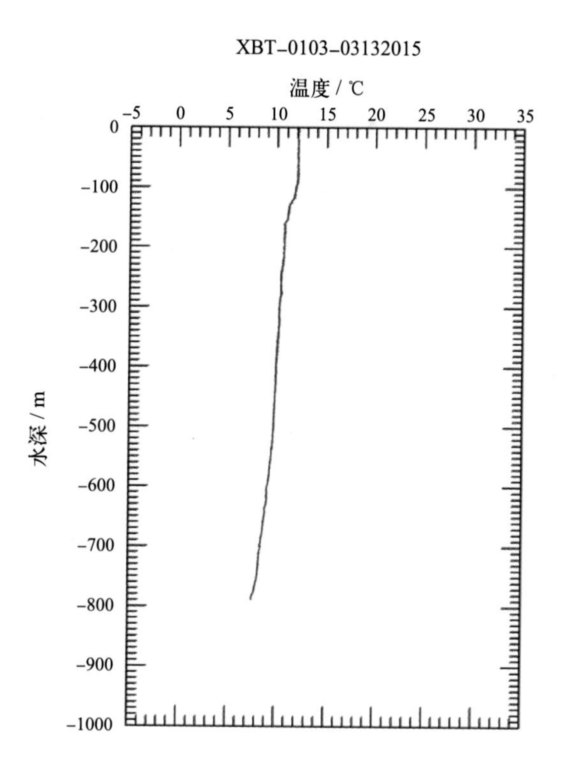
XBT-0103-03132015
温度 / ℃
水深 / m
-5 0 5 10 15 20 25 30 35
0 -100 -200 -300 -400 -500 -600 -700 -800 -900 -1000

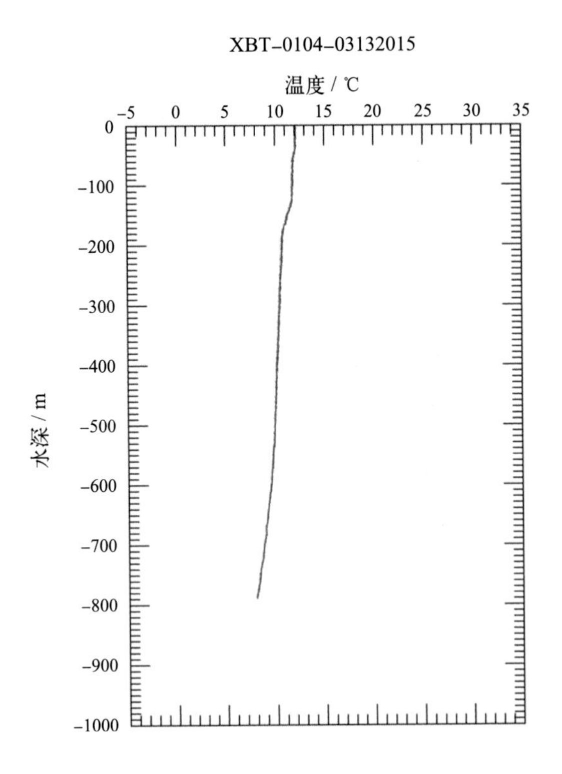
XBT–0104–03132015
温度 / ℃
水深 / m
-5 0 5 10 15 20 25 30 35
0 -100 -200 -300 -400 -500 -600 -700 -800 -900 -1000

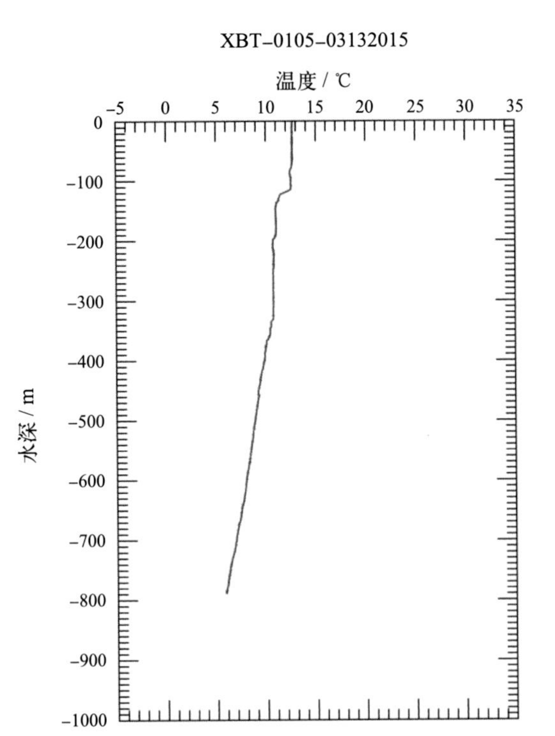
XBT–0105–03132015
温度 / ℃
水深 / m
-5 0 5 10 15 20 25 30 35
0 -100 -200 -300 -400 -500 -600 -700 -800 -900 -1000

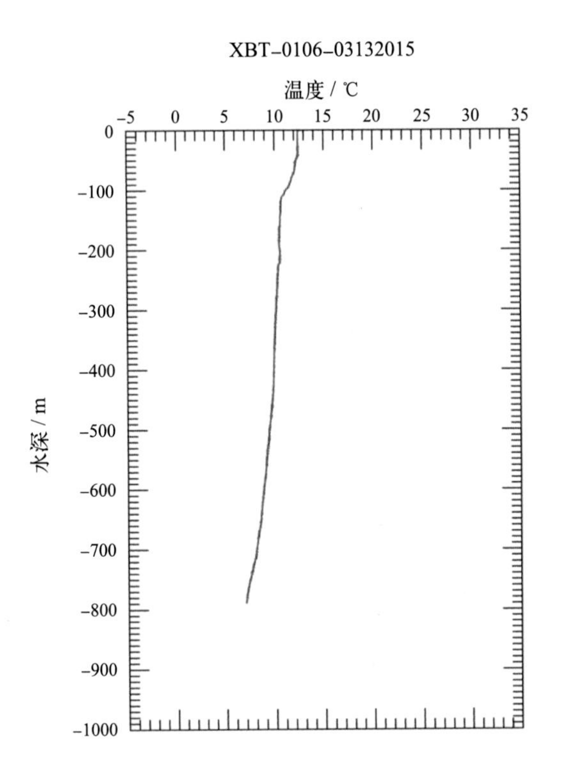
XBT–0106–03132015
温度 / ℃
水深 / m
-5 0 5 10 15 20 25 30 35
0 -100 -200 -300 -400 -500 -600 -700 -800 -900 -1000

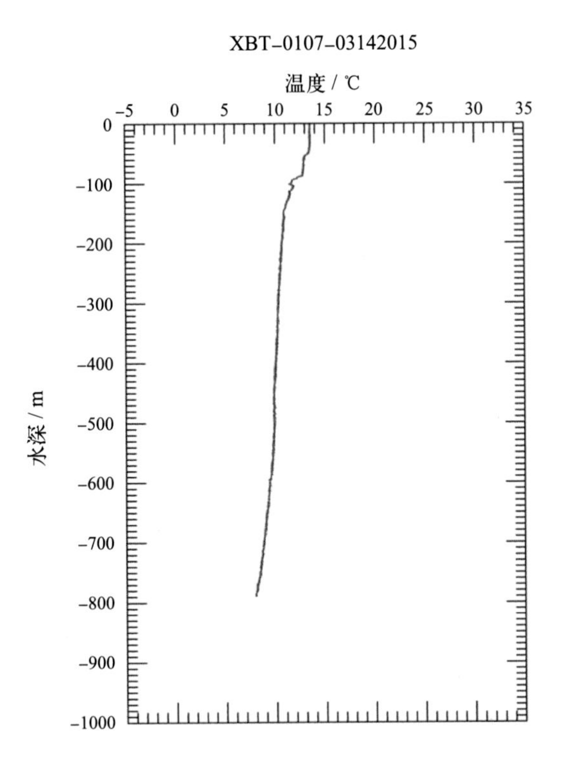
XBT–0107–03142015
温度 / ℃
水深 / m
-5 0 5 10 15 20 25 30 35
0 -100 -200 -300 -400 -500 -600 -700 -800 -900 -1000

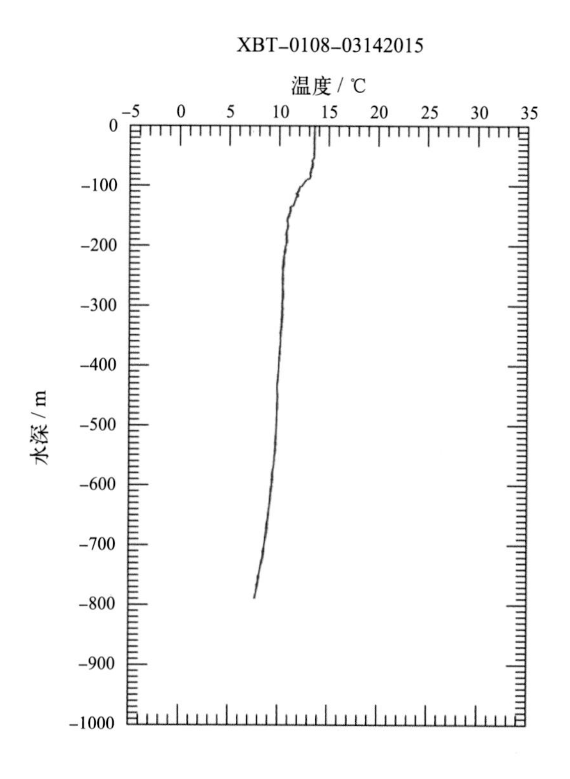
XBT–0108–03142015
温度 / ℃
水深 / m

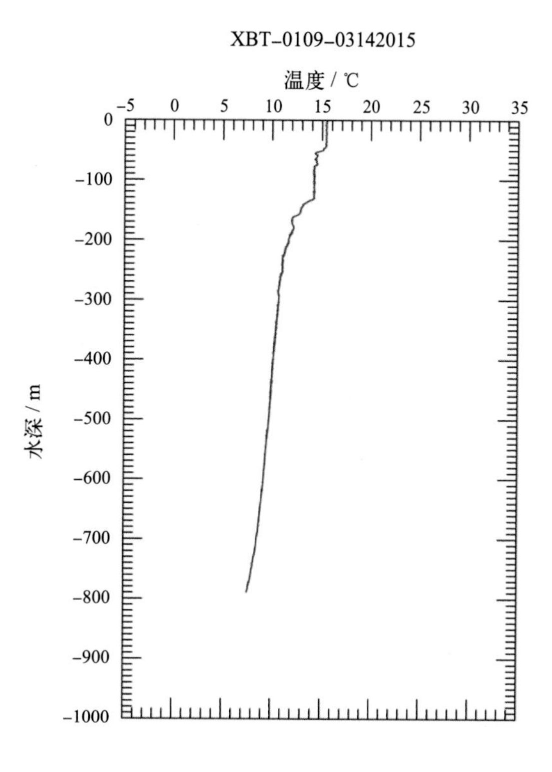
XBT–0109–03142015
温度 / ℃
水深 / m

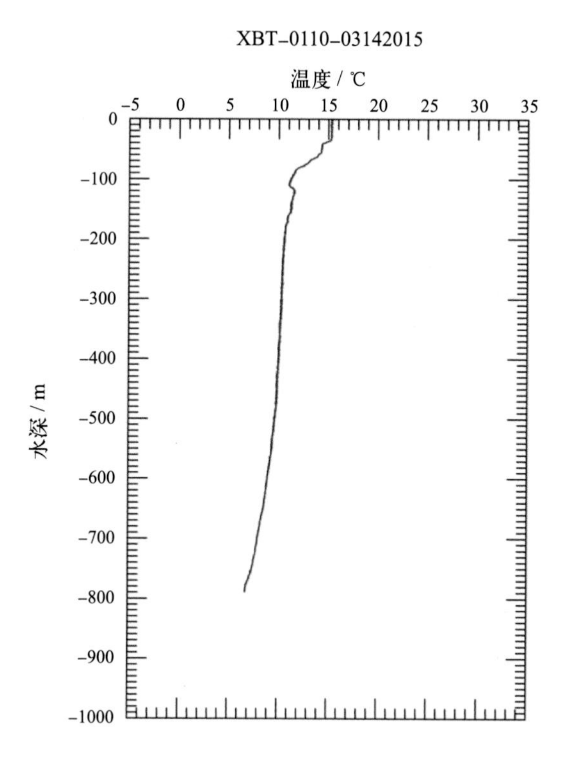
XBT–0110–03142015
温度 / ℃
水深 / m

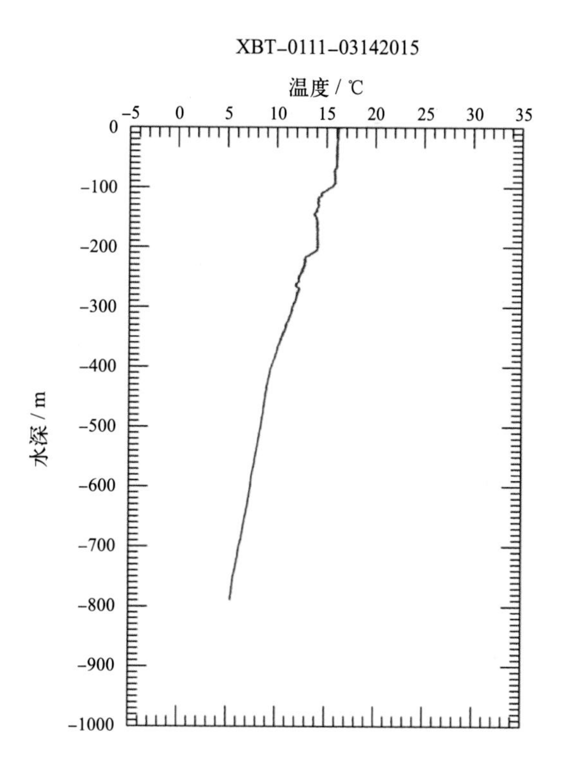
XBT–0111–03142015
温度 / ℃
水深 / m

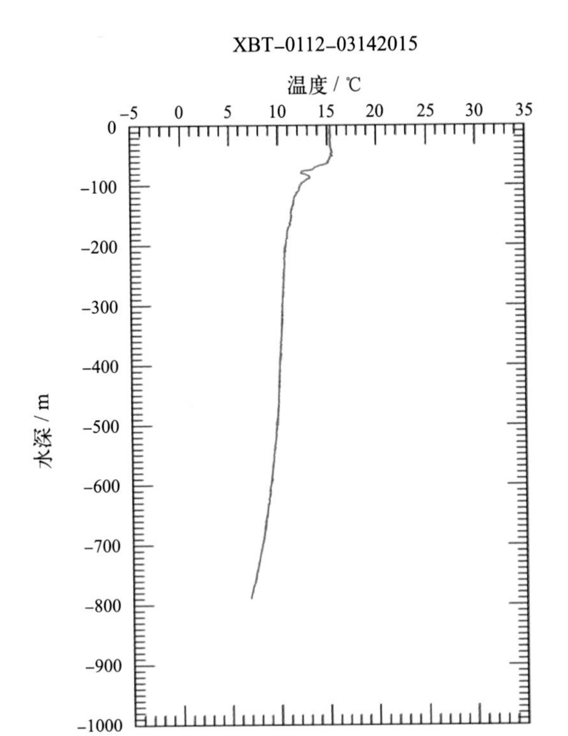
XBT-0112-03142015
温度 / ℃
-5
0
5
10
15
20
25
30
35
0
-100
-200
-300
-400
-500
-600
-700
-800
-900
-1000
水深 / m

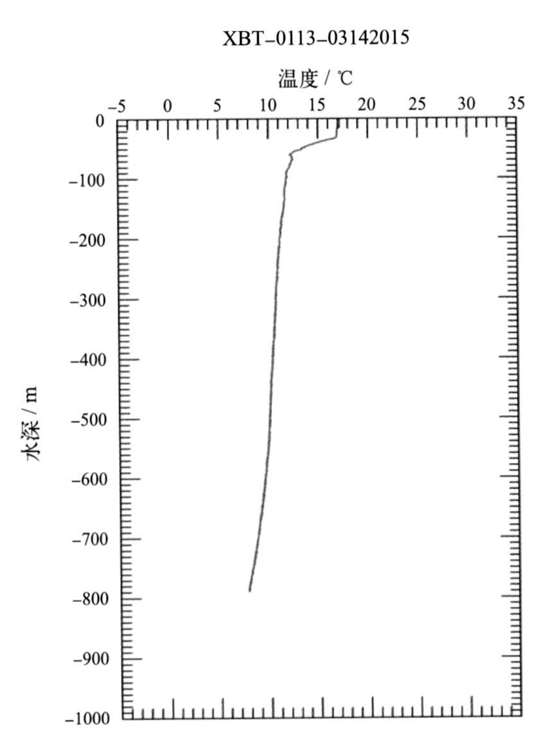
XBT-0113-03142015
温度 / ℃
-5
0
5
10
15
20
25
30
35
0
-100
-200
-300
-400
-500
-600
-700
-800
-900
-1000
水深 / m

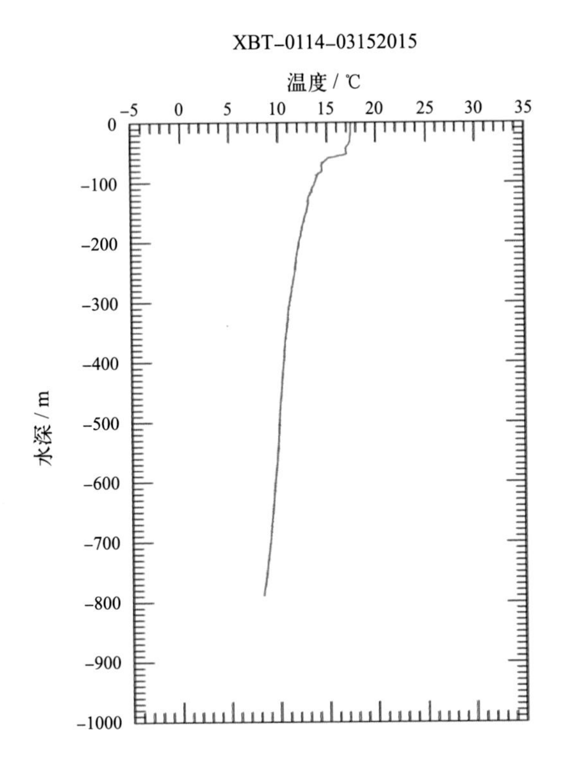
XBT-0114-03152015
温度 / ℃
-5
0
5
10
15
20
25
30
35
0
-100
-200
-300
-400
-500
-600
-700
-800
-900
-1000
水深 / m

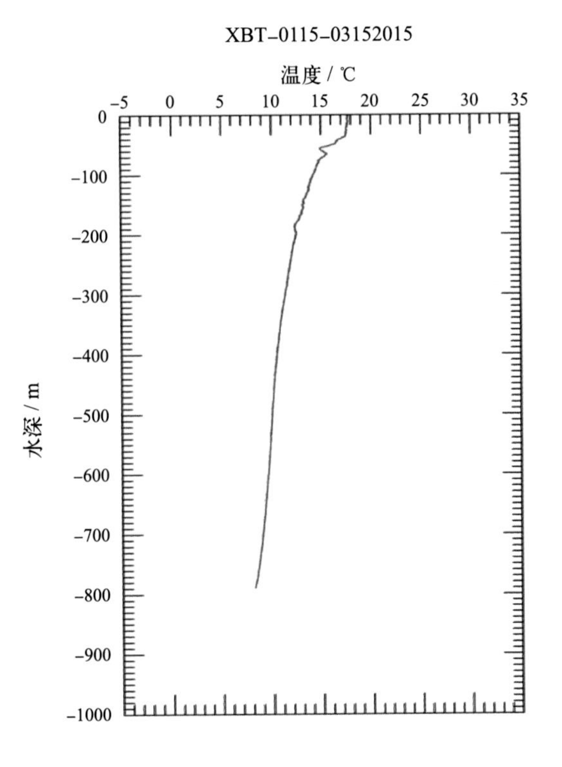
XBT-0115-03152015
温度 / ℃
-5
0
5
10
15
20
25
30
35
0
-100
-200
-300
-400
-500
-600
-700
-800
-900
-1000
水深 / m

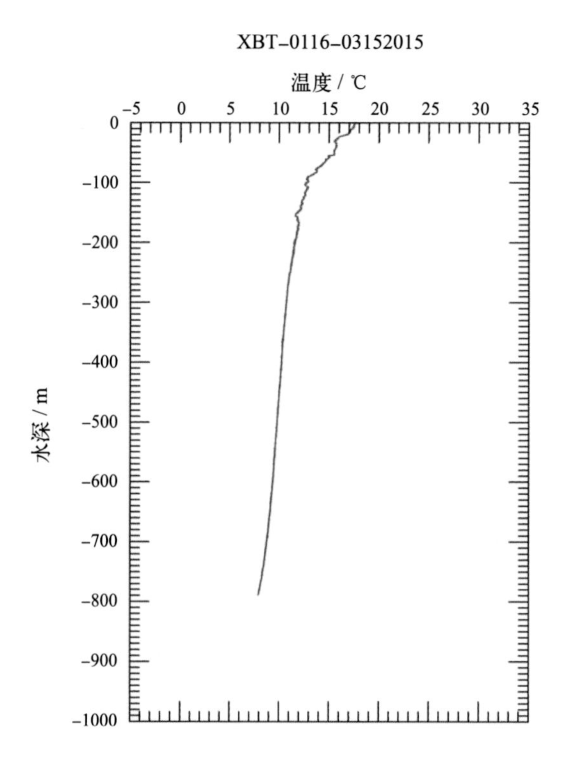
XBT-0116-03152015
温度 / ℃
-5 0 5 10 15 20 25 30 35
0 -100 -200 -300 -400 -500 -600 -700 -800 -900 -1000
水深 / m

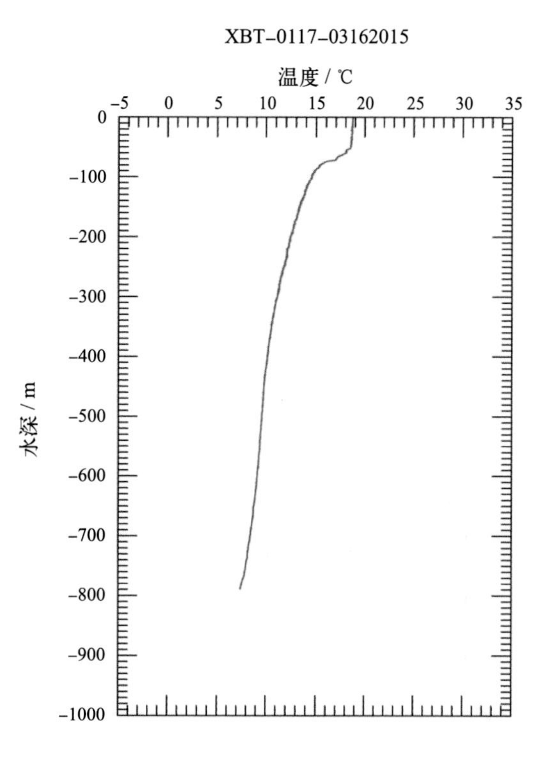
XBT-0117-03162015
温度 / ℃
-5 0 5 10 15 20 25 30 35
0 -100 -200 -300 -400 -500 -600 -700 -800 -900 -1000
水深 / m

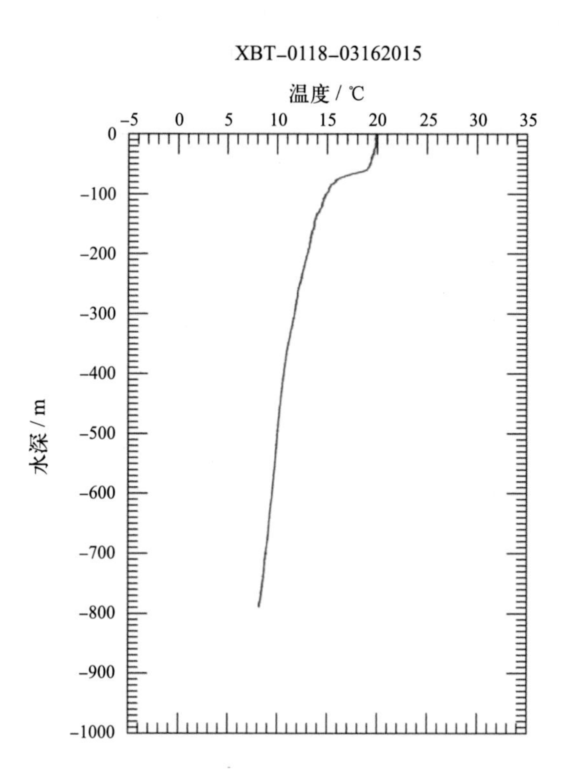
XBT-0118-03162015
温度 / ℃
-5 0 5 10 15 20 25 30 35
0 -100 -200 -300 -400 -500 -600 -700 -800 -900 -1000
水深 / m

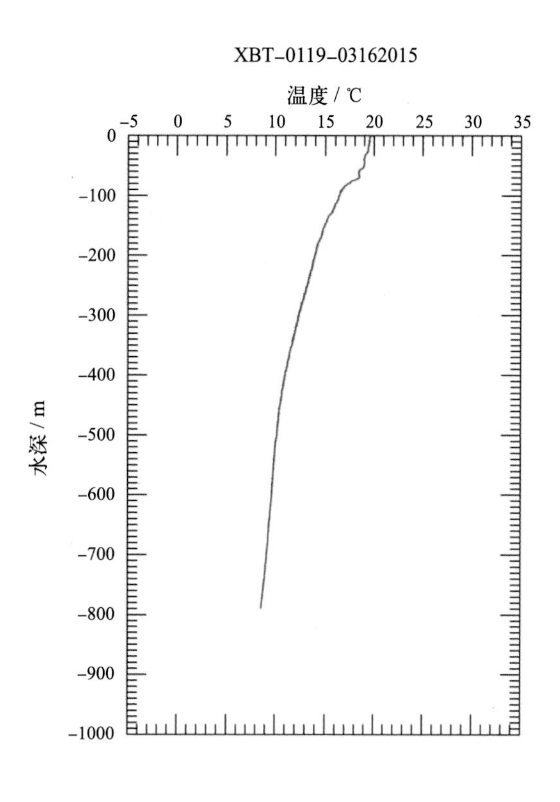
XBT-0119-03162015
温度 / ℃
-5 0 5 10 15 20 25 30 35
0 -100 -200 -300 -400 -500 -600 -700 -800 -900 -1000
水深 / m

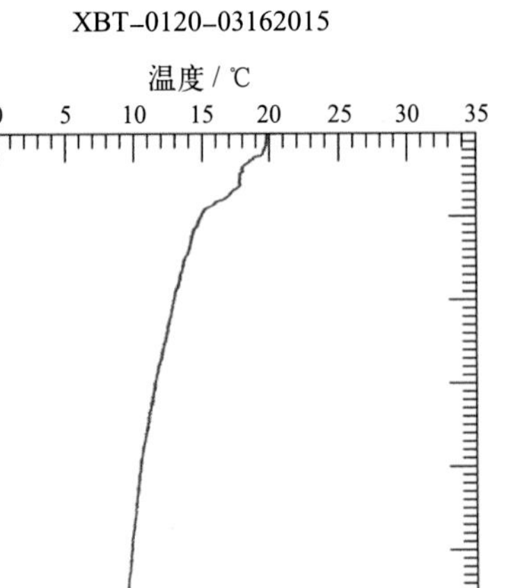
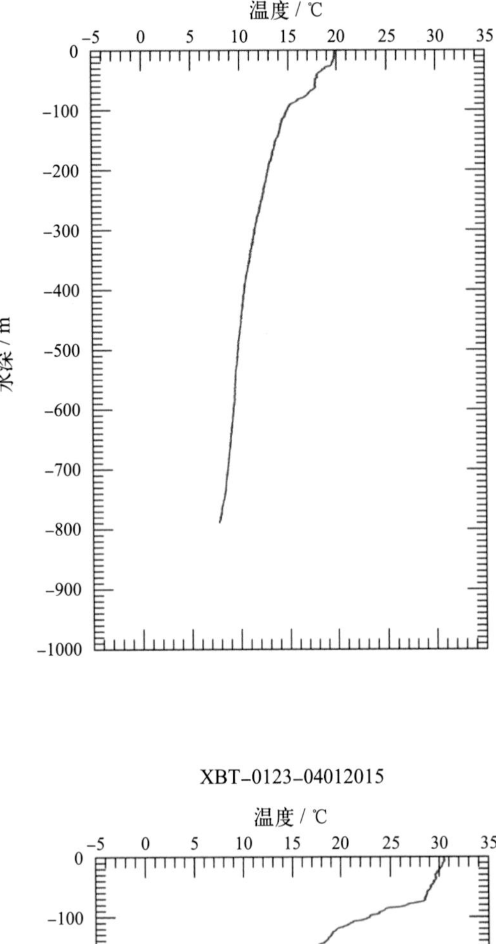
XBT–0120–03162015
温度 / ℃
水深 / m

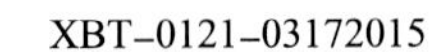
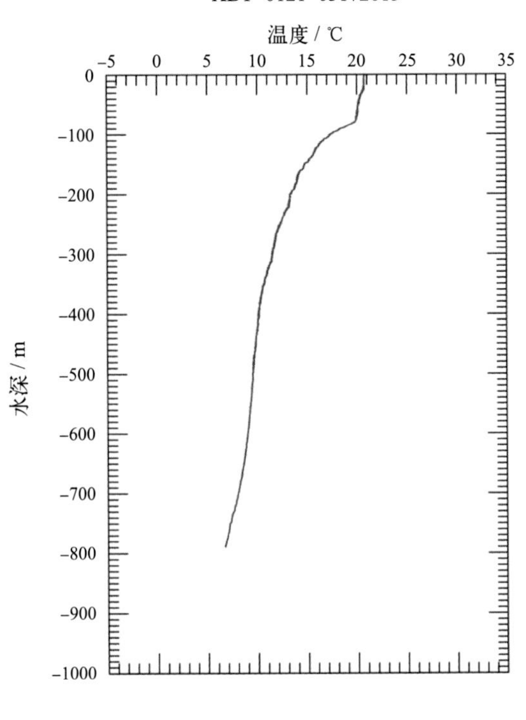
XBT–0121–03172015
温度 / ℃
水深 / m

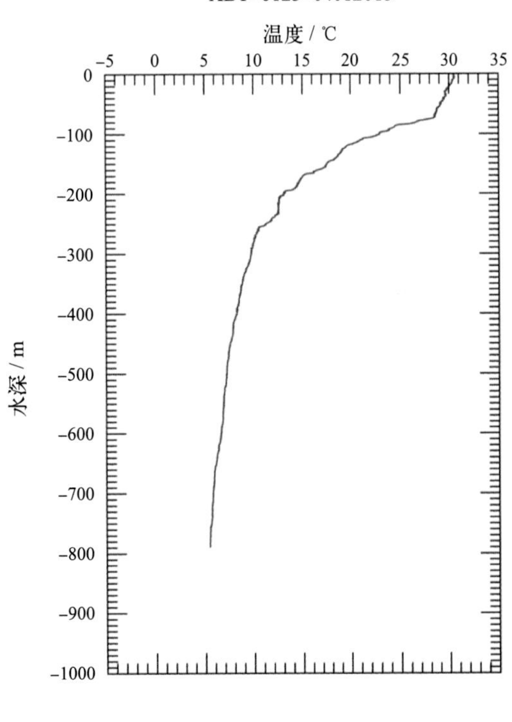
XBT–0123–04012015
温度 / ℃
水深 / m

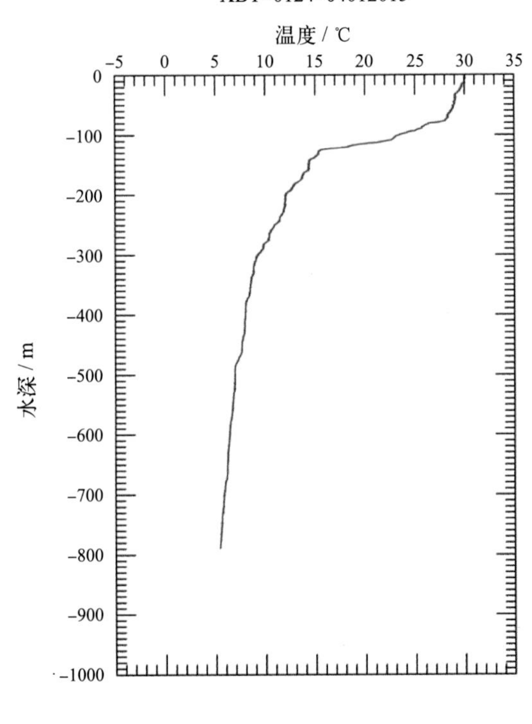
XBT–0124–04012015
温度 / ℃
水深 / m

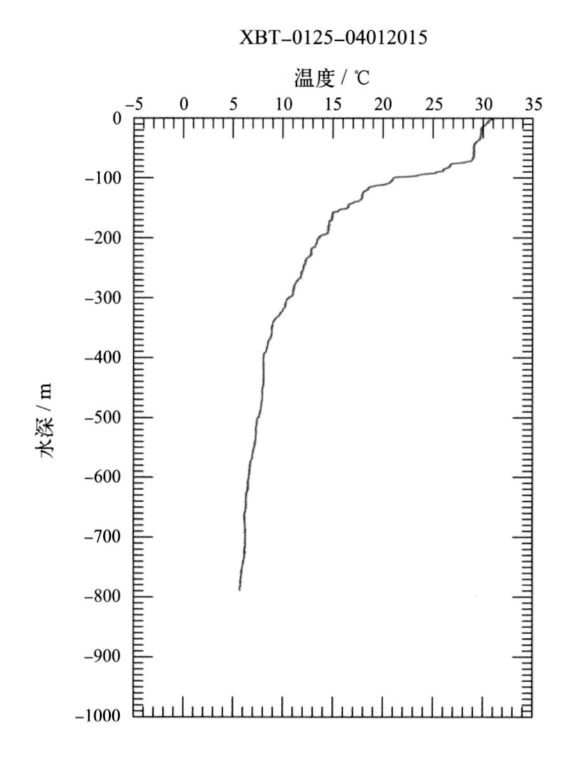
XBT–0125–04012015
温度 / ℃
–5 0 5 10 15 20 25 30 35
0 –100 –200 –300 –400 –500 –600 –700 –800 –900 –1000
水深 / m

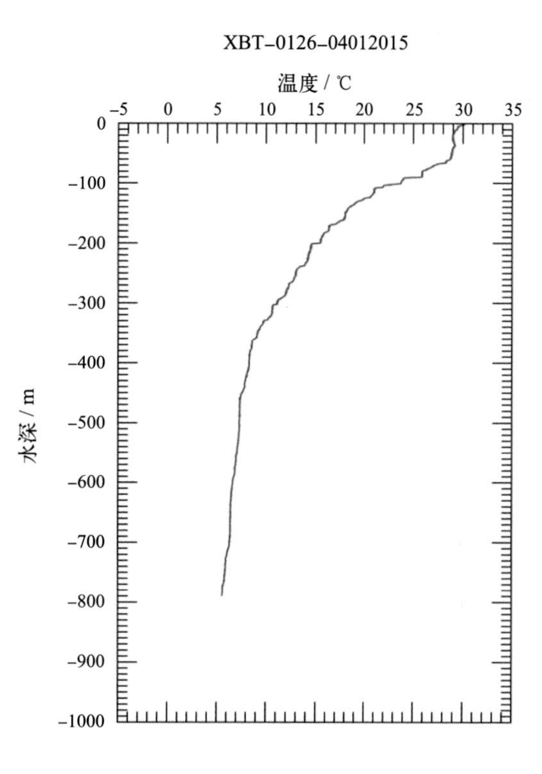
XBT–0126–04012015
温度 / ℃
–5 0 5 10 15 20 25 30 35
0 –100 –200 –300 –400 –500 –600 –700 –800 –900 –1000
水深 / m

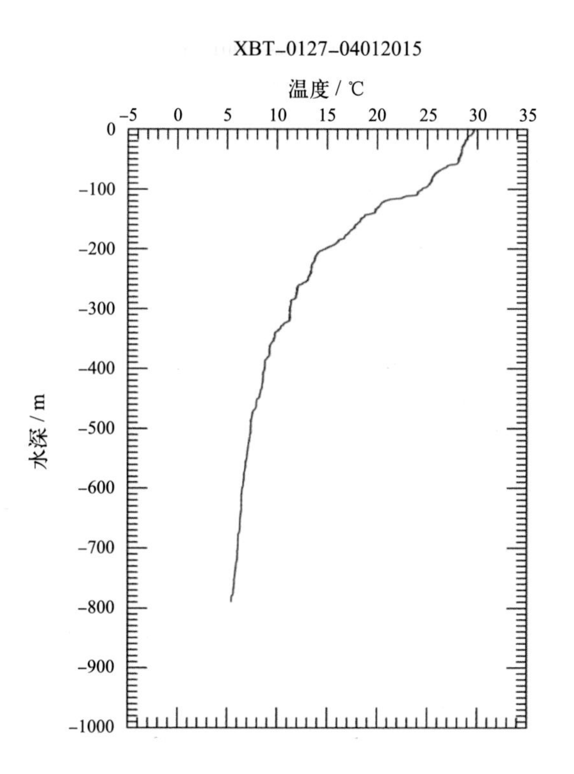
XBT–0127–04012015
温度 / ℃
–5 0 5 10 15 20 25 30 35
0 –100 –200 –300 –400 –500 –600 –700 –800 –900 –1000
水深 / m

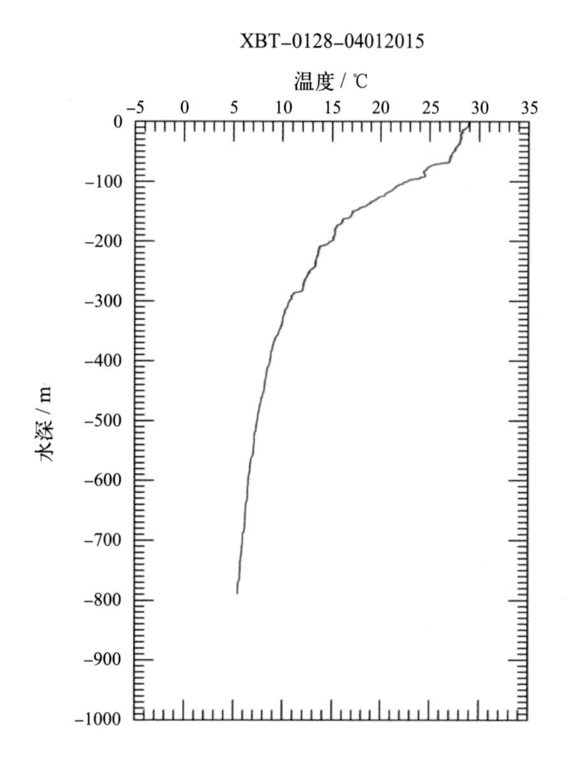
XBT–0128–04012015
温度 / ℃
–5 0 5 10 15 20 25 30 35
0 –100 –200 –300 –400 –500 –600 –700 –800 –900 –1000
水深 / m

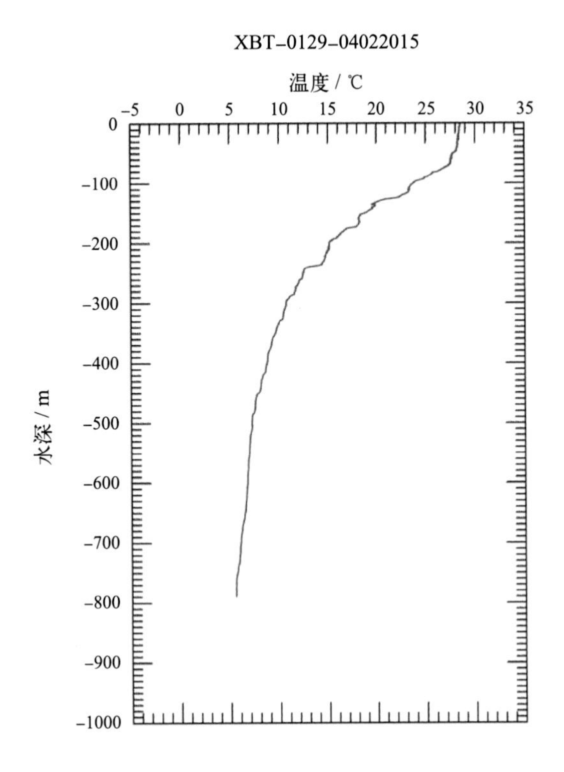
XBT–0129–04022015
温度 / ℃
–5 0 5 10 15 20 25 30 35
水深 / m
0 –100 –200 –300 –400 –500 –600 –700 –800 –900 –1000

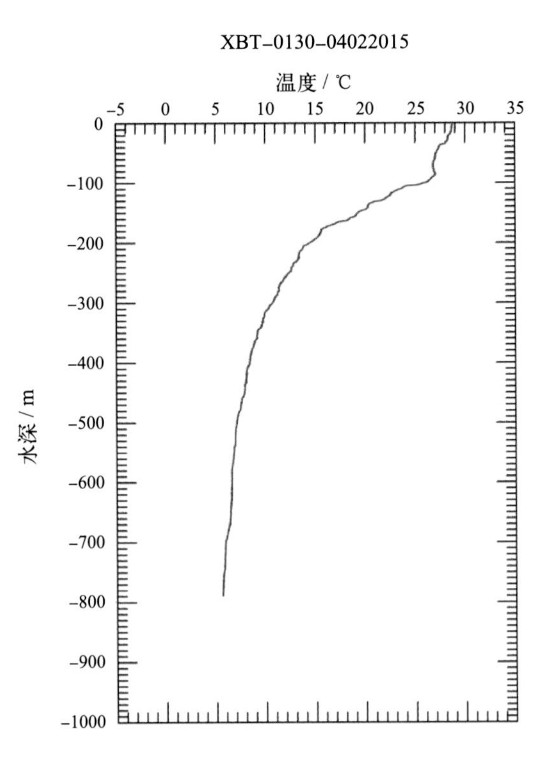
XBT–0130–04022015
温度 / ℃
–5 0 5 10 15 20 25 30 35
水深 / m
0 –100 –200 –300 –400 –500 –600 –700 –800 –900 –1000

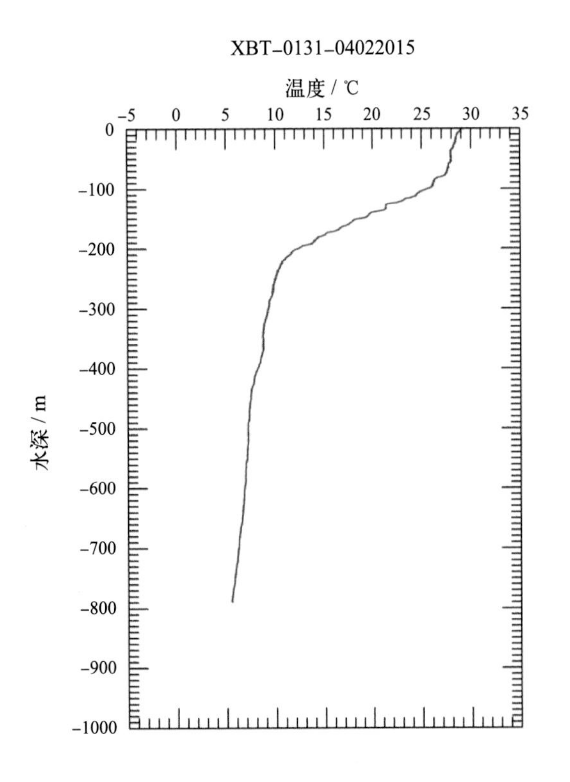
XBT–0131–04022015
温度 / ℃
–5 0 5 10 15 20 25 30 35
水深 / m
0 –100 –200 –300 –400 –500 –600 –700 –800 –900 –1000

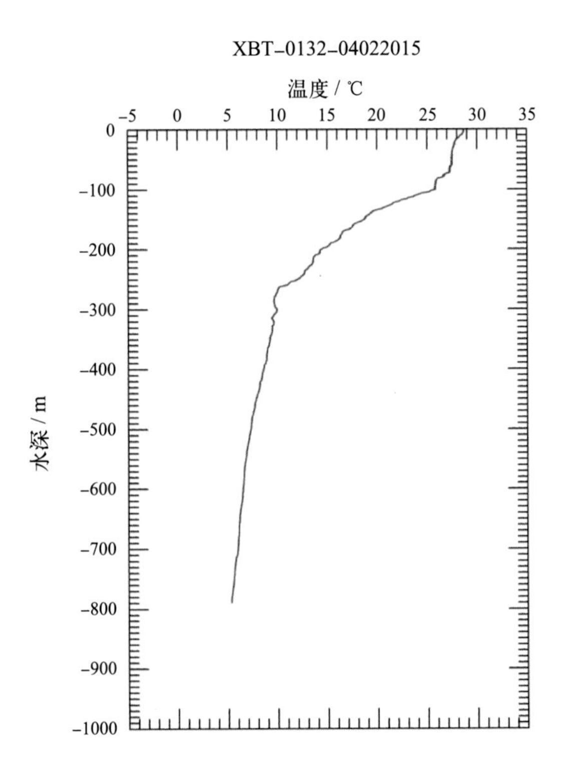
XBT–0132–04022015
温度 / ℃
–5 0 5 10 15 20 25 30 35
水深 / m
0 –100 –200 –300 –400 –500 –600 –700 –800 –900 –1000

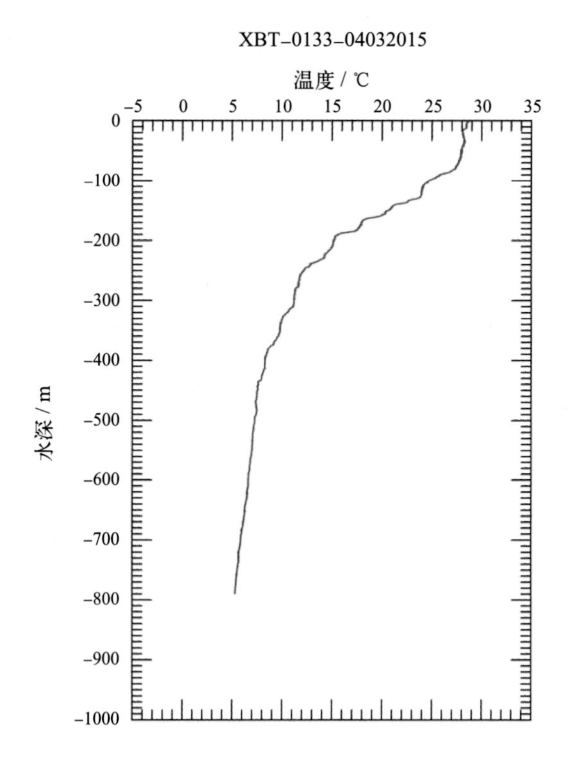
XBT-0133-04032015
温度 / ℃
-5 0 5 10 15 20 25 30 35
0 -100 -200 -300 -400 -500 -600 -700 -800 -900 -1000
水深 / m

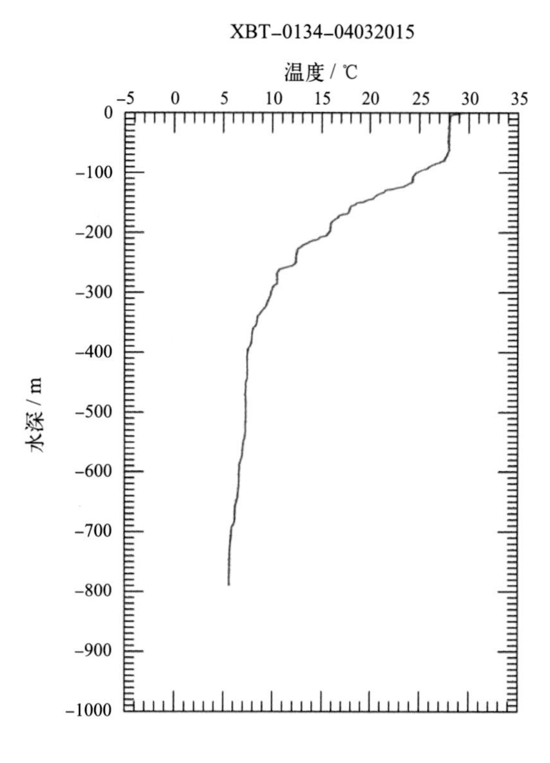
XBT-0134-04032015
温度 / ℃
-5 0 5 10 15 20 25 30 35
0 -100 -200 -300 -400 -500 -600 -700 -800 -900 -1000
水深 / m

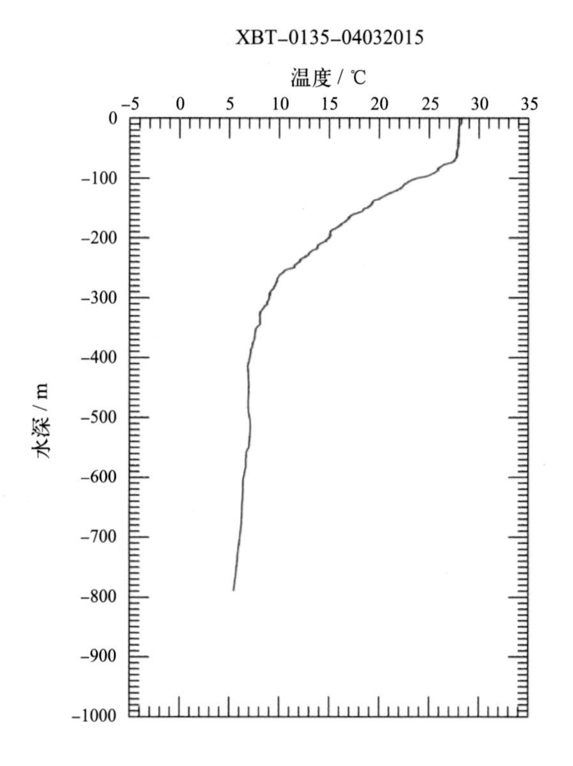
XBT-0135-04032015
温度 / ℃
-5 0 5 10 15 20 25 30 35
0 -100 -200 -300 -400 -500 -600 -700 -800 -900 -1000
水深 / m

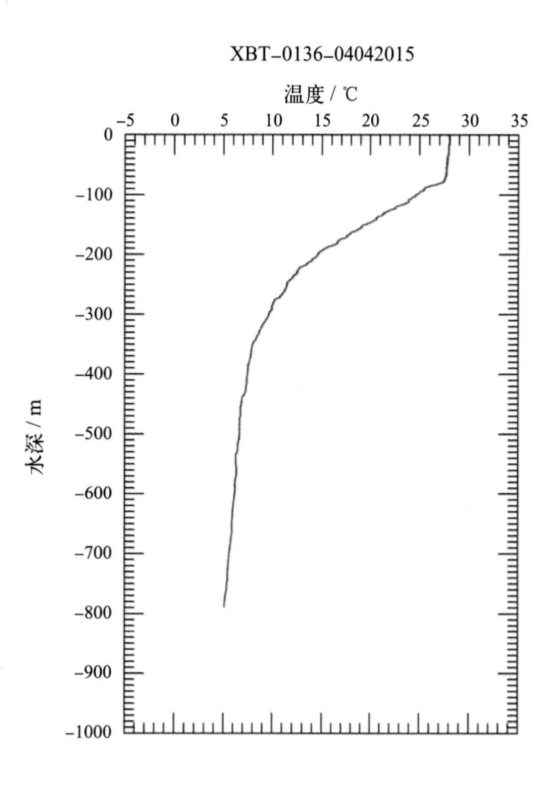
XBT-0136-04042015
温度 / ℃
-5 0 5 10 15 20 25 30 35
0 -100 -200 -300 -400 -500 -600 -700 -800 -900 -1000
水深 / m

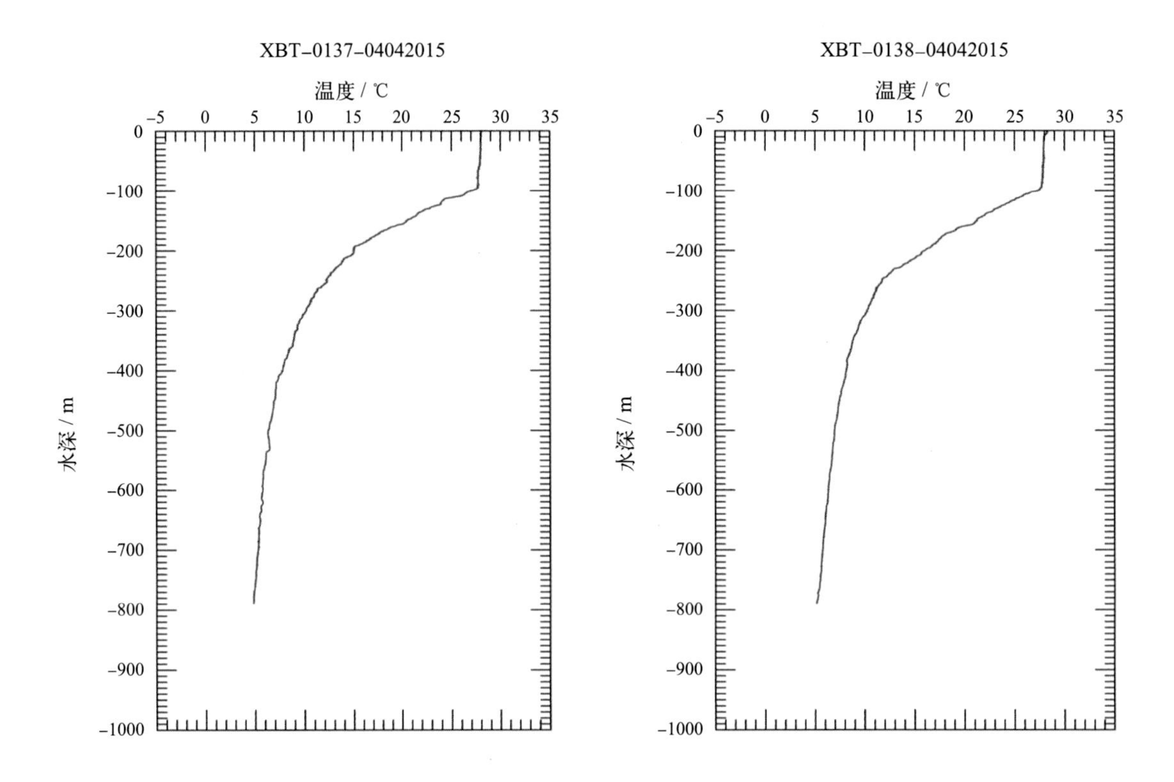

5.3.3 基于 XCTD 的温盐剖面

5.3.3.1 大断面剖面

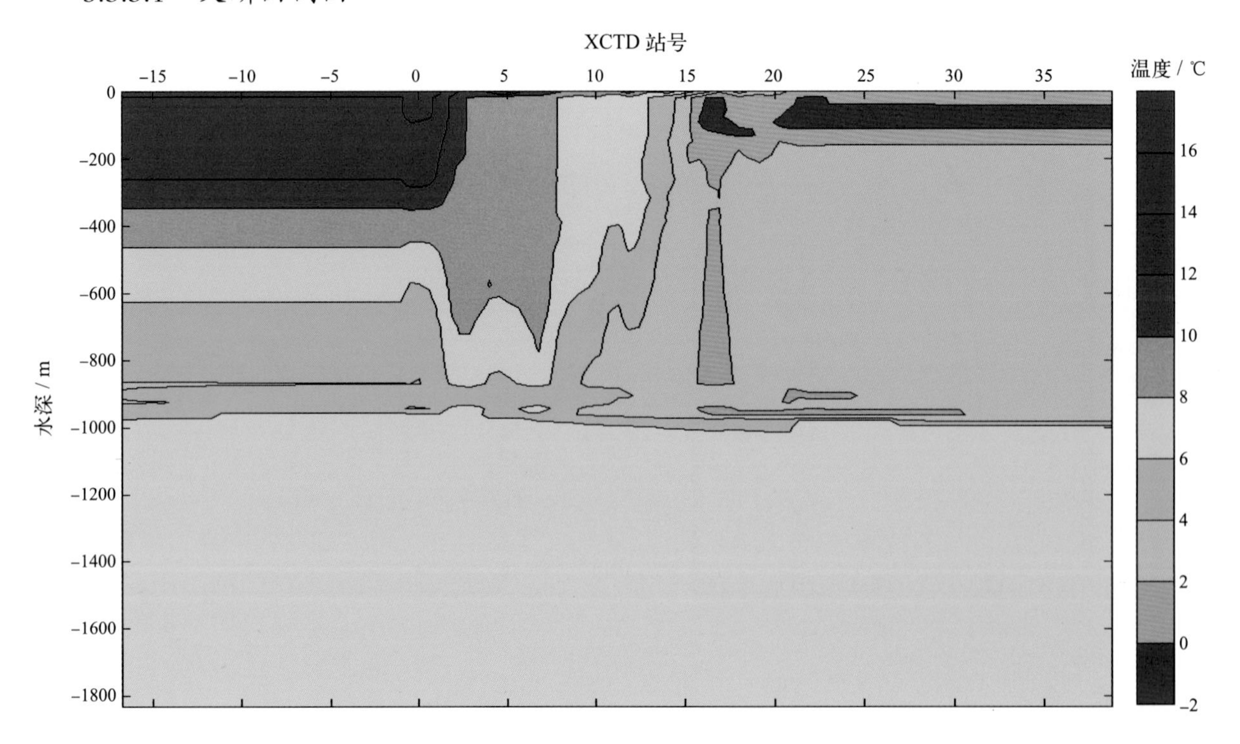

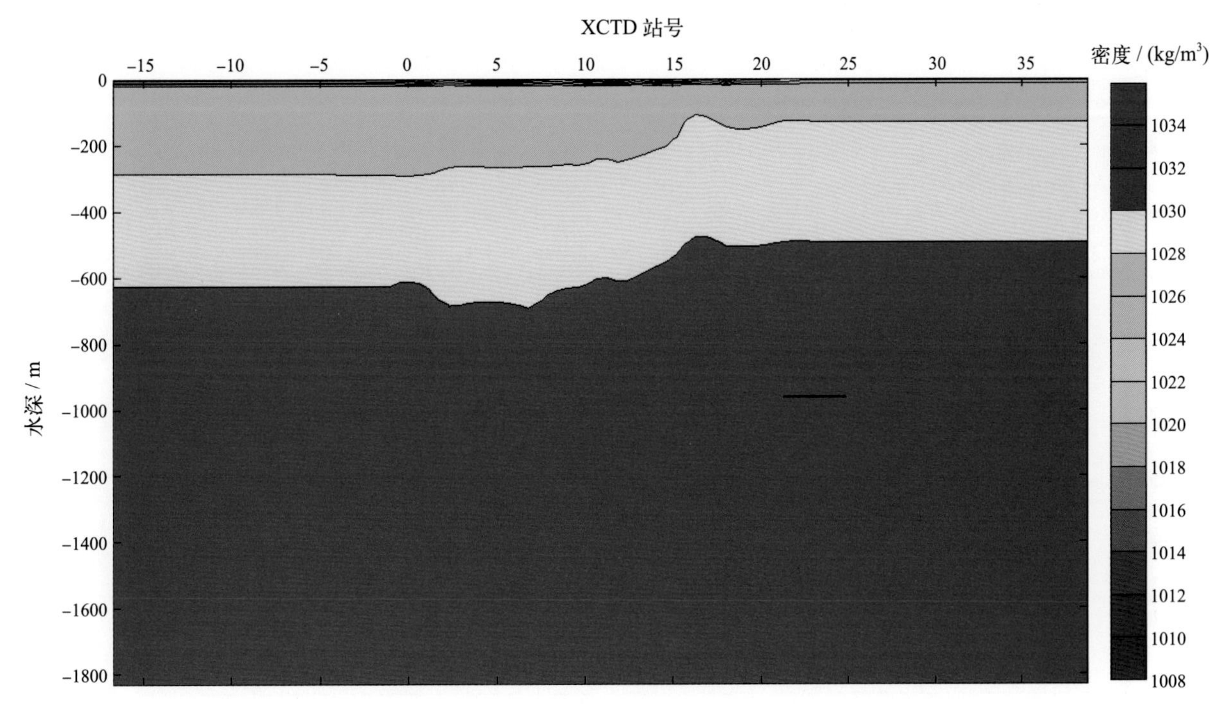

图 5-14　大断面 C1 温度、盐度、密度剖面图

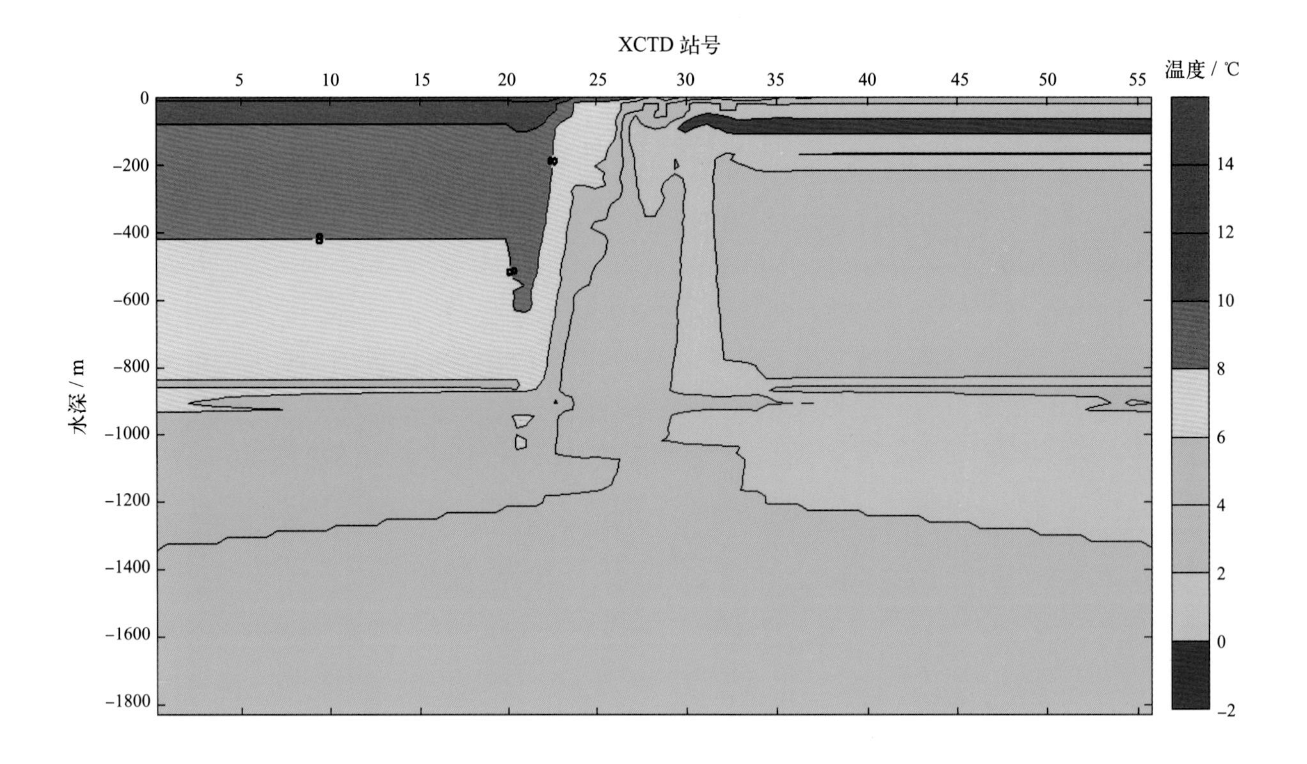
XCTD 站号
5
10
15
20
25
30
35
40
45
50
55
温度 / ℃
0
-200
-400
-600
-800
-1000
-1200
-1400
-1600
-1800
水深 / m
14
12
10
8
6
4
2
0
-2

XCTD 站号
5
10
15
20
25
30
35
40
45
50
55
盐度
0
-200
-400
-600
-800
-1000
-1200
-1400
-1600
-1800
水深 / m
35
33
31
29
27
25
23
21
19
17
15

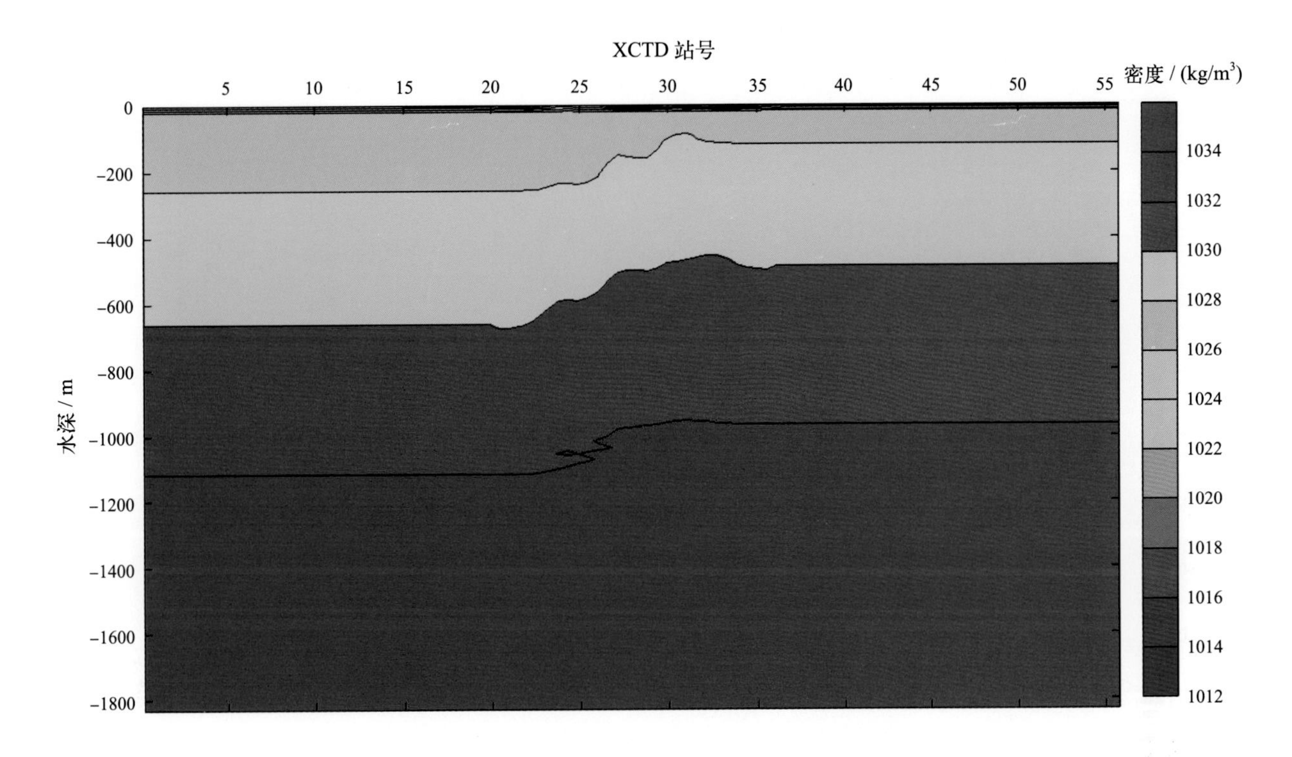

图 5-15　大断面 C2 温度、盐度、密度剖面图

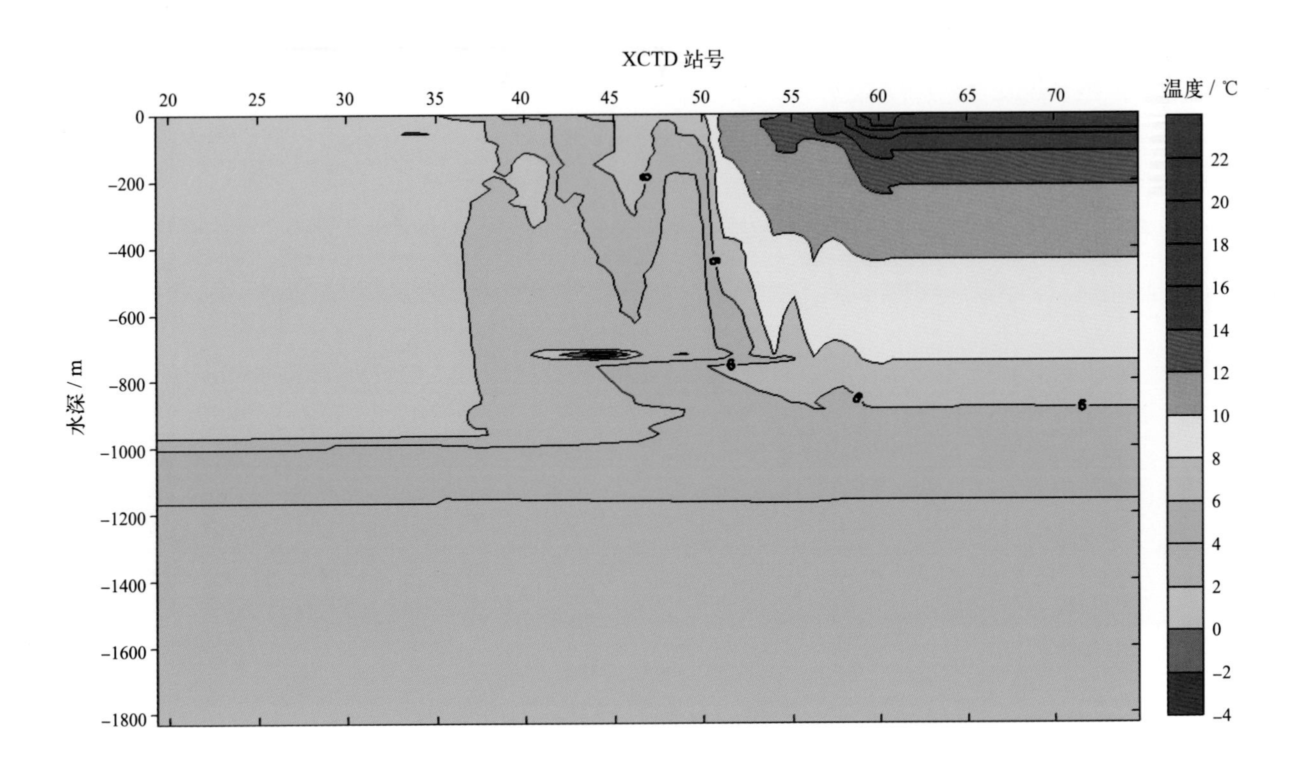

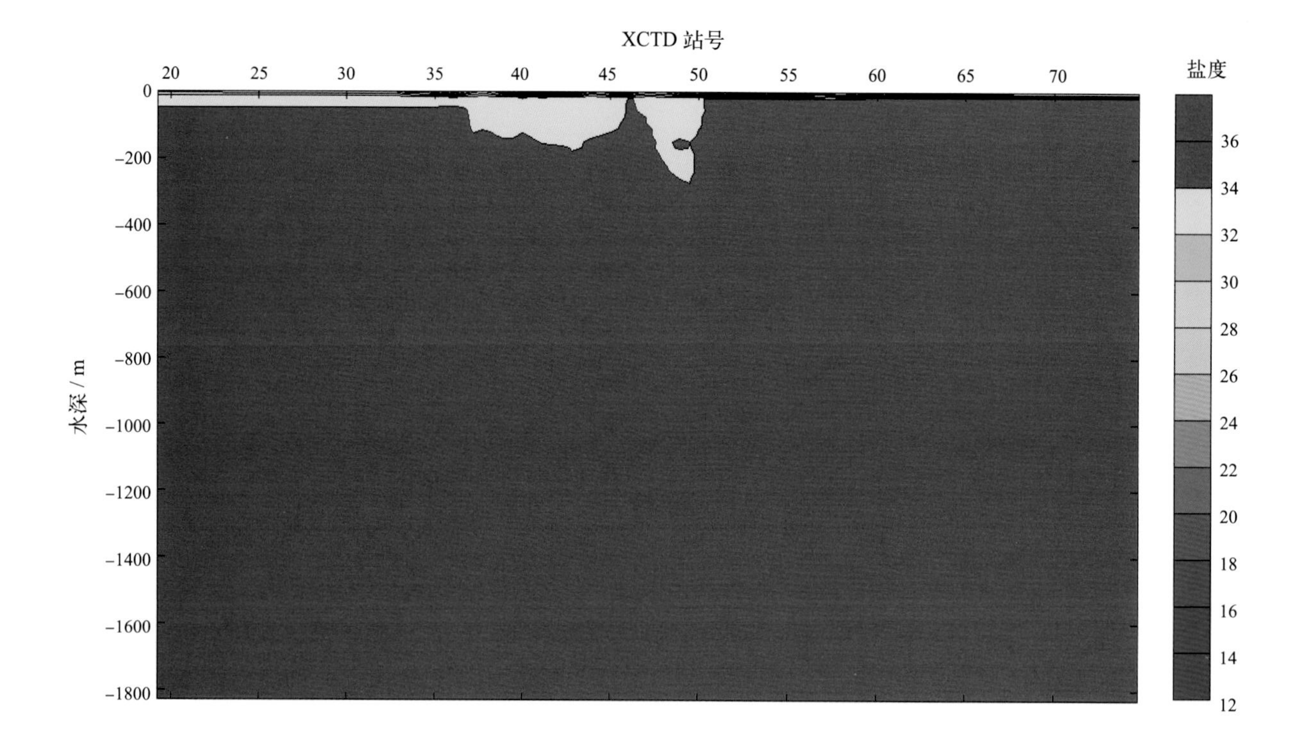

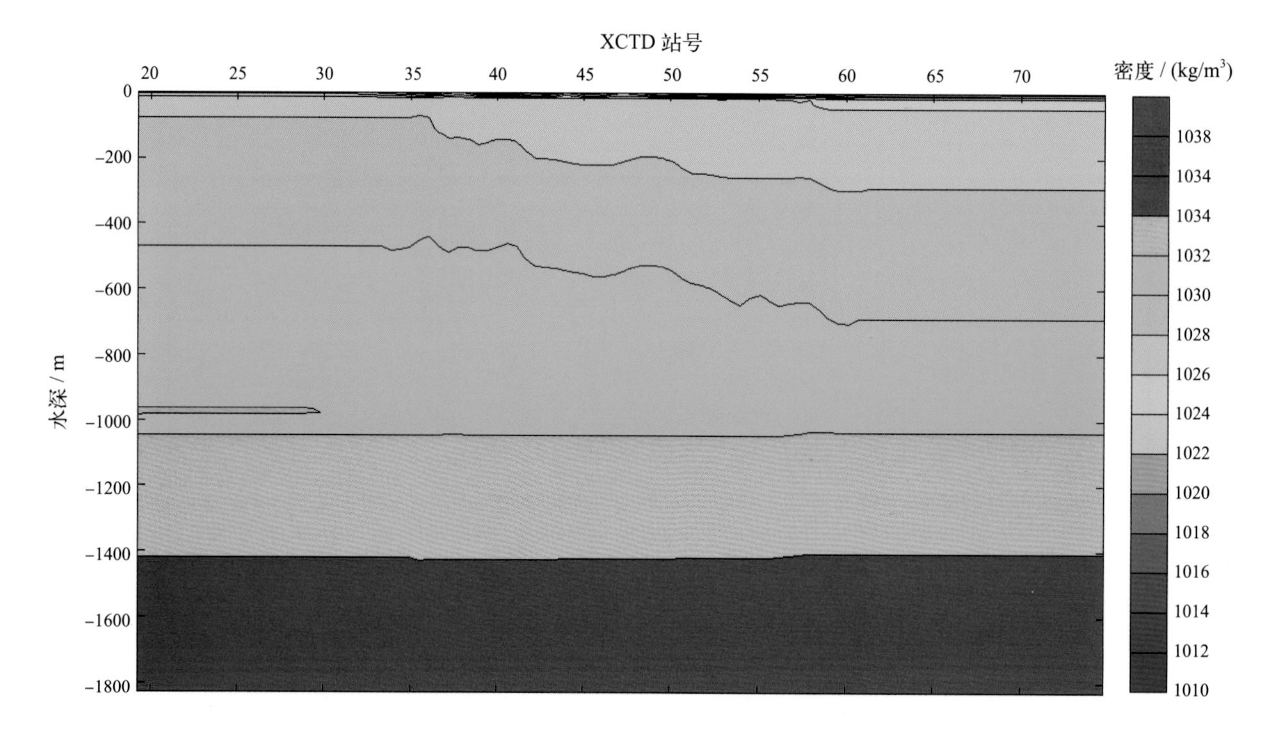

图 5-16　大断面 C3 温度、盐度、密度剖面图

5.3.3.2 XCTD 各站位垂直剖面

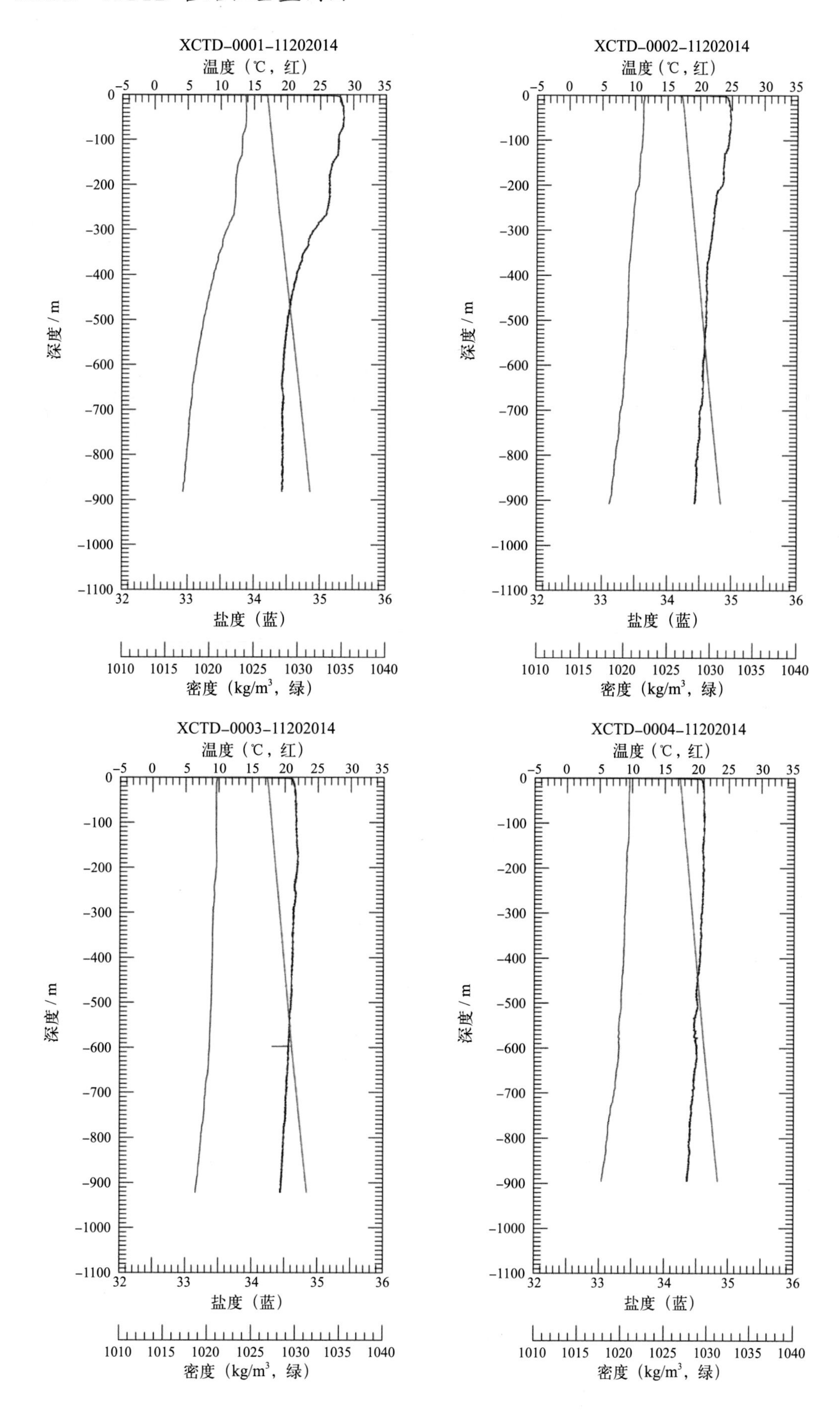

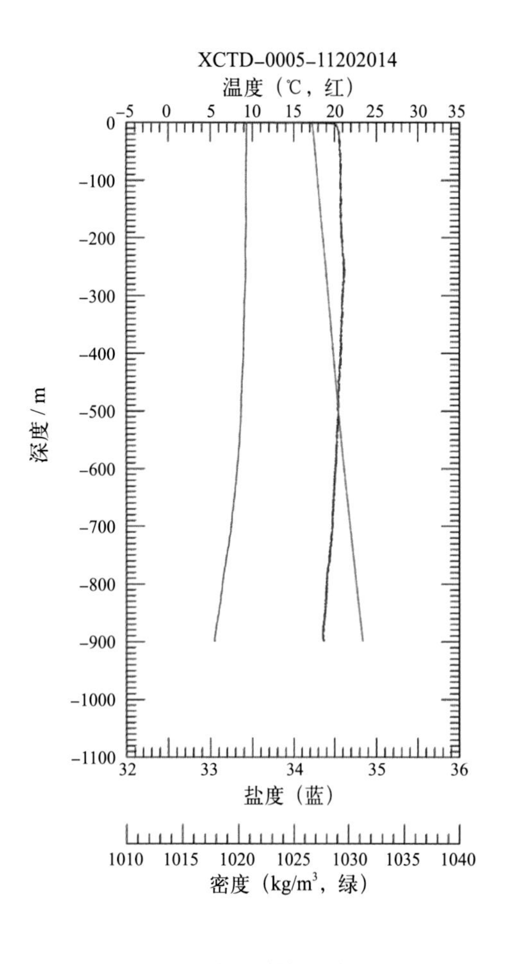
XCTD-0005-11202014
温度（℃，红）
深度 / m
盐度（蓝）
密度（kg/m³，绿）

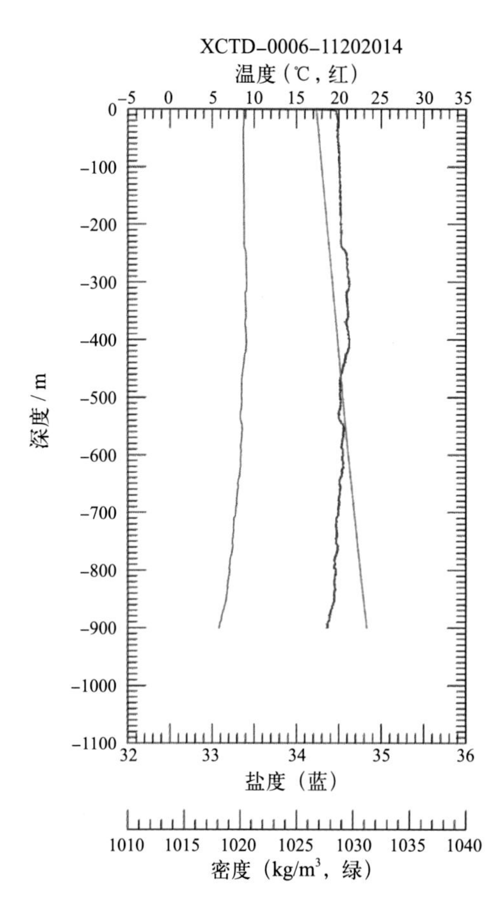
XCTD-0006-11202014
温度（℃，红）
深度 / m
盐度（蓝）
密度（kg/m³，绿）

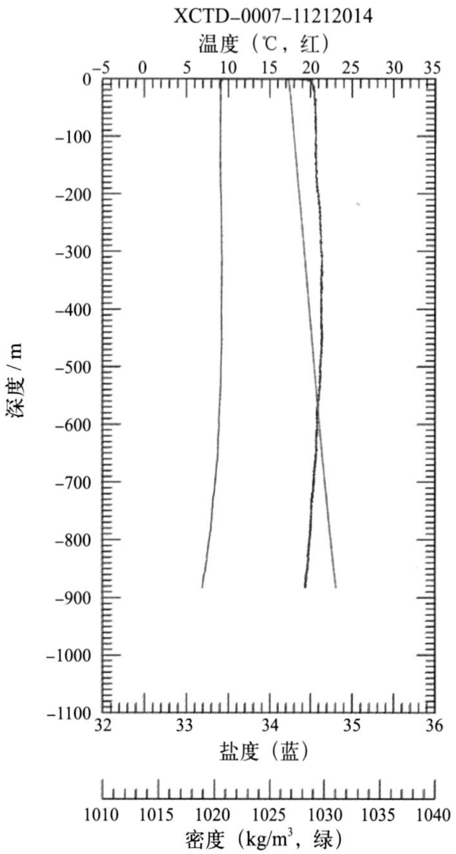
XCTD-0007-11212014
温度（℃，红）
深度 / m
盐度（蓝）
密度（kg/m³，绿）

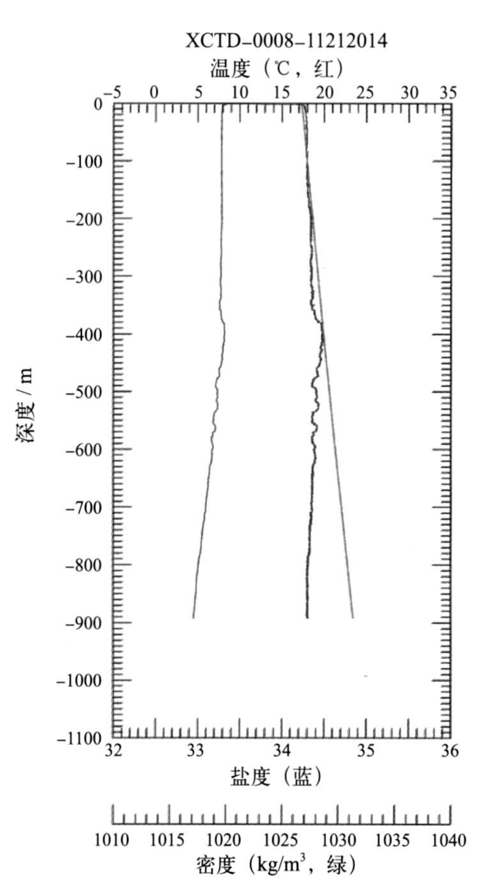
XCTD-0008-11212014
温度（℃，红）
深度 / m
盐度（蓝）
密度（kg/m³，绿）

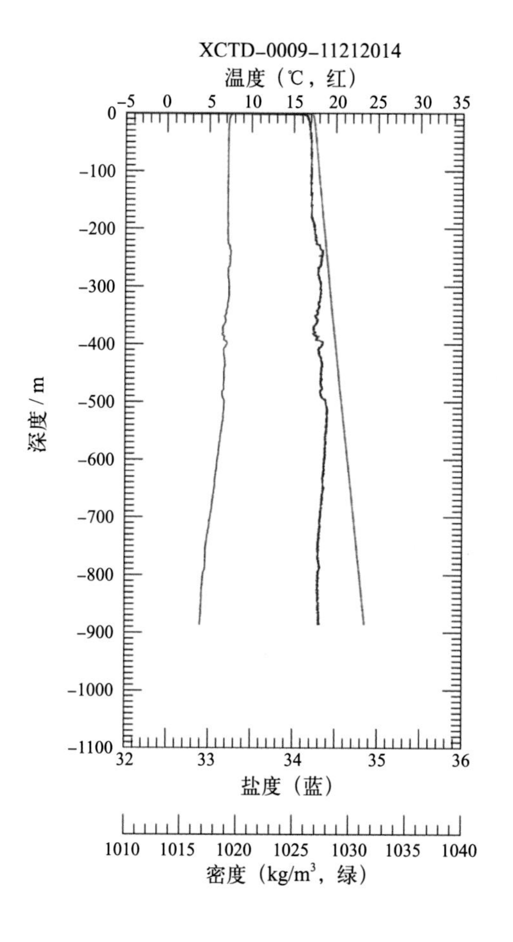
XCTD-0009-11212014
温度（℃，红）
深度 / m
盐度（蓝）
密度（kg/m³，绿）

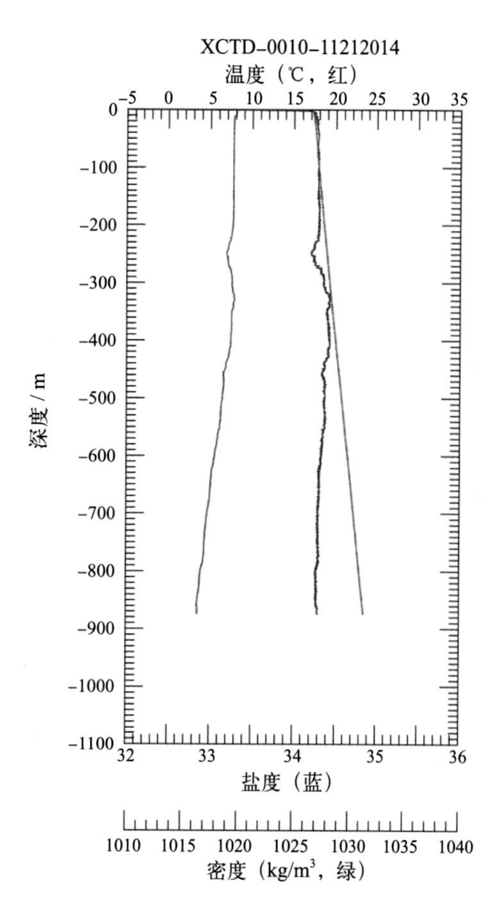
XCTD-0010-11212014
温度（℃，红）
深度 / m
盐度（蓝）
密度（kg/m³，绿）

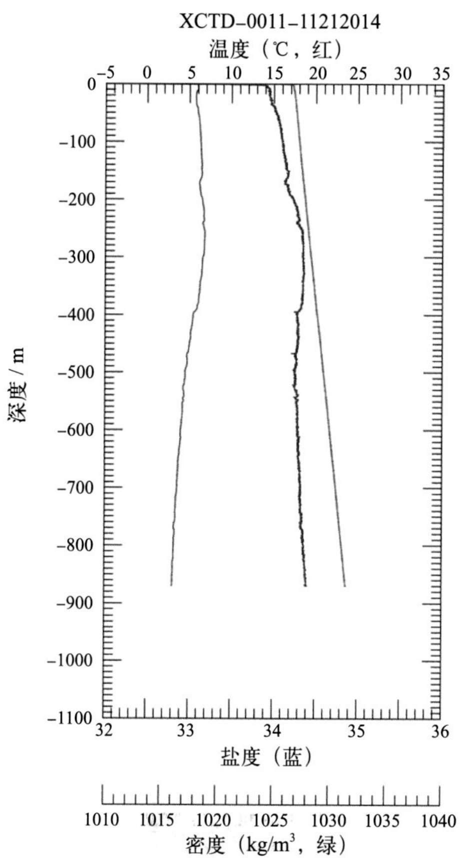
XCTD-0011-11212014
温度（℃，红）
深度 / m
盐度（蓝）
密度（kg/m³，绿）

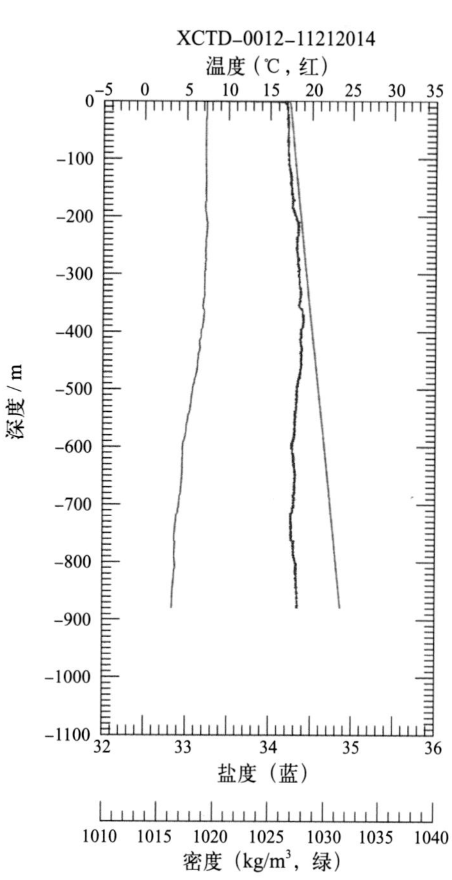
XCTD-0012-11212014
温度（℃，红）
深度 / m
盐度（蓝）
密度（kg/m³，绿）

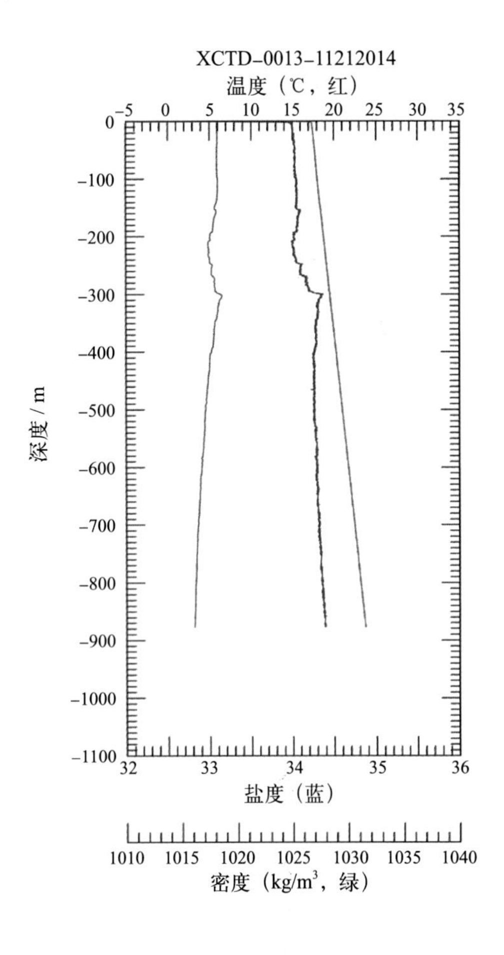
XCTD-0013-11212014
温度（℃，红）
-5 0 5 10 15 20 25 30 35
深度 / m
0 -100 -200 -300 -400 -500 -600 -700 -800 -900 -1000 -1100
32 33 34 35 36
盐度（蓝）
1010 1015 1020 1025 1030 1035 1040
密度（kg/m³，绿）

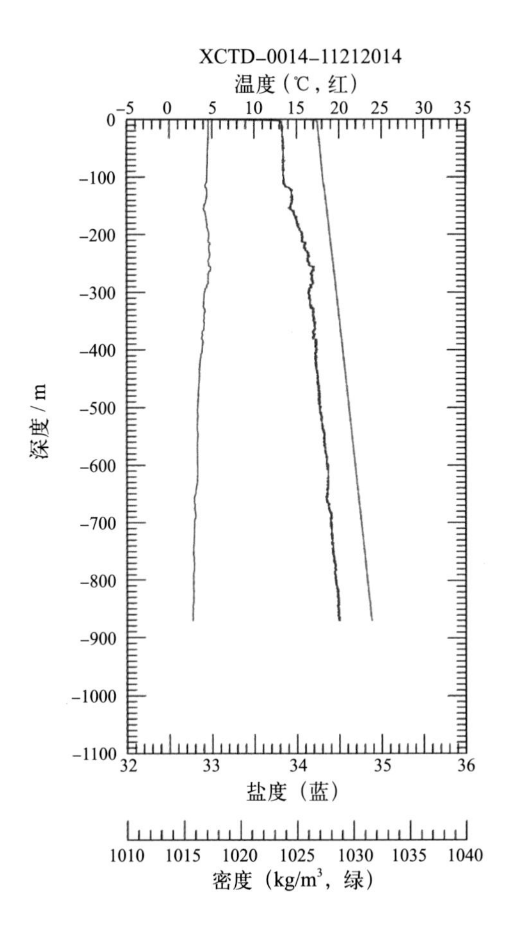
XCTD-0014-11212014
温度（℃，红）
-5 0 5 10 15 20 25 30 35
深度 / m
0 -100 -200 -300 -400 -500 -600 -700 -800 -900 -1000 -1100
32 33 34 35 36
盐度（蓝）
1010 1015 1020 1025 1030 1035 1040
密度（kg/m³，绿）

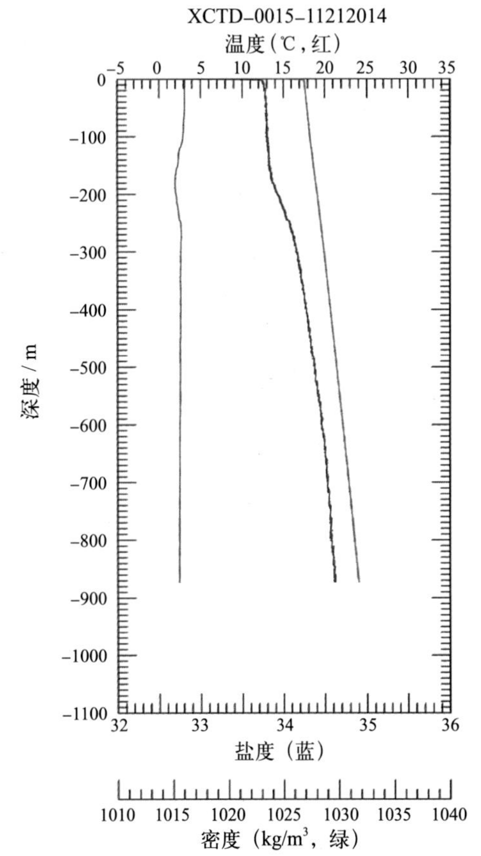
XCTD-0015-11212014
温度（℃，红）
-5 0 5 10 15 20 25 30 35
深度 / m
0 -100 -200 -300 -400 -500 -600 -700 -800 -900 -1000 -1100
32 33 34 35 36
盐度（蓝）
1010 1015 1020 1025 1030 1035 1040
密度（kg/m³，绿）

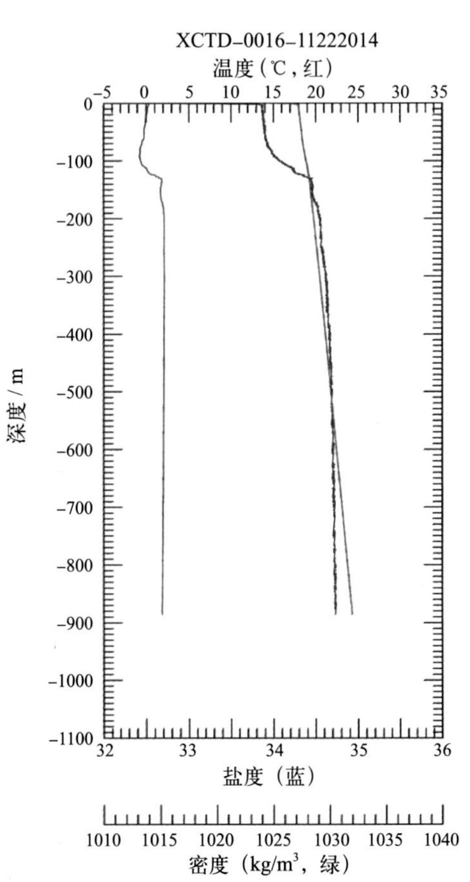
XCTD-0016-11222014
温度（℃，红）
-5 0 5 10 15 20 25 30 35
深度 / m
0 -100 -200 -300 -400 -500 -600 -700 -800 -900 -1000 -1100
32 33 34 35 36
盐度（蓝）
1010 1015 1020 1025 1030 1035 1040
密度（kg/m³，绿）

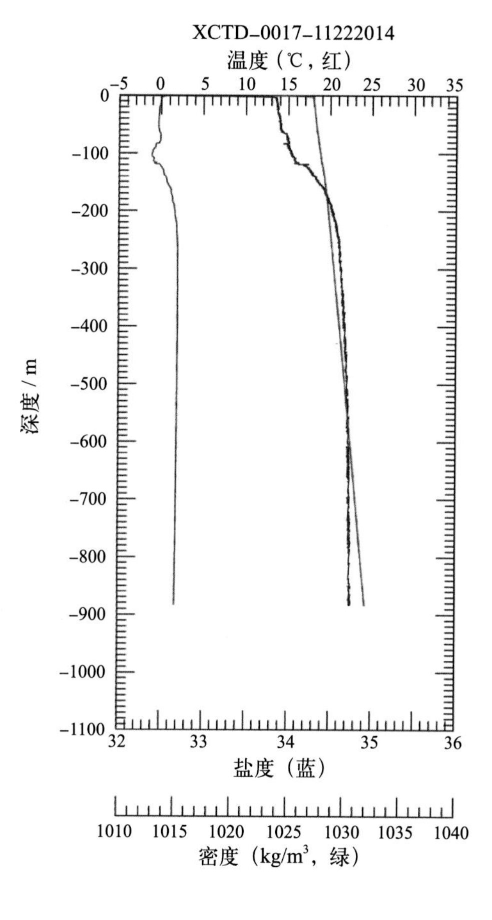
XCTD-0017-11222014
温度（℃，红）
-5 0 5 10 15 20 25 30 35
0
-100
-200
-300
-400
-500
-600
-700
-800
-900
-1000
-1100
深度 / m
32 33 34 35 36
盐度（蓝）
1010 1015 1020 1025 1030 1035 1040
密度（kg/m³，绿）

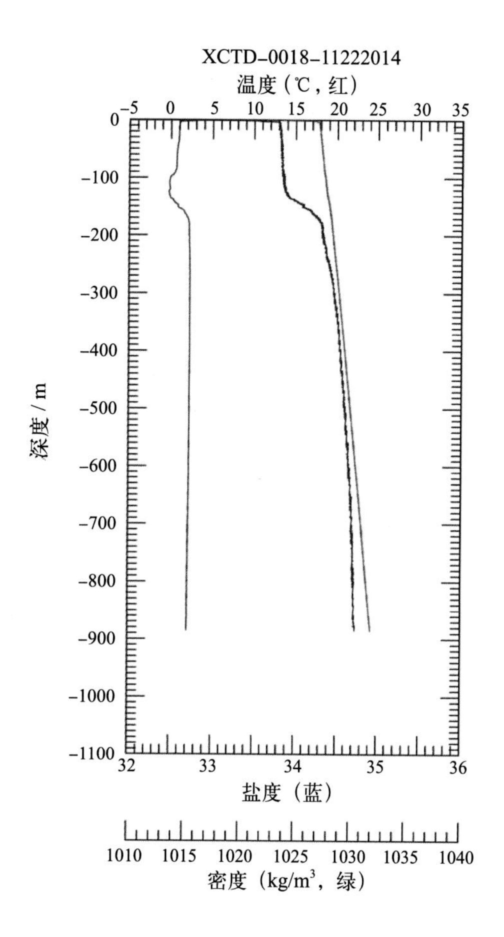
XCTD-0018-11222014
温度（℃，红）
-5 0 5 10 15 20 25 30 35
0
-100
-200
-300
-400
-500
-600
-700
-800
-900
-1000
-1100
深度 / m
32 33 34 35 36
盐度（蓝）
1010 1015 1020 1025 1030 1035 1040
密度（kg/m³，绿）

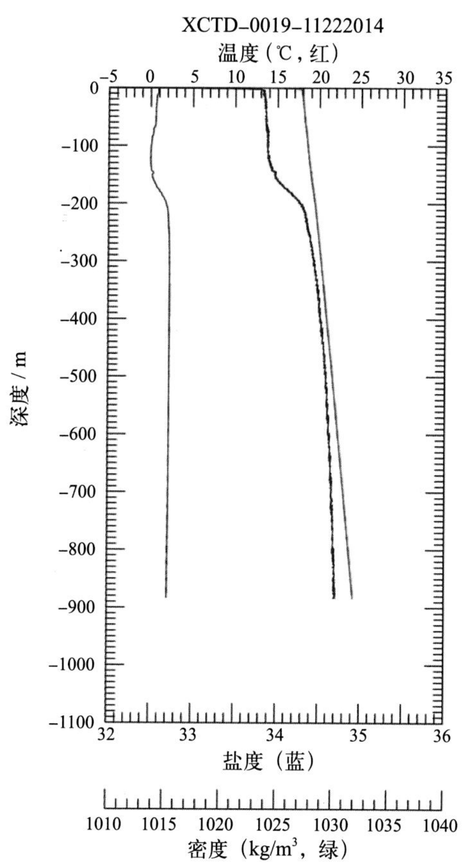
XCTD-0019-11222014
温度（℃，红）
-5 0 5 10 15 20 25 30 35
0
-100
-200
-300
-400
-500
-600
-700
-800
-900
-1000
-1100
深度 / m
32 33 34 35 36
盐度（蓝）
1010 1015 1020 1025 1030 1035 1040
密度（kg/m³，绿）

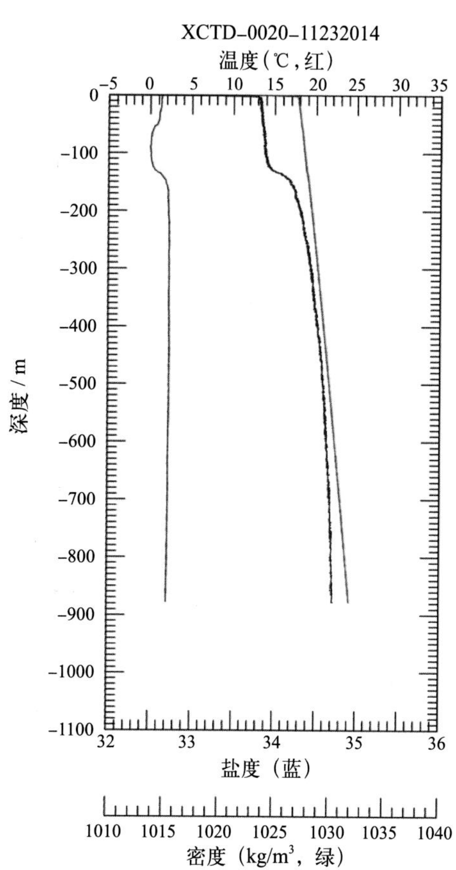
XCTD-0020-11232014
温度（℃，红）
-5 0 5 10 15 20 25 30 35
0
-100
-200
-300
-400
-500
-600
-700
-800
-900
-1000
-1100
深度 / m
32 33 34 35 36
盐度（蓝）
1010 1015 1020 1025 1030 1035 1040
密度（kg/m³，绿）

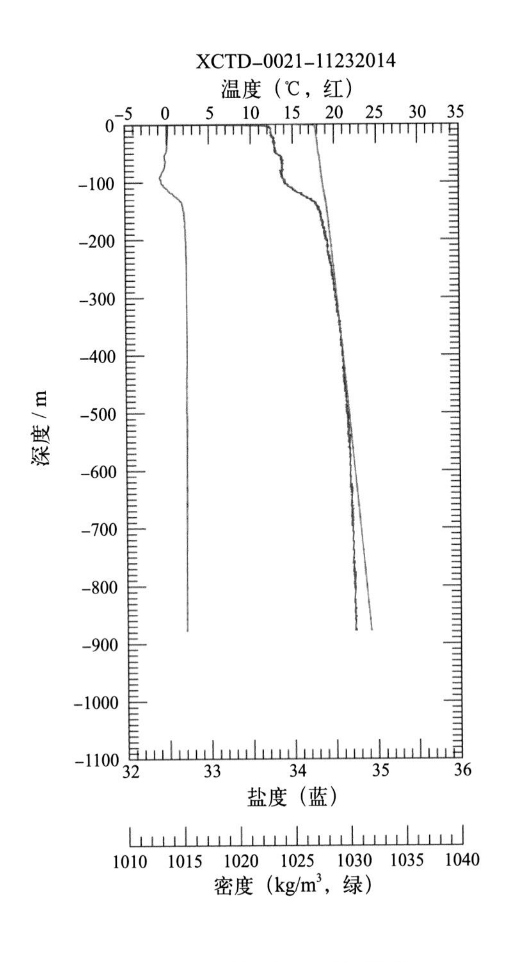
XCTD-0021-11232014
温度（℃，红）
-5 0 5 10 15 20 25 30 35
0
-100
-200
-300
-400
-500
-600
-700
-800
-900
-1000
-1100
深度 / m
32 33 34 35 36
盐度（蓝）
1010 1015 1020 1025 1030 1035 1040
密度（kg/m³，绿）

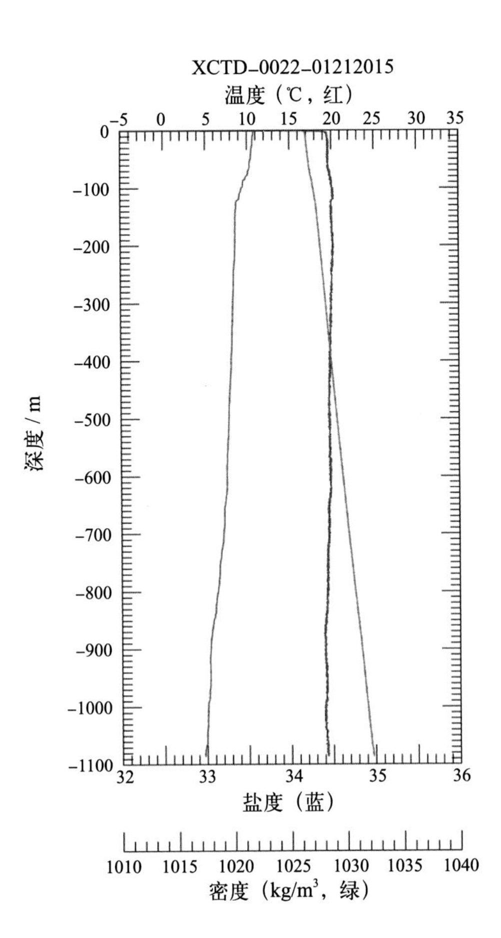
XCTD-0022-01212015
温度（℃，红）
-5 0 5 10 15 20 25 30 35
0
-100
-200
-300
-400
-500
-600
-700
-800
-900
-1000
-1100
深度 / m
32 33 34 35 36
盐度（蓝）
1010 1015 1020 1025 1030 1035 1040
密度（kg/m³，绿）

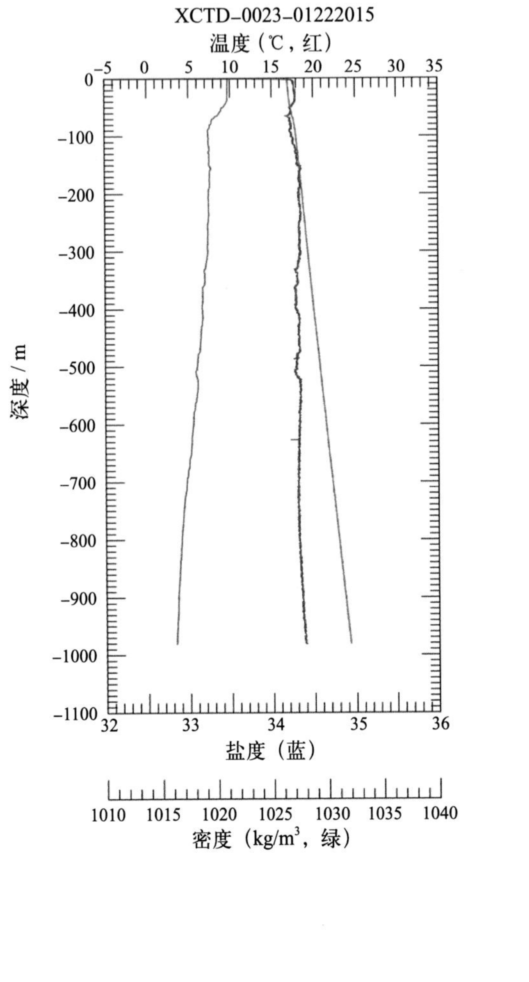
XCTD-0023-01222015
温度（℃，红）
-5 0 5 10 15 20 25 30 35
0
-100
-200
-300
-400
-500
-600
-700
-800
-900
-1000
-1100
深度 / m
32 33 34 35 36
盐度（蓝）
1010 1015 1020 1025 1030 1035 1040
密度（kg/m³，绿）

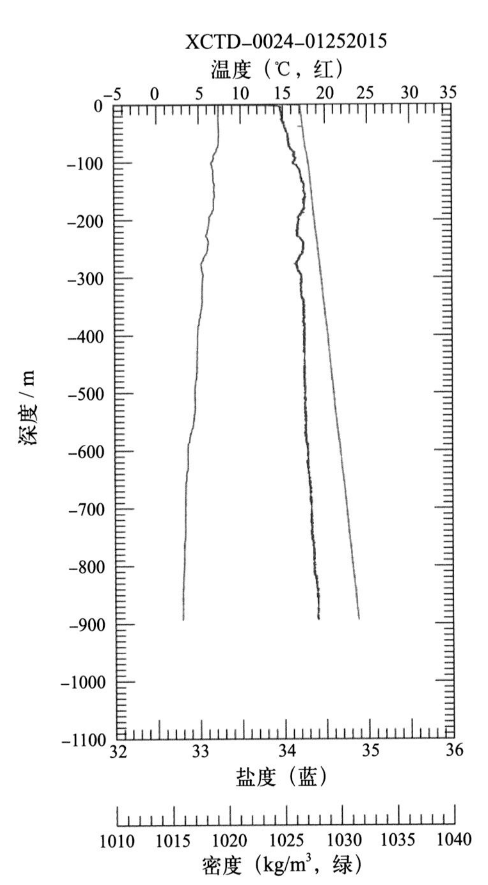
XCTD-0024-01252015
温度（℃，红）
-5 0 5 10 15 20 25 30 35
0
-100
-200
-300
-400
-500
-600
-700
-800
-900
-1000
-1100
深度 / m
32 33 34 35 36
盐度（蓝）
1010 1015 1020 1025 1030 1035 1040
密度（kg/m³，绿）

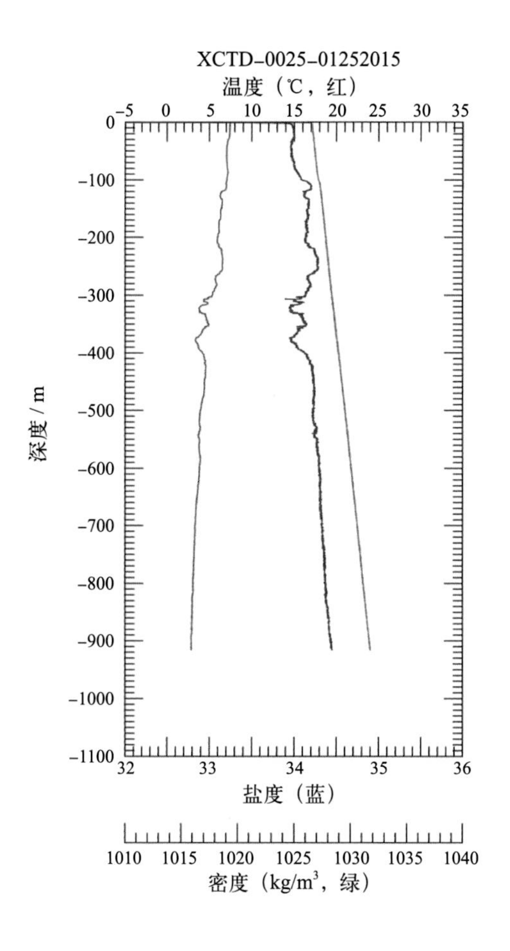
XCTD-0025-01252015
温度（℃，红）
深度 / m
盐度（蓝）
密度（kg/m³，绿）

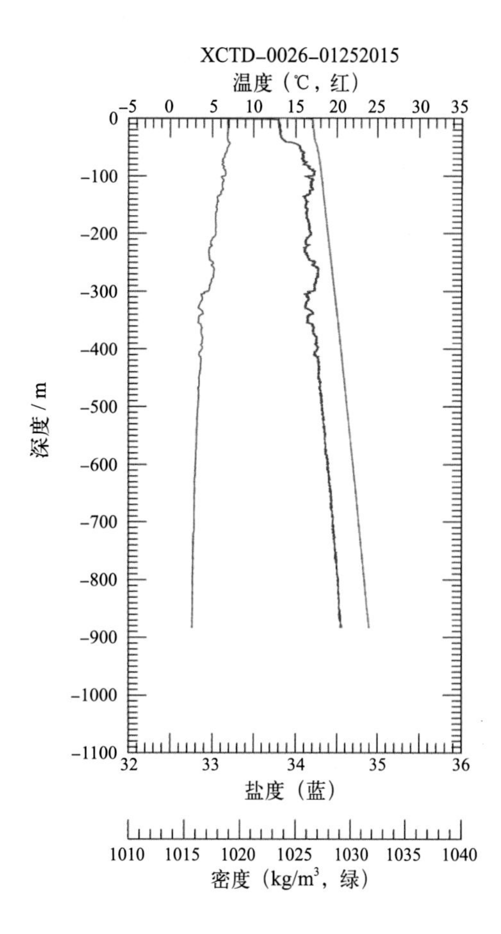
XCTD-0026-01252015
温度（℃，红）
深度 / m
盐度（蓝）
密度（kg/m³，绿）

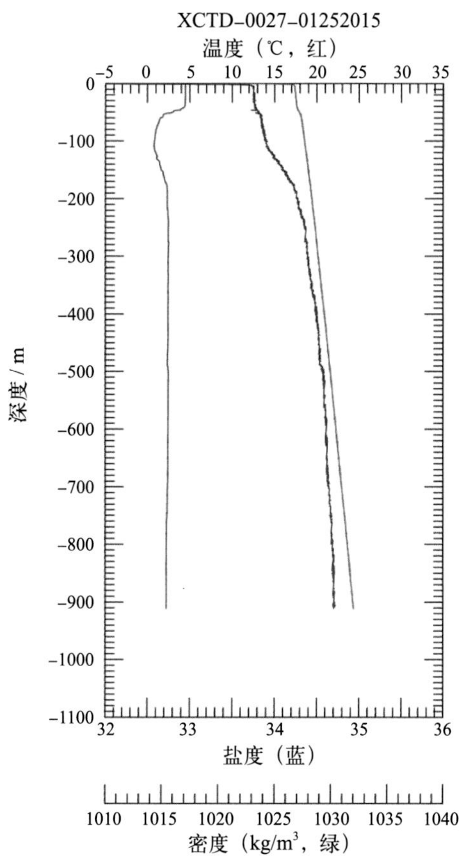
XCTD-0027-01252015
温度（℃，红）
深度 / m
盐度（蓝）
密度（kg/m³，绿）

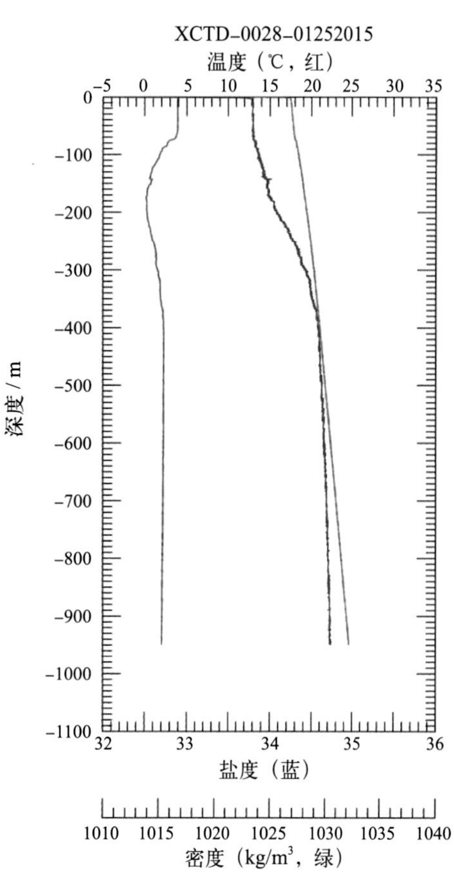
XCTD-0028-01252015
温度（℃，红）
深度 / m
盐度（蓝）
密度（kg/m³，绿）

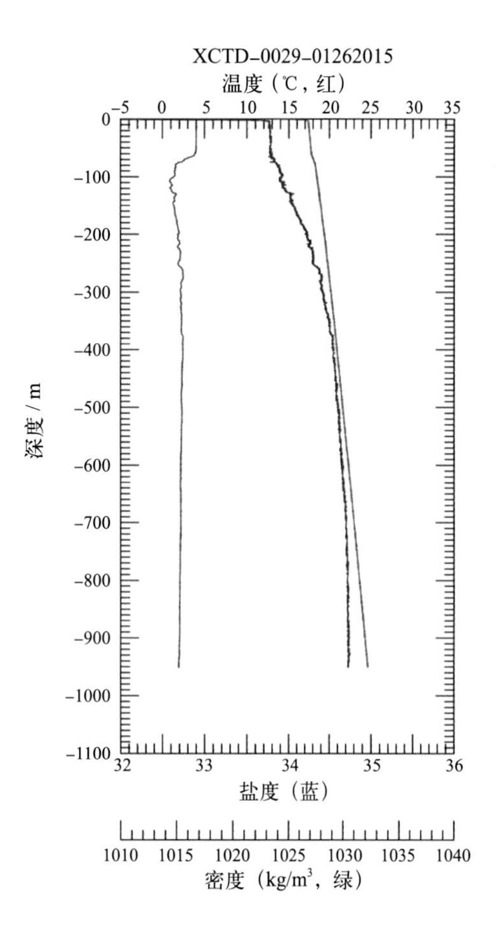
XCTD-0029-01262015
温度（℃，红）
深度 / m
盐度（蓝）
密度（kg/m³，绿）

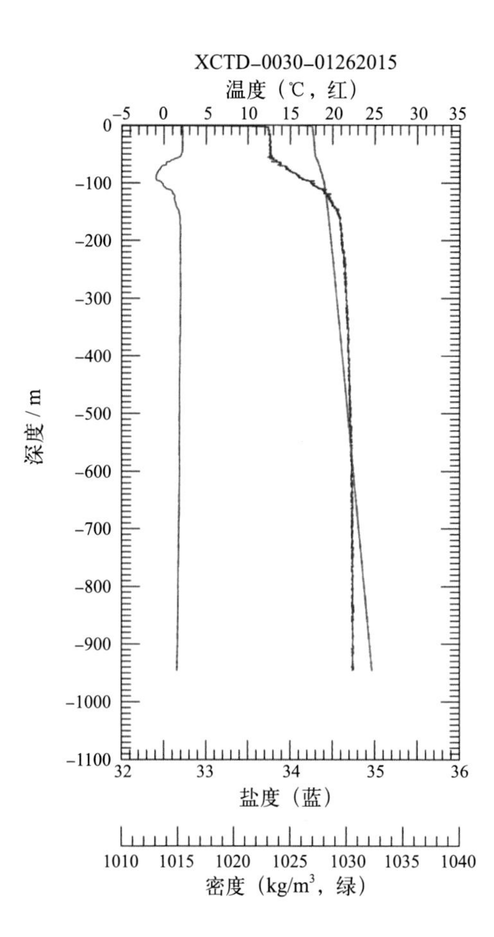
XCTD-0030-01262015
温度（℃，红）
深度 / m
盐度（蓝）
密度（kg/m³，绿）

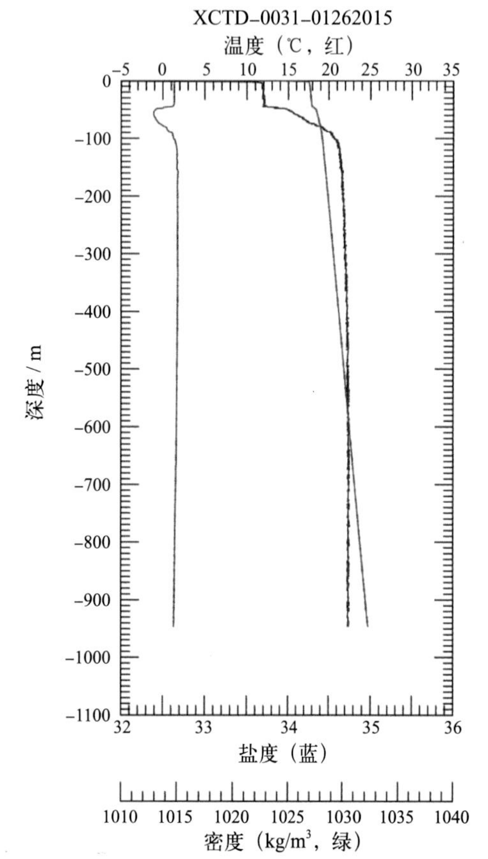
XCTD-0031-01262015
温度（℃，红）
深度 / m
盐度（蓝）
密度（kg/m³，绿）

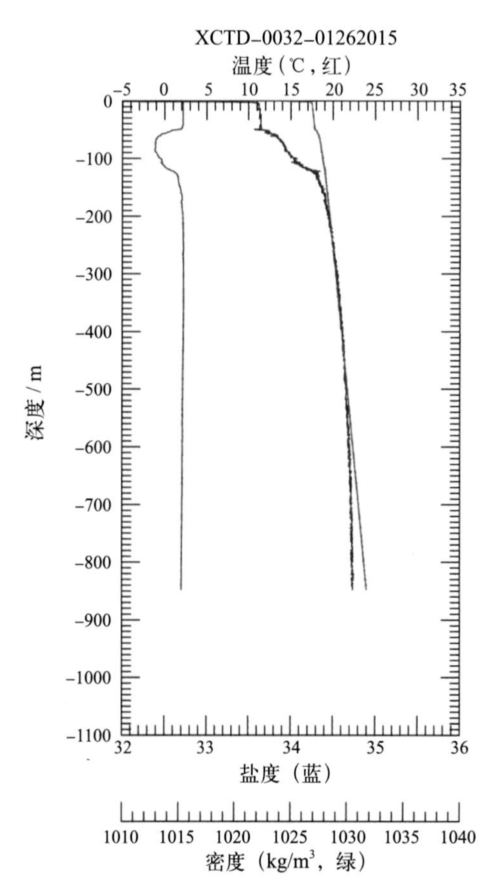
XCTD-0032-01262015
温度（℃，红）
深度 / m
盐度（蓝）
密度（kg/m³，绿）

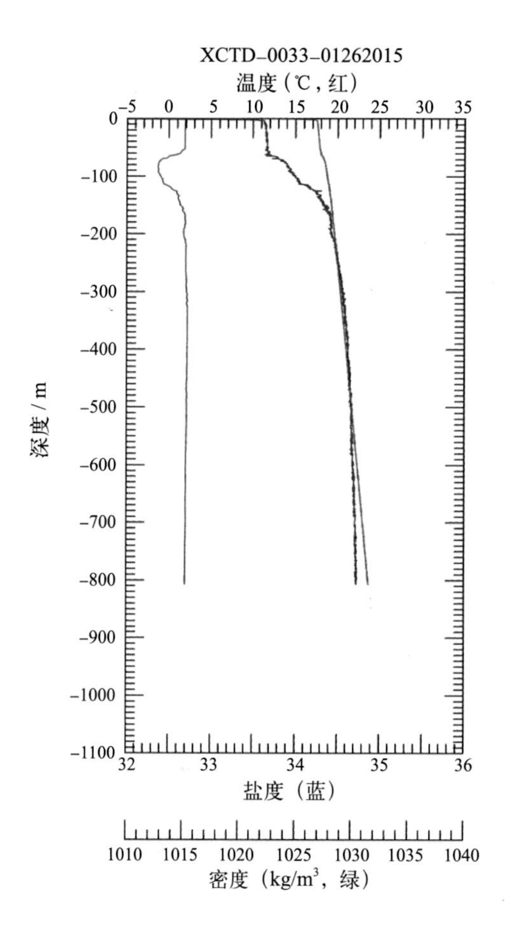
XCTD-0033-01262015
温度（℃，红）
-5 0 5 10 15 20 25 30 35
0
-100
-200
-300
-400
-500
-600
-700
-800
-900
-1000
-1100
深度 / m
32 33 34 35 36
盐度（蓝）
1010 1015 1020 1025 1030 1035 1040
密度（kg/m³，绿）

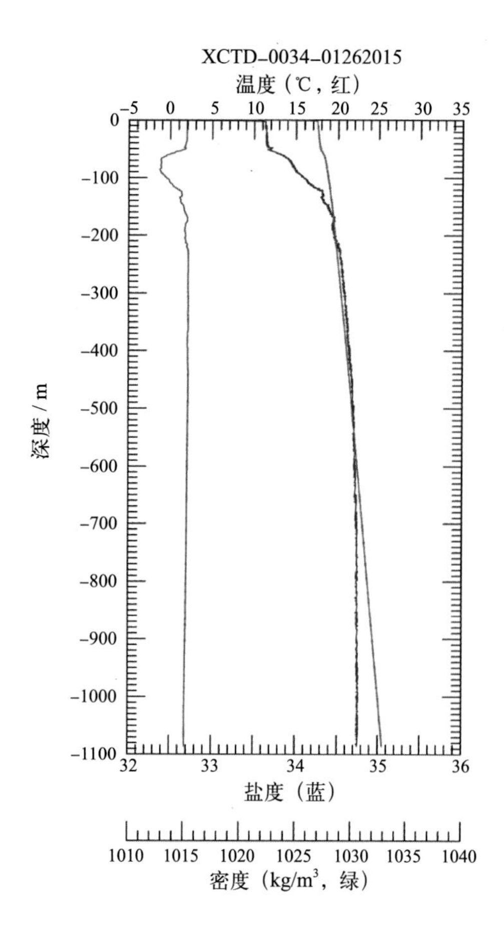
XCTD-0034-01262015
温度（℃，红）
-5 0 5 10 15 20 25 30 35
0
-100
-200
-300
-400
-500
-600
-700
-800
-900
-1000
-1100
深度 / m
32 33 34 35 36
盐度（蓝）
1010 1015 1020 1025 1030 1035 1040
密度（kg/m³，绿）

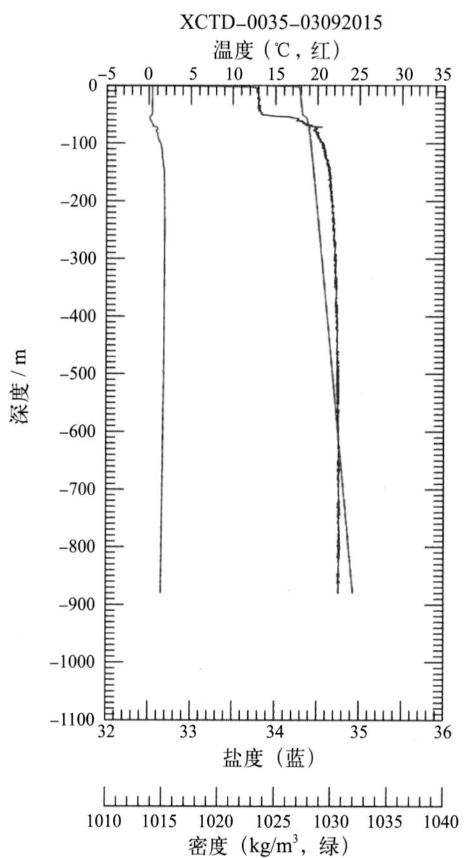
XCTD-0035-03092015
温度（℃，红）
-5 0 5 10 15 20 25 30 35
0
-100
-200
-300
-400
-500
-600
-700
-800
-900
-1000
-1100
深度 / m
32 33 34 35 36
盐度（蓝）
1010 1015 1020 1025 1030 1035 1040
密度（kg/m³，绿）

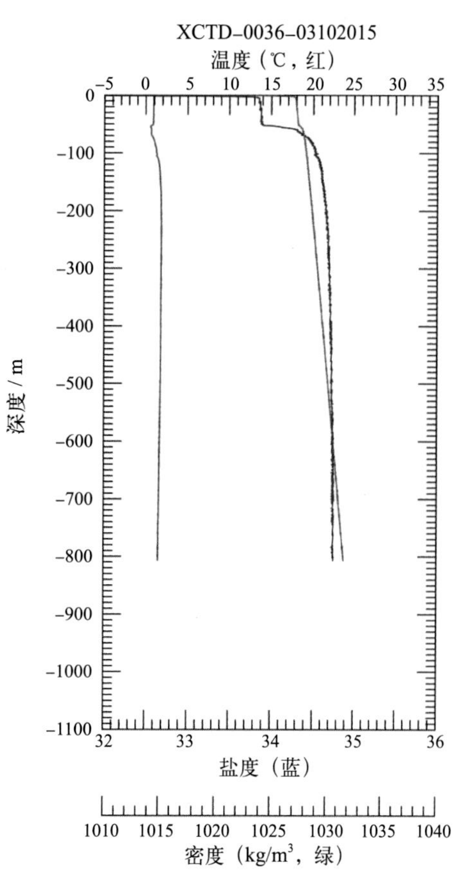
XCTD-0036-03102015
温度（℃，红）
-5 0 5 10 15 20 25 30 35
0
-100
-200
-300
-400
-500
-600
-700
-800
-900
-1000
-1100
深度 / m
32 33 34 35 36
盐度（蓝）
1010 1015 1020 1025 1030 1035 1040
密度（kg/m³，绿）

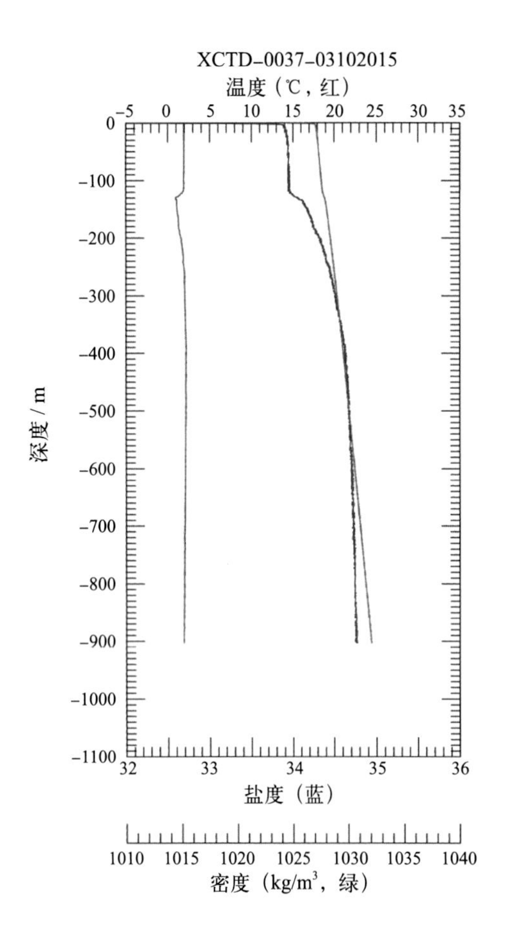
XCTD-0037-03102015
温度（℃，红）
−5 0 5 10 15 20 25 30 35
0 −100 −200 −300 −400 −500 −600 −700 −800 −900 −1000 −1100
深度 / m
32 33 34 35 36
盐度（蓝）
1010 1015 1020 1025 1030 1035 1040
密度（kg/m³，绿）

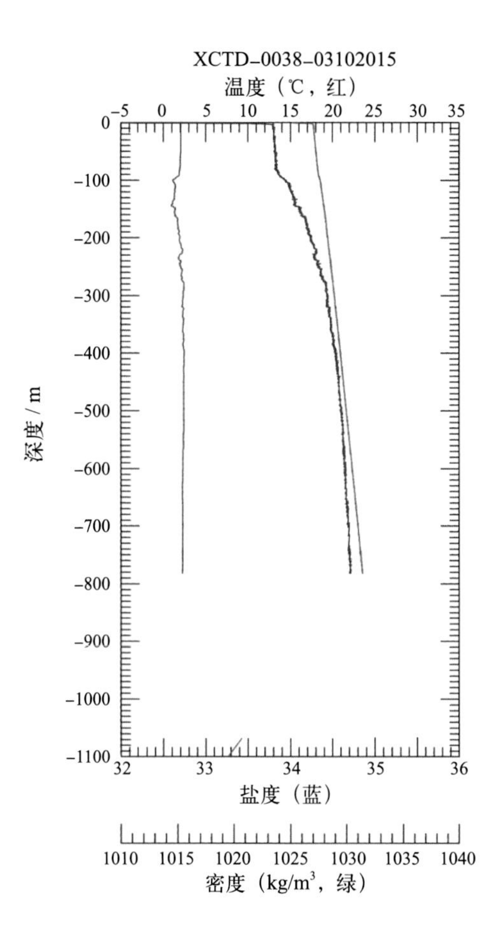
XCTD-0038-03102015
温度（℃，红）
−5 0 5 10 15 20 25 30 35
0 −100 −200 −300 −400 −500 −600 −700 −800 −900 −1000 −1100
深度 / m
32 33 34 35 36
盐度（蓝）
1010 1015 1020 1025 1030 1035 1040
密度（kg/m³，绿）

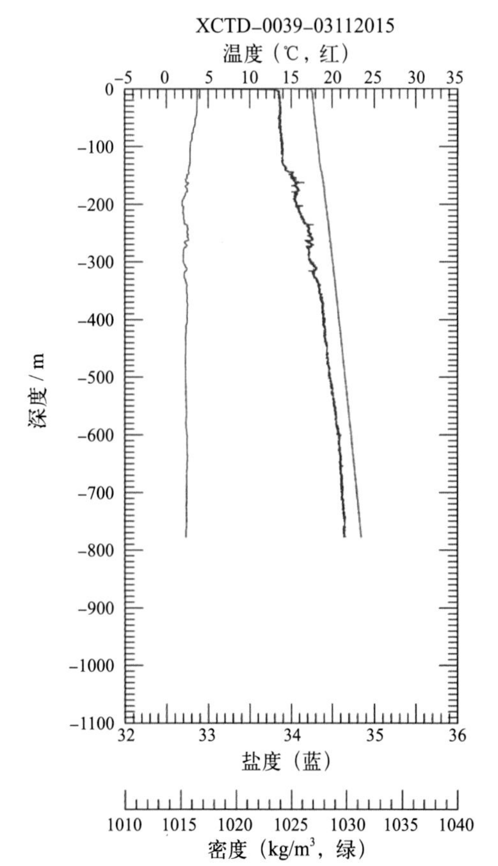
XCTD-0039-03112015
温度（℃，红）
−5 0 5 10 15 20 25 30 35
0 −100 −200 −300 −400 −500 −600 −700 −800 −900 −1000 −1100
深度 / m
32 33 34 35 36
盐度（蓝）
1010 1015 1020 1025 1030 1035 1040
密度（kg/m³，绿）

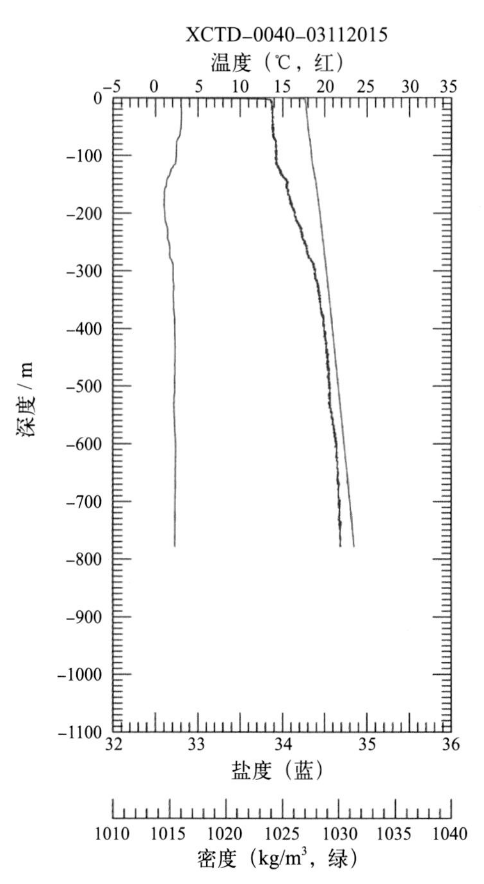
XCTD-0040-03112015
温度（℃，红）
−5 0 5 10 15 20 25 30 35
0 −100 −200 −300 −400 −500 −600 −700 −800 −900 −1000 −1100
深度 / m
32 33 34 35 36
盐度（蓝）
1010 1015 1020 1025 1030 1035 1040
密度（kg/m³，绿）

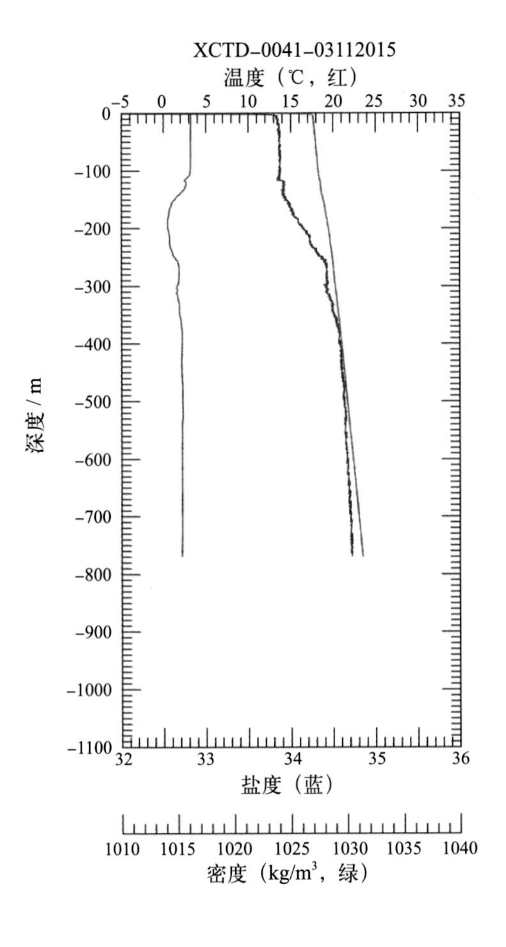
XCTD-0041-03112015
温度（℃，红）
深度 / m
盐度（蓝）
密度（kg/m³，绿）

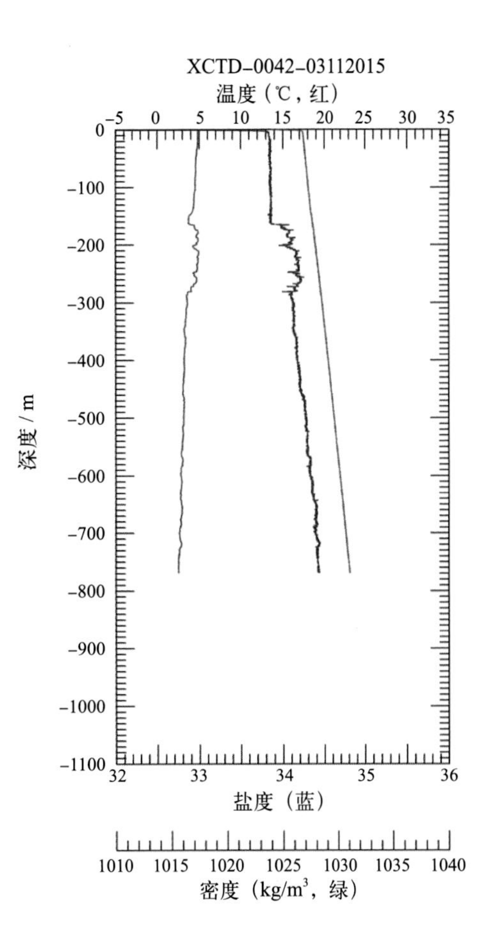
XCTD-0042-03112015
温度（℃，红）
深度 / m
盐度（蓝）
密度（kg/m³，绿）

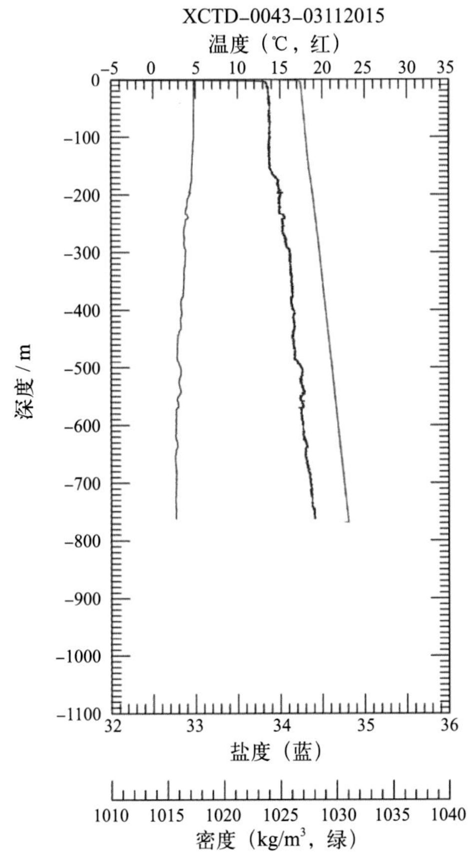
XCTD-0043-03112015
温度（℃，红）
深度 / m
盐度（蓝）
密度（kg/m³，绿）

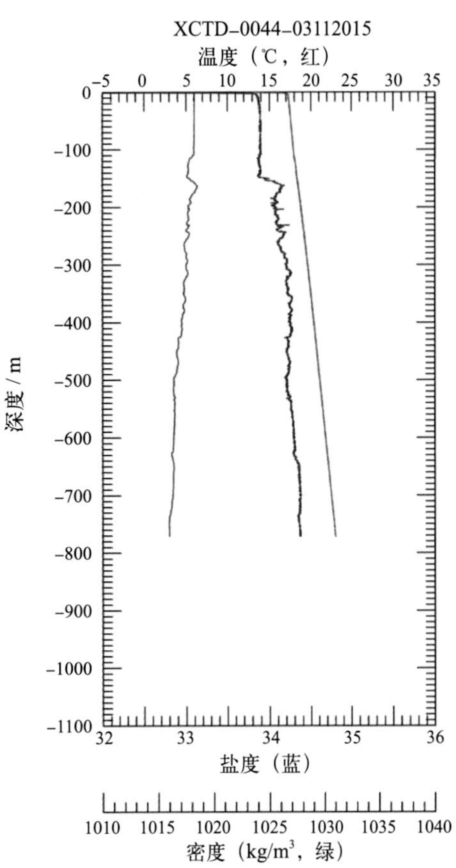
XCTD-0044-03112015
温度（℃，红）
深度 / m
盐度（蓝）
密度（kg/m³，绿）

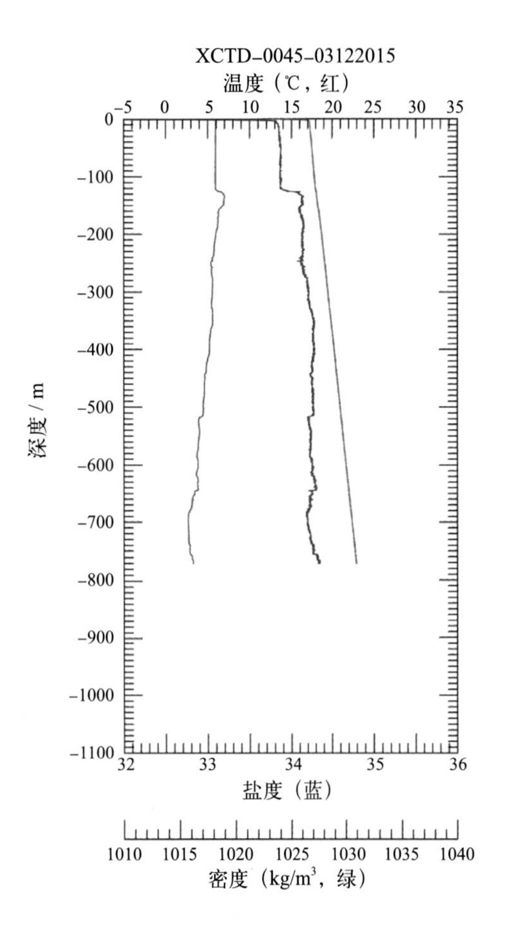
XCTD-0045-03122015
温度（℃，红）
深度 / m
盐度（蓝）
密度（kg/m³，绿）

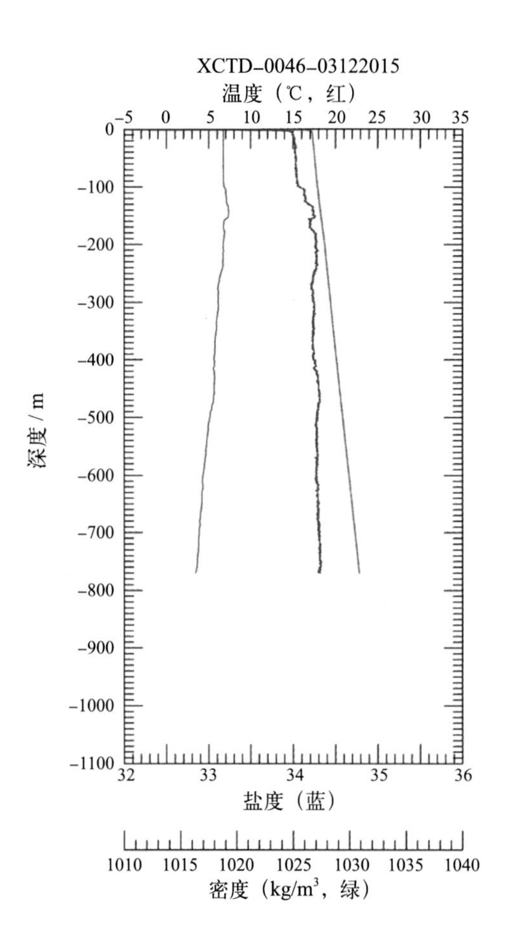
XCTD-0046-03122015
温度（℃，红）
深度 / m
盐度（蓝）
密度（kg/m³，绿）

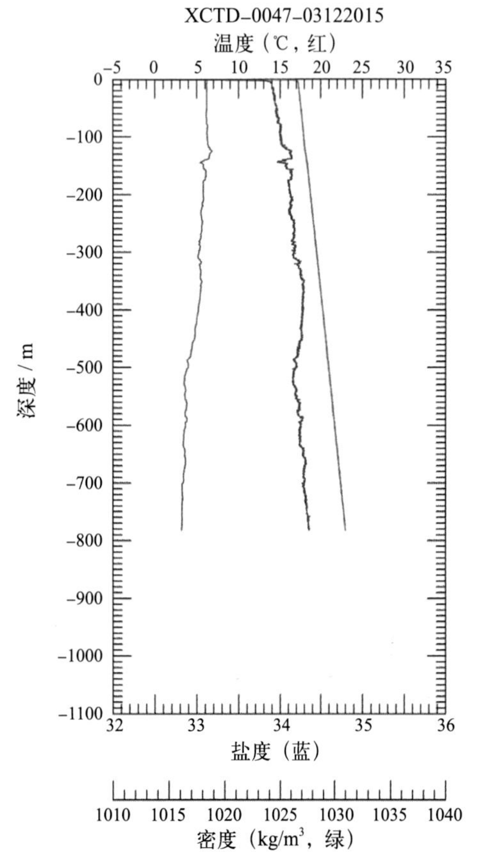
XCTD-0047-03122015
温度（℃，红）
深度 / m
盐度（蓝）
密度（kg/m³，绿）

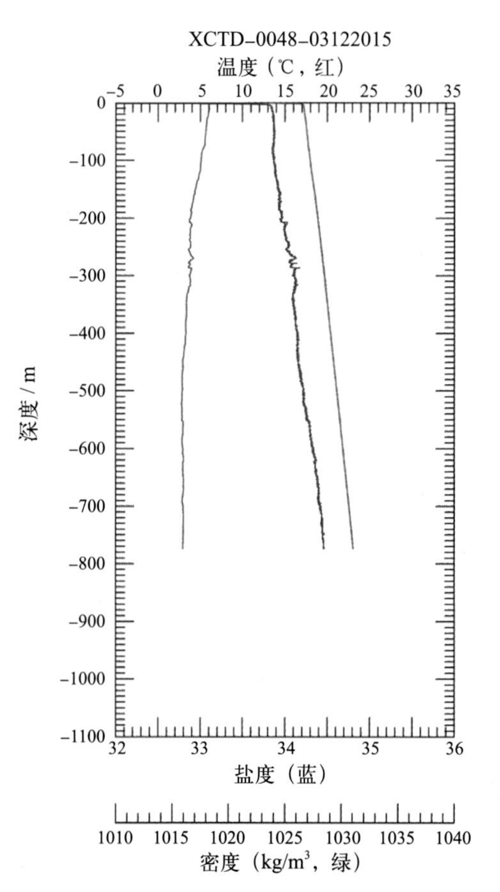
XCTD-0048-03122015
温度（℃，红）
深度 / m
盐度（蓝）
密度（kg/m³，绿）

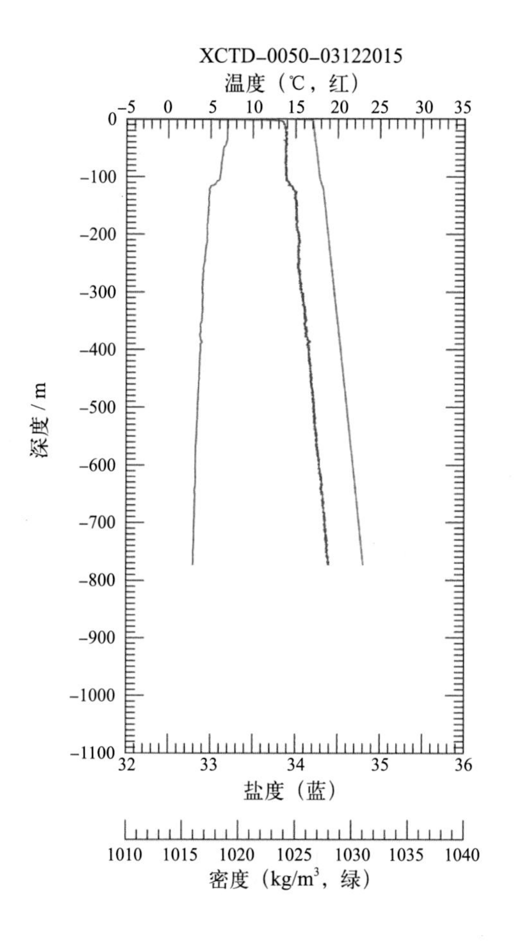
XCTD-0050-03122015
温度（℃，红）
深度 / m
盐度（蓝）
密度（kg/m³，绿）

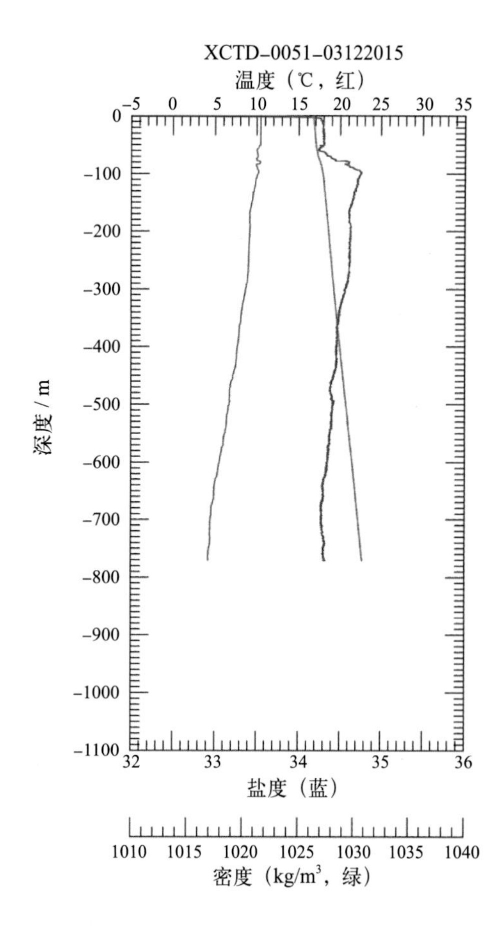
XCTD-0051-03122015
温度（℃，红）
深度 / m
盐度（蓝）
密度（kg/m³，绿）

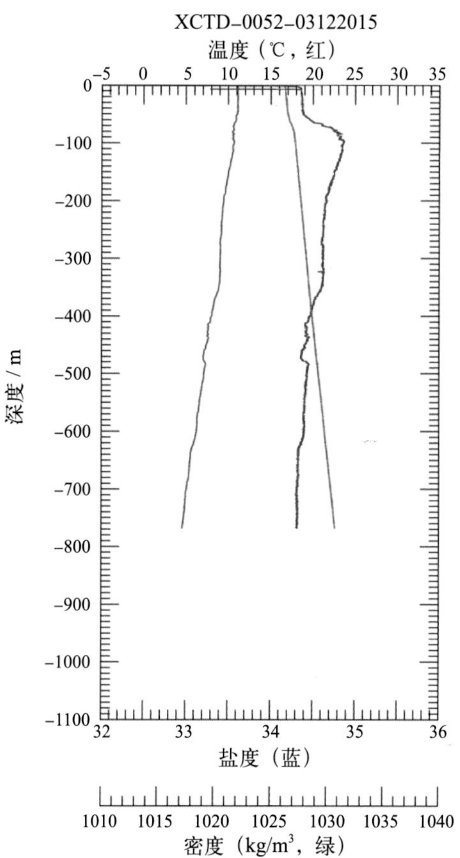
XCTD-0052-03122015
温度（℃，红）
深度 / m
盐度（蓝）
密度（kg/m³，绿）

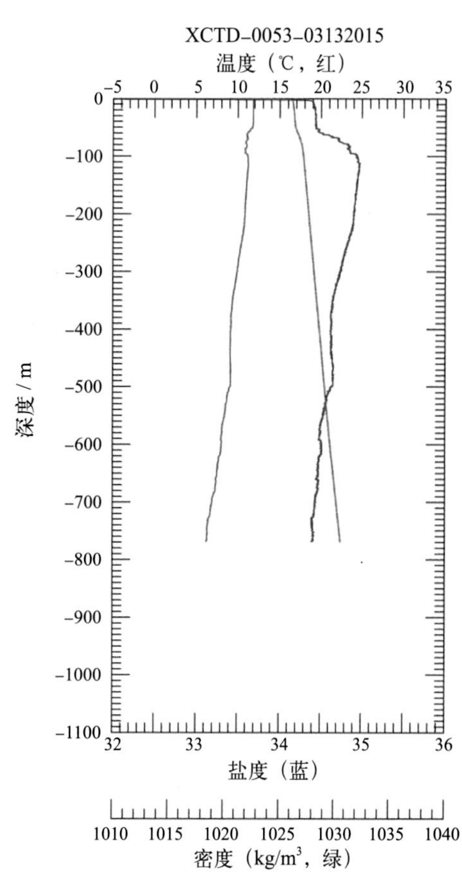
XCTD-0053-03132015
温度（℃，红）
深度 / m
盐度（蓝）
密度（kg/m³，绿）

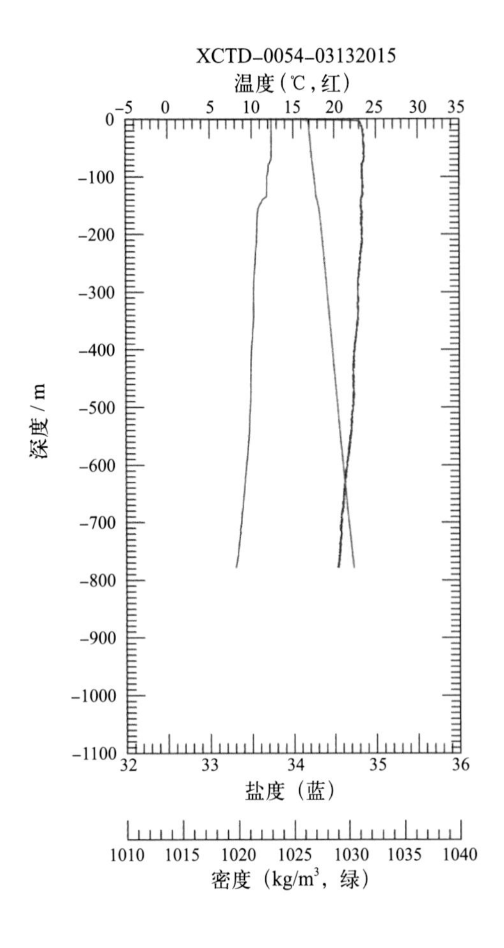
XCTD-0054-03132015
温度（℃，红）
深度 / m
盐度（蓝）
密度（kg/m³，绿）

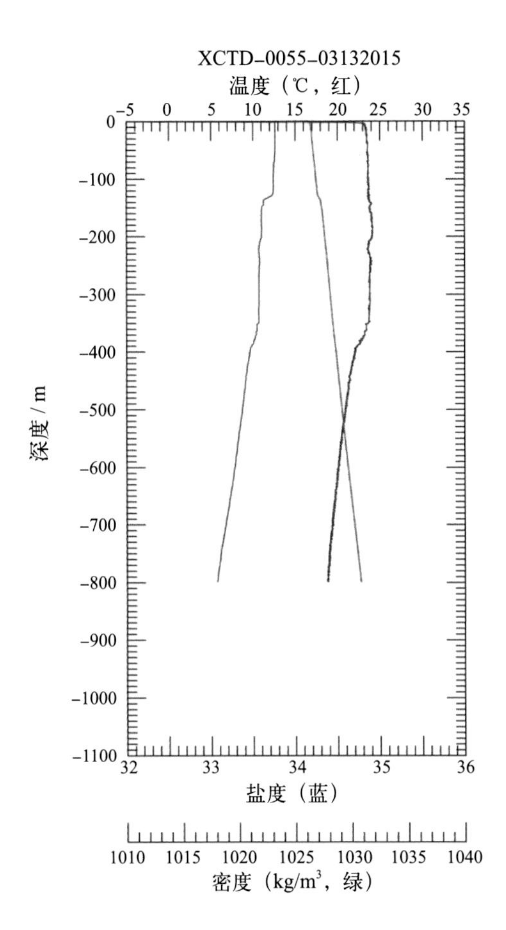
XCTD-0055-03132015
温度（℃，红）
深度 / m
盐度（蓝）
密度（kg/m³，绿）

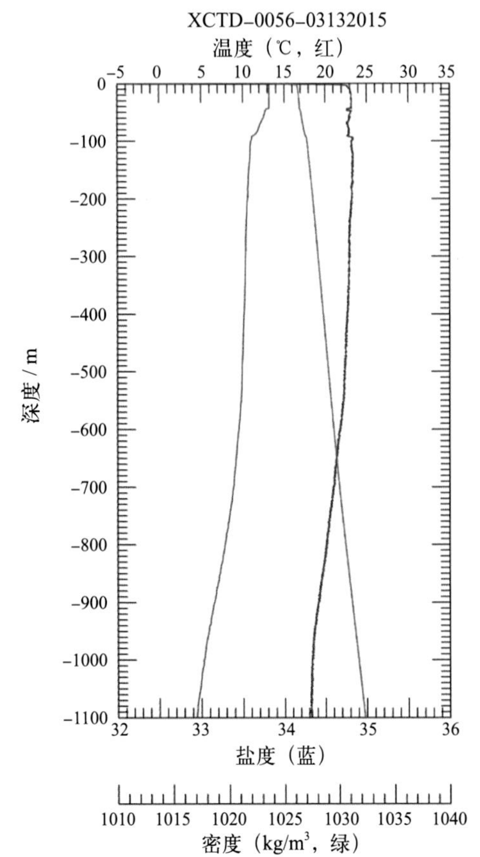
XCTD-0056-03132015
温度（℃，红）
深度 / m
盐度（蓝）
密度（kg/m³，绿）

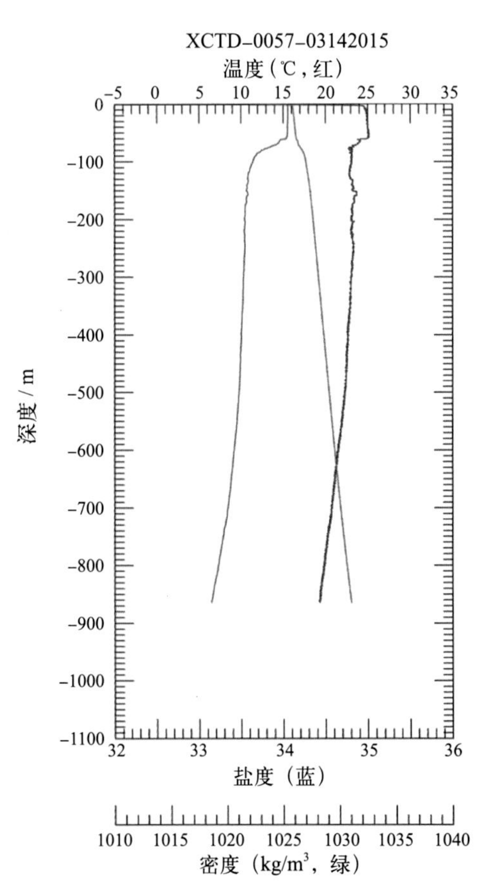
XCTD-0057-03142015
温度（℃，红）
深度 / m
盐度（蓝）
密度（kg/m³，绿）

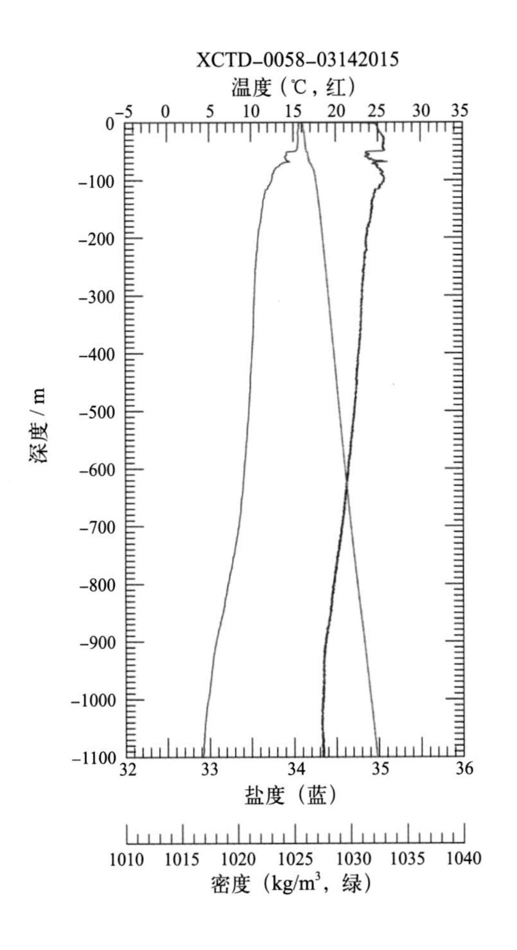
XCTD-0058-03142015
温度（℃，红）
深度 / m
盐度（蓝）
密度（kg/m³，绿）

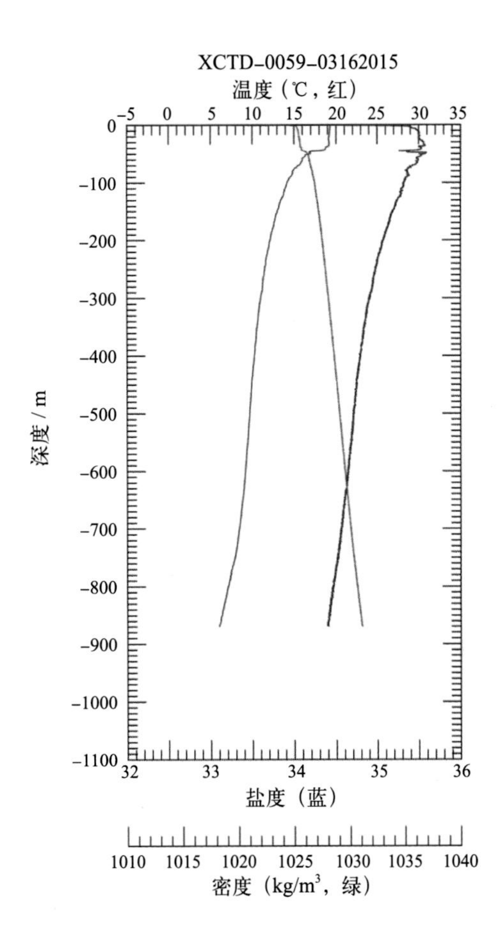
XCTD-0059-03162015
温度（℃，红）
深度 / m
盐度（蓝）
密度（kg/m³，绿）

6 中国第 32 次南极考察走航观测图集

6.1 走航气象

6.1.1 走航观测站点分布图

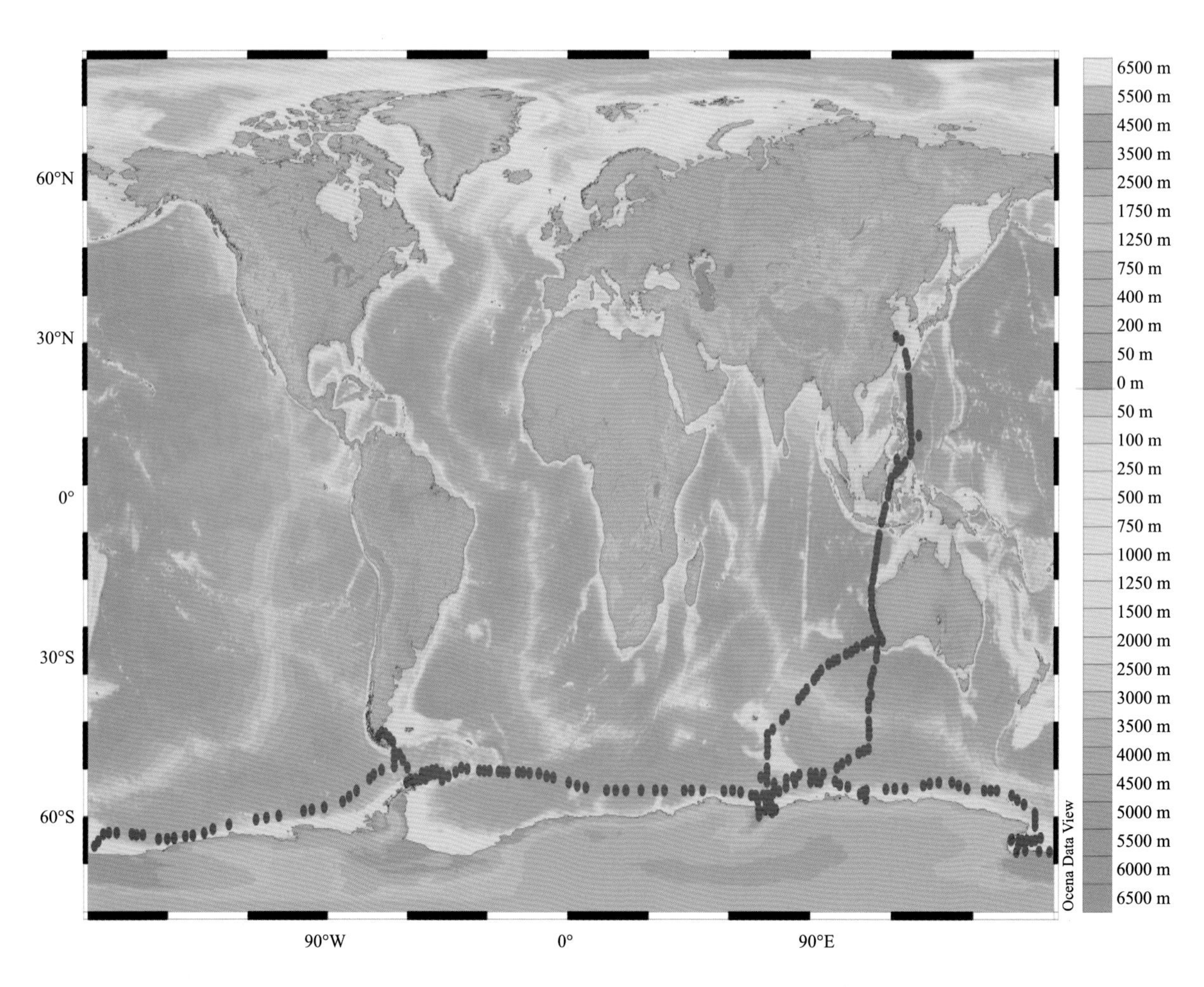

图 6-1　中国第 32 次南极考察走航观测站点分布图

6.1.2 气温断面图

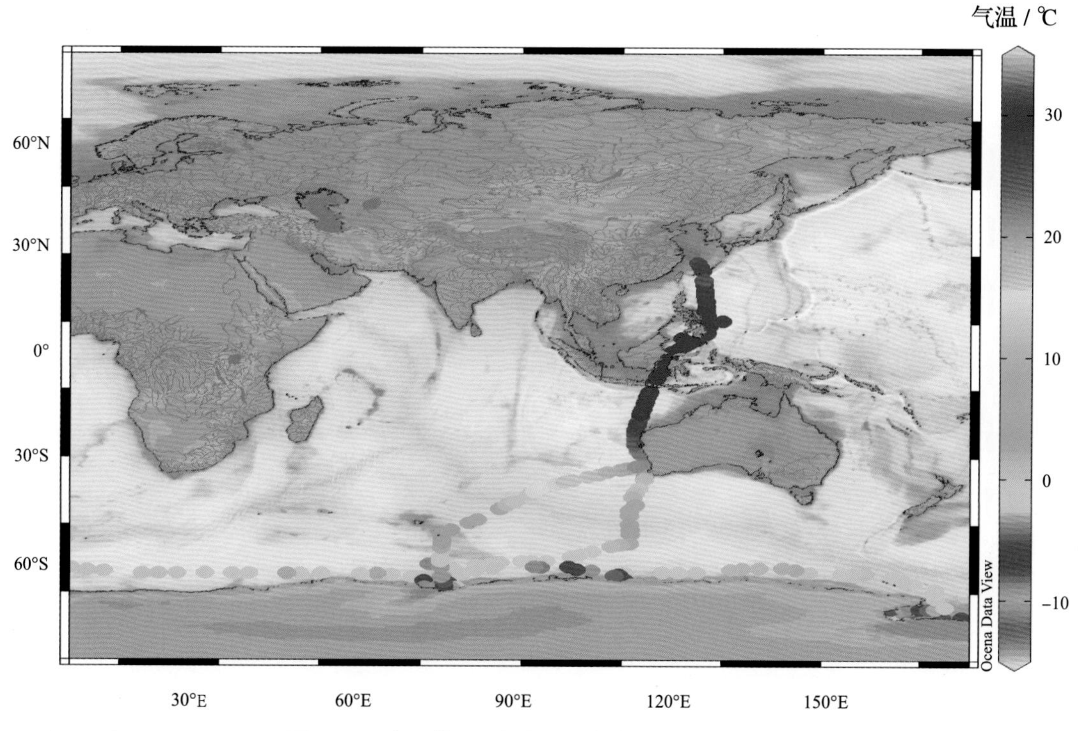

图 6-2 中国第 32 次南极考察走航气温断面图

6.1.3 湿度断面图

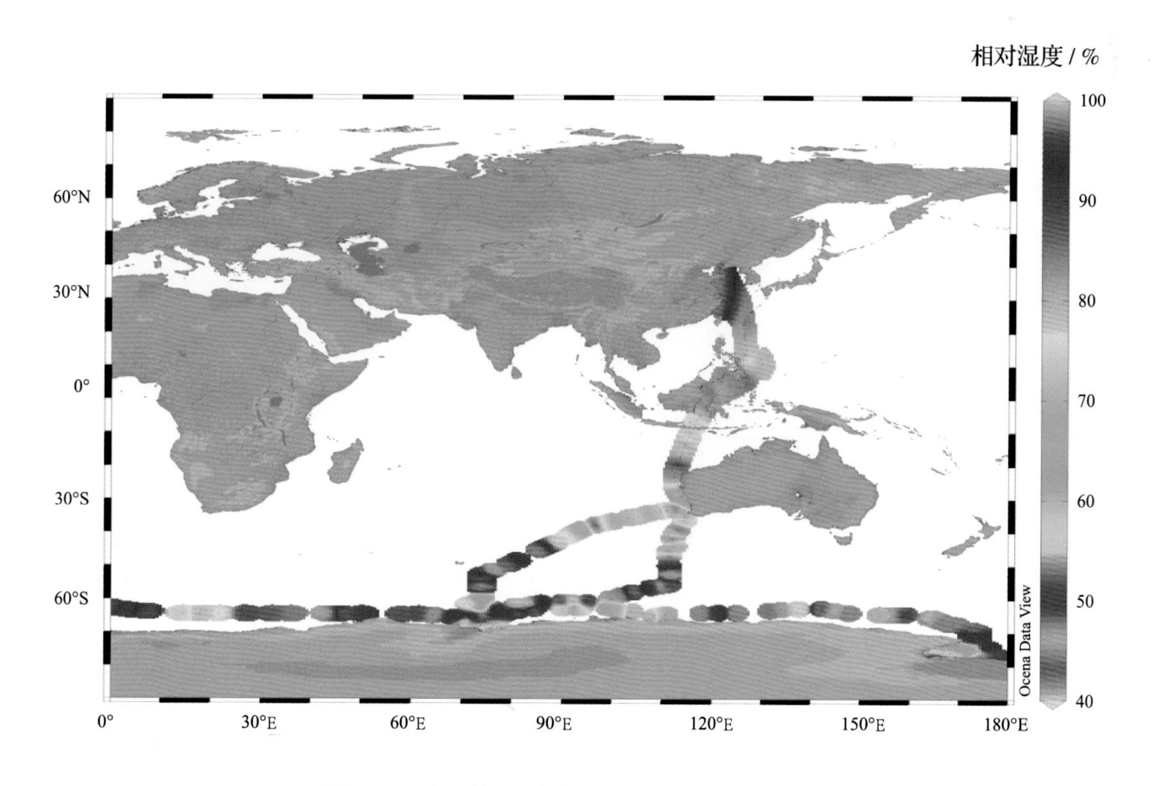

图 6-3 中国第 32 次南极考察走航湿度断面图

6.2 走航表层温盐

6.2.1 表层水温断面图

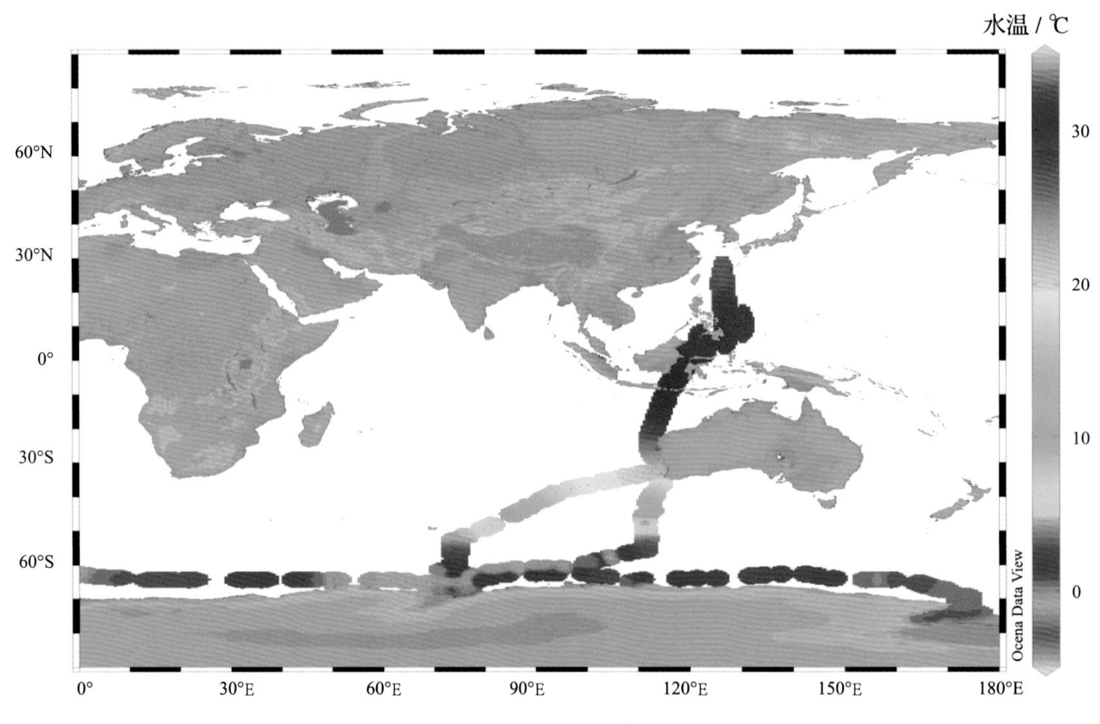

图 6-4 中国第 32 次南极考察走航表层水温断面图

6.2.2 表层盐度断面图

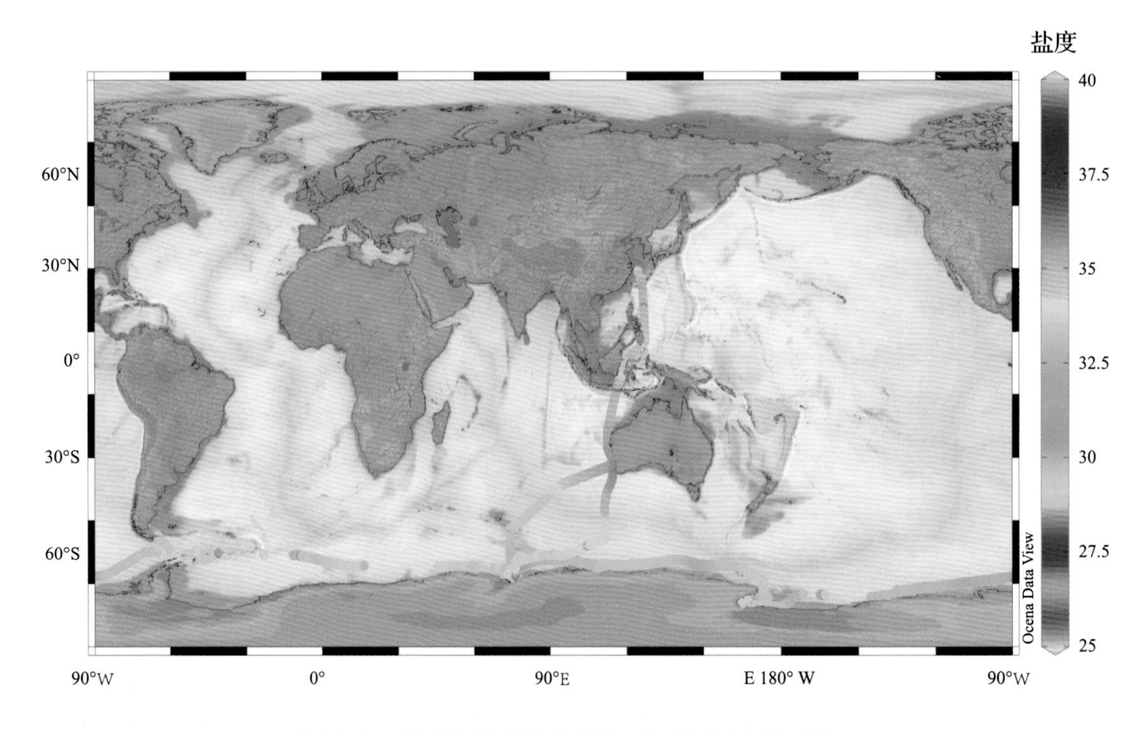

图 6-5 中国第 32 次南极考察走航表层盐度断面图

6.3 走航温盐剖面

6.3.1 剖面站位示意图

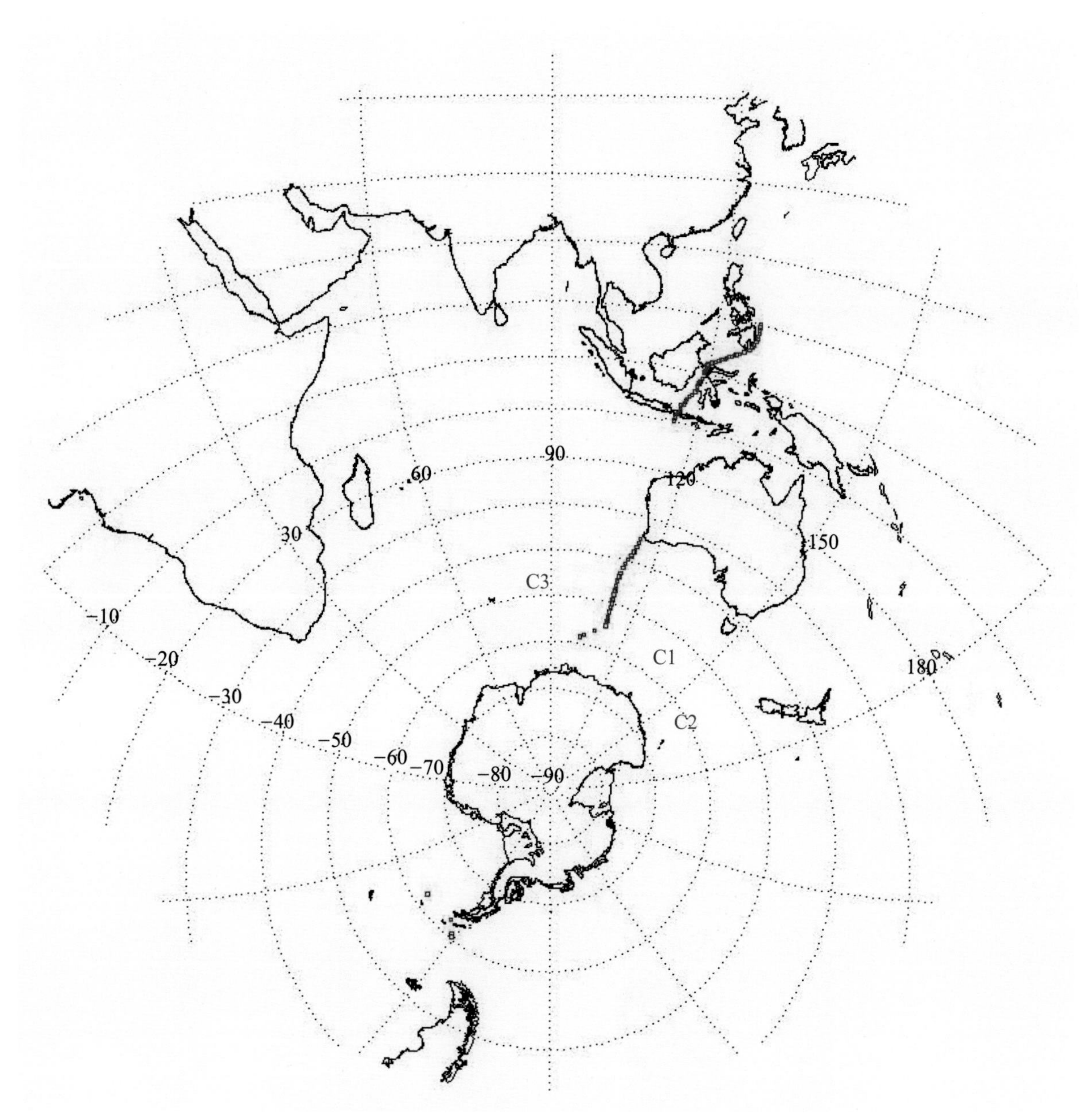

图 6-6 中国第 32 次南极考察走航 XBT/XCTD 站位示意图

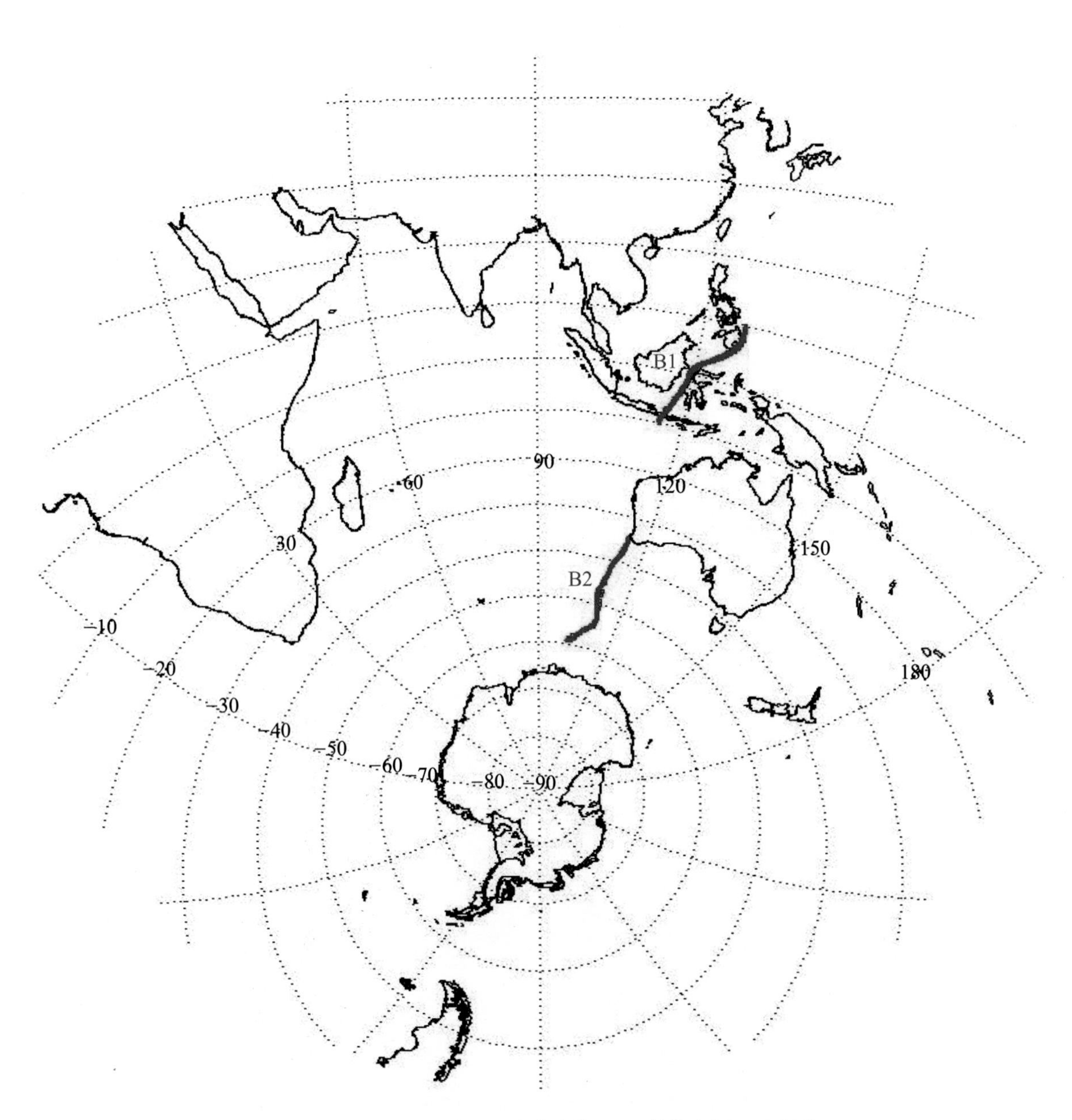

图 6-7 中国第 32 次南极考察走航 XBT 站位和断面示意图

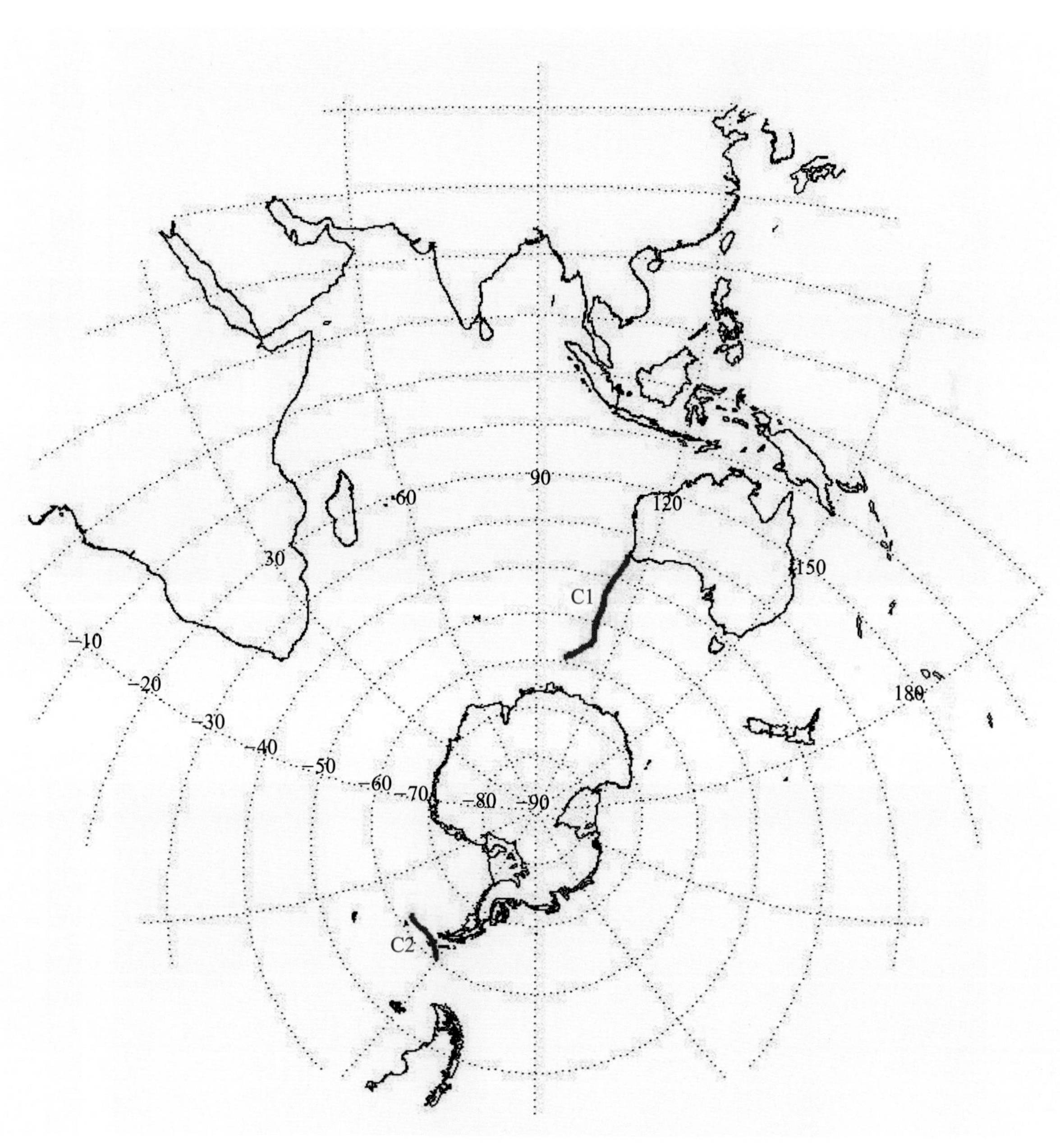

图 6-8　中国第 32 次南极考察走航 XCTD 站位和断面示意图

6.3.2 基于XBT的温度剖面

6.3.2.1 大断面剖面

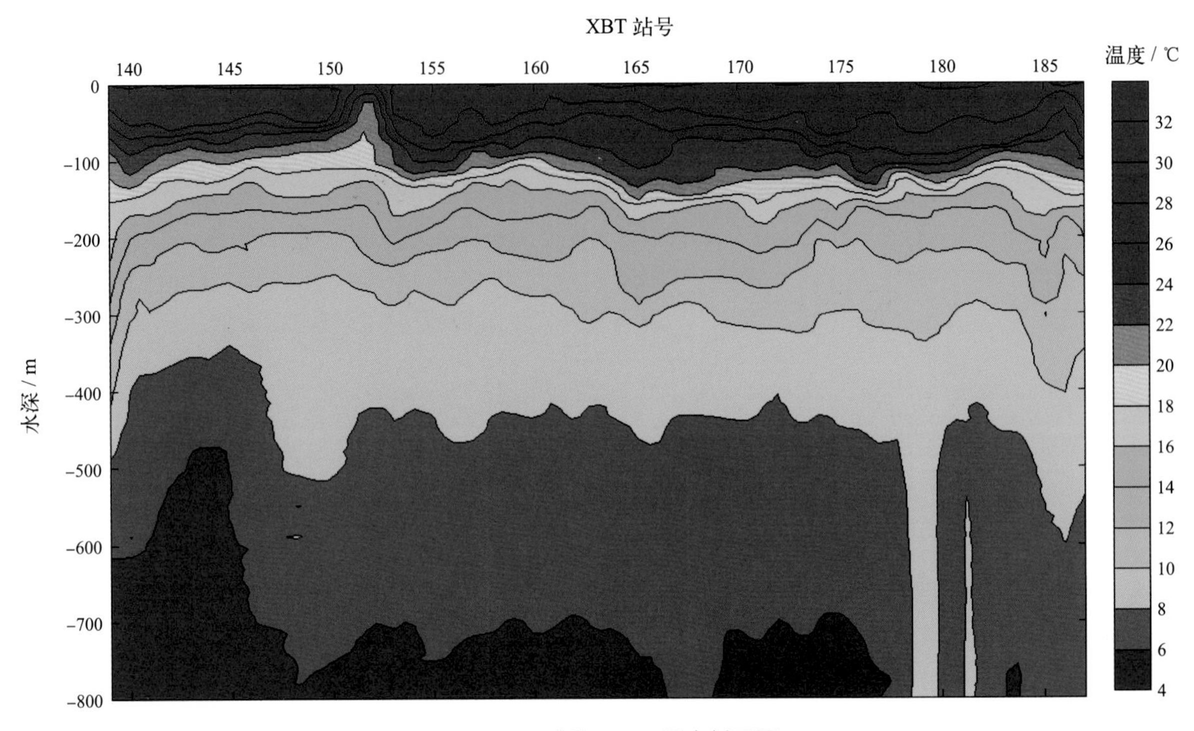

图6-9 大断面B1温度剖面图

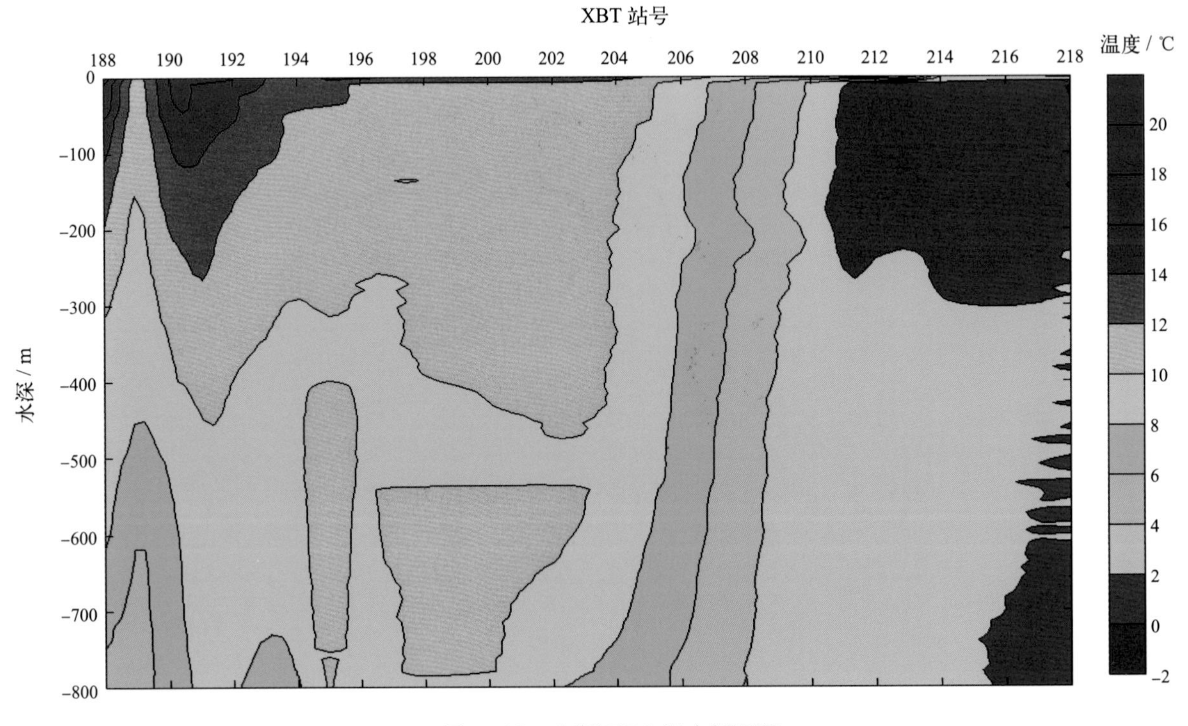

图6-10 大断面B2温度剖面图

6.3.2.2 XBT各站位垂直剖面

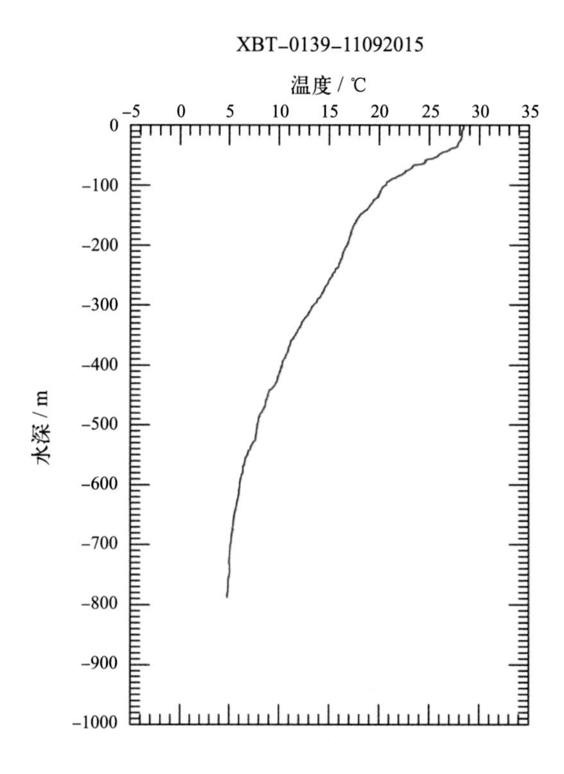

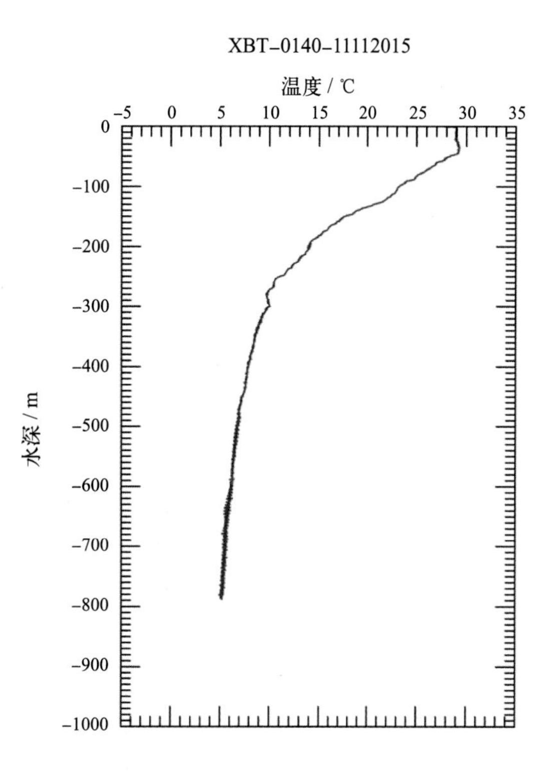

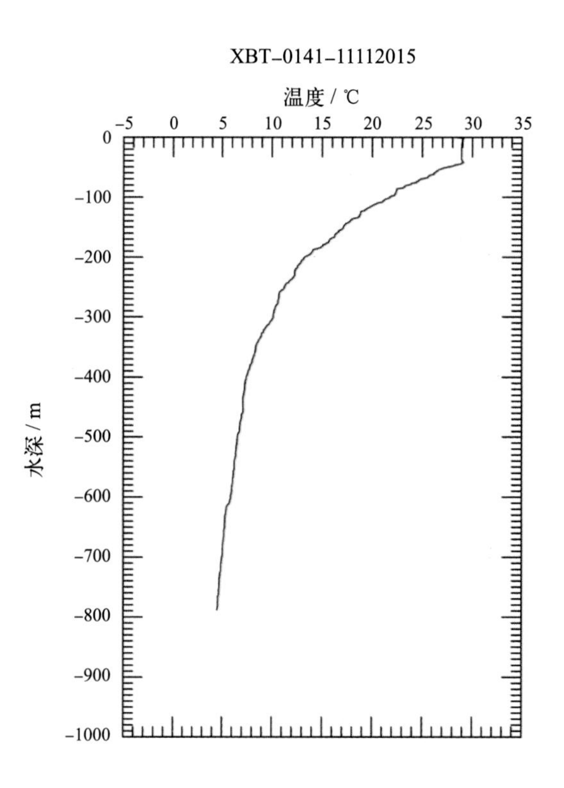

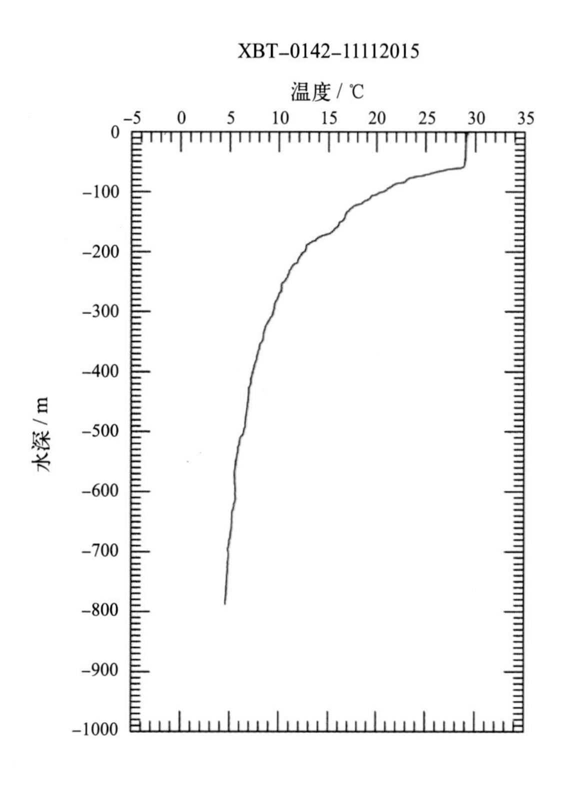

XBT–0143–11112015

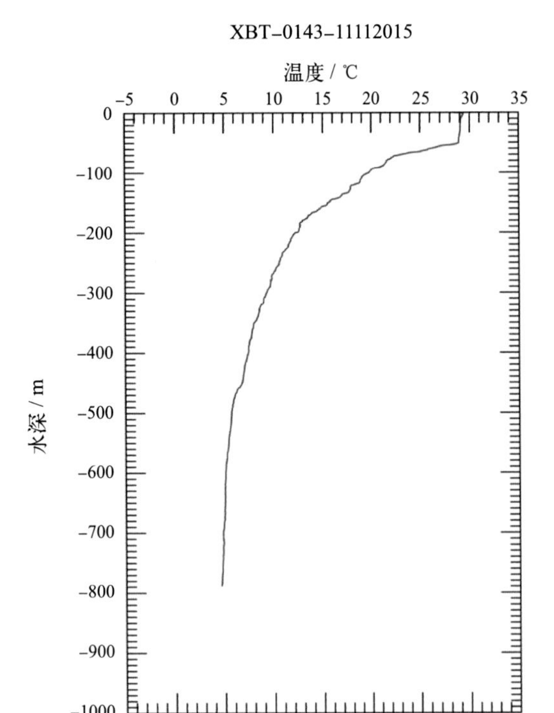

XBT–0144–11112015

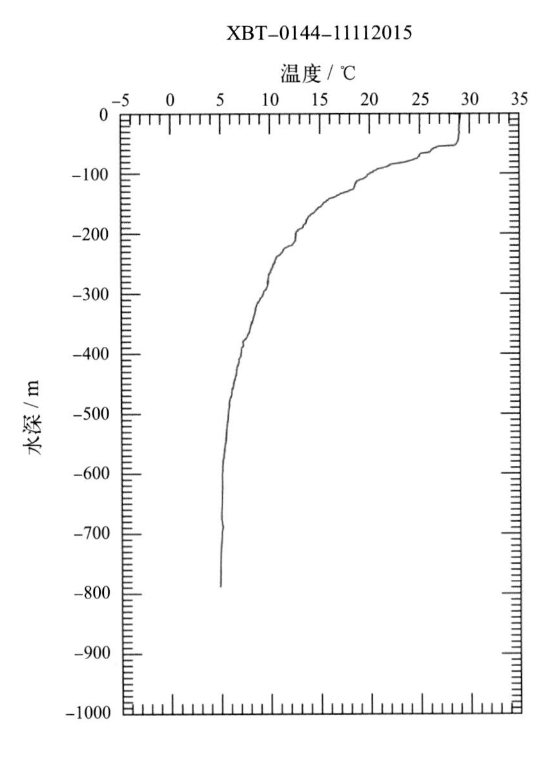

XBT–0145–11112015

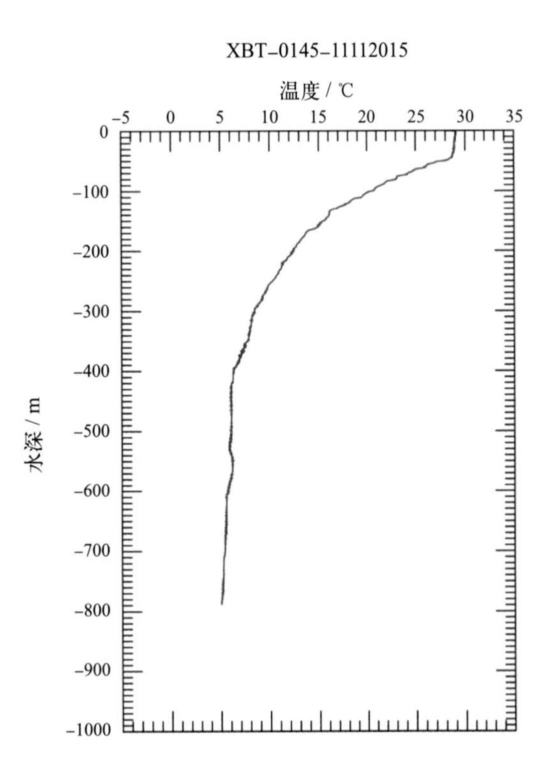

XBT–0146–11112015

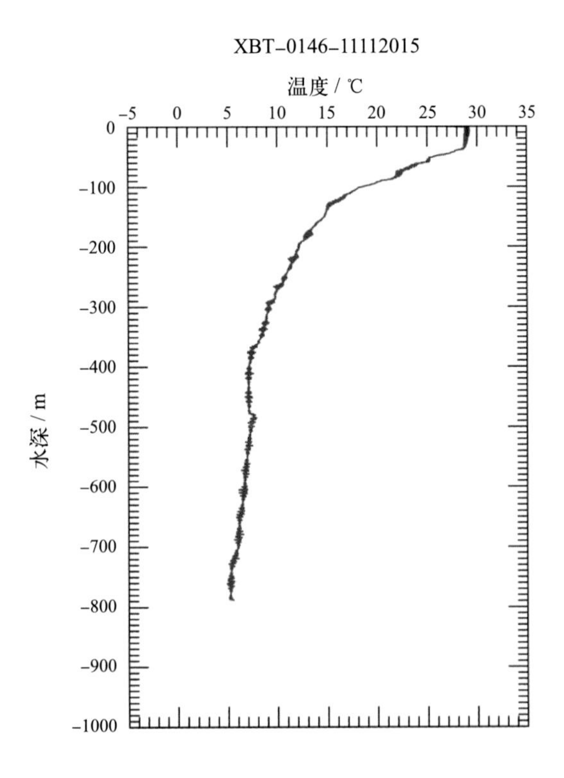

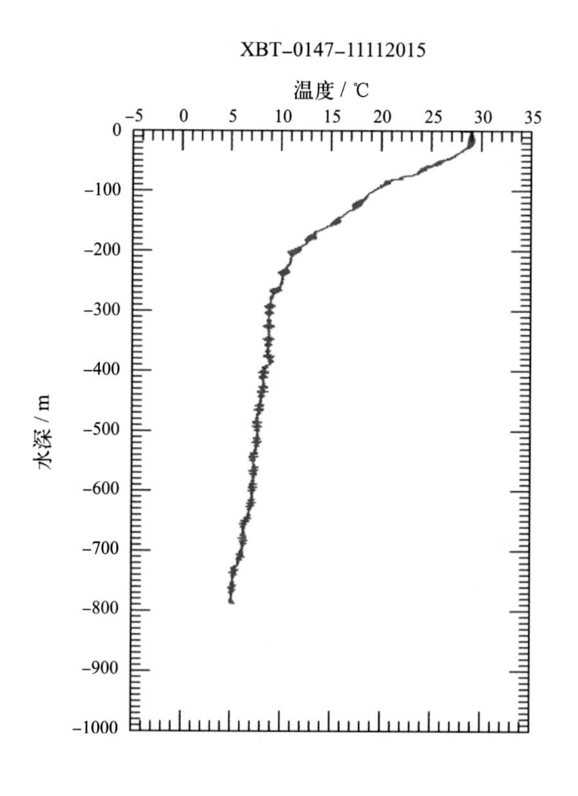
XBT–0147–11112015
温度 / ℃
水深 / m

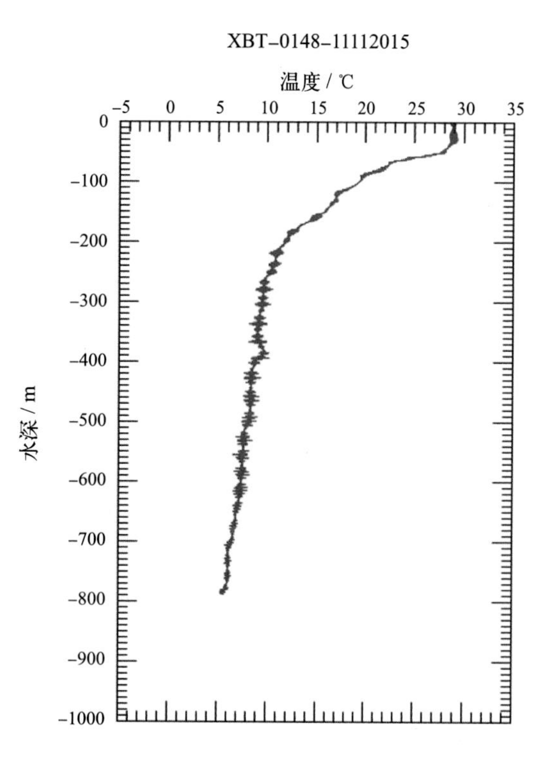
XBT–0148–11112015
温度 / ℃
水深 / m

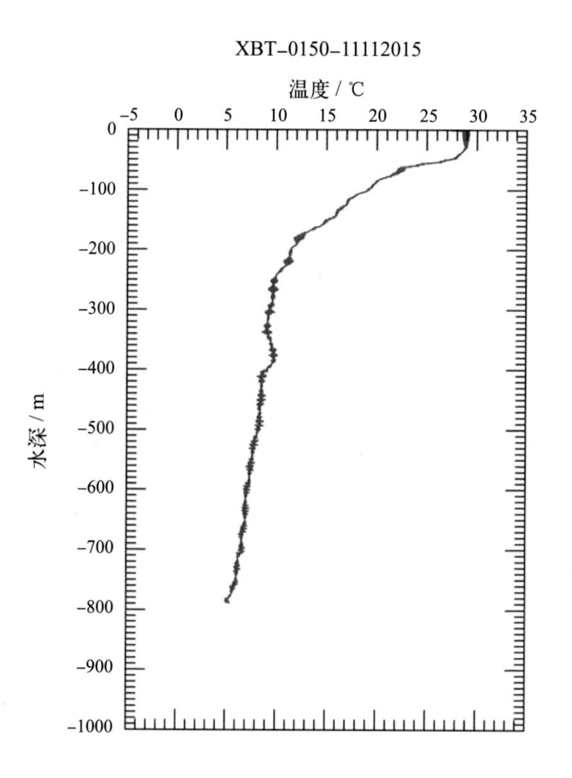
XBT–0150–11112015
温度 / ℃
水深 / m

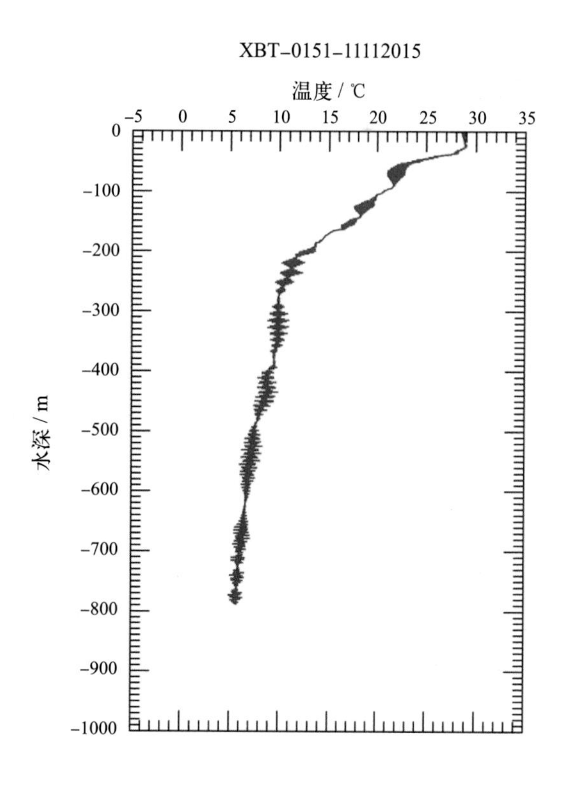
XBT–0151–11112015
温度 / ℃
水深 / m

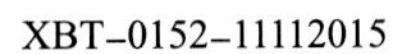

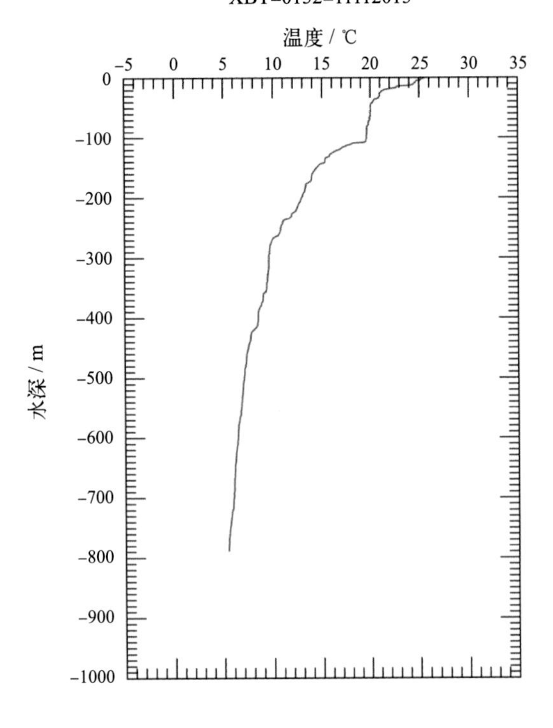
XBT–0152–11112015
温度 / ℃
–5 0 5 10 15 20 25 30 35
0
–100
–200
–300
–400
–500
–600
–700
–800
–900
–1000
水深 / m

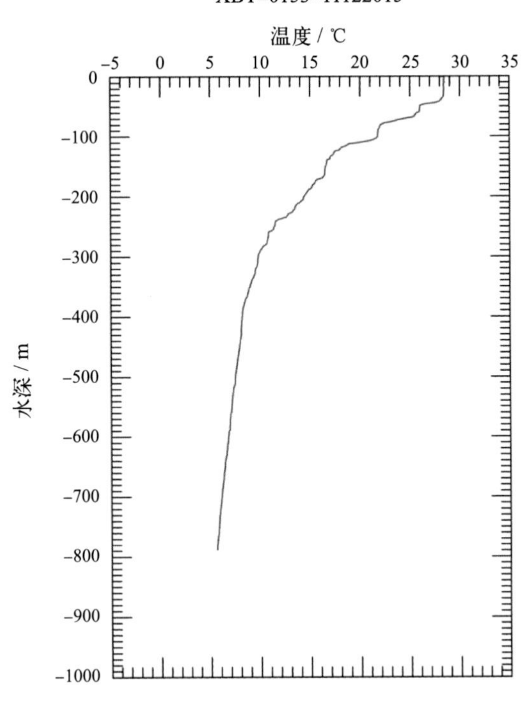
XBT–0153–11122015
温度 / ℃
–5 0 5 10 15 20 25 30 35
0
–100
–200
–300
–400
–500
–600
–700
–800
–900
–1000
水深 / m

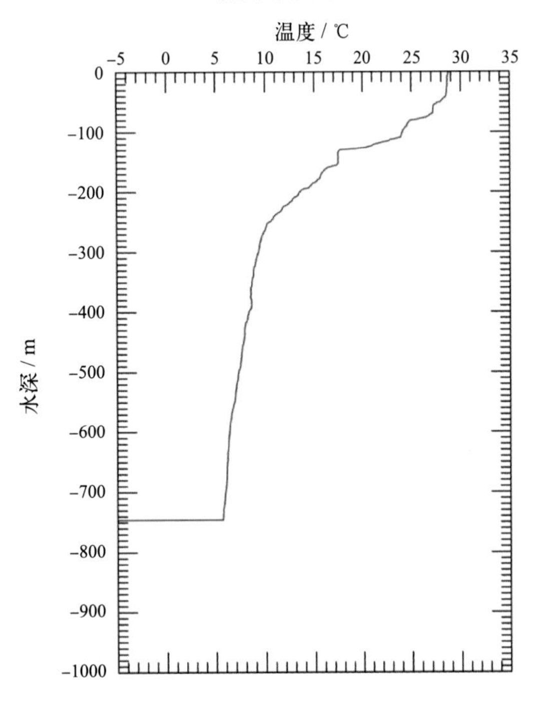
XBT–0154–11122015
温度 / ℃
–5 0 5 10 15 20 25 30 35
0
–100
–200
–300
–400
–500
–600
–700
–800
–900
–1000
水深 / m

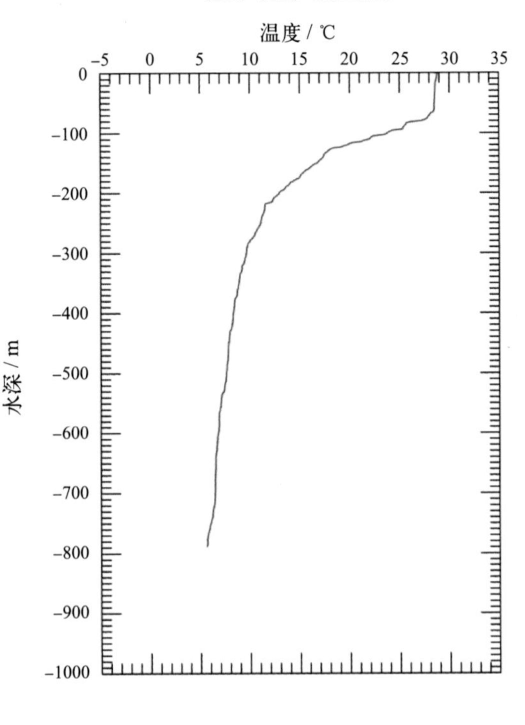
XBT–0155–11122015
温度 / ℃
–5 0 5 10 15 20 25 30 35
0
–100
–200
–300
–400
–500
–600
–700
–800
–900
–1000
水深 / m

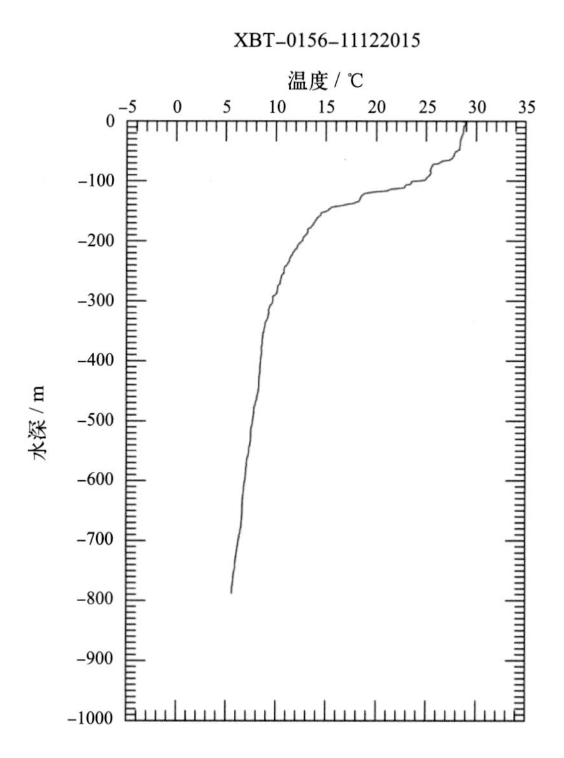
XBT-0156-11122015
温度 / ℃
-5 0 5 10 15 20 25 30 35
水深 / m
0 -100 -200 -300 -400 -500 -600 -700 -800 -900 -1000

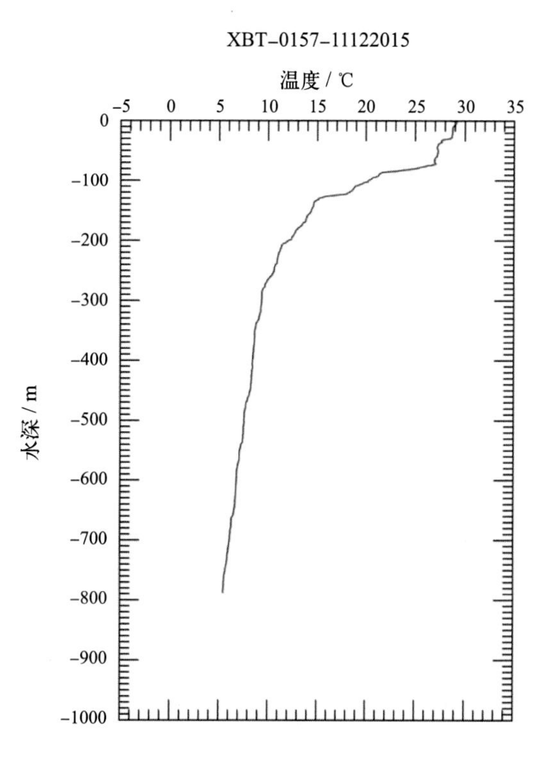
XBT-0157-11122015
温度 / ℃
-5 0 5 10 15 20 25 30 35
水深 / m
0 -100 -200 -300 -400 -500 -600 -700 -800 -900 -1000

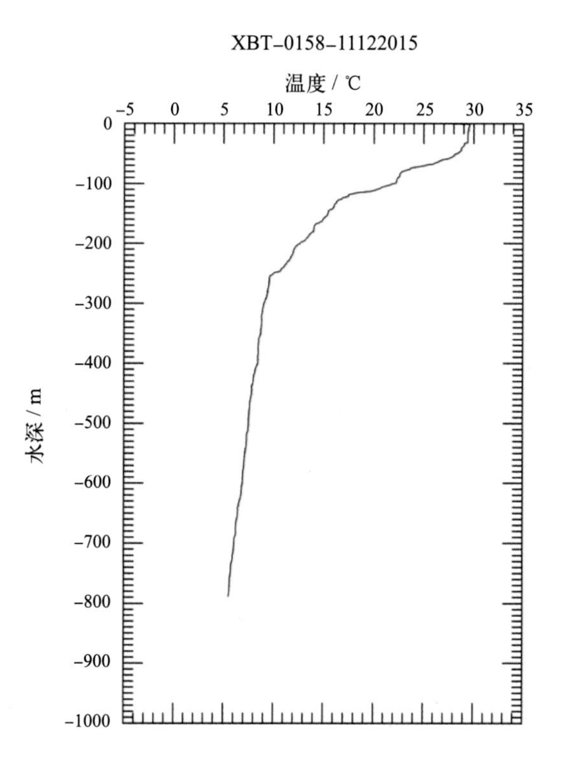
XBT-0158-11122015
温度 / ℃
-5 0 5 10 15 20 25 30 35
水深 / m
0 -100 -200 -300 -400 -500 -600 -700 -800 -900 -1000

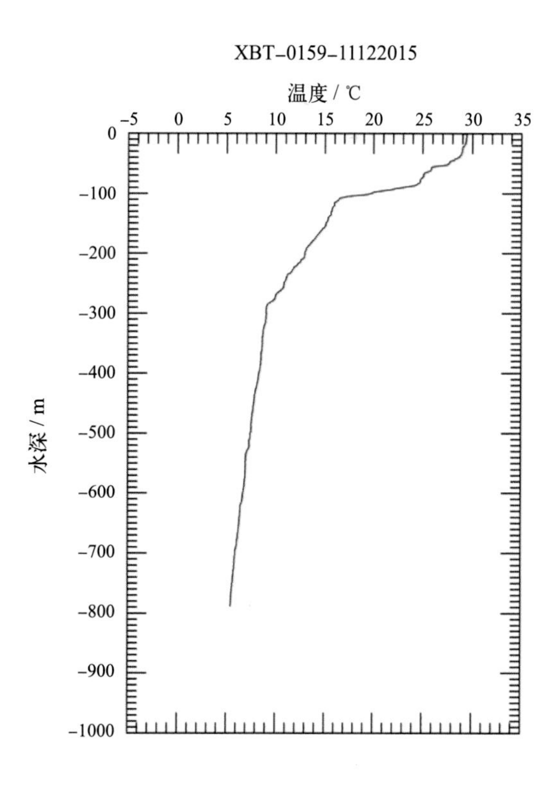
XBT-0159-11122015
温度 / ℃
-5 0 5 10 15 20 25 30 35
水深 / m
0 -100 -200 -300 -400 -500 -600 -700 -800 -900 -1000

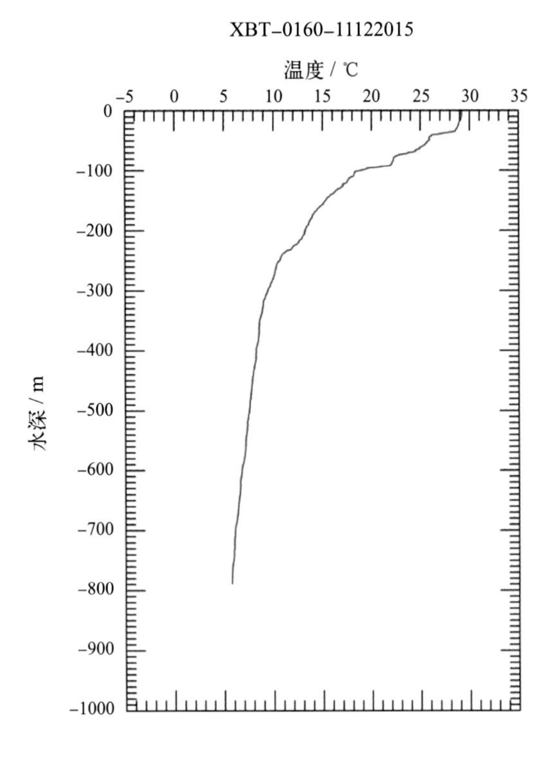
XBT–0160–11122015
温度 / ℃
–5 0 5 10 15 20 25 30 35
0 –100 –200 –300 –400 –500 –600 –700 –800 –900 –1000
水深 / m

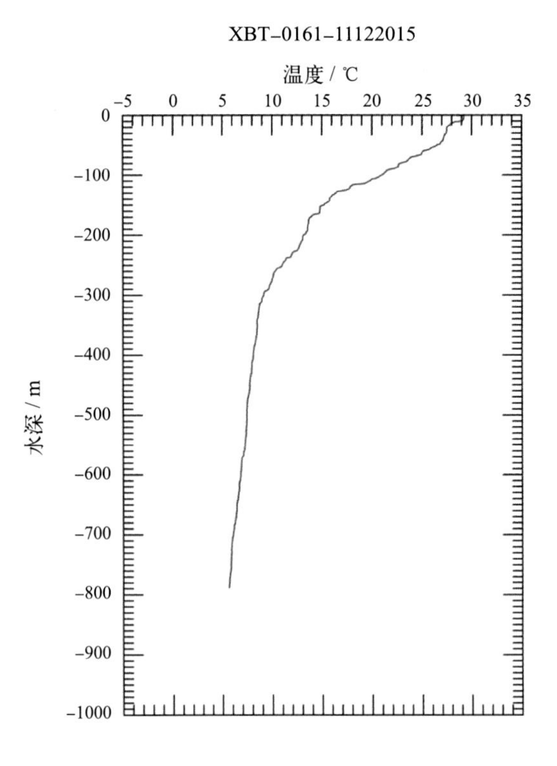
XBT–0161–11122015
温度 / ℃
–5 0 5 10 15 20 25 30 35
0 –100 –200 –300 –400 –500 –600 –700 –800 –900 –1000
水深 / m

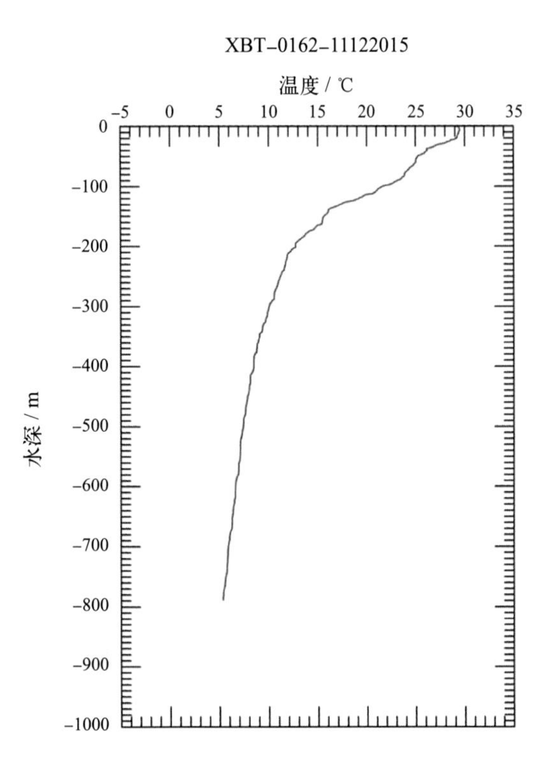
XBT–0162–11122015
温度 / ℃
–5 0 5 10 15 20 25 30 35
0 –100 –200 –300 –400 –500 –600 –700 –800 –900 –1000
水深 / m

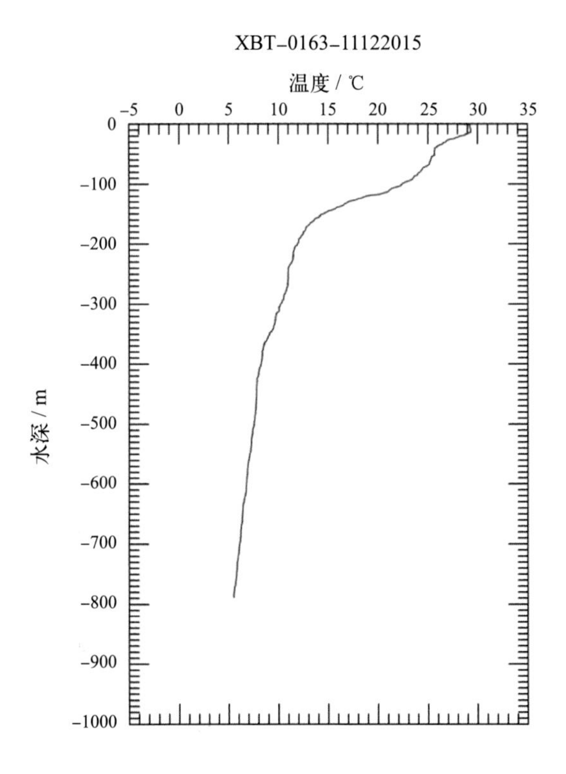
XBT–0163–11122015
温度 / ℃
–5 0 5 10 15 20 25 30 35
0 –100 –200 –300 –400 –500 –600 –700 –800 –900 –1000
水深 / m

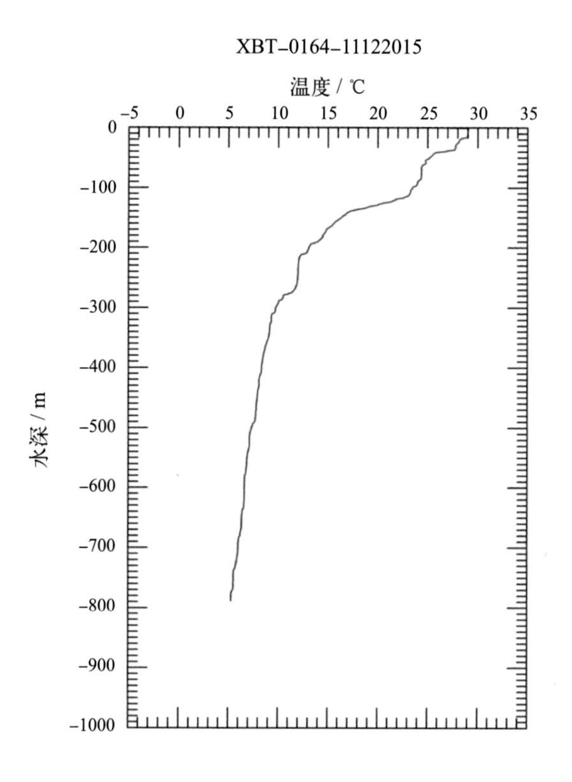
XBT–0164–11122015
温度 / ℃
−5 0 5 10 15 20 25 30 35
水深 / m
0 −100 −200 −300 −400 −500 −600 −700 −800 −900 −1000

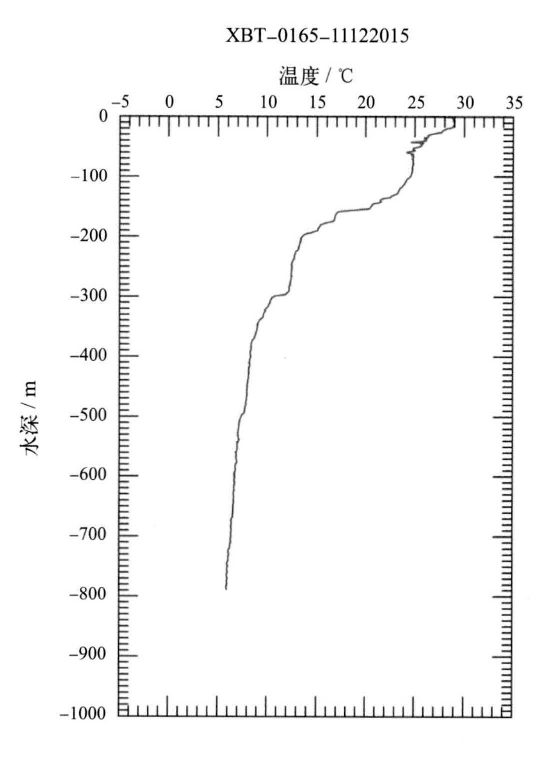
XBT–0165–11122015
温度 / ℃
−5 0 5 10 15 20 25 30 35
水深 / m
0 −100 −200 −300 −400 −500 −600 −700 −800 −900 −1000

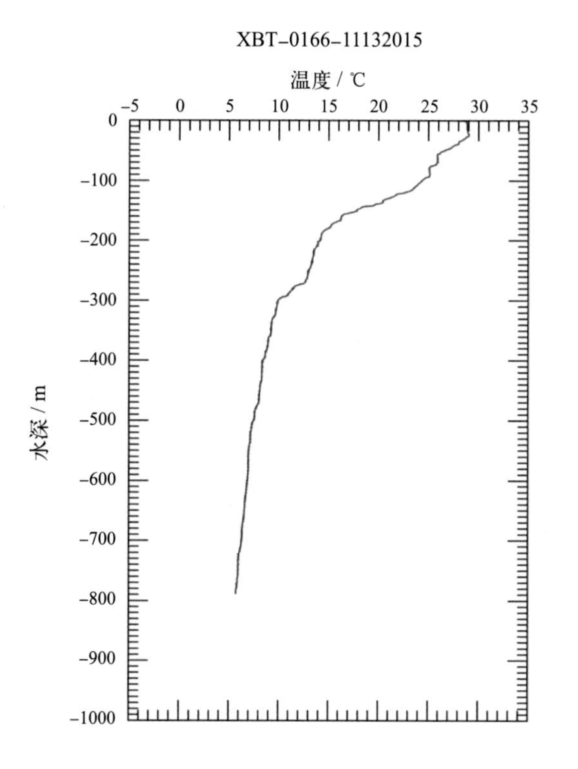
XBT–0166–11132015
温度 / ℃
−5 0 5 10 15 20 25 30 35
水深 / m
0 −100 −200 −300 −400 −500 −600 −700 −800 −900 −1000

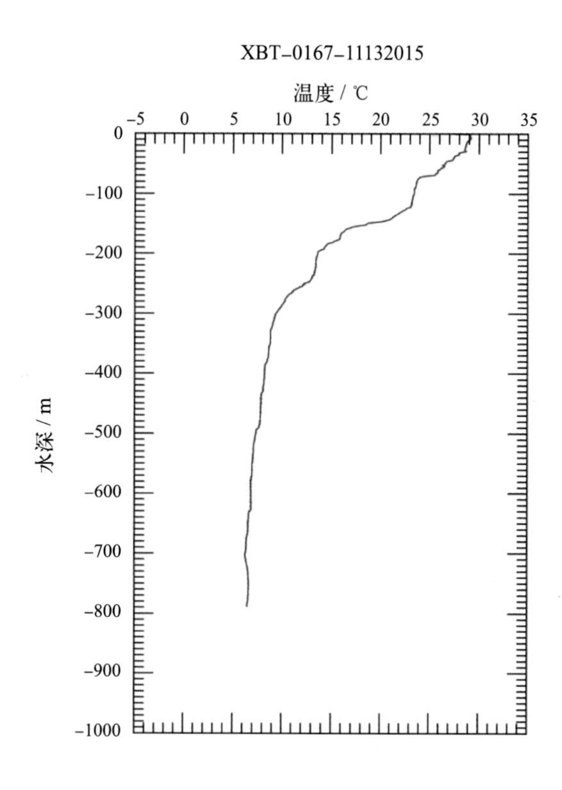
XBT–0167–11132015
温度 / ℃
−5 0 5 10 15 20 25 30 35
水深 / m
0 −100 −200 −300 −400 −500 −600 −700 −800 −900 −1000

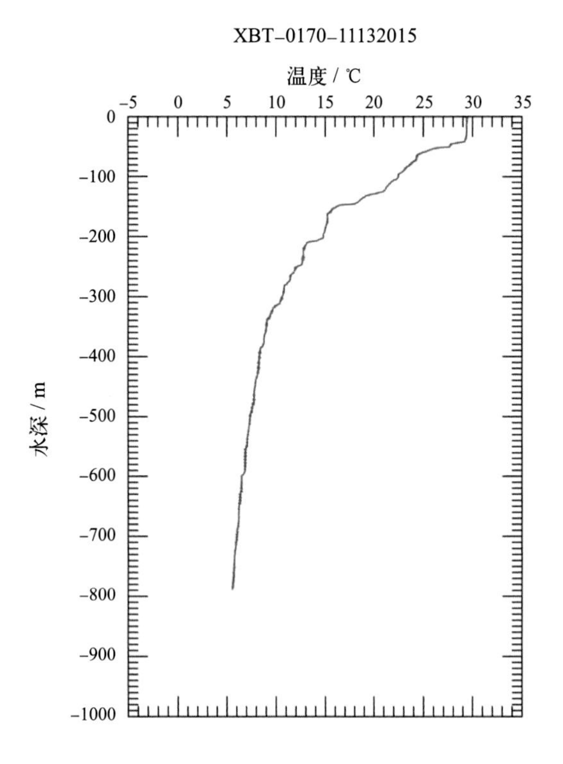
XBT-0170-11132015
温度 / ℃
−5
0
5
10
15
20
25
30
35
水深 / m
0
−100
−200
−300
−400
−500
−600
−700
−800
−900
−1000

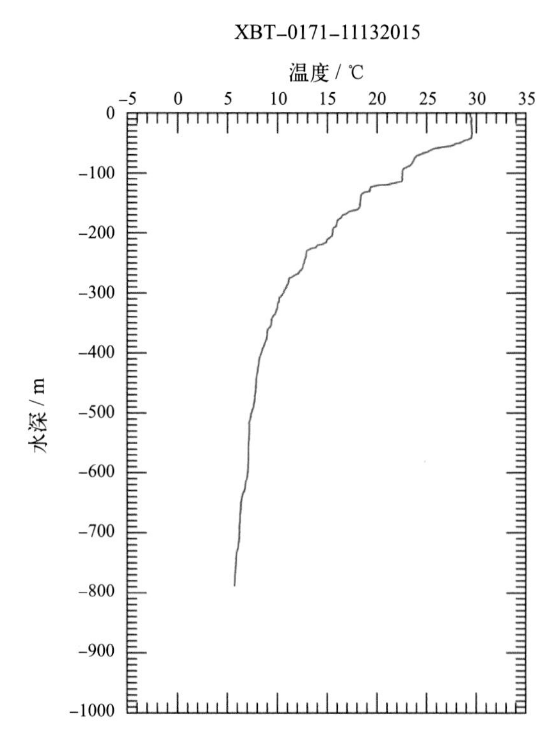
XBT-0171-11132015
温度 / ℃
−5
0
5
10
15
20
25
30
35
水深 / m
0
−100
−200
−300
−400
−500
−600
−700
−800
−900
−1000

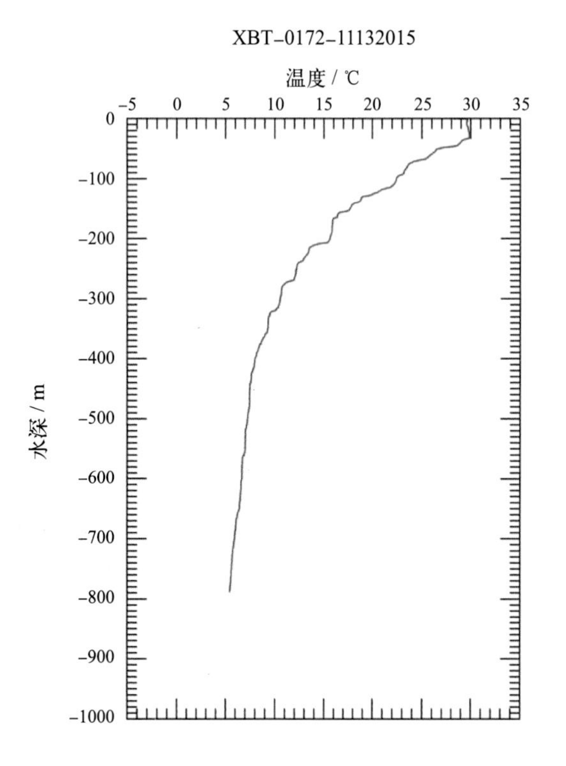
XBT-0172-11132015
温度 / ℃
−5
0
5
10
15
20
25
30
35
水深 / m
0
−100
−200
−300
−400
−500
−600
−700
−800
−900
−1000

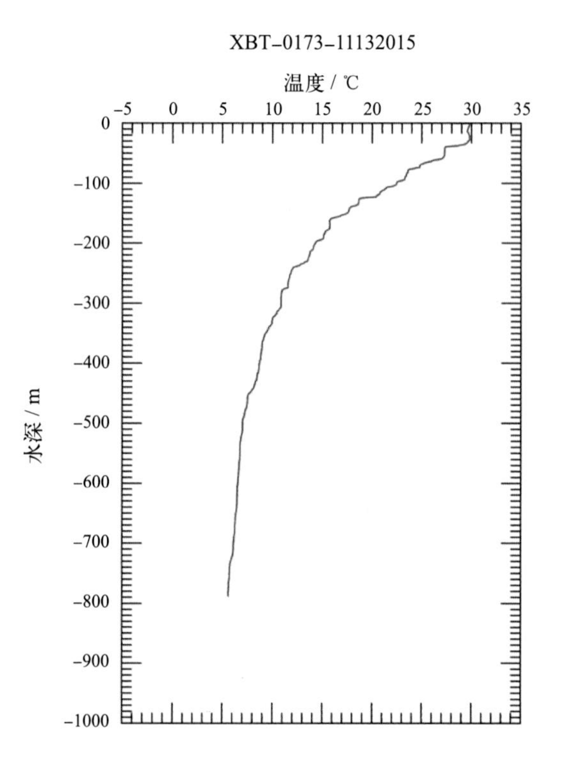
XBT-0173-11132015
温度 / ℃
−5
0
5
10
15
20
25
30
35
水深 / m
0
−100
−200
−300
−400
−500
−600
−700
−800
−900
−1000

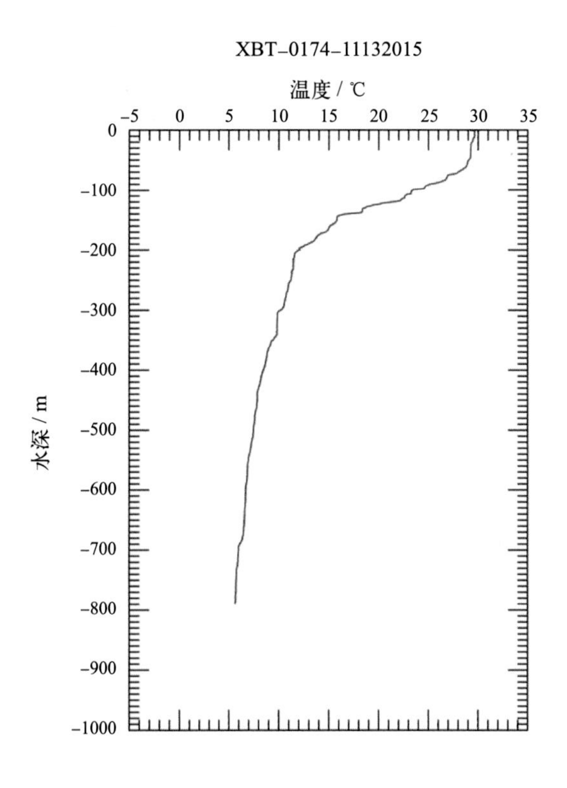
XBT–0174–11132015
温度 / ℃
–5 0 5 10 15 20 25 30 35
0 –100 –200 –300 –400 –500 –600 –700 –800 –900 –1000
水深 / m

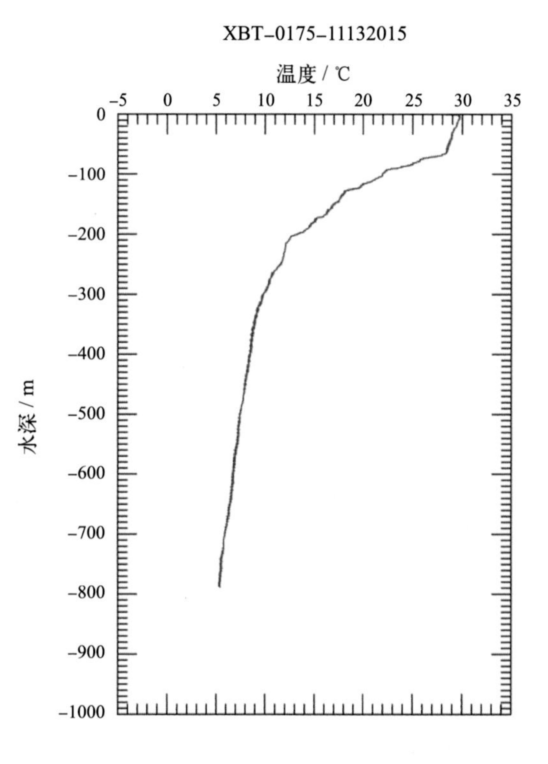
XBT–0175–11132015
温度 / ℃
–5 0 5 10 15 20 25 30 35
0 –100 –200 –300 –400 –500 –600 –700 –800 –900 –1000
水深 / m

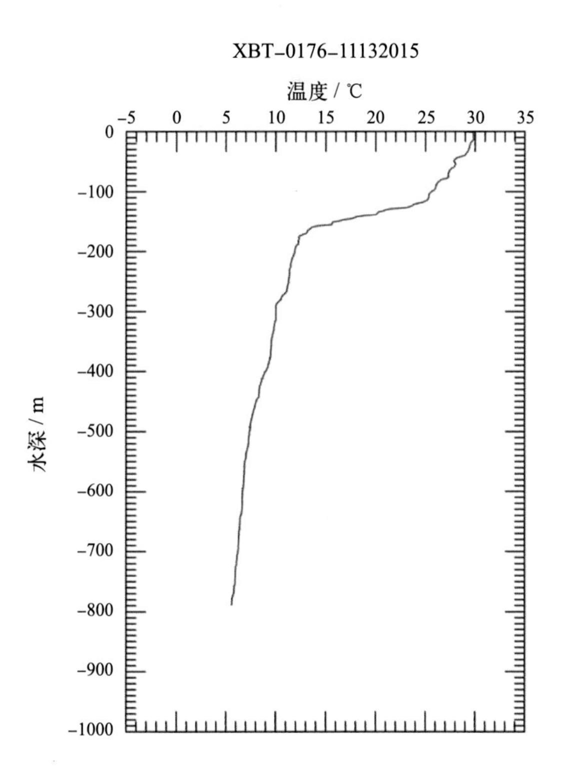
XBT–0176–11132015
温度 / ℃
–5 0 5 10 15 20 25 30 35
0 –100 –200 –300 –400 –500 –600 –700 –800 –900 –1000
水深 / m

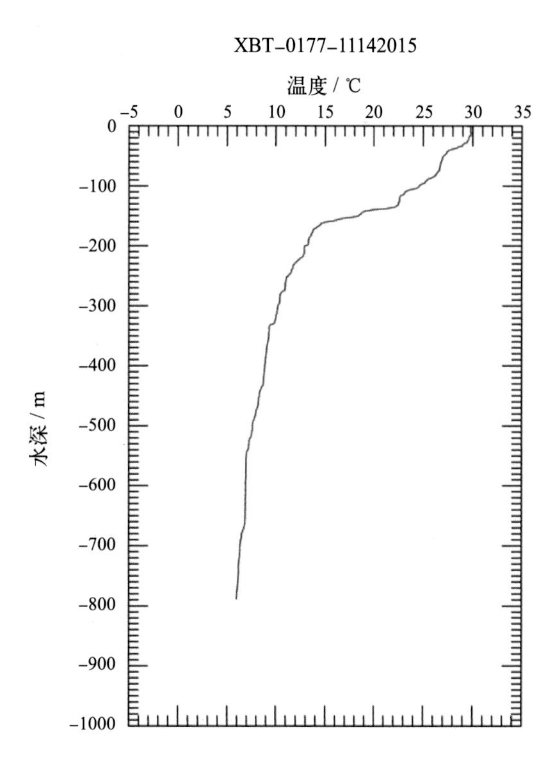
XBT–0177–11142015
温度 / ℃
–5 0 5 10 15 20 25 30 35
0 –100 –200 –300 –400 –500 –600 –700 –800 –900 –1000
水深 / m

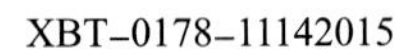

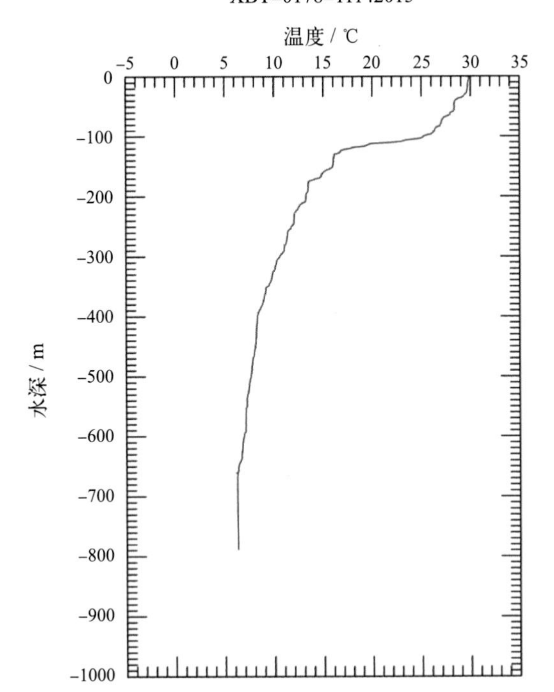
XBT–0178–11142015
温度 / ℃
水深 / m

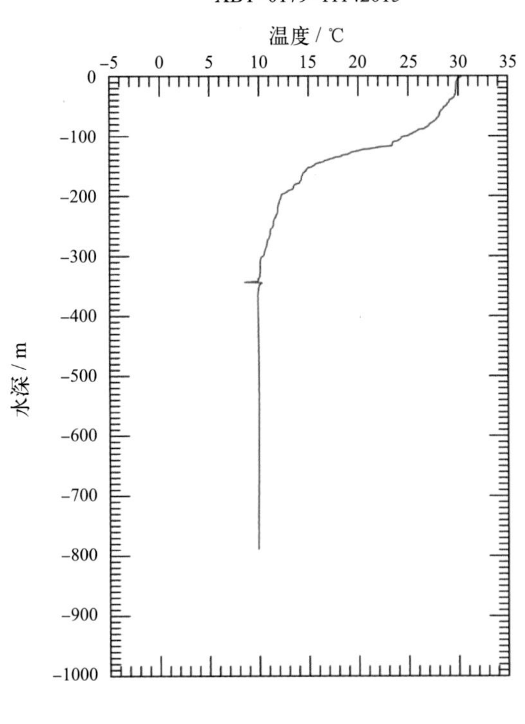
XBT–0179–11142015
温度 / ℃
水深 / m

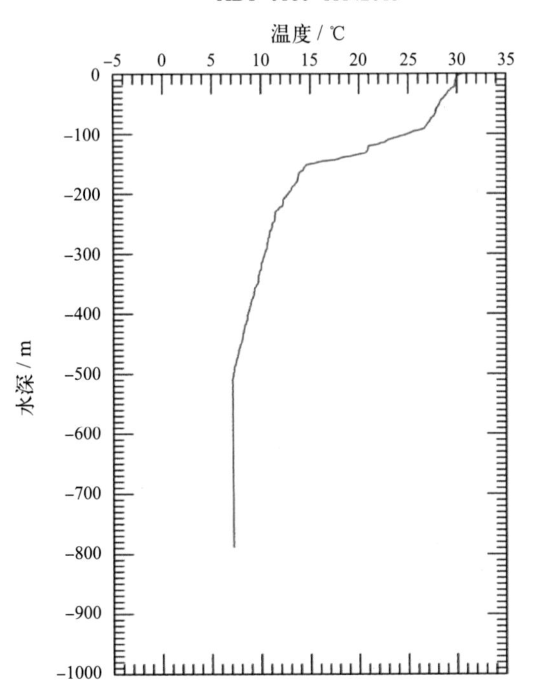
XBT–0180–11142015
温度 / ℃
水深 / m

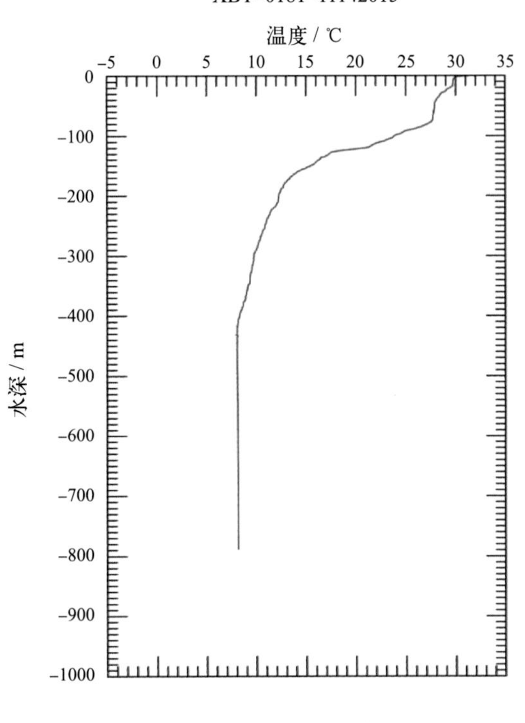
XBT–0181–11142015
温度 / ℃
水深 / m

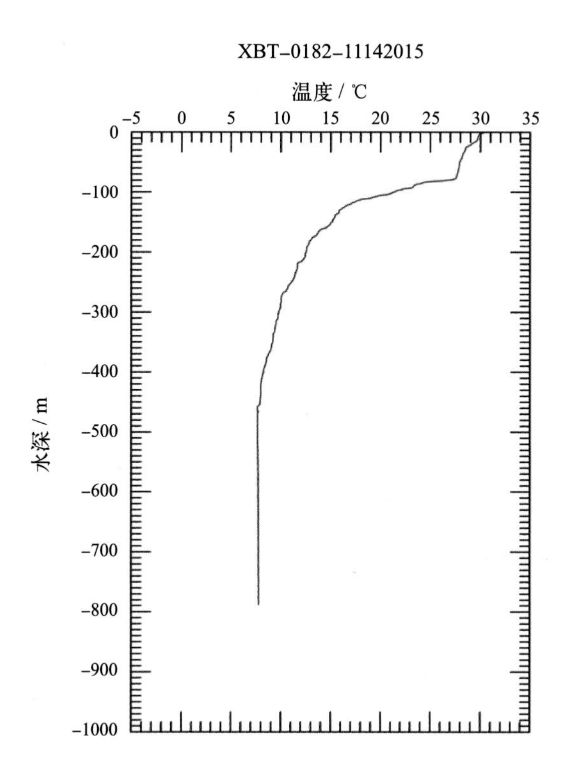
XBT–0182–11142015
温度 / ℃
–5 0 5 10 15 20 25 30 35
0 –100 –200 –300 –400 –500 –600 –700 –800 –900 –1000
水深 / m

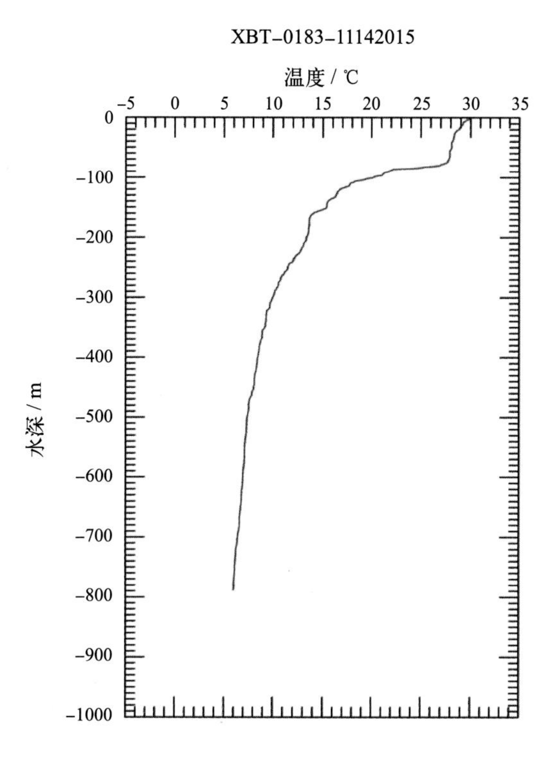
XBT–0183–11142015
温度 / ℃
–5 0 5 10 15 20 25 30 35
0 –100 –200 –300 –400 –500 –600 –700 –800 –900 –1000
水深 / m

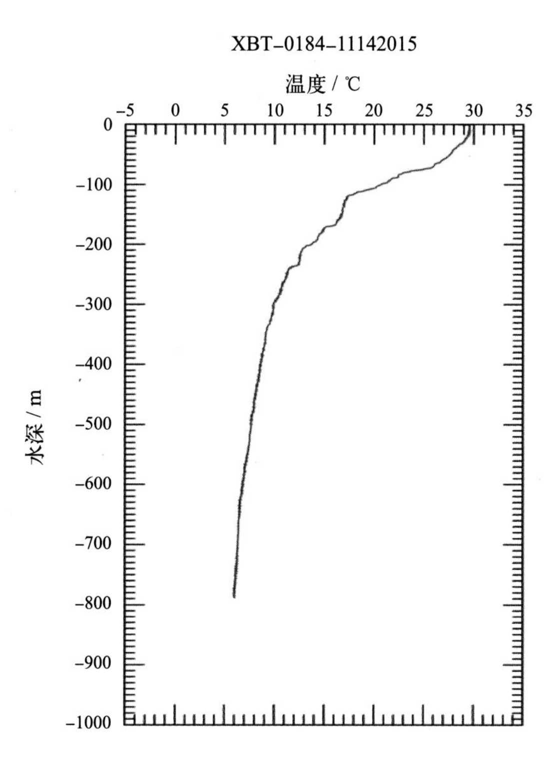
XBT–0184–11142015
温度 / ℃
–5 0 5 10 15 20 25 30 35
0 –100 –200 –300 –400 –500 –600 –700 –800 –900 –1000
水深 / m

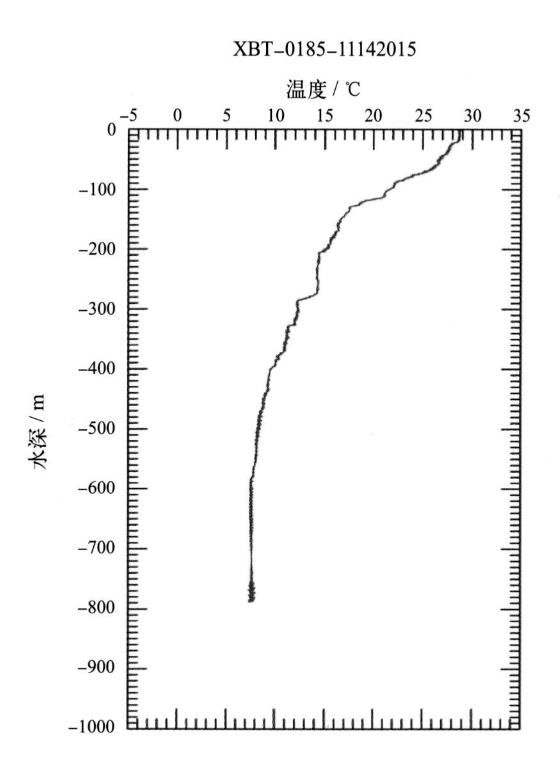
XBT–0185–11142015
温度 / ℃
–5 0 5 10 15 20 25 30 35
0 –100 –200 –300 –400 –500 –600 –700 –800 –900 –1000
水深 / m

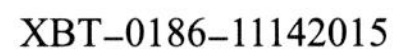

XBT-0186-11142015

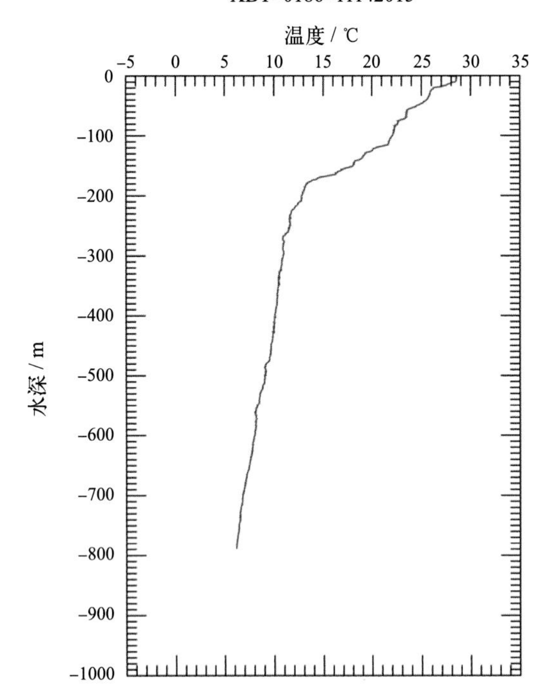

XBT-0187-11142015

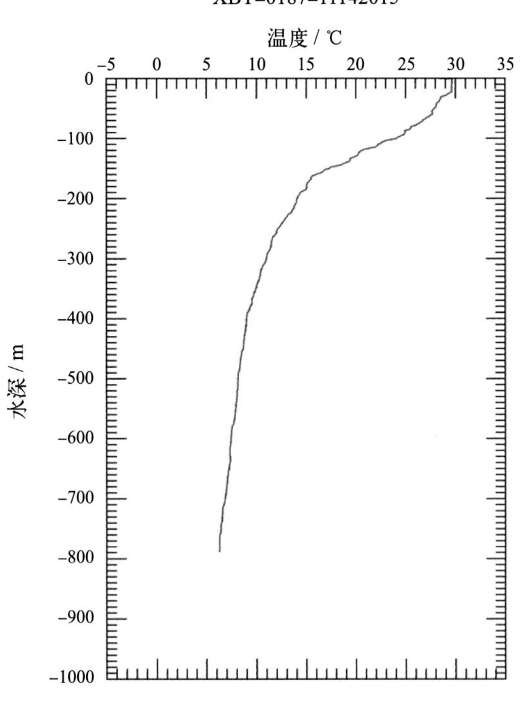

XBT-0188-11232015

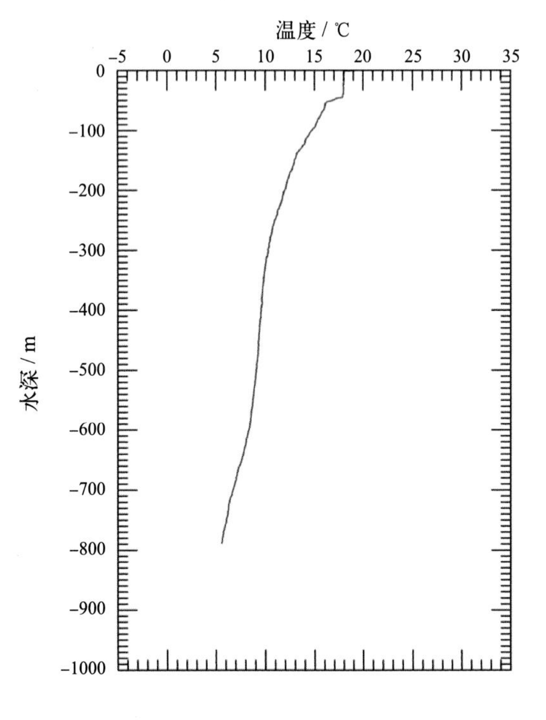

XBT-0189-11232015

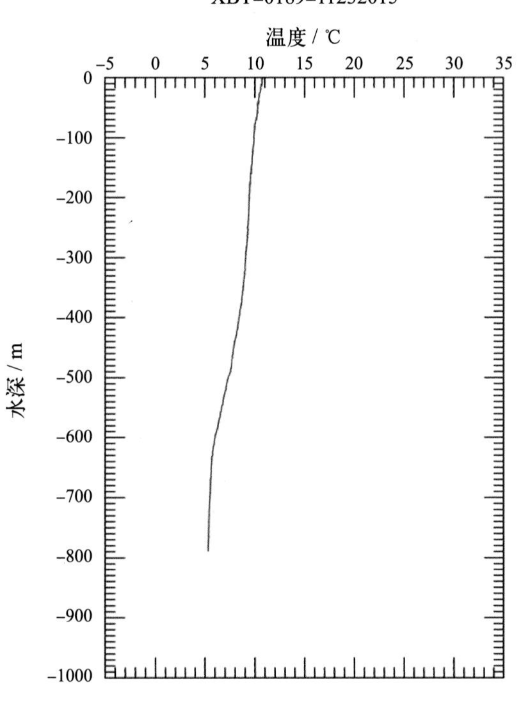

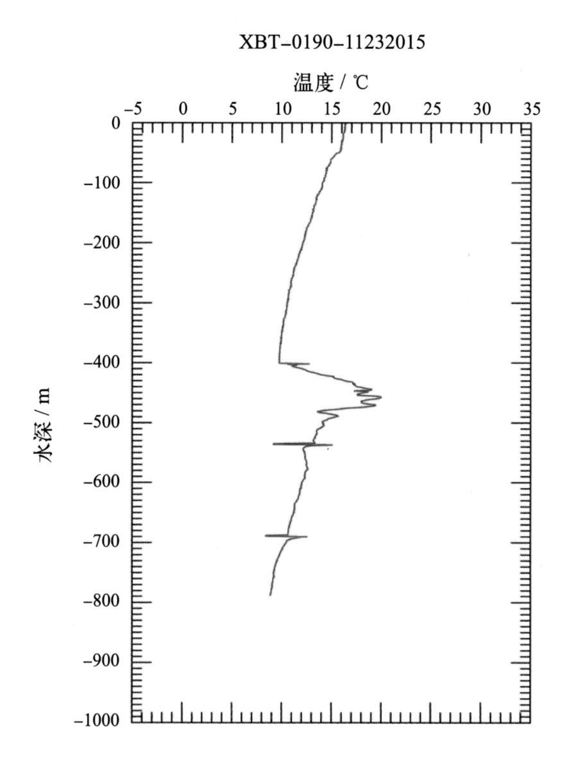
XBT-0190-11232015
温度 / ℃
-5
0
5
10
15
20
25
30
35
0
-100
-200
-300
-400
-500
-600
-700
-800
-900
-1000
水深 / m

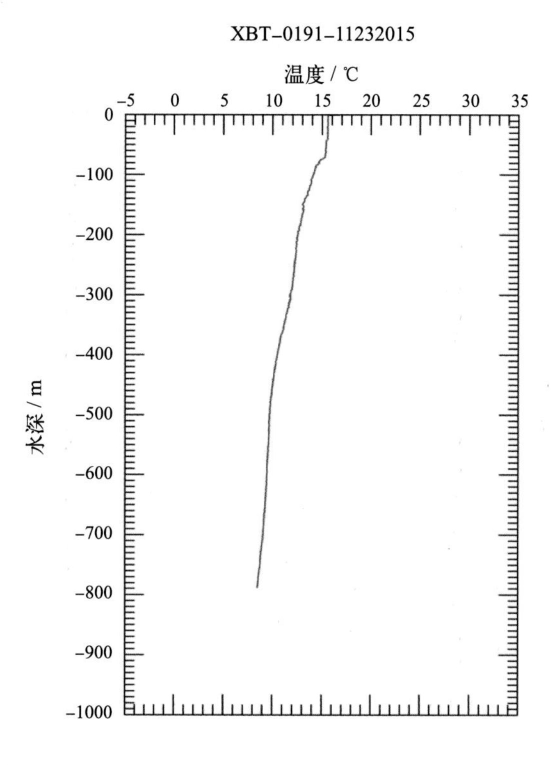
XBT-0191-11232015
温度 / ℃
-5
0
5
10
15
20
25
30
35
0
-100
-200
-300
-400
-500
-600
-700
-800
-900
-1000
水深 / m

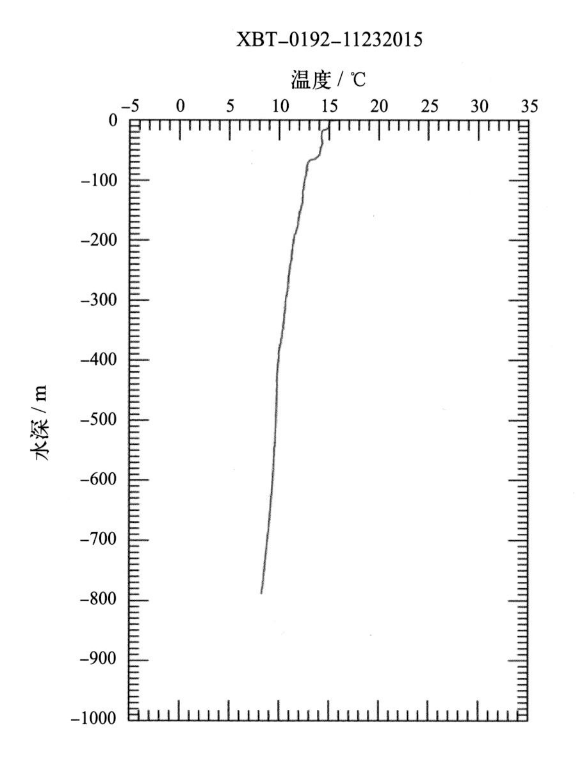
XBT-0192-11232015
温度 / ℃
-5
0
5
10
15
20
25
30
35
0
-100
-200
-300
-400
-500
-600
-700
-800
-900
-1000
水深 / m

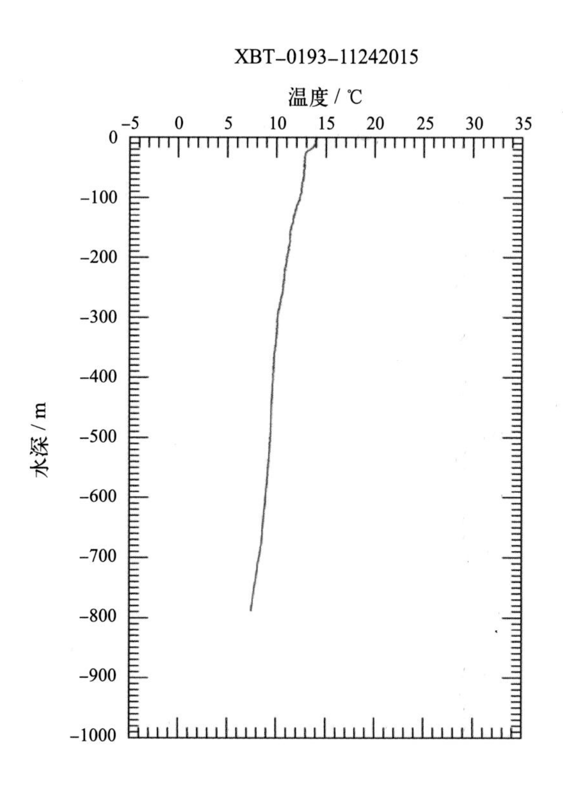
XBT-0193-11242015
温度 / ℃
-5
0
5
10
15
20
25
30
35
0
-100
-200
-300
-400
-500
-600
-700
-800
-900
-1000
水深 / m

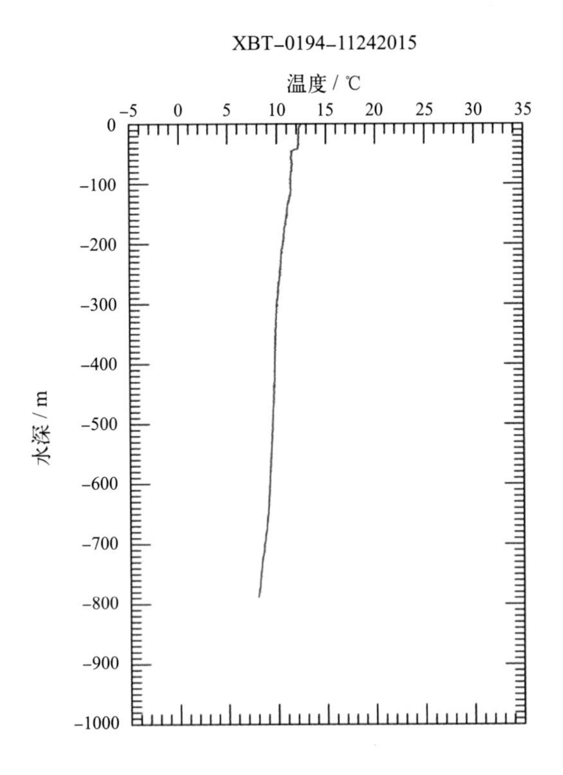
XBT-0194-11242015
温度 / ℃
-5 0 5 10 15 20 25 30 35
0 -100 -200 -300 -400 -500 -600 -700 -800 -900 -1000
水深 / m

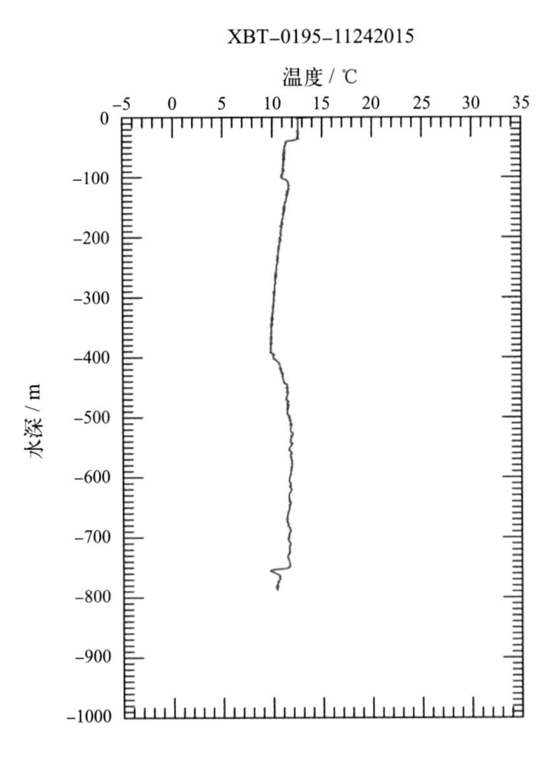
XBT-0195-11242015
温度 / ℃
-5 0 5 10 15 20 25 30 35
0 -100 -200 -300 -400 -500 -600 -700 -800 -900 -1000
水深 / m

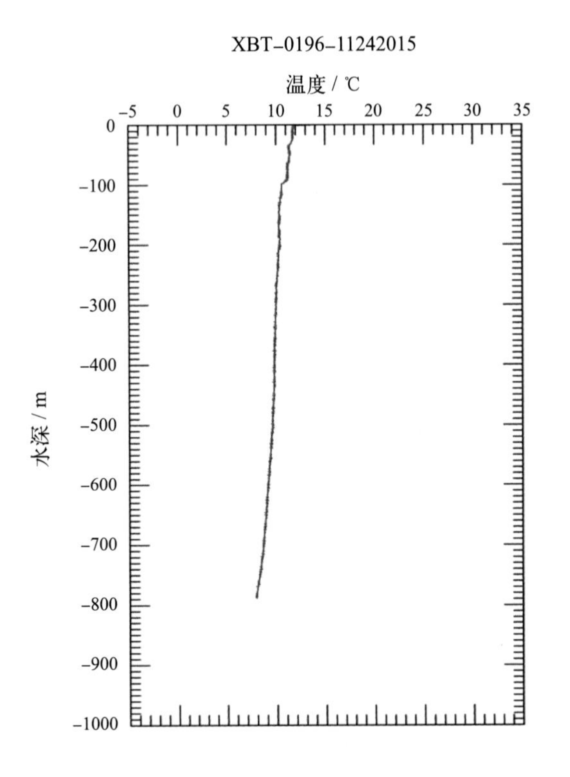
XBT-0196-11242015
温度 / ℃
-5 0 5 10 15 20 25 30 35
0 -100 -200 -300 -400 -500 -600 -700 -800 -900 -1000
水深 / m

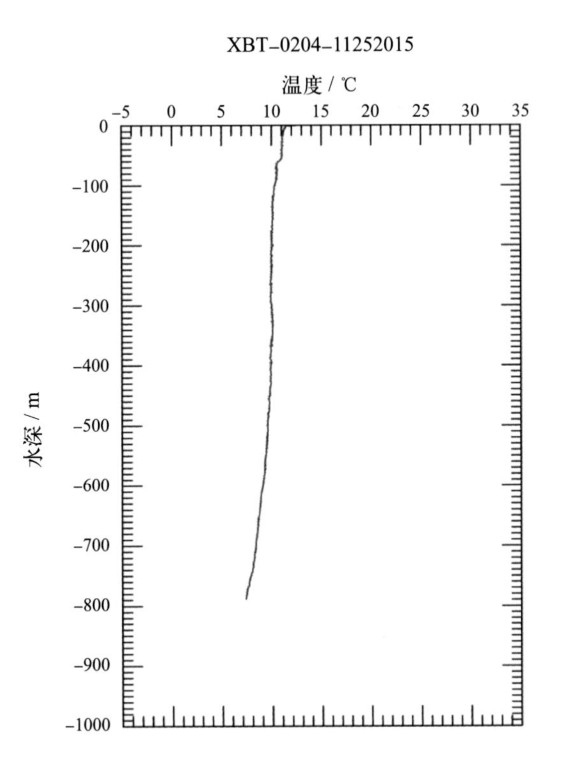
XBT-0204-11252015
温度 / ℃
-5 0 5 10 15 20 25 30 35
0 -100 -200 -300 -400 -500 -600 -700 -800 -900 -1000
水深 / m

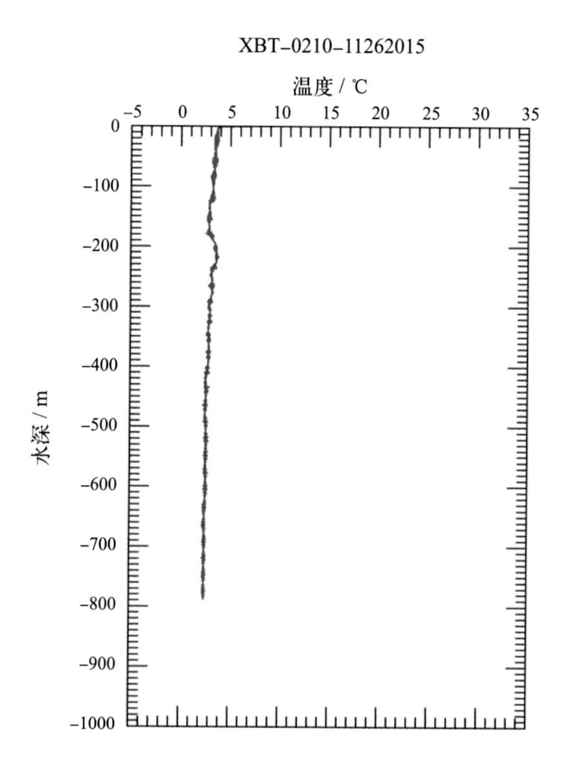
XBT-0210-11262015
温度 / ℃
-5 0 5 10 15 20 25 30 35
0
-100
-200
-300
-400
-500
-600
-700
-800
-900
-1000
水深 / m

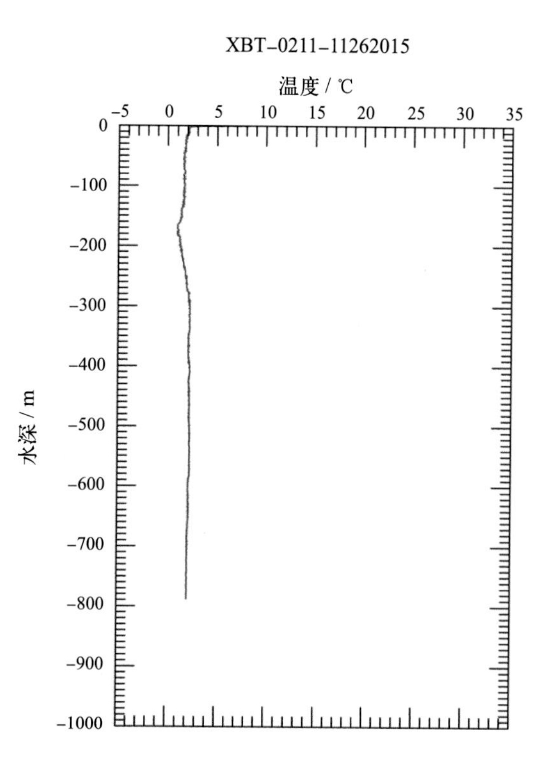
XBT-0211-11262015
温度 / ℃
-5 0 5 10 15 20 25 30 35
0
-100
-200
-300
-400
-500
-600
-700
-800
-900
-1000
水深 / m

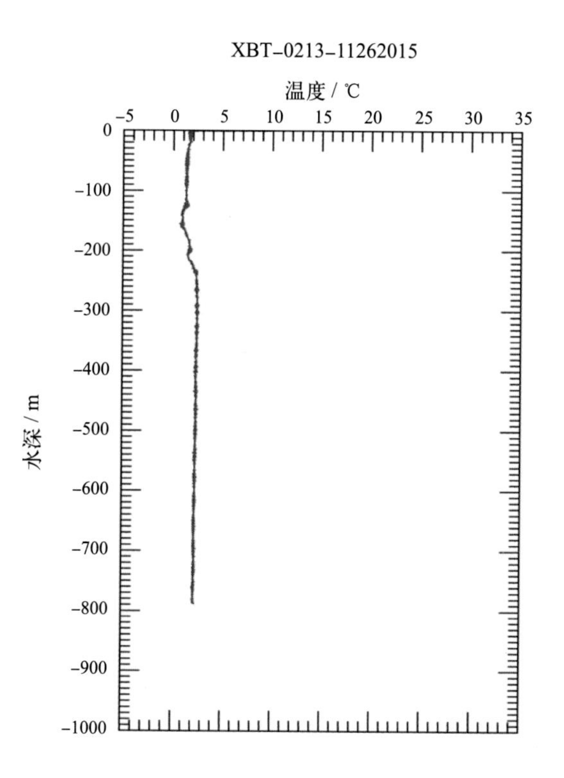
XBT-0213-11262015
温度 / ℃
-5 0 5 10 15 20 25 30 35
0
-100
-200
-300
-400
-500
-600
-700
-800
-900
-1000
水深 / m

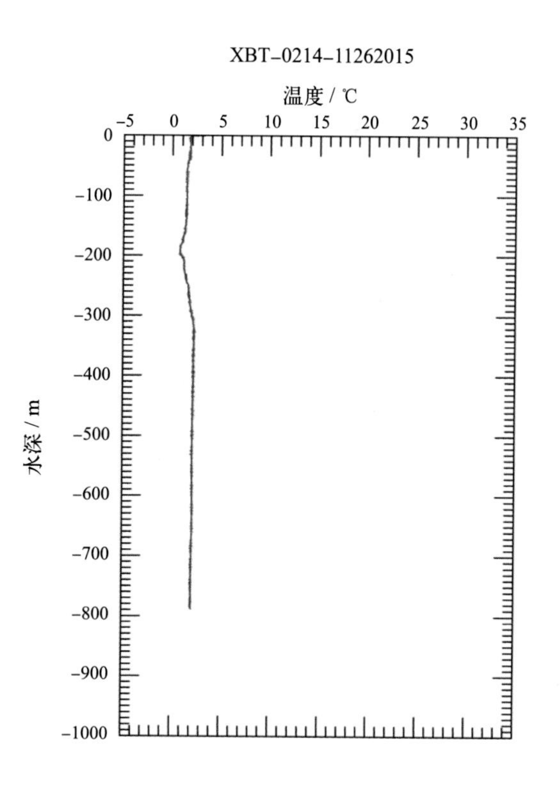
XBT-0214-11262015
温度 / ℃
-5 0 5 10 15 20 25 30 35
0
-100
-200
-300
-400
-500
-600
-700
-800
-900
-1000
水深 / m

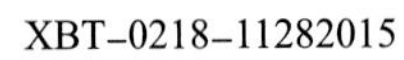
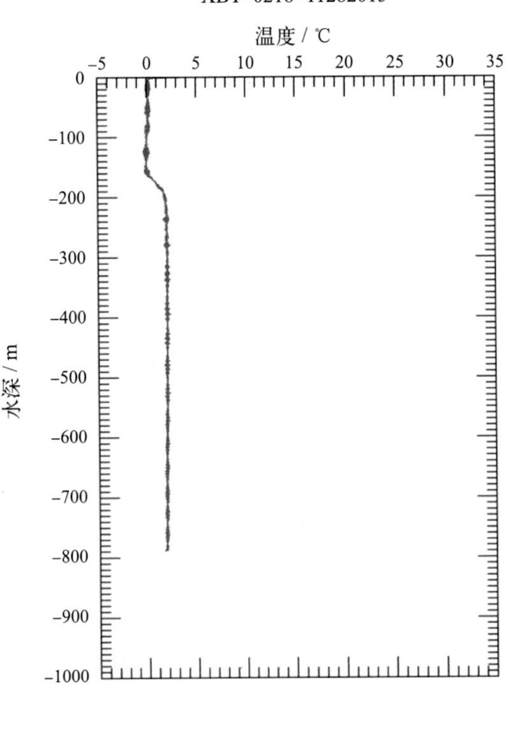

6.3.3 基于 XCTD 的温盐剖面

6.3.3.1 大断面剖面

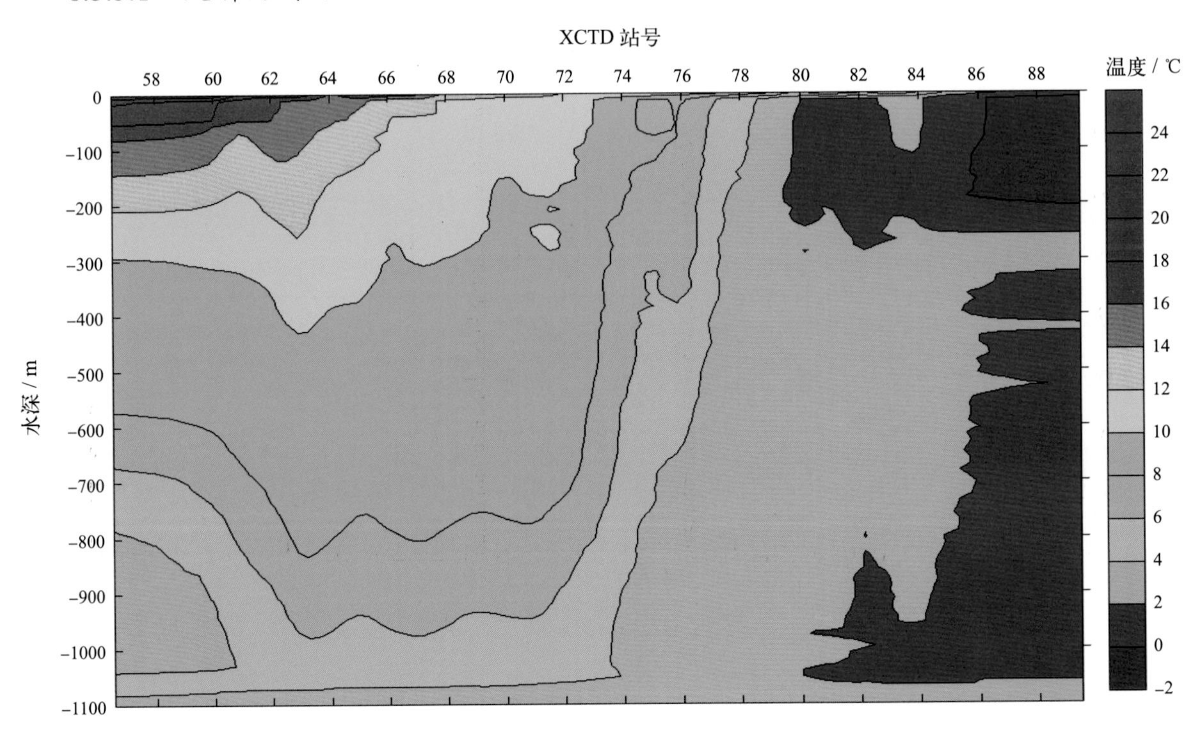

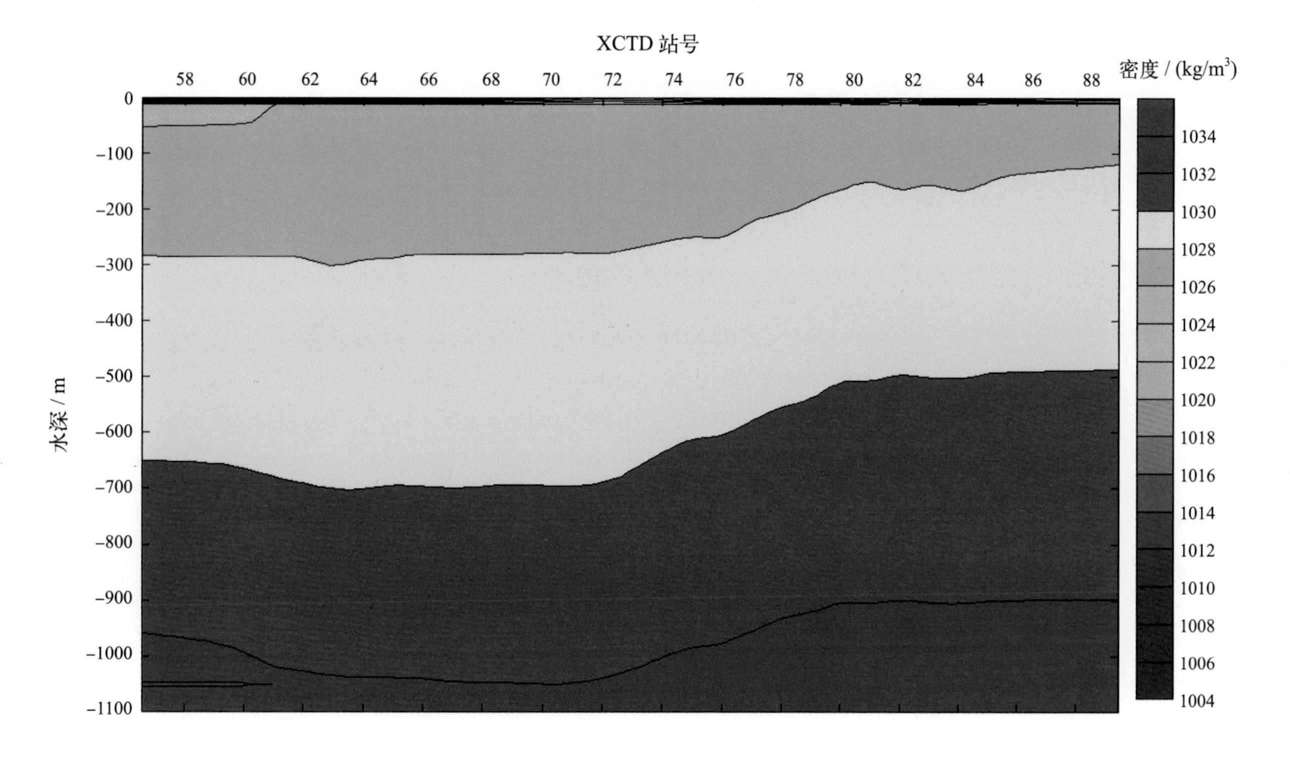

图 6-11 大断面 C1 温度、盐度和密度剖面图

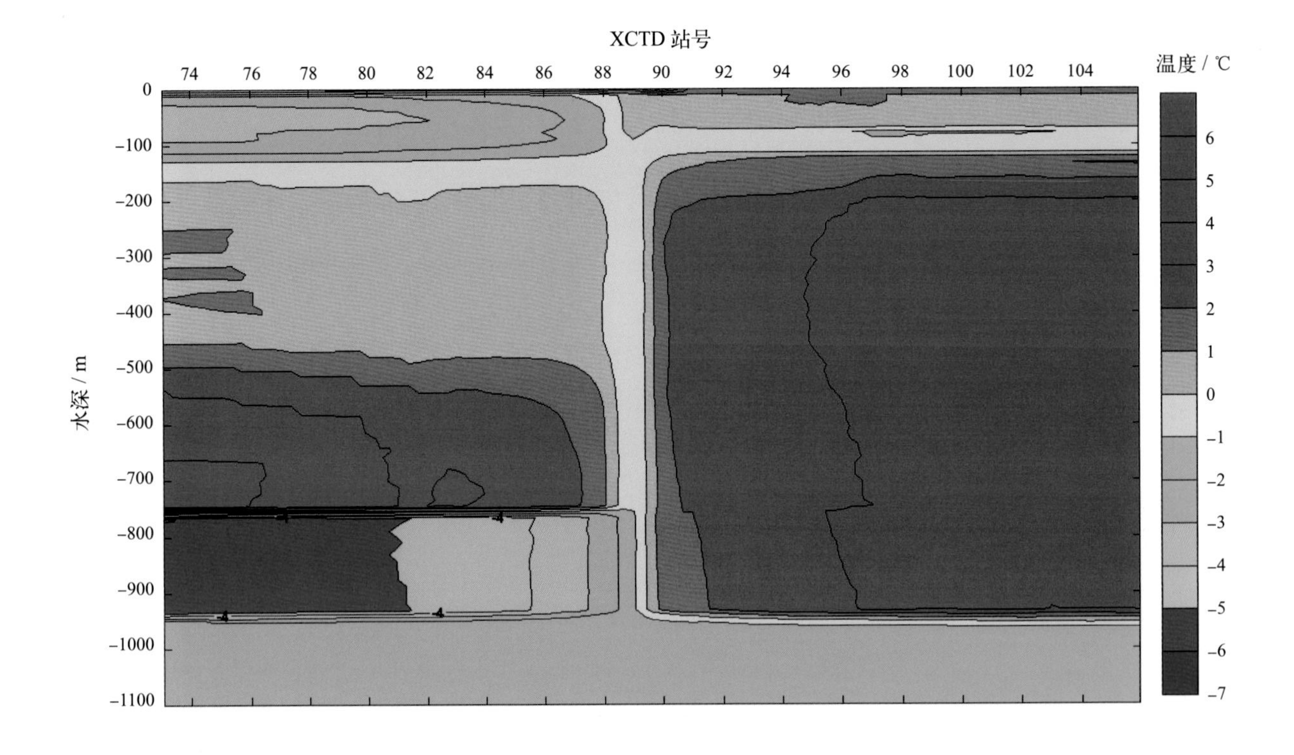
XCTD 站号
74
76
78
80
82
84
86
88
90
92
94
96
98
100
102
104
温度 / ℃
水深 / m
0
-100
-200
-300
-400
-500
-600
-700
-800
-900
-1000
-1100
6
5
4
3
2
1
0
-1
-2
-3
-4
-5
-6
-7

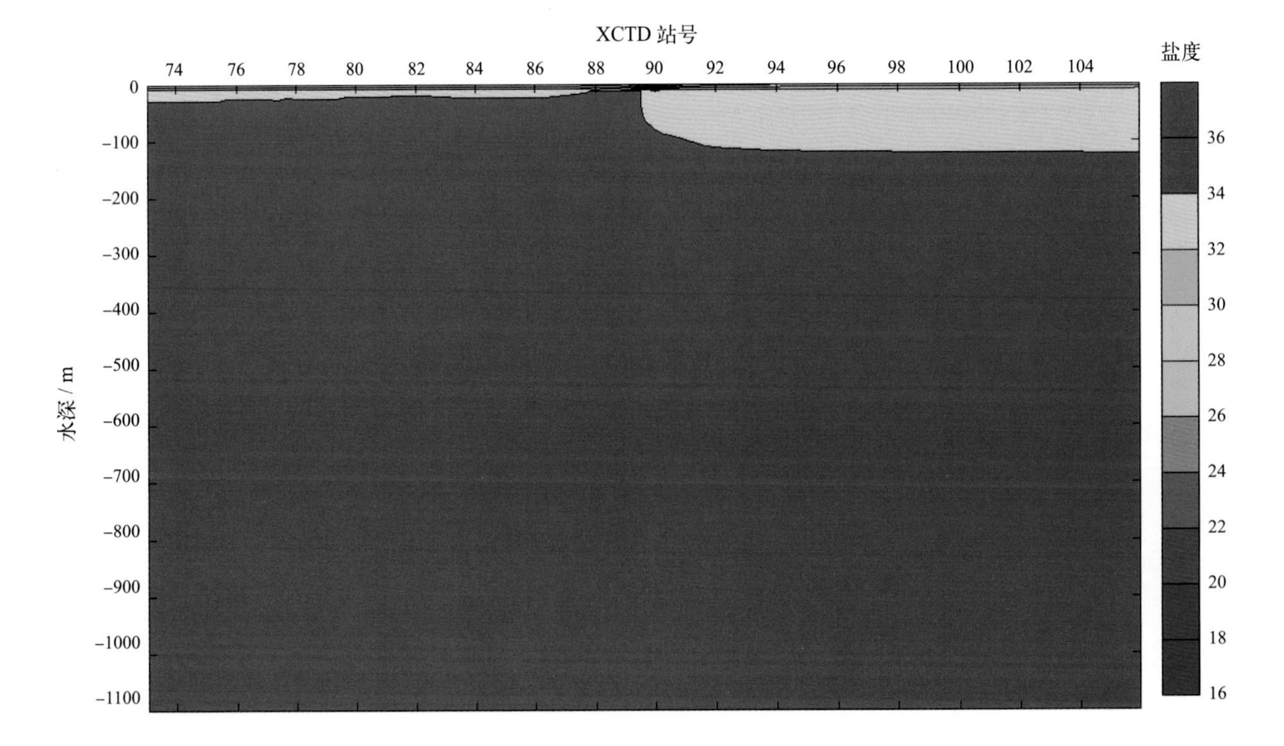
XCTD 站号
74
76
78
80
82
84
86
88
90
92
94
96
98
100
102
104
盐度
水深 / m
0
-100
-200
-300
-400
-500
-600
-700
-800
-900
-1000
-1100
36
34
32
30
28
26
24
22
20
18
16

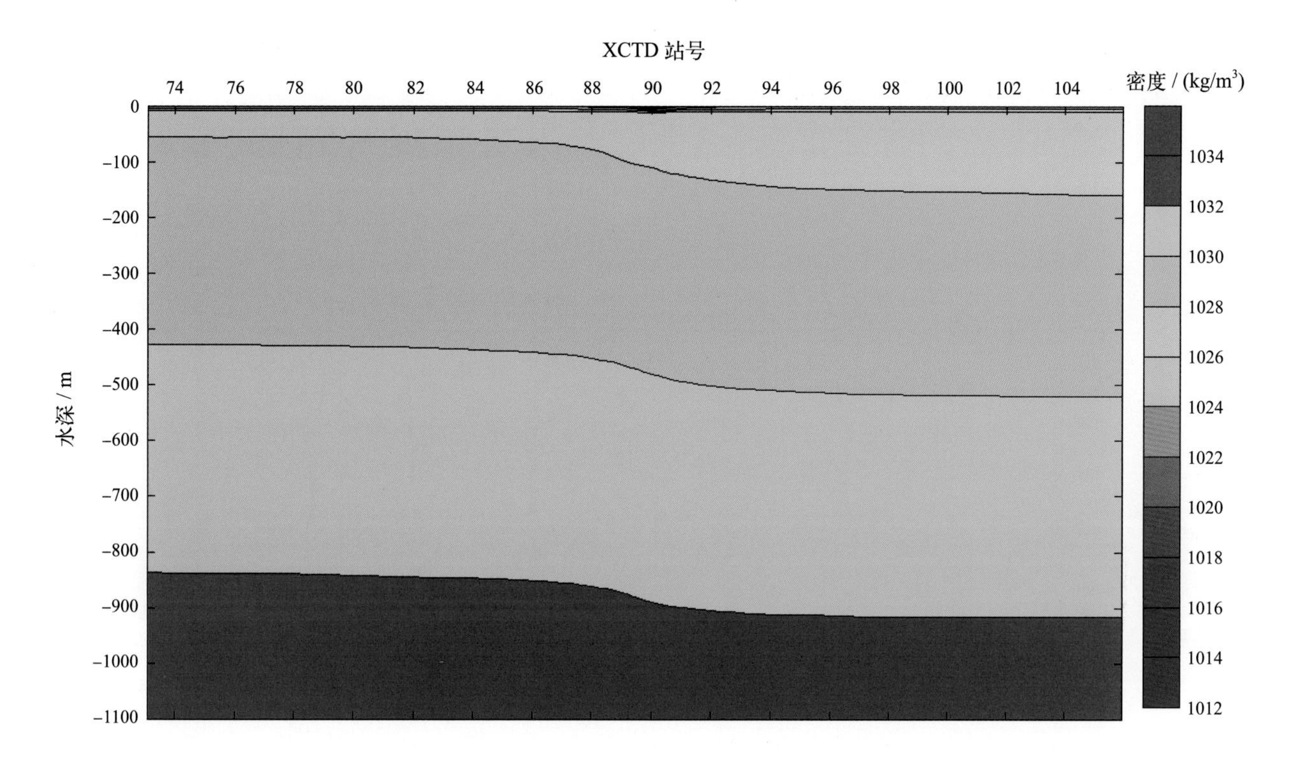

图6-12 大断面C2温度、盐度和密度剖面图

6.3.3.2 XCTD各站位垂直剖面

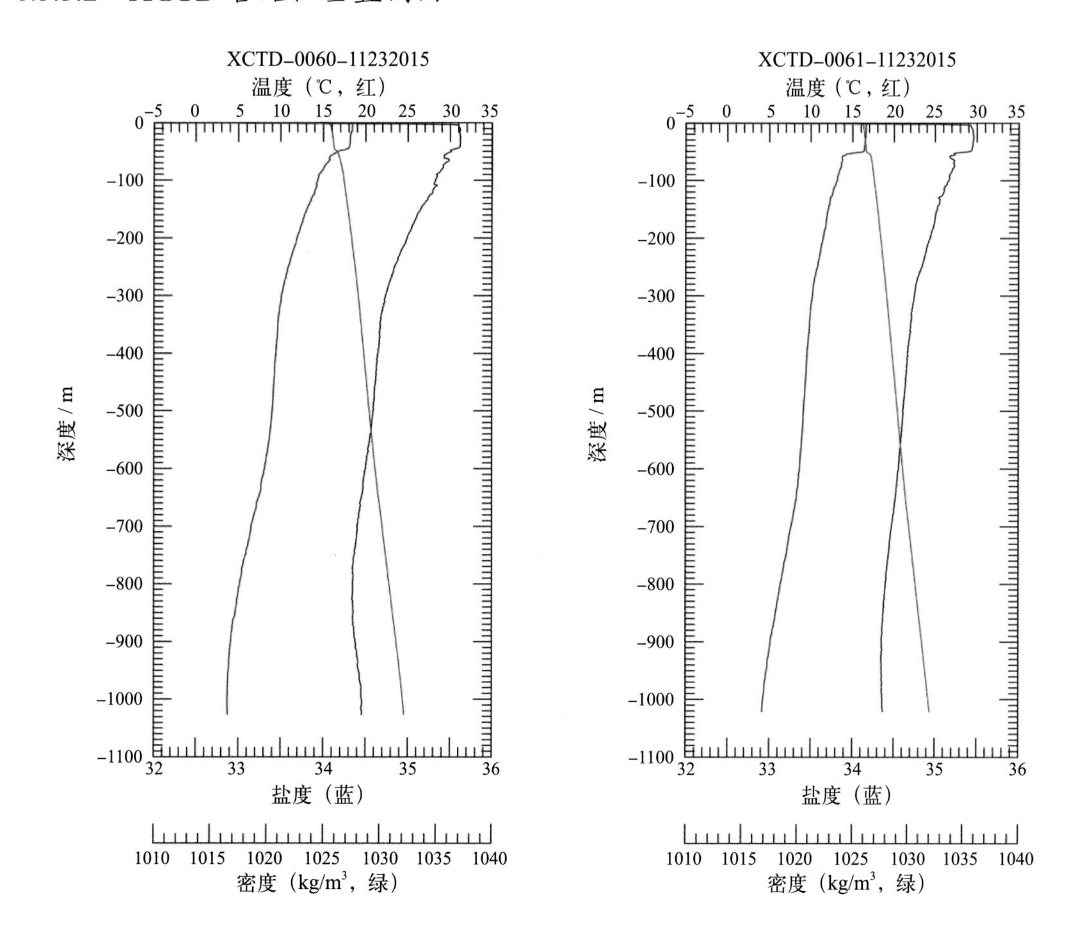

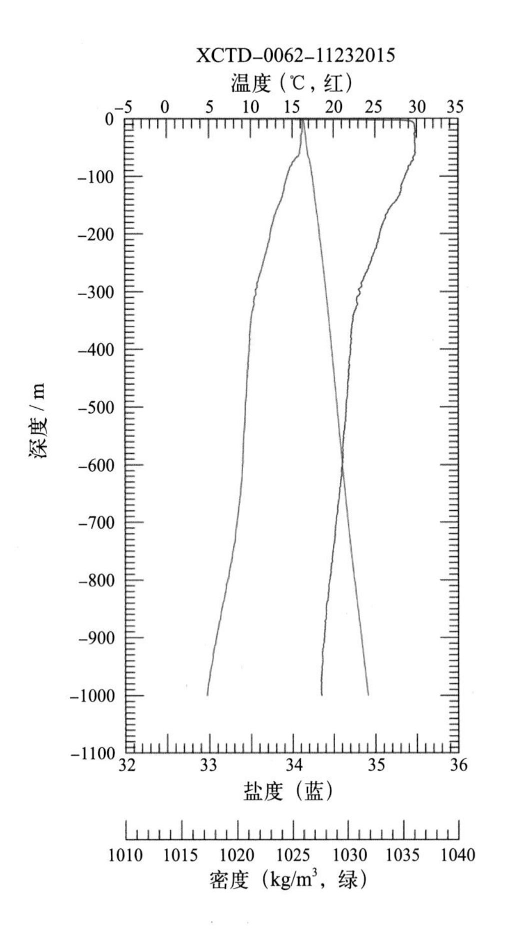
XCTD-0062-11232015
温度（℃，红）
-5 0 5 10 15 20 25 30 35
0
-100
-200
-300
-400
-500
-600
-700
-800
-900
-1000
-1100
深度 / m
32 33 34 35 36
盐度（蓝）
1010 1015 1020 1025 1030 1035 1040
密度（kg/m³，绿）

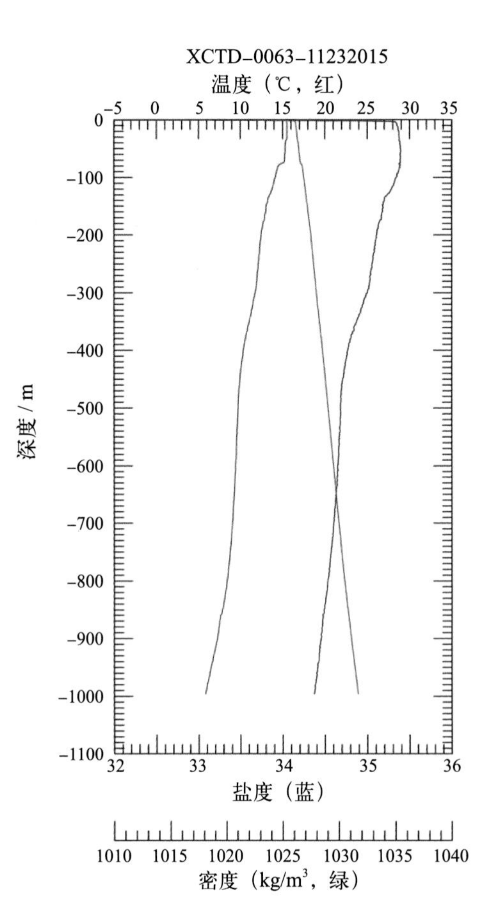
XCTD-0063-11232015
温度（℃，红）
-5 0 5 10 15 20 25 30 35
0
-100
-200
-300
-400
-500
-600
-700
-800
-900
-1000
-1100
深度 / m
32 33 34 35 36
盐度（蓝）
1010 1015 1020 1025 1030 1035 1040
密度（kg/m³，绿）

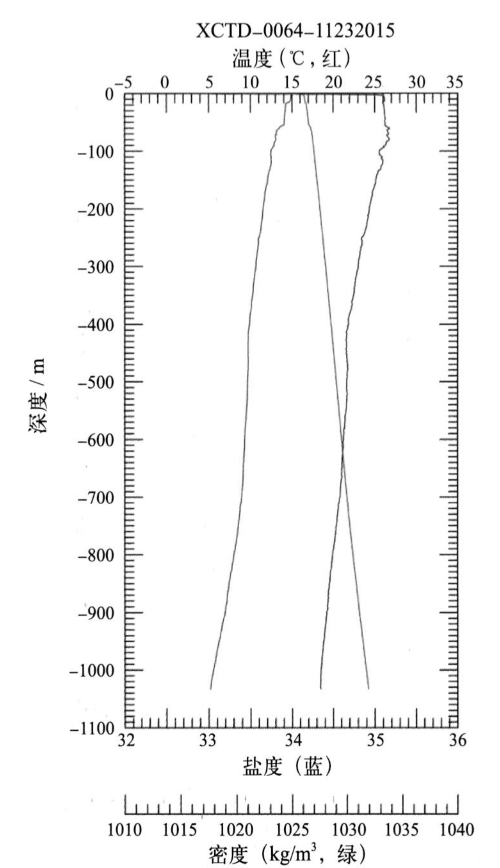
XCTD-0064-11232015
温度（℃，红）
-5 0 5 10 15 20 25 30 35
0
-100
-200
-300
-400
-500
-600
-700
-800
-900
-1000
-1100
深度 / m
32 33 34 35 36
盐度（蓝）
1010 1015 1020 1025 1030 1035 1040
密度（kg/m³，绿）

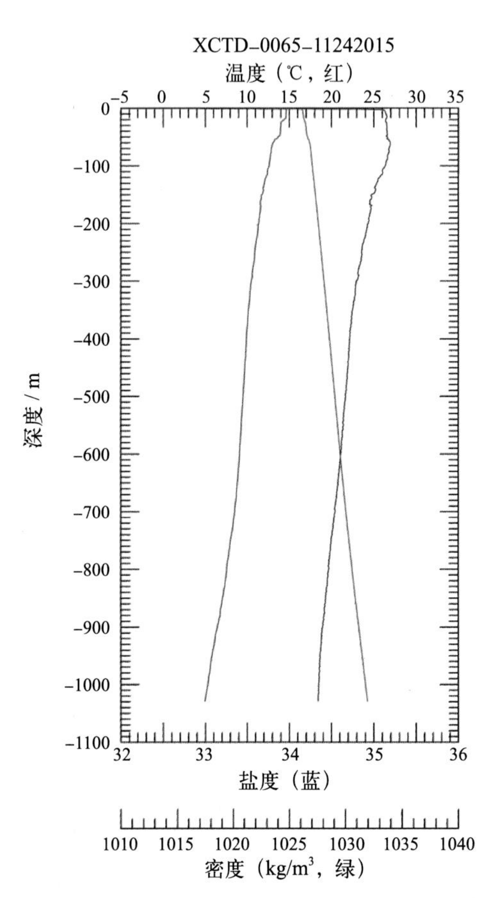
XCTD-0065-11242015
温度（℃，红）
-5 0 5 10 15 20 25 30 35
0
-100
-200
-300
-400
-500
-600
-700
-800
-900
-1000
-1100
深度 / m
32 33 34 35 36
盐度（蓝）
1010 1015 1020 1025 1030 1035 1040
密度（kg/m³，绿）

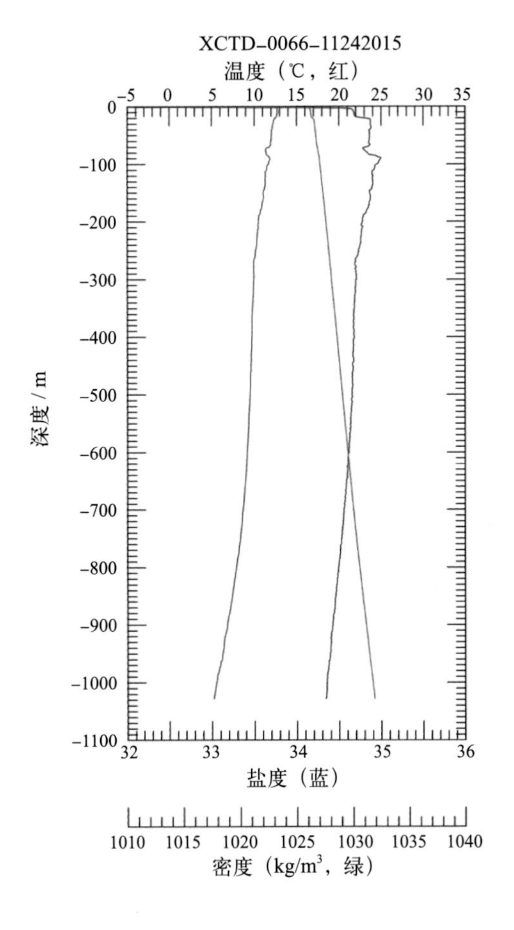
XCTD-0066-11242015
温度（℃，红）
-5 0 5 10 15 20 25 30 35
0
-100
-200
-300
-400
-500
-600
-700
-800
-900
-1000
-1100
深度 / m
32 33 34 35 36
盐度（蓝）
1010 1015 1020 1025 1030 1035 1040
密度（kg/m³，绿）

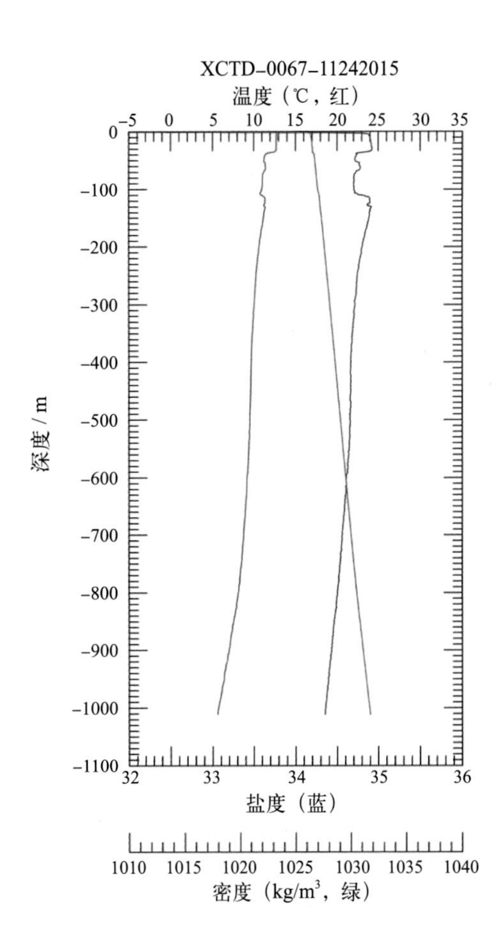
XCTD-0067-11242015
温度（℃，红）
-5 0 5 10 15 20 25 30 35
0
-100
-200
-300
-400
-500
-600
-700
-800
-900
-1000
-1100
深度 / m
32 33 34 35 36
盐度（蓝）
1010 1015 1020 1025 1030 1035 1040
密度（kg/m³，绿）

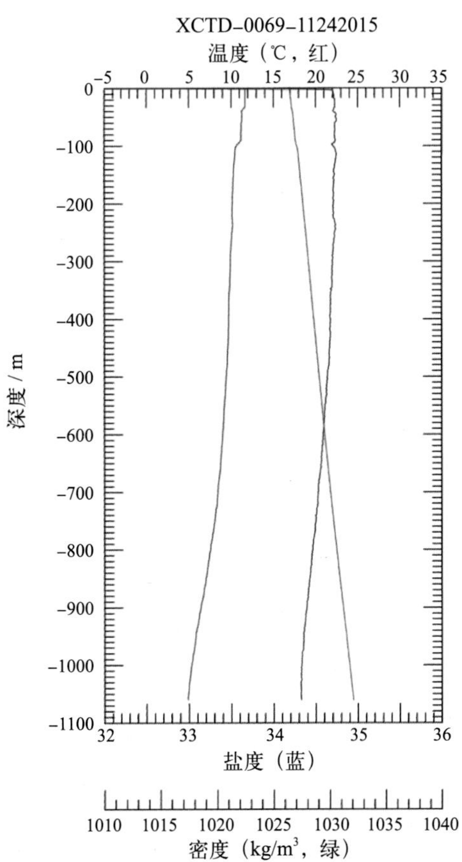
XCTD-0069-11242015
温度（℃，红）
-5 0 5 10 15 20 25 30 35
0
-100
-200
-300
-400
-500
-600
-700
-800
-900
-1000
-1100
深度 / m
32 33 34 35 36
盐度（蓝）
1010 1015 1020 1025 1030 1035 1040
密度（kg/m³，绿）

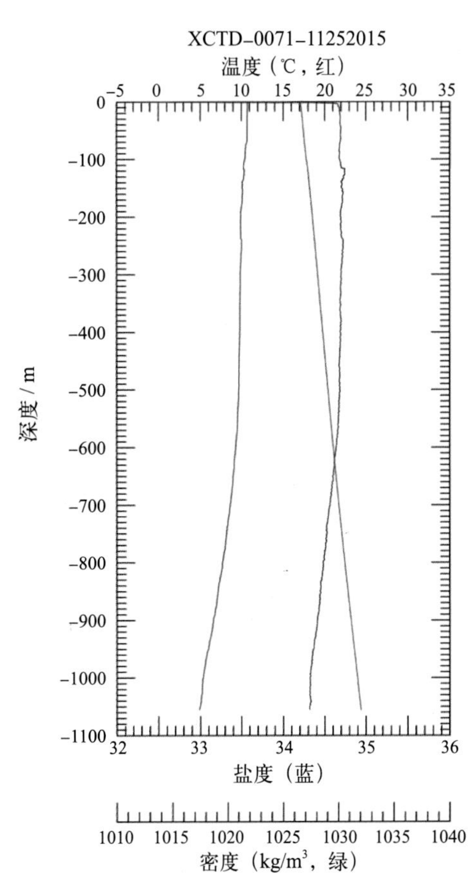
XCTD-0071-11252015
温度（℃，红）
-5 0 5 10 15 20 25 30 35
0
-100
-200
-300
-400
-500
-600
-700
-800
-900
-1000
-1100
深度 / m
32 33 34 35 36
盐度（蓝）
1010 1015 1020 1025 1030 1035 1040
密度（kg/m³，绿）

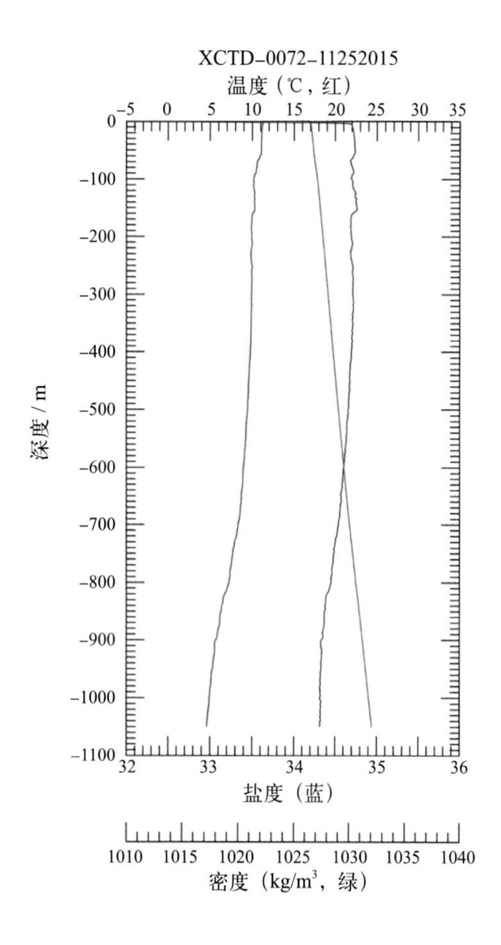
XCTD-0072-11252015
温度（℃，红）
深度 / m
盐度（蓝）
密度（kg/m³，绿）

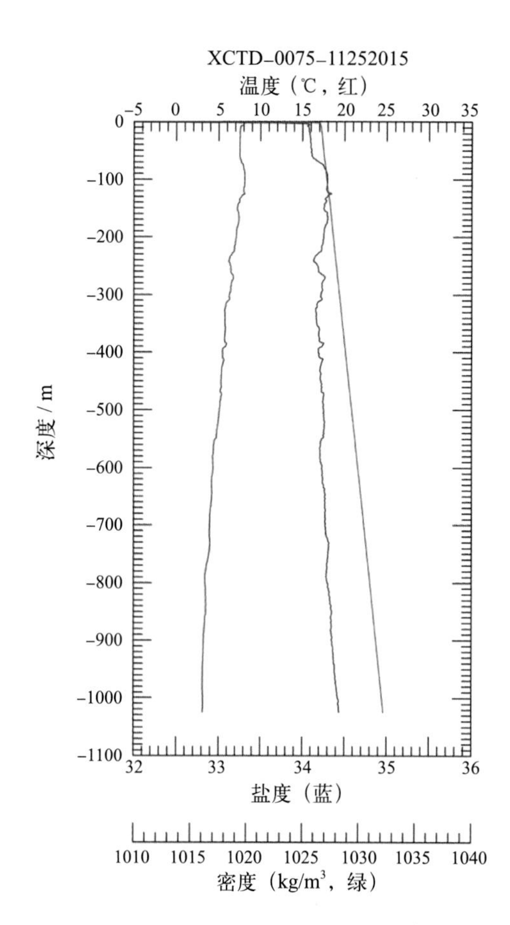
XCTD-0075-11252015
温度（℃，红）
深度 / m
盐度（蓝）
密度（kg/m³，绿）

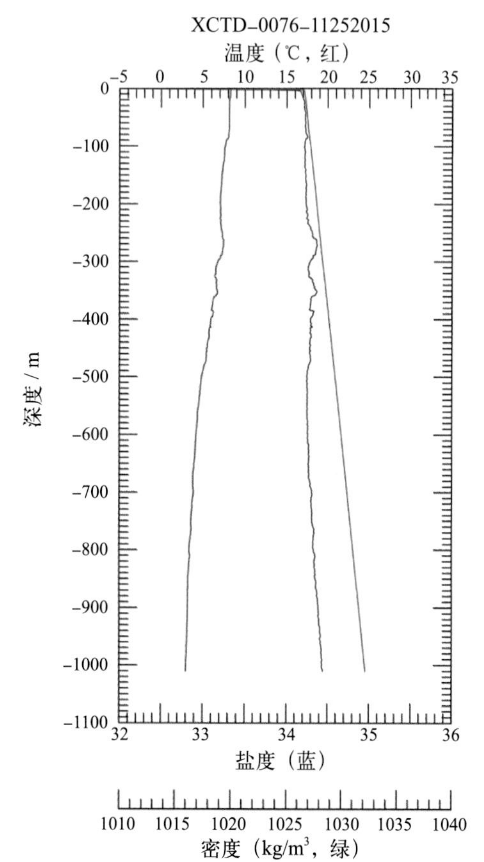
XCTD-0076-11252015
温度（℃，红）
深度 / m
盐度（蓝）
密度（kg/m³，绿）

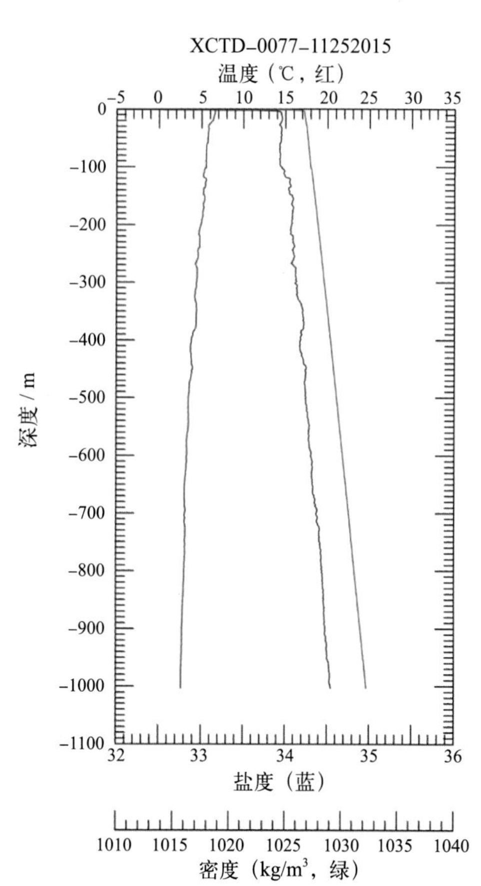
XCTD-0077-11252015
温度（℃，红）
深度 / m
盐度（蓝）
密度（kg/m³，绿）

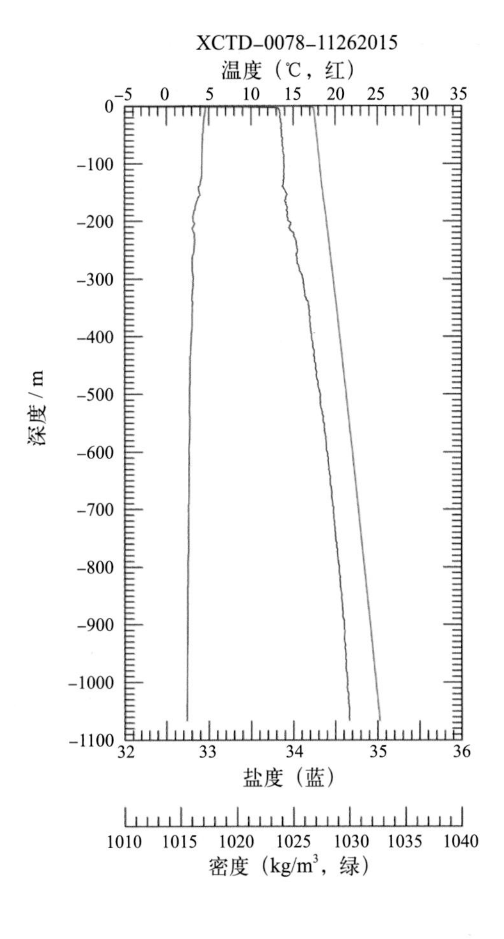
XCTD-0078-11262015
温度（℃，红）
深度 / m
盐度（蓝）
密度（kg/m³，绿）

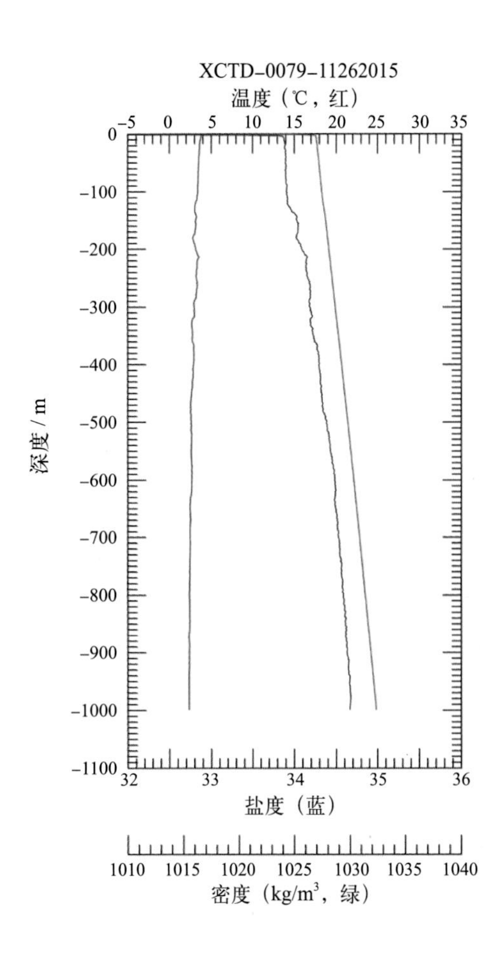
XCTD-0079-11262015
温度（℃，红）
深度 / m
盐度（蓝）
密度（kg/m³，绿）

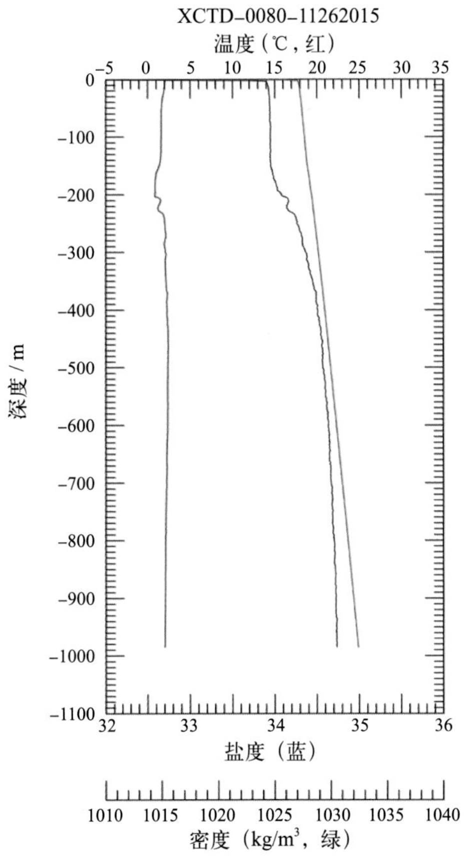
XCTD-0080-11262015
温度（℃，红）
深度 / m
盐度（蓝）
密度（kg/m³，绿）

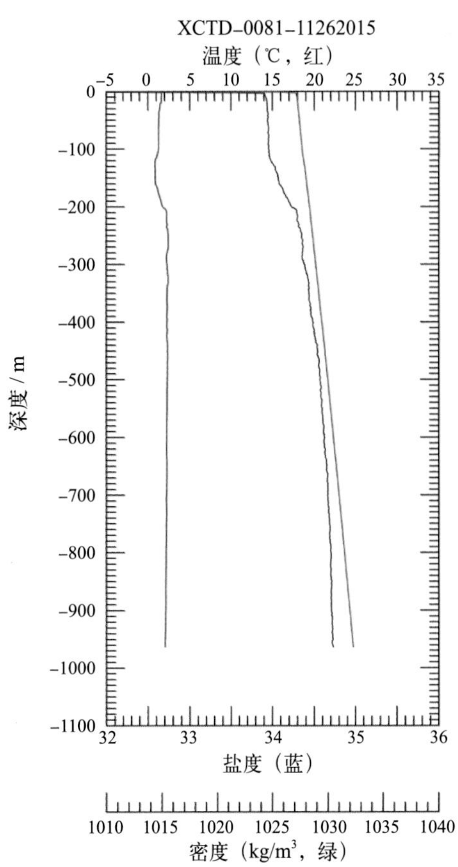
XCTD-0081-11262015
温度（℃，红）
深度 / m
盐度（蓝）
密度（kg/m³，绿）

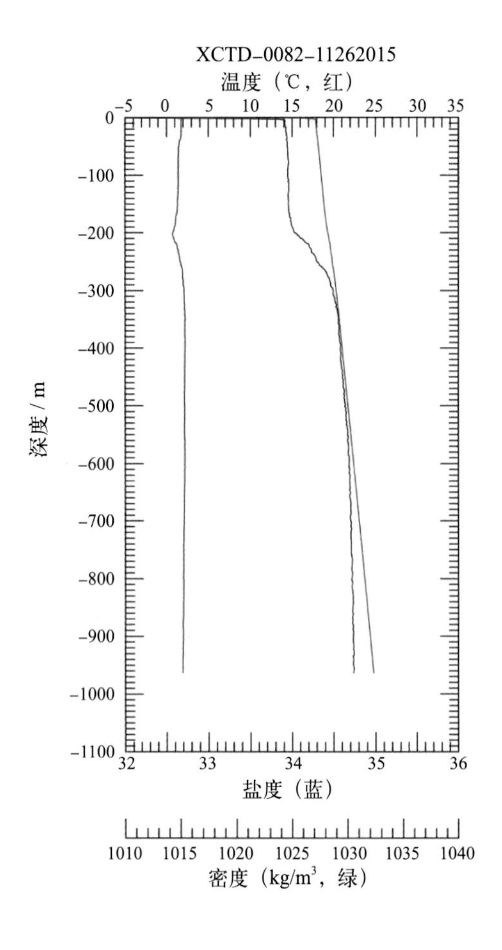
XCTD-0082-11262015
温度（℃，红）
深度 / m
盐度（蓝）
密度（kg/m³，绿）

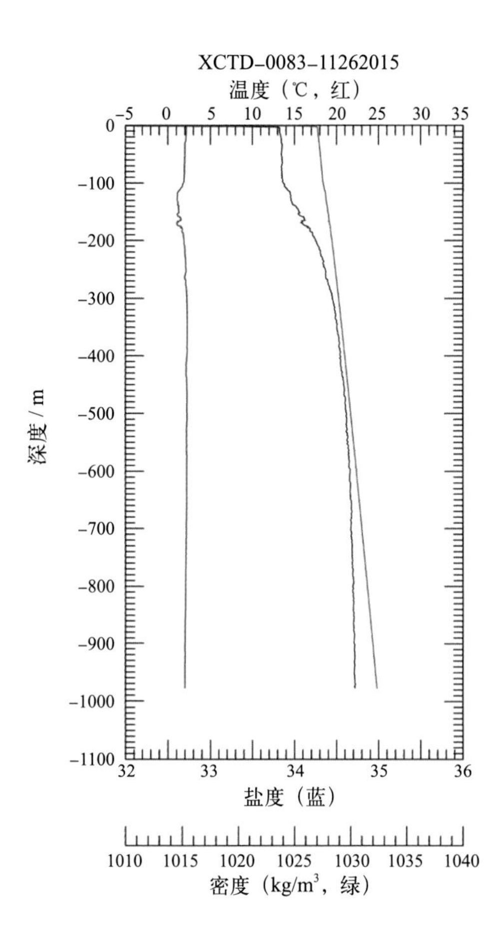
XCTD-0083-11262015
温度（℃，红）
深度 / m
盐度（蓝）
密度（kg/m³，绿）

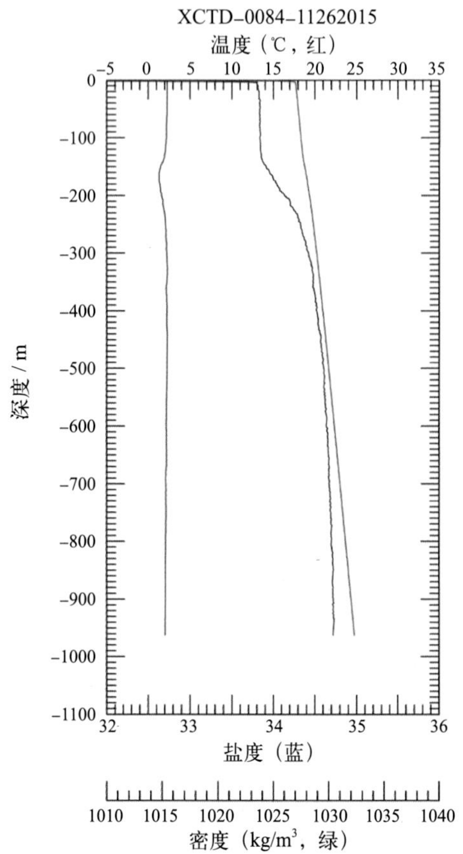
XCTD-0084-11262015
温度（℃，红）
深度 / m
盐度（蓝）
密度（kg/m³，绿）

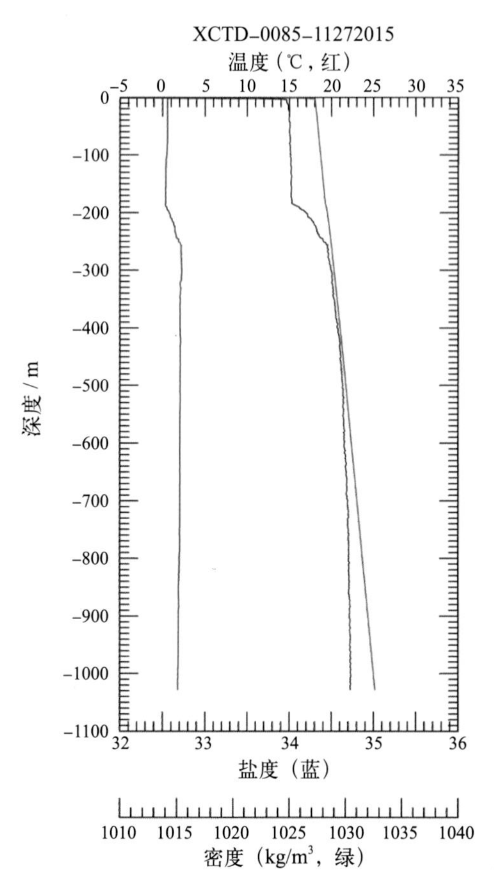
XCTD-0085-11272015
温度（℃，红）
深度 / m
盐度（蓝）
密度（kg/m³，绿）

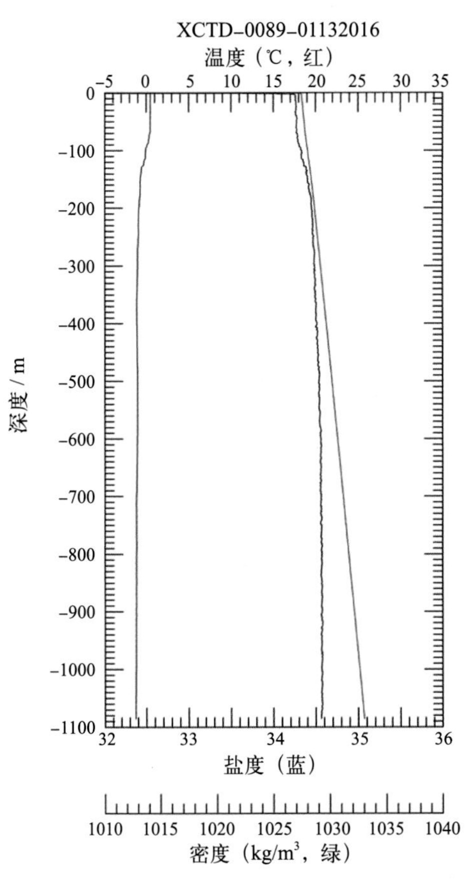
XCTD–0089–01132016
温度（℃，红）
-5 0 5 10 15 20 25 30 35
0
-100
-200
-300
-400
-500
-600
-700
-800
-900
-1000
-1100
深度 / m
32 33 34 35 36
盐度（蓝）
1010 1015 1020 1025 1030 1035 1040
密度（kg/m³，绿）

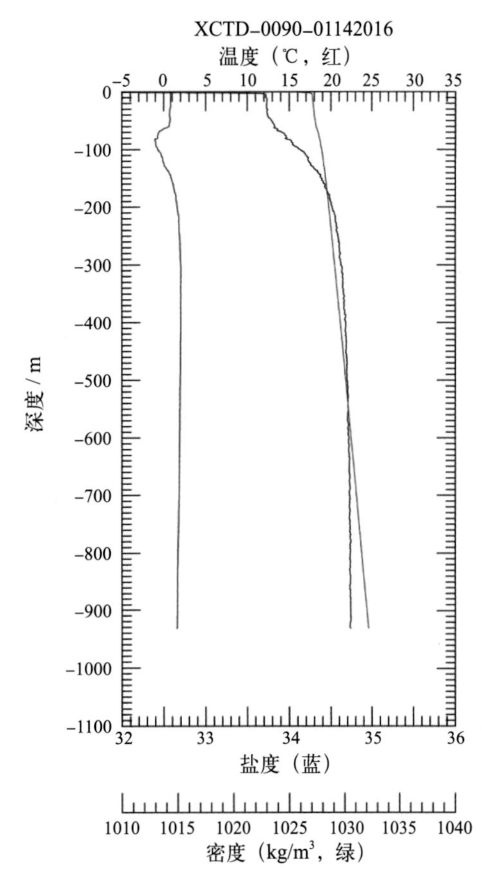
XCTD–0090–01142016
温度（℃，红）
-5 0 5 10 15 20 25 30 35
0
-100
-200
-300
-400
-500
-600
-700
-800
-900
-1000
-1100
深度 / m
32 33 34 35 36
盐度（蓝）
1010 1015 1020 1025 1030 1035 1040
密度（kg/m³，绿）

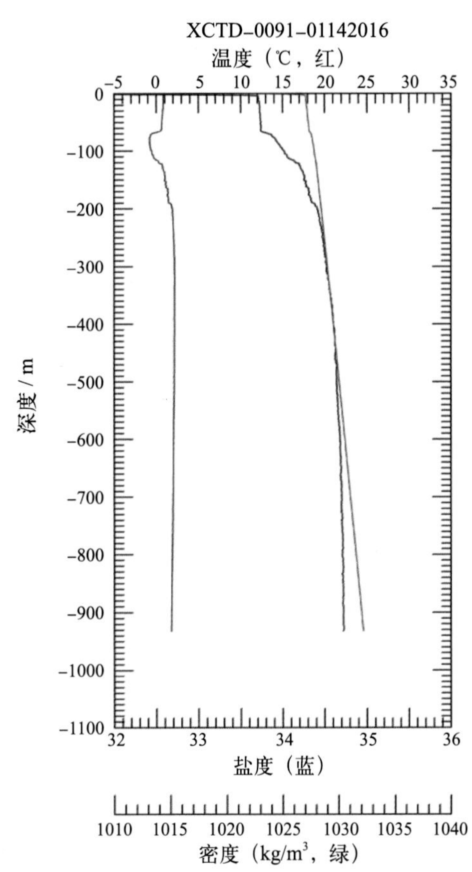
XCTD–0091–01142016
温度（℃，红）
-5 0 5 10 15 20 25 30 35
0
-100
-200
-300
-400
-500
-600
-700
-800
-900
-1000
-1100
深度 / m
32 33 34 35 36
盐度（蓝）
1010 1015 1020 1025 1030 1035 1040
密度（kg/m³，绿）

附表 1　中国第 30 次南极考察 XBT/XCTD 观测记录表

序号	站号	类型 B/C	序列号 S/N	日期	时间	纬度	经度	船速 (kn)	水深 (m)	风速 (m/s)	风向 (°)	海况	海冰	操作人	备注
1	0002	B	77504	2013—11—12	14:25	4°0.120′N	123°47.520′E	16.8	5009.9	2.27	175.8	3	–	孙晨、郭延良	
2	0003	B	77497	2013—11—12	18:12	3°30.600′N	122°59.160′E	15.5	5057.8	3.81	194.7	3	–	孙晨、郭延良	
3	0004	B	77500	2013—11—12	20:35	3°11.160′N	122°27.600′E	15.8	5100.0	3.16	233.3	2	–	肖钲霖、郭延良	
4	0005	B	77503	2013—11—12	22:07	2°59.215′N	122°8.121′E	15.3	5199.6	4.15	185.4	2	–	马龙、韩晓鹏	
5	0006	B	77505	2013—11—13	00:50	2°37.917′N	121°33.617′E	13.7	5473.6	3.36	229.0	2	–	马龙、韩晓鹏	
6	0007	B	77496	2013—11—13	02:50	2°23.233′N	121°9.883′E	14.6	5501.6	5.57	221.5	2	–	马龙、韩晓鹏	
7	0008	B	77498	2013—11—13	05:56	1°59.160′N	120°30.960′E	15.0	4311.7	6.49	205.6	3	–	李明广、陈帅	
8	0009	B	77502	2013—11—13	07:25	1°47.000′N	120°13.900′E	15.0	4311.0	7.07	217.5	3	–	矫玉田、肖钲霖	
9	0010	B	77648	2013—11—13	09:33	1°28.500′N	119°46.020′E	15.6	2879.2	7.62	190.6	3	–	李明广	*
10	0011	B	77647	2013—11—13	11:33	1°0.000′N	119°34.000′E	15.8	2878.0	5.38	180.0	3	–	孙晨、郭延良	
11	0012	B	77644	2013—11—13	13:20	0°29.880′N	119°25.680′E	17.2	2674.1	4.33	159.8	1	–	孙晨、郭延良	
12	0013	B	77645	2013—11—13	15:28	0°4.000′N	119°16.000′E	16.4	1827.4	4.16	132.2	1	–	孙晨、郭延良	
13	0014	B	77649	2013—11—13	17:16	0°30.000′S	119°7.800′E	15.4	1763.5	3.71	154.0	1	–	马龙、韩晓鹏	
14	0015	B	77646	2013—11—13	19:18	1°0.000′S	119°0.100′E	15.1	2037.0	4.16	132.0	1	–	矫玉田	
15	0016	B	77642	2013—11—13	21:17	1°30.000′S	118°51.100′E	15.8	1446.0	4.16	132.0	1	–	矫玉田	
16	0017	B	77643	2013—11—13	23:12	2°0.000′S	118°42.000′E	16.0	1763.7	4.16	150.9	1	–	李明广	
17	0018	B	77641	2013—11—14	01:19	2°31.800′S	118°33.000′E	16.1	1837.3	1.74	178.6	1	–	李明广、马龙	
18	0019	B	77638	2013—11—14	02:55	3°0.000′S	118°32.900′E	17.1	1797.9	2.48	36.4	1	–	李明广、纪飞	
19	0020	B	77773	2013—11—14	04:47	3°31.680′S	118°32.940′E	17.1	2005.1	2.09	21.1	1	–	孙晨、郭延良	
20	0021	B	77776	2013—11—14	06:58	4°0.840′S	118°11.580′E	15.8	2038.6	1.23	329.4	1	–	肖钲霖、郭延良	

续附表 1

序号	站号	类型 B/C	序列号 S/N	日期	时间	纬度	经度	船速 (kn)	水深 (m)	风速 (m/s)	风向 (°)	海况	海冰	操作人	备注
21	0022	B	77777	2013—11—14	09:19	4°30.120′S	117°48.120′E	15.9	1982.4	1.18	212.1	1	–	孙晨、郭延良	
22	0023	B	77639	2013—11—14	11:44	4°59.520′S	117°24.240′E	16.4	1241.5	1.90	350.5	1	–	马龙、韩晓鹏	
23	0024	B	77640	2013—11—14	13:51	5°31.020′S	117°6.660′E	16.4	701.1	0.81	248.0	1	–	马龙、韩晓鹏	
24	0025	B	77780	2013—11—14	15:53	6°0.600′S	116°52.440′E	15.8	572.5	0.62	114.1	1	–	马龙、韩晓鹏	
25	0026	B	77779	2013—11—14	17:40	6°30.240′S	116°38.280′E	16.0	473.5	0.00	116.1	1	–	李明广、纪飞	
26	0027	B	77774	2013—11—14	20:00	7°0.000′S	116°23.040′E	16.6	303.0	3.94	45.0	1	–	矫玉田	坏，28 重测
27	0029	B	77770	2013—11—14	20:08	7°2.500′S	116°21.700′E	16.6	353.0	4.18	36.9	1	–	矫玉田	
28	0030	B	77771	2013—11—14	21:51	7°29.460′S	116°10.860′E	16.6	353.0	5.59	295.0	1	–	矫玉田	
29	0031	B	77781	2013—11—14	23:50	7°59.520′S	115°58.680′E	16.0	1477.3	0.57	49.9	1	–	郭延良	
30	0032	B	77778	2013—11—15	01:55	8°31.920′S	115°46.320′E	18.2	1054.6	3.15	357.7	1	–	马龙、陈帅	
31	0033	B	77775	2013—11—15	03:43	9°0.420′S	115°40.080′E	16.6	810.6	3.19	131.2	3	–	马龙、孙晨	
32	0034	B	77772	2013—11—15	05:38	9°31.680′S	115°32.460′E	17.5	3920.8	2.07	123.8	1	–	马龙、韩晓鹏	
33	0035	B	77687	2013—11—15	07:17	9°58.080′S	115°26.280′E	16.0	4412.0	2.98	199.7	1	–	马龙、韩晓鹏	
34	0000	C	13041454	2013—11—22	16:57	34°56.520′S	114°30.420′E	15.8	792.6	4.83	81.7	2	–	马龙、韩晓鹏	
35	0037	B	77689	2013—11—22	19:17	35°30.540′S	114°29.820′E	15.8	4115.4	10.61	61.0	2	–	马龙、韩晓鹏	
36	0001	C	13041451	2013—11—22	21:11	36°0.000′S	114°29.800′E	15.6	5451.0	10.60	61.0	3	–	矫玉田	中断
37	0002	C	13041452	2013—11—22	23:10	36°30.000′S	114°30.000′E	15.6	5491.0	10.60	62.0	3	–	矫玉田、纪飞	
38	0038	B	77668	2013—11—23	01:15	37°0.000′S	114°30.000′E	15.5	5347.0	8.90	50.1	3	–	李明广、纪飞	
39	0039	B	77690	2013—11—23	03:02	37°30.000′S	114°30.000′E	15.9	4807.0	7.10	41.5	3	–	纪飞、赵宁	
40	0003	C	13041448	2013—11—23	04:55	38°0.360′S	114°30.120′E	15.8	4538.5	8.97	21.9	2	–	马龙、纪飞	
41	0040	B	77579	2013—11—23	06:52	38°31.920′S	114°29.940′E	15.9	4949.0	9.15	25.2	3	–	陈帅、孙晨	
42	0041	B	77583	2013—11—23	08:39	39°0.360′S	114°30.120′E	16.1	4988.3	10.65	11.7	3	–	郭延良、纪飞	

续附表 1

序号	站号	类型 B/C	序列号 S/N	日期	时间	纬度	经度	船速 (kn)	水深 (m)	风速 (m/s)	风向 (°)	海况	海冰	操作人	备注
43	0004	C	13041453	2013—11—23	10:44	39°33.840′S	114°30.060′E	17.0	4626.2	9.82	352.2	3	–	马龙	
44	0042	B	177586	2013—11—23	12:27	40°3.780′S	114°29.940′E	17.1	4816.0	10.74	353.5	3	–	马龙、郭延良	
45	0005	C	13041449	2013—11—23	14:15	40°32.940′S	114°29.940′E	16.2	4636.3	11.70	347.9	3	–	马龙、郭延良	
46	0043	B	77581	2013—11—23	14:40	40°39.540′S	114°30.180′E	16.1	4636.0	11.30	335.3	3	–	马龙、郭延良	
47	0006	C	13041455	2013—11—23	15:54	41°0.420′S	114°30.180′E	15.7	4885.9	14.76	264.0	3	–	马龙、郭延良	
48	0044	B	77578	2013—11—23	17:02	41°18.540′S	114°29.880′E	15.3	4743.3	12.16	262.1	3	–	李明广、纪飞	
49	0007	C	13041450	2013—11—23	18:29	41°40.000′S	114°30.000′E	15.0	4477.7	12.02	265.0	3	–	李明广、纪飞	
50	0045	B	77582	2013—11—23	19:50	42°0.000′S	114°29.640′E	15.1	4580.2	11.29	268.8	3	–	李明广、纪飞	
51	0008	C	13041447	2013—11—23	21:00	42°20.000′S	114°29.220′E	15.1	4479.0	12.10	265.0	4	–	矫玉田	
52	0046	B	77584	2013—11—23	22:10	42°40.000′S	114°29.220′E	15.4	4410.0	11.40	281.0	4	–	矫玉田	
53	0010	C	13041440	2013—11—23	23:38	43°0.300′S	114°28.740′E	15.6	3260.7	10.37	42.7	3	–	陈帅、郭延良	
54	0047	B	77585	2013—11—24	01:01	43°20.340′S	114°28.560′E	15.4	4329.1	8.91	286.1	3	–	陈帅、郭延良	
55	0011	C	13041436	2013—11—24	02:29	43°40.440′S	114°28.560′E	15.7	4539.8	10.34	42.7	3	–	陈帅、郭延良	
56	0048	B	177740	2013—11—24	03:19	43°56.340′S	114°28.980′E	15.6	4443.7	10.37	42.7	5	–	陈帅、郭延良	
57	0012	C	13041444	2013—11—24	04:52	44°20.000′S	114°30.000′E	15.6	4382.0	11.50	42.0	5	–	矫玉田、马龙	
58	0049	B	77741	2013—11—24	06:13	44°43.080′S	114°30.240′E	15.3	4331.0	12.41	275.7	5	–	马龙、纪飞	
59	0013	C	13041443	2013—11—24	07:25	45°0.000′S	114°30.000′E	15.3	4233.0	12.50	265.0	5	–	矫玉田、马龙	
60	0050	B	77737	2013—11—24	08:36	45°20.000′S	114°30.000′E	14.8	4379.0	13.20	259.0	5	–	矫玉田、马龙	
61	0051	B	77738	2013—11—24	11:24	46°0.000′S	114°28.000′E	14.0	4128.2	13.23	232.7	5	–	李明广、马龙	
62	0014	C	13041441	2013—11—24	12:58	46°20.000′S	114°23.000′E	14.5	4170.3	14.50	229.1	5	–	李明广、马龙	
63	0052	B	77743	2013—11—24	14:14	46°40.000′S	114°20.460′E	14.1	4114.0	13.94	229.9	5	–	李明广、纪飞	
64	0015	C	13041446	2013—11—24	15:47	47°0.000′S	114°16.920′E	14.5	4016.7	13.94	221.9	5	–	李明广、纪飞	获取数据不完整

续附表 1

序号	站号	类型 B/C	序列号 S/N	日期	时间	纬度	经度	船速 (kn)	水深 (m)	风速 (m/s)	风向 (°)	海况	海冰	操作人	备注
65	0053	B	77587	2013—11—24	17:09	47°20.800′S	114°13.440′E	15.3	4102.0	10.19	245.5	5	–	孙晨、郭延良	
66	0017	C	13041442	2013—11—24	18:24	47°39.760′S	114°9.120′E	15.6	3824.0	10.05	279.3	5	–	孙晨、郭延良	
67	0054	B	77588	2013—11—24	19:45	48°0.540′S	114°2.100′E	15.6	3837.0	12.97	233.7	5	–	孙晨、郭延良	
68	0055	B	77589	2013—11—24	21:50	48°30.000′S	113°53.800′E	15.4	3871.0	14.00	243.0	6	–	矫玉田	风速变大
69	0018	C	13041438	2013—11—24	23:46	49°0.000′S	113°43.000′E	15.1	3913.0	13.94	243.0	6	–	马龙、矫玉田、李明广	曲线变化大
70	0056	B	77739	2013—11—25	01:10	49°20.000′S	113°46.200′E	15.9	3708.5	14.54	287.5	6	–	马龙、刘梦坛	
71	0019	C	13041437	2013—11—25	02:20	49°40.000′S	113°46.200′E	15.4	3235.0	13.52	299.2	6	–	李明广、马龙	
72	0057	B	77734	2013—11—25	03:40	50°0.000′S	113°46.620′E	15.8	3885.5	10.99	315.3	6	–	马龙	
73	0020	C	13041439	2013—11—25	04:50	50°20.000′S	113°46.330′E	15.2	3149.6	13.26	321.2	6	–	李明广、纪飞	
74	0058	B	77744	2013—11—25	06:09	50°40.000′S	113°46.560′E	15.5	3383.8	13.71	330.6	6	–	纪飞、郭延良	
75	0021	C	13041435	2013—11—25	07:29	51°0.000′S	113°46.740′E	15.5	3579.7	15.16	326.9	6	–	李明广、纪飞	
76	0059	B	77745	2013—11—25	08:44	51°20.000′S	113°47.040′E	15.3	3470.3	12.33	262.6	6	–	李明广、纪飞	
77	0022	C	13041434	2013—11—25	10:13	51°40.000′S	113°47.000′E	15.7	3423.8	16.40	284.2	6	–	李明广、陈帅	
78	0060	B	77742	2013—11—25	11:26	51°59.040′S	113°40.800′E	15.2	3680.6	17.25	37.6	6	–	陈帅、郭延良	
79	0023	C	13031377	2013—11—25	12:54	52°20.700′S	113°30.660′E	15.0	3561.4	17.43	302.5	6	–	孙晨、郭延良	
80	0061	B	77735	2013—11—25	14:18	52°40.000′S	113°21.240′E	14.9	3887.0	19.55	291.6	6	–	郭延良、马龙	
81	0024	C	13031381	2013—11—25	15:40	53°0.300′S	113°11.640′E	14.7	3688.8	18.76	38.6	6	–	郭延良、孙晨	
82	0062	B	77736	2013—11—25	17:40	53°30.000′S	112°57.200′E	14.8	3919.0	14.00	296.0	6	–	马龙、矫玉田	浪大
83	0025	C	13031385	2013—11—25	19:55	54°0.000′S	112°39.400′E	13.1	3760.0	17.00	280.0	7	–	马龙、矫玉田	下雪，1 000 m
84	0063	B	77691	2013—11—25	22:30	54°33.000′S	112°10.200′E	14.9	4071.8	17.80	292.8	7	–	李明广、纪飞	
85	0026	C	13031382	2013—11—26	00:25	55°5.000′S	112°0.000′E	15.0	4018.3	16.56	294.3	7	–	李明广、纪飞	

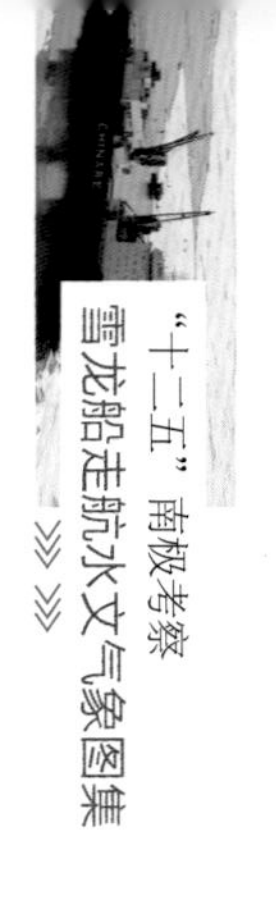

续附表 1

序号	站号	类型 B/C	序列号 S/N	日期	时间	纬度	经度	船速 (kn)	水深 (m)	风速 (m/s)	风向 (°)	海况	海冰	操作人	备注
86	0064	B	77692	2013—11—26	02:34	55°30.000′S	111°38.000′E	14.9	4243.6	21.90	308.9	7	–	李明广、纪飞	
87	0065	B	77694	2013—11—26	04:45	55°59.700′S	111°18.060′E	15.3	4295.7	19.78	339.5	7	–	陈帅、郭延良	
88	0066	B	77697	2013—11—26	06:50	56°29.520′S	110°57.360′E	15.2	4745.7	22.24	334.3	7	–	陈帅、郭延良	
89	0027	C	13031379	2013—11—26	09:01	56°59.880′S	110°31.860′E	15.6	4756.6	22.14	330.1	7	–	陈帅、郭延良、贾书磊	
90	0067	B	77696	2013—11—26	11:10	57°30.000′S	110°6.300′E	15.3	4503.0	18.54	327.7	8	–	马龙、李明广	
91	0068	B	77695	2013—11—26	13:18	58°0.000′S	109°39.900′E	15.3	4499.1	18.16	329.1	7	–	马龙、李明广	
92	0028	C	13031376	2013—11—26	15:45	58°30.000′S	109°9.960′E	15.2	4553.6	18:08	344.3	7	–	马龙、郭延良	
93	0069	B	77709	2013—11—26	17:46	59°0.000′S	108°44.460′E	15.9	4065.5	17.47	348.1	7	–	李明广、纪飞	
94	0070	B	77703	2013—11—26	19:47	59°30.000′S	108°18.240′E	16.6	4302.3	17.13	357.1	7	–	李明广、纪飞	
95	0029	C	13031378	2013—11—26	22:07	60°0.000′S	107°42.600′E	15.7	4406.6	13.85	9.0	7	–	李明广、纪飞	
96	0030	C	13031384	2014—02—02	07:48	62°10.260′S	57°35.220′W	16.6	1535.7	1.76	338.3	2	–	郭延良、陈帅	
97	0071	B	077708	2014—02—02	09:51	61°50.100′S	57°0.180′W	15.6	338.7	6.30	310.0	2	–	郭延良、陈帅	
98	0072	B	077706	2014—02—02	11:10	61°30.420′S	57°14.580′W	16.0	450.0	3.40	350.0	2	–	矫玉田、马龙	
99	0031	C	13031374	2014—02—02	12:47	61°10.000′S	57°44.400′W	15.4	2942.6	7.90	17.2	2	–	马龙、肖钲霖	
100	0073	B	077707	2014—02—02	14:26	60°50.000′S	58°14.760′W	15.3	4442.4	10.50	44.4	4	–	马龙	
101	0032	C	13031375	2014—02—02	16:00	60°28.740′S	58°46.380′W	15.9	3550.6	11.87	69.1	5	–	李明广、张麋鸣	
102	0074	B	077704	2014—02—02	17:36	60°8.820″S	59°15.480′W	15.8	3280.2	10.04	63.4	5	–	李明广、田忠翔	
103	0033	C	13031380	2014—02—02	19:06	59°50.700′S	59°41.280′W	15.4	3538.6	8.16	314.0	5	–	李明广、田忠翔	
104	0075	B	077705	2014—02—02	20:41	59°30.480′S	60°9.600′W	15.7	3885.4	8.98	297.3	5	–	李明广、田忠翔	
105	0034	C	13031383	2014—02—02	22:21	59°10.260′S	60°38.580′W	16.1	4801.0	8.55	285.0	5	–	郭延良、陈帅	
106	0076	B	077702	2014—02—02	23:55	58°50.340′S	61°6.300′W	15.3	3233.0	5.46	299.0	5	–	郭延良、陈帅	

续附表 1

序号	站号	类型 B/C	序列号 S/N	日期	时间	纬度	经度	船速 (kn)	水深 (m)	风速 (m/s)	风向 (°)	海况	海冰	操作人	备注
107	0035	C	13041427	2014—02—03	01:32	58°30.240′S	61°33.840′W	15.4	4006.0	5.20	291.0	5	–	郭延良、陈帅	
108	0077	B	077698	2014—02—03	03:08	58°10.020′S	62°1.320′W	15.3	3533.0	3.50	274.0	5	–	郭延良、陈帅	
109	0036	C	13041433	2014—02—03	04:40	57°50.000′S	62°27.960′W	15.7	3360.6	5.20	290.3	5	–	矫玉田、马龙	
110	0078	B	077701	2014—02—03	06:10	57°30.000′S	62°54.960′W	16.3	3757.3	5.18	291.3	5	–	矫玉田、马龙	
111	0037	C	13041429	2014—02—03	07:40	57°10.000′S	63°20.760′W	15.8	3759.5	5.00	285.0	5	–	矫玉田、马龙	
112	0079	B	077699	2014—02—03	09:17	56°50.000′S	63°47.880′W	15.8	3828.1	12.23	222.8	5	–	矫玉田、马龙	
113	0038	C	13031398	2014—02—03	10:46	56°30.000′S	64°12.300′W	16.1	3056.5	5.18	290.3	4	–	李明广、田忠翔	
114	0080	B	077539	2014—02—03	12:33	56°9.840′S	64°41.340′W	14.0	1844.5	6.61	275.9	5	–	李明广、田忠翔	
115	0081	B	077700	2014—02—03	14:15	55°50.700′S	65°6.300′W	14.3	3535.6	3.97	301.1	5	–	李明广、田忠翔	
116	0039	C	13041426	2014—02—03	16:00	55°30.360′S	65°32.100′W	14.0	2183.4	7.12	259.0	4	–	李明广、田忠翔	
117	0040	C	13041432	2014—02—08	00:30	60°51.000′S	58°58.200′W	11.8	4248.0	11.20	51.0	5	–	矫玉田、姚文俊、郭延良	D1–01
118	0041	C	13041431	2014—02—08	23:10	62°32.280′S	56°5.940′W	2.8	506.0	19.40	107.0	6	3	郭延良	D1–09，水深400m
119	0042	C	13031399	2014—02—13	21:25	62°21.600′S	44°38.760′W	1.1	1323.0	5.20	164.0	3	–	郭延良、姚文峻、陈帅	D5–08
120	0043	C	13041425	2014—03—01	10:42	66°40.200′S	72°10.200′E	停船	526.0	12.00	220.0	2	9	矫玉田、姚文峻	P1–05
121	0044	C	13041428	2014—03—01	13:36	66°30.000′S	72°57.720′E	停船	1490.0	2.10	26.0	2	9	郭延良、姚文峻	P1–04
122	0045	C	13031400	2014—03—03	10:01	65°33.480′S	74°16.080′E	停船	2799.0	12.10	118.0	1	9	郭延良、姚文峻	PA–01
123	0046	C	13031386	2014—03—04	10:19	65°28.260′S	75°29.460′E	停船	3168.0	7.50	162.0	2	6	郭延良、李明广、田忠翔、肖永琦	P2–02
124	0047	C	13031387	2014—03—05	17:46	61°59.520′S	75°35.460′E	11.2	3832.0	6.90	174.0	5	–	郭延良、姚文峻	P2–A6
125	0048	C	13031390	2014—03—05	21:44	61°0.120′S	75°54.180′E	11.3	2575.0	8.40	204.0	5	–	郭延良、姚文峻	

续附表 1

序号	站号	类型 B/C	序列号 S/N	日期	时间	纬度	经度	船速 (kn)	水深 (m)	风速 (m/s)	风向 (°)	海况	海冰	操作人	备注
126	0049	C	13031391	2014—03—06	01:55	59°58.560′S	76°12.480′E	12.4	1690.0	9.60	211.0	6	–	王海员、马龙	数据有误
127	0082	B	077532	2014—03—06	04:15	59°56.460′S	76°13.380′E	10.2	1120.0	6.26	215.0	5	–	王海员、马龙	
128	0083	B	077552	2014—03—06	09:30	58°30.120′S	77°37.140′E	13.4	1590.0	6.20	275.0	5	–	王海员、郭延良	
129	0050	C	13031393	2014—03—06	11:55	58°2.160′S	78°11.580′E	11.7	1526.0	8.00	292.0	5	–	李明广、田忠翔	
130	0084	B	077553	2014—03—06	14:32	57°31.320′S	78°50.520′E	14.5	1591.0	6.90	321.0	5	–	郭延良、姚文峻	
131	0051	C	13031394	2014—03—06	17:07	57°0.720′S	79°28.260′E	11.6	1700.0	7.50	250.0	5	–	郭延良、姚文峻	
132	0085	B	077551	2014—03—06	19:28	56°33.180′S	80°1.380′E	14.6	2474.0	4.30	289.0	4	–	刘建军、王海员	
133	0052	C	13031392	2014—03—06	22:00	56°1.260′S	80°42.300′E	11.8	3754.0	4.30	290.0	4	–	刘建军、王海员	
134	0086	B	077549	2014—03—07	00:33	55°32.280′S	81°21.600′E	15.5	3711.0	5.60	342.0	4	–	李明广、田忠翔	
135	0053	C	13031397	2014—03—07	03:02	55°0.060′S	81°59.220′E	11.8	411.0	8.40	321.0	4	–	李明广、田忠翔	
136	0087	B	077550	2014—03—07	05:23	54°30.960′S	82°33.360′E	16.3	4386.0	–	–	5	–	李明广、田忠翔	局域网未更新天气信息
137	0054	C	13031395	2014—03—07	07:48	54°1.200′S	83°7.500′E	12.5	3499.0	–	–	5	–	郭延良、姚文峻	同上
138	0088	B	077548	2014—03—07	10:25	53°30.360′S	83°10.020′E	13.9	4519.0	–	–	5	–	郭延良、姚文峻	同上
139	0089	B	077546	2014—03—08	00:53	50°18.240′S	81°16.080′E	15.8	3810.9	15.21	279.5	6	–	王海员、马龙、姚文峻	
140	0090	B	077547	2014—03—08	03:55	49°25.660′S	81°15.660′E	15.4	3603.0	–	–	5	–	郭延良、姚文峻	局域网未更新天气信息
141	0055	C	13031396	2014—03—08	05:40	49°3.960′S	81°16.680′E	12.2	3485.0	16.10	311.2	5	–	刘建军、王海员	
142	0091	B	077545	2014—03—08	07:37	48°34.020′S	81°17.220′E	14.9	3521.0	17.10	309.5	5	–	刘建军、王海员	
143	0056	C	11042922	2014—03—08	09:42	48°2.980′S	81°18.300′E	11.8	3465.0	14.70	297.3	4	–	刘建军、王海员	
144	0092	B	077542	2014—03—08	11:56	47°31.500′S	81°18.960′E	15.9	3228.0	17.10	279.5	4	–	李明广、田忠翔	
145	0057	C	11042919	2014—03—08	13:50	47°1.800′S	81°18.180′E	12.5	3289.0	15.80	270.1	4	–	李明广、田忠翔	
146	0093	B	077543	2014—03—08	15:53	46°30.720′S	81°17.880′E	16.2	3301.0	15.80	261.9	4	–	李明广、田忠翔	

续附表 1

序号	站号	类型 B/C	序列号 S/N	日期	时间	纬度	经度	船速 (kn)	水深 (m)	风速 (m/s)	风向 (°)	海况	海冰	操作人	备注
147	0058	C	11042923	2014—03—08	17:43	46°0.360′S	81°18.240′E	11.8	3304.0	14.40	263.0	4	–	郭延良、姚文峻	
148	0094	B	077544	2014—03—08	19:50	45°31.860′S	81°17.880′E	15.3	3278.0	17.20	292.0	5	–	郭延良、姚文峻	
149	0059	C	11042924	2014—03—08	21:57	45°0.660′S	81°19.680′E	12.0	3460.0	13.50	245.0	5	–	郭延良、姚文峻	
150	0095	B	077535	2014—03—08	23:51	44°34.080′S	81°19.980′E	15.3	3258.0	15.80	301.0	5	–	刘建军、王海员	
151	0060	C	11042920	2014—03—09	01:41	44°0.500′S	81°20.820′E	11.5	3139.0	13.50	303.1	4	–	刘建军、王海员	
152	0096	B	077538	2014—03—09	04:04	43°31.500′S	81°21.600′E	14.5	2921.0	10.00	267.1	4	–	李明广、田忠翔	
153	0061	C	11042918	2014—03—09	06:05	43°1.980′S	81°21.540′E	11.9	2879.0	6.70	292.5	3	–	李明广、田忠翔	
154	0097	B	077534	2014—03—09	08:22	42°30.540′S	81°21.720′E	14.6	2583.0	8.80	296.0	3	–	李明广、田忠翔	
155	0062	C	11042917	2014—03—09	10:21	42°1.140′S	81°21.420′E	11.9	2568.0	8.00	297.5	4	–	李明广、田忠翔	
156	0098	B	077531	2014—03—09	12:35	41°30.840′S	81°24.780′E	14.0	2456.0	9.20	290.0	4	–	郭延良、姚文峻	
157	0063	C	13031388	2014—03—09	14:40	41°2.000′S	81°30.783′E	11.8	2660.0	5.30	283.0	4	–	郭延良、矫玉田	
158	0099	B	077530	2014—03—09	16:40	40°34.800′S	81°36.480′E	14.4	2884.0	10.70	345.0	4	–	刘建军、王海员	
159	0064	C	11042916	2014—03—09	18:54	40°6.900′S	81°41.940′E	11.2	3204.0	9.10	322.0	3	–	刘建军、王海员	
160	0100	B	077533	2014—03—10	02:36	39°30.720′S	83°26.220′E	13.8	3341.0	5.80	239.0	3	–	矫玉田、姚文峻	
161	0067	C	11042913	2014—03—10	10:25	38°56.740′S	85°37.400′E	10.9	3480.0	9.10	326.0	2	–	矫玉田、姚文峻	
162	0101	B	077540	2014—03—10	13:14	38°29.760′S	86°9.360′E	11.7	3404.0	9.10	331.0	3	–	矫玉田、郭延良	
163	0102	B	077536	2014—03—10	16:31	38°1.200′S	86°41.820′E	10.7	3566.0	6.60	312.0	3	–	郭延良、姚文峻	
164	0103	B	077537	2014—03—11	5:39	35°59.340′S	88°53.940′E	14.0	3683.0	6.10	285.0	3	–	郭延良	
165	0068	C	13031389	2014—03—11	8:34	35°30.480′S	85°25.970′E	13.6	3720.0	4.40	297.0	3	–	郭延良、矫玉田	
166	0104	B	077541	2014—03—11	11:27	35°1.260′S	89°58.800′E	13.6	3798.0	6.70	300.0	2	–	郭延良、姚文峻	
167	0105	B	077471	2014—04—03	19:03	10°0.780′S	114°39.180′E	13.9	3617.0	4.30	79.0	3	–	郭延良、姚文峻	
168	0106	B	077470	2014—04—03	22:29	9°30.600′S	115°14.040′E	13.8	4052.0	4.00	106.0	3	–	李明广、田忠翔	

续附表 1

序号	站号	类型 B/C	序列号 S/N	日期	时间	纬度	经度	船速 (kn)	水深 (m)	风速 (m/s)	风向 (°)	海况	海冰	操作人	备注
169	0107	B	077472	2014—04—04	01:50	9°0.300′S	115°39.900′E	10.0	763.0	1.20	80.0	2	–	李明广、田忠翔	
170	0108	B	077474	2014—04—04	04:40	8°29.220′S	115°47.820′E	13.5	1056.0	6.70	238.0	3	–	矫玉田、马龙	
171	0109	B	077475	2014—04—04	06:37	8°2.220′S	115°58.920′E	15.4	1405.0	2.70	307.0	2	–	矫玉田、马龙	
172	0110	B	077478	2014—04—04	08:52	7°33.240′S	116°19.020′E	15.2	625.0	2.80	54.1	2	–	姚文峻、马龙	
173	0111	B	077473	2014—04—04	11:21	7°1.800′S	116°38.880′E	16.1	416.0	1.90	37.0	2	–	郭延良、姚文峻	
174	0112	B	077477	2014—04—04	13:26	6°30.617′S	116°48.217′E	15.8	516.0	1.10	13.0	2	–	郭延良、姚文峻	
175	0113	B	077476	2014—04—04	15:17	6°1.680′S	116°56.040′E	15.9	263.0	0.50	330.0	2	–	郭延良、姚文峻	
176	0114	B	077480	2014—04—04	17:16	5°30.960′S	117°4.500′E	16.1	657.0	0.60	228.0	2	–	李明广、田忠翔	
177	0115	B	077481	2014—04—04	19:24	5°0.960′S	117°21.120′E	16.2	1095.0	0.80	188.0	2	–	李明广、田忠翔	
178	0116	B	077479	2014—04—05	00:00	4°1.740′S	118°8.820′E	15.0	1936.0	9.20	18.7	3	–	矫玉田、马龙	
179	0117	B	077664	2014—04—05	02:30	3°33.840′S	118°32.220′E	15.1	1905.0	–	333.5	3	–	矫玉田、马龙	
180	0118	B	077667	2014—04—05	04:44	3°1.560′S	118°31.740′E	13.0	2072.0	–	332.0	3	–	郭延良、姚文峻	
181	0119	B	077670	2014—04—05	06:54	2°32.280′S	118°33.720′E	14.3	1851.0	–	311.0	3	–	郭延良、姚文峻	
182	0120	B	077663	2014—04—05	09:01	2°2.100′S	118°42.600′E	14.9	1685.0	4.60	284.0	3	–	郭延良、姚文峻	
183	0121	B	077666	2014—04—05	11:10	1°31.380′S	118°51.600′E	15.6	1502.0	2.50	269.0	1	–	李明广、田忠翔	
184	0122	B	077662	2014—04—05	13:11	1°1.020′S	118°59.280′E	15.9	2003.0	1.00	268.0	1	–	李明广、田忠翔	
185	0123	B	077665	2014—04—05	15:11	0°31.080′S	119°8.460′E	15.8	1662.0	2.00	201.0	1	–	李明广、田忠翔	
186	0124	B	077669	2014—04—05	17:07	0°3.000′N	119°16.320′E	15.3	1803.0	1.60	263.0	2	–	矫玉田、马龙	
187	0125	B	077673	2014—04—05	19:16	0°30.000′N	119°22.980′E	14.0	2441.0	6.00	358.0	2	–	矫玉田、马龙	
188	0126	B	077671	2014—04—05	21:38	1°0.000′N	119°33.780′E	14.0	2728.0	5.00	358.0	2	–	矫玉田、马龙	
189	0127	B	077263	2014—04—05	23:49	1°29.220′N	119°42.840′E	14.7	2963.0	4.80	21.0	2	–	郭延良、姚文峻	
190	0128	B	077264	2014—04—06	01:53	1°59.160′N	119°43.260′E	14.6	4909.0	2.70	31.0	2	–	郭延良、姚文峻	

续附表 1

序号	站号	类型 B/C	序列号 S/N	日期	时间	纬度	经度	船速 (kn)	水深 (m)	风速 (m/s)	风向 (°)	海况	海冰	操作人	备注
191	0129	B	077672	2014—04—06	03:57	2°29.100′N	119°42.660′E	13.3	4468.0	3.20	347.0	2	–	郭延良、姚文峻	
192	0130	B	077668	2014—04—06	06:04	2°58.920′N	119°42.360′E	14.6	4080.0	1.10	120.0	2	–	李明广、田忠翔	
193	0131	B	077625	2014—04—06	08:08	3°29.220′N	119°42.720′E	14.4	3727.0	3.60	300.0	2	–	李明广、田忠翔	
194	0132	B	077622	2014—04—06	10:04	3°59.100′N	119°43.020′E	15.9	3825.0	4.30	290.0	2	–	马龙、田忠翔	
195	0133	B	077621	2014—04—06	11:55	4°27.540′N	119°42.960′E	14.7	2832.0	6.80	340.6	2	–	矫玉田、马龙	
196	0134	B	077620	2014—04—06	13:55	4°57.060′N	119°38.100′E	15.4	280.0	5.60	343.6	2	–	矫玉田、马龙	
197	0135	B	077619	2014—04—06	16:09	5°29.280′N	119°46.320′E	15.9	309.0	4.90	8.3	2	–	郭延良、姚文峻	
198	0136	B	077618	2014—04—06	18:04	5°59.400′N	119°49.980′E	14.7	1851.0	4.70	354.0	2	–	郭延良、姚文峻	
199	0137	B	077617	2014—04—06	20:06	6°29.640′N	119°55.080′E	15.8	4107.0	5.80	3.2	2	–	郭延良、姚文峻	
200	0138	B	077614	2014—04—06	22:03	6°58.800′N	120°1.260′E	15.1	3780.0	6.80	8.0	2	–	田忠翔、郭延良	
201	0139	B	077615	2014—04—07	00:03	7°28.980′N	120°7.980′E	15.3	3776.0	6.10	25.0	3	–	李明广、田忠翔	
202	0140	B	077616	2014—04—07	02:15	7°59.040′N	120°13.020′E	14.1	3896.0	7.20	23.5	3	–	李明广、田忠翔	

*：从这个数据开始时间 \ 经纬度可与 XBT 文件相对应。

附表 2　中国第 31 次南极考察 XBT/XCTD 观测记录表

序号	站号	类型 B/C	序列号 S/N	日期	时间	纬度	经度	船速 (kn)	水深 (m)	风速 (m/s)	风向 (°)	海况	海冰	操作人	备注
1	0001	B	089267	2014—10—31	22:15	22°0.667′N	125°59.900′E	16.7	4277.0	7.67	59.7	2	–	郭桂军	
2	0002	B	089272	2014—11—01	01:54	20°59.200′N	125°59.200′E	16.6	5443.3	6.54	62.6	2	–	郭桂军	
3	0003	B	089264	2014—11—01	05:07	20°1.300′N	125°59.200′E	17.5	5454.5	10.91	67.2	1	–	罗光富	
4	0004	B	089261	2014—11—01	08:50	19°1.250′N	125°41.900′E	16.8	5016.2	10.91	61.5	2	–	王建成	
5	0005	B	089270	2014—11—01	12:32	18°1.100′N	125°22.700′E	16.6	4948.7	11.86	40.6	2	–	郭桂军	
6	0006	B	089271	2014—11—01	16:12	17°1.400′N	125°7.300′E	16.6	2930.1	9.19	7.0	2	–	罗光富	
7	0007	B	089265	2014—11—01	20:16	15°56.200′N	125°2.200′E	16.7	–	10.32	5.6	2	–	郭桂军	
8	0008	B	089269	2014—11—01	23:27	15°1.400′N	125°6.000′E	15.9	5336.0	10.53	3.0	2	–	郭桂军	
9	0009	B	089266	2014—11—02	03:14	14°5.667′N	125°30.667′E	16.5	6094.4	9.18	357.5	2	–	郭桂军	
10	0010	B	089263	2014—11—02	07:46	13°0.700′N	126°6.400′E	16.5	5519.6	8.31	344.5	2	–	郭桂军、夏寅月	
11	0011	B	089262	2014—11—02	11:45	12°0.900′N	126°35.167′E	16.3	5889.7	7.18	303.8	2	–	郭桂军、孔帅	
12	0012	B	089268	2014—11—02	16:36	11°1.750′N	127°30.000′E	16.5	5377.8	8.56	321.2	2	–	郭桂军、李天光	
13	0013	B	089225	2014—11—02	21:41	10°3.500′N	128°31.017′E	15.8	5437.0	7.54	187.1	1	–	罗光富、郭桂军	
14	0014	B	089231	2014—11—03	03:20	9°0.500′N	129°35.100′E	15.8	5581.5	4.42	208.0	2	–	郭桂军、孔帅	
15	0015	B	089227	2014—11—03	08:53	8°0.900′N	130°35.900′E	15.9	5366.6	9.87	191.9	2	–	郭桂军、孔帅	
16	0016	B	089236	2014—11—03	13:40	7°3.767′N	131°34.400′E	16.2	4553.7	5.88	203.9	2	–	郭桂军、孔帅	
17	0017	B	089230	2014—11—03	19:02	6°2.000′N	132°37.400′E	16.7	3866.8	3.01	143.1	2	–	郭桂军、郑宏元	
18	0018	B	089233	2014—11—04	00:02	5°0.900′N	133°39.700′E	17.8	2739.5	2.20	144.3	1	–	郭桂军	
19	0019	B	089226	2014—11—04	04:50	4°0.100′N	134°40.417′E	17.8	4483.7	1.09	92.7	1	–	罗光富、郭桂军	
20	0020	B	089228	2014—11—04	09:47	3°0.400′N	135°42.000′E	16.3	4288.3	1.09	92.7	1	–	郭桂军、李天光	

续附表 2

序号	站号	类型 B/C	序列号 S/N	日期	时间	纬度	经度	船速 (kn)	水深 (m)	风速 (m/s)	风向 (°)	海况	海冰	操作人	备注
21	0021	B	089229	2014—11—04	15:09	2°0.400′N	136°42.800′E	15.7	3884.3	1.09	92.7	1	–	郭桂军、孔帅、罗光富	船载风速仪示数一直未变
22	0022	B	089232	2014—11—04	19:56	1°1.700′N	137°30.500′E	15.8	3707.4	–	–	1	–	郭桂军、罗光富	同上
23	0023	B	089235	2014—11—05	00:50	0°1.900′N	138°19.700′E	15.9	3156.0	–	–	1	1	郭桂军、孔帅	同上
24	0024	B	089234	2014—11—20	05:30	43°59.800′S	147°30.000′E	16.1	227.5	1.73	249.6	3	–	郭桂军	400 米以下数据基本不再变化，存在异常
25	0001	C	14067414	2014—11—20	08:00	44°35.300′S	147°30.100′E	14.9	–	7.90	339.8	3	–	郭桂军、郑宏元	
26	0025	B	093028	2014—11—20	09:25	44°59.600′S	147°29.800′E	15.5	–	8.15	329.1	3	–	郭桂军、王文健	
27	0026	B	093032	2014—11—20	11:22	45°29.917′S	147°30.217′E	15.6	–	12.88	328.2	3	–	郭桂军、王文健	
28	0002	C	14067421	2014—11—20	13:18	46°0.000′S	147°31.100′E	15.4	–	12.85	350.9	3	–	郭桂军、王文健	
29	0027	B	093025	2014—11—20	15:13	46°29.900′S	147°32.400′E	15.9	–	10.77	345.7	3	–	郭桂军、刘建	
30	0003	C	14067424	2014—11—20	17:09	47°0.100′S	147°33.500′E	15.4	–	11.64	356.6	3	–	郭桂军、刘建、李天光	
31	0028	B	093031	2014—11—20	19:04	47°29.800′S	147°32.600′E	15.2	–	11.40	16.2	3	–	郭桂军、刘建、李天光	
32	0004	C	14067418	2014—11—20	20:59	47°59.400′S	147°31.100′E	15.2	–	11.47	17.8	3	–	刘建、李天光	
33	0005	C	14067408	2014—11—20	22:20	48°19.100′S	147°30.100′E	15.3	2225.7	10.46	11.6	3	–	刘建、李天光	
34	0006	C	14067417	2014—11—20	23:40	48°39.050′S	147°29.900′E	15.2	3148.3	8.38	14.8	3	–	刘建、夏寅月	
35	0029	B	093029	2014—11—21	01:01	49°0.050′S	147°30.333′E	15.4	4096.6	6.74	16.3	3	–	罗光富、王文健	
36	0007	C	14067420	2014—11—21	02:16	49°19.500′S	147°30.600′E	15.8	4200.0	5.43	27.6	3	–	孔帅、王文健	
37	0030	B	093026	2014—11—21	03:33	49°39.950′S	147°31.817′E	16.2	4203.4	7.69	37.7	3	–	孔帅、王文健	
38	0008	C	14067416	2014—11—21	04:45	49°58.950′S	147°34.000′E	16.0	4271.8	6.84	42.1	3	–	孔帅、郭桂军	
39	0031	B	093022	2014—11—21	06:03	50°19.667′S	147°34.900′E	15.7	4263.5	7.17	14.6	3	–	罗光富、王文健	

续附表 2

序号	站号	类型 B/C	序列号 S/N	日期	时间	纬度	经度	船速 (kn)	水深 (m)	风速 (m/s)	风向 (°)	海况	海冰	操作人	备注
40	0009	C	14067427	2014—11—21	07:18	50°39.300′S	147°33.500′E	15.8	4132.9	5.28	34.9	2	–	郭桂军、王文健	
41	0032	B	093023	2014—11—21	08:33	50°59.033′S	147°32.100′E	16.0	4094.1	5.46	34.9	3	–	罗光富、王文健	
42	0010	C	14067423	2014—11—21	09:48	51°19.400′S	147°31.067′E	16.0	4026.1	6.69	43.8	3	–	孔帅、王文健	
43	0033	B	093033	2014—11—21	11:03	51°39.600′S	147°30.550′E	16.8	4020.5	5.20	38.1	3	–	李天光、刘建、孟飞	
44	0011	C	14067426	2014—11—21	12:14	52°0.100′S	147°29.900′E	17.4	3860.7	3.49	27.9	3	–	李天光、刘建	
45	0034	B	093030	2014—11—21	13:25	52°20.500′S	147°29.200′E	17.2	3665.4	3.12	54.0	3	–	刘建、孟飞	
46	0021	C	14067404	2014—11—21	14:37	52°40.433′S	147°28.433′E	16.1	3169.3	4.2	63.0	3	–	李天光、孟飞	
47	0035	B	093027	2014—11—21	15:54	53°1.200′S	147°28.100′E	16.0	4172.0	6.69	38.6	3	–	刘建、孟飞	
48	0013	C	14067419	2014—11—21	17:05	53°20.450′S	147°28.200′E	16.1	4454.8	5.59	38.7	3	–	李天光、孟飞	
49	0036	B	093024	2014—11—21	18:16	53°29.200′S	147°28.017′E	16.4	4068.3	5.48	4.2	3	–	郭桂军、王文健	
50	0014	C	14067411	2014—11—21	19:30	53°59.800′S	147°28.200′E	16.9	3755.2	5.89	359.4	3	–	郭桂军、孔帅	
51	0037	B	092813	2014—11—21	20:40	54°19.300′S	147°28.600′E	17.3	3502.1	6.01	357.2	3	–	孔帅、王文健	
52	0015	C	14067422	2014—11—21	21:51	54°39.067′S	147°23.817′E	16.4	3619.0	5.13	349.4	3	–	孔帅、王文健	
53	0038	B	092816	2014—11—21	23:25	55°3.900′S	147°16.100′E	16.3	3181.4	3.26	38.4	3	–	郭桂军、王文健	
54	0016	C	14067415	2014—11—22	01:01	55°29.200′S	147°6.900′E	15.3	2223.1	7.37	309.6	3	–	郭桂军、郑宏元	
55	0039	B	092815	2014—11—22	03:05	55°99.917′S	146°49.200′E	15.4	1974.6	7.20	314.5	3	–	刘建、李天光	
56	0017	C	14067407	2014—11—22	05:07	56°30.050′S	146°32.200′E	15.7	2958.7	7.47	324.2	3	–	刘建、李天光	
57	0040	C	14036220	2014—11—22	07:04	56°59.200′S	146°14.200′E	15.8	3324.0	8.73	327.0	2	–	郭桂军	
58	0018	C	14067410	2014—11—22	09:05	57°29.100′S	145°54.117′E	15.9	3096.8	8.45	335.5	2	–	孔帅、王文健	
59	0041	B	092814	2014—11—22	12:09	57°59.700′S	144°42.767′E	16.1	3466.8	6.32	324.6	2	–	孔帅、王文健	
60	0019	C	14067425	2014—11—22	15:19	58°29.200′S	143°23.200′E	15.9	3697.9	3.39	328.2	2	–	郭桂军、王文健	

续附表 2

序号	站号	类型 B/C	序列号 S/N	日期	时间	纬度	经度	船速 (kn)	水深 (m)	风速 (m/s)	风向 (°)	海况	海冰	操作人	备注
61	0042	B	092811	2014—11—22	18:40	58°59.700′S	142°2.100′E	15.4	4063.7	3.39	328.3	2	–	刘建、李天光	
62	0043	B	092808	2014—11—22	21:52	59°29.333′S	140°41.617′E	16.0	4339.4	10.30	26.3	3	–	郭桂军、王文健	
63	0020	B	14067429	2014—11—23	01:10	59°59.200′S	139°18.900′E	15.4	4353.2	9.46	10.9	2	–	郭桂军、郑宏元	
64	0044	B	092809	2014—11—23	04:27	60°29.300′S	137°55.900′E	15.8	4361.3	7.34	74.3	2	–	刘建、孔帅	
65	0045	B	092810	2014—11—23	07:40	60°58.700′S	136°30.800′E	16.0	4357.5	10.91	62.7	2	–	郭桂军	
66	0021	C	14067430	2014—11—23	11:05	61°29.500′S	134°58.600′E	15.9	4308.2	11.85	355.9	2	–	郭桂军、罗光富	
67	0046	B	092807	2015—01—20	23:26	48°29.217′S	168°32.283′E	16.0	693.2	14.04	336.9	2	–	段永亮、刘建	
68	0047	B	094441	2015—01—21	02:08	48°59.050′S	167°51.833′E	14.6	655.4	6.24	180.6	2	–	段永亮、史久新	
69	0048	B	094446	2015—01—21	04:46	49°29.000′S	167°10.800′E	15.9	383.8	4.43	209.4	2	–	史久新、郭桂军	
70	0022	C	14067439	2015—01—21	09:51	50°29.533′S	165°46.200′E	11.9	1417.0	7.10	323.0	2	–	段永亮、史久新	
71	0049	B	094442	2015—01—21	20:36	50°59.100′S	165°10.800′E	2.9	3609.5	11.50	332.1	3	–	史久新、吴成祥	
72	0050	B	094443	2015—01—22	06:47	51°29.600′S	164°26.100′E	12.1	4507.5	19.55	343.4	4	–	高立宝、郭桂军、刘建	
73	0051	B	094447	2015—01—22	13:38	51°58.800′S	162°13.667′E	13.8	4507.6	11.70	336.8	4	–	史久新、高立宝、郭桂军	
74	0052	B	094439	2015—01—22	18:08	52°29.100′S	161°32.600′E	15.8	4389.2	7.21	358.3	2	–	高立宝、史久新	
75	0023	C	14067438	2015—01—22	21:17	53°0.300′S	160°57.267′E	14.0	4432.4	9.30	352.3	3	–	段永亮、史久新	
76	0053	B	093105	2015—01—22	23:35	53°29.600′S	160°28.000′E	14.9	3991.0	9.33	353.3	3	–	段永亮、刘建	
77	0054	B	093102	2015—01—23	01:57	54°0.000′S	159°52.000′E	16.4	4295.5	12.57	4.2	3	–	段永亮、刘建	
78	0055	B	093099	2015—01—23	03:30	54°19.533′S	159°23.500′E	16.5	4508.0	14.08	358.0	3	–	段永亮、刘建	
79	0056	B	093096	2015—01—23	05:12	54°39.283′S	158°58.800′E	9.0	4507.9	13.76	343.3	3	–	史久新、吴成祥	
80	0024	C	14067434	2015—01—25	05:58	55°0.400′S	158°53.200′E	15.4	3197.5	10.78	354.9	4	–	史久新、吴成祥、郭桂军	

续附表 2

序号	站号	类型 B/C	序列号 S/N	日期	时间	纬度	经度	船速 (kn)	水深 (m)	风速 (m/s)	风向 (°)	海况	海冰	操作人	备注
81	0057	B	093104	2015—01—25	07:38	55°20.000′S	158°39.900′E	14.3	1164.2	10.34	358.3	4	–	史久新、吴成祥	
82	0025	C	14067437	2015—01—25	09:53	55°39.167′S	157°51.600′E	15.3	3852.5	4.82	19.5	4	–	史久新、吴成祥	
83	0058	B	093101	2015—01—25	12:03	55°59.900′S	157°7.300′E	14.9	3484.6	5.33	46.5	4	–	史久新、吴成祥	
84	0026	C	14067435	2015—01—25	14:12	56°19.200′S	156°24.417′E	13.9	3979.5	2.72	357.7	4	–	史久新、吴成祥	
85	0059	B	093098	2015—01—25	16:11	56°40.000′S	155°52.500′E	14.3	3875.1	3.12	19.6	4	–	段永亮、刘建	
86	0027	C	14067431	2015—01—25	17:50	57°0.000′S	155°24.300′E	15.7	3681.1	3.46	197.5	4	–	段永亮、刘建	
87	0060	B	093095	2015—01—25	19:38	57°20.000′S	154°50.400′E	14.7	3603.7	10.19	210.1	4	–	段永亮、刘建	
88	0028	C	14067436	2015—01—25	21:30	57°39.400′S	154°15.200′E	14.8	3538.0	10.95	204.8	5	–	段永亮、刘建	
89	0061	B	093103	2015—01—25	23:36	59°59.050′S	153°34.900′E	13.2	3401.6	18.53	191.2	5	–	史久新、吴成祥	100 m 以下温度异常
90	0029	C	14067433	2015—01—26	01:37	58°19.400′S	153°0.700′E	14.0	3316.1	15.36	198.8	5	–	史久新、吴成祥	
91	0062	B	093100	2015—01—26	03:28	58°39.600′S	152°27.300′E	14.8	2668.4	15.01	208.7	5	–	史久新、吴成祥	
92	0030	C	14067432	2015—01—26	05:20	58°59.200′S	151°52.400′E	14.1	2933.5	17.47	209.6	5	–	史久新、吴成祥	
93	0063	B	093097	2015—01—26	07:16	59°20.000′S	151°16.400′E	14.5	2786.4	15.01	216.4	5	–	段永亮、刘建	
94	0031	C	14067428	2015—01—26	08:51	59°39.900′S	150°40.500′E	14.4	2531.3	13.26	216.9	5	–	段永亮、刘建	
95	0064	B	089335	2015—01—26	11:00	60°0.000′S	150°3.000′E	14.6	3072.2	12.94	222.9	5	–	段永亮、刘建	
96	0032	C	14036223	2015—01—26	12:59	60°20.000′S	149°23.500′E	14.4	3555.9	12.43	230.0	5	–	段永亮、刘建	
97	0065	B	089338	2015—01—26	14:51	60°39.800′S	148°44.900′E	15.3	3722.3	6.12	240.0	5	–	段永亮、刘建	
98	0033	C	14036226	2015—01—26	16:36	61°0.100′S	148°7.700′E	15.7	3303.1	4.24	245.2	5	–	史久新、吴成祥	
99	0066	B	093094	2015—01—26	18:12	61°19.400′S	147°35.000′E	15.6	4039.8	5.68	274.6	4	–	史久新、吴成祥	
100	0034	C	14067412	2015—01—26	19:53	61°39.900′S	146°58.200′E	13.2	4217.5	3.28	304.2	4	–	史久新、吴成祥	
101	0067	B	089341	2015—01—26	21:35	61°58.500′S	146°25.600′E	15.4	4164.8	7.21	335.1	5	–	史久新、吴成祥	
102	0068	B	089334	2015—01—26	23:25	62°19.500′S	145°46.933′E	15.3	4095.6	3.26	215.3	2	–	段永亮、刘建	

续附表 2

序号	站号	类型 B/C	序列号 S/N	日期	时间	纬度	经度	船速 (kn)	水深 (m)	风速 (m/s)	风向 (°)	海况	海冰	操作人	备注
103	0069	B	089344	2015—01—27	01:10	62°39.700′S	145°7.800′E	15.4	4036.5	11.84	219.1	2	–	段永亮、刘建、于龙	
104	0070	B	089337	2015—01—27	03:00	63°0.000′S	144°26.300′E	15.2	4050.2	13.43	250.7	3	–	段永亮、刘建、于龙	
105	0071	B	089340	2015—01—27	05:40	63°30.000′S	143°27.900′E	15.0	3930.8	15.92	236.2	3	–	段永亮、刘建、于龙	150 m 以下数据异常
106	0072	B	089333	2015—01—27	05:45	63°30.000′S	143°27.900′E	15.1	3932.2	15.80	237.0	3-	–	段永亮、刘建、于龙	
107	0073	B	089336	2015—01—27	08:09	64°0.600′S	142°26.800′E	14.7	4507.6	15.90	265.6	4	–	高立宝、郭桂军	
108	0074	B	089343	2015—01—27	11:15	64°31.800′S	141°24.000′E	15.3	3476.5	9.22	247.4	3	–	于龙、郭桂军	
109	0075	B	089339	2015—01—27	13:34	64°59.000′S	140°27.300′E	15.7	2907.8	2.90	242.1	3	–	郭桂军	
110	0035	C	14067409	2015—03—09	20:35	62°0.300′S	81°18.000′E	16.4	1922.6	-	-	3	–	史久新、郭桂军、吴成祥	无风速风向数据
111	0076	B	089342	2015—03—10	22:13	61°30.800′S	81°57.400′E	16.0	2154.1	10.92	-	3	–	史久新、吴成祥	风向无法显示
112	0077	B	093058	2015—03—10	01:06	61°0.900′S	82°36.800′E	15.5	2097.5	12.11	289.3	4	–	史久新、吴成祥	
113	0078	B	093061	2015—03—10	03:28	60°30.900′S	83°19.917′E	15.6	1359.0	–	-	4	–	段永亮、于龙	无风速风向数据
114	0036	C	14036216	2015—03—10	05:45	60°0.500′S	83°58.000′E	16.0	1609.0	–	-	4	–	段永亮、于龙	同上，测量只到 800 m 深度
115	0079	B	093064	2015—03—10	07:55	59°31.000′S	84°32.300′E	15.7	2013.0	8.52	309.1	3	–	段永亮、于龙	
116	0080	B	093067	2015—03—10	10:13	59°1.000′S	85°9.833′E	15.8	4079.0	10.67	308.7	4	–	段永亮、于龙	
117	0081	B	093059	2015—03—10	12:41	59°30.900′S	85°56.100′E	15.6	4437.3	13.95	304.4	4	–	史久新、吴成祥	
118	0037	C	14067406	2015—03—10	14:54	58°0.700′S	86°29.033′E	15.4	1566.7	11.61	303.3	4	–	史久新、吴成祥	
119	0082	B	093062	2015—03—10	17:12	57°30.800′S	87°6.800′E	15.6	4359.4	11.58	301.9	4	–	史久新、吴成祥	
120	0083	B	093065	2015—03—10	19:25	57°2.000′S	87°35.283′E	15.7	4596.0	12.43	287.6	4	–	段永亮、于龙	
121	0084	B	093068	2015—03—10	21:40	56°31.833′S	88°15.000′E	16.5	4536.0	12.57	259.6	4	–	段永亮、于龙	

续附表 2

序号	站号	类型 B/C	序列号 S/N	日期	时间	纬度	经度	船速 (kn)	水深 (m)	风速 (m/s)	风向 (°)	海况	海冰	操作人	备注
122	0038	C	14036215	2015—03—10	23:53	56°1.500′S	88°49.333′E	15.6	4454.0	10.44	258.5	4	–	段永亮、于龙	
123	0085	B	093069	2015—03—11	02:19	55°30.117′S	89°27.000′E	17.1	4320.8	13.36	266.2	3	–	史久新、吴成祥	
124	0086	B	093063	2015—03—11	04:20	55°0.300′S	89°59.000′E	17.4	3982.9	13.33	252.3	4	–	史久新、吴成祥	
125	0039	C	14036217	2015—03—11	05:45	54°40.667′S	90°20.750′E	15.7	4346.3	13.15	251.6	3	–	史久新、吴成祥	
126	0087	B	093066	2015—03—11	07:16	54°20.800′S	90°41.333′E	15.0	4351.1	11.93	249.8	3	–	史久新、吴成祥	
127	0088	B	093060	2015—03—11	08:49	54°0.700′S	91°1.800′E	15.4	4264.7	11.07	251.6	3	–	史久新、吴成祥	
128	0040	C	14036220	2015—03—11	10:15	53°41.000′S	91°20.700′E	16.1	4355.0	12.25	232.9	3	–	段永亮、于龙	
129	0089	B	092853	2015—03—11	11:43	53°21.500′S	91°41.833′E	15.8	4181.0	10.66	218.2	3	–	段永亮、于龙	
130	0041	C	14036222	2015—03—11	13:10	53°1.000′S	92°1.833′E	16.2	3924.0	10.91	232.2	3	–	段永亮、于龙	
131	0090	B	092854	2015—03—11	14:37	52°42.000′S	92°22.233′E	15.5	3999.0	10.18	226.3	3	–	段永亮、于龙	
132	0042	C	14036219	2015—03—11	16:10	52°21.500′S	92°42.217′E	16.0	4052.0	9.57	234.8	3	–	段永亮、于龙	
133	0091	B	092855	2015—03—11	17:42	52°0.400′S	93°3.850′E	15.8	3849.0	11.77	231.0	3	–	段永亮、于龙	
134	0043	C	14036225	2015—03—11	19:06	51°40.933′S	93°22.667′E	16.1	3827.7	10.37	230.5	3	–	史久新、吴成祥	
135	0092	B	092856	2015—03—11	20:31	51°20.933′S	93°42.333′E	16.6	3821.6	9.87	231.3	3	–	史久新、吴成祥	
136	0044	C	14036218	2015—03—11	21:54	51°0.900′S	94°2.100′E	16.8	3744.8	10.32	229.7	3	–	郭桂军、吴成祥	
137	0093	B	092857	2015—03—11	23:18	50°40.833′S	94°27.000′E	16.6	3805.7	11.36	234.2	3	–	郭桂军、吴成祥	
138	0045	C	14036221	2015—03—12	01:00	50°16.250′S	94°44.700′E	17.3	3446.6	9.65	214.6	3	–	郭桂军、吴成祥	
139	0094	B	092858	2015—03—12	02:03	50°1.000′S	94°59.500′E	17.2	3492.0	7.04	200.7	3	–	段永亮、于龙	
140	0046	C	14036224	2015—03—12	03:22	49°41.000′S	96°17.667′E	17.5	3429.0	7.42	181.1	3	–	段永亮、于龙	
141	0095	B	092861	2015—03—12	04:42	49°21.000′S	95°36.000′E	17.0	3434.0	7.58	197.9	3	–	段永亮、于龙	
142	0047	C	14036190	2015—03—12	06:10	49°1.000′S	95°59.000′E	16.8	3263.0	4.33	198.6	2	–	段永亮、于龙	

续附表 2

序号	站号	类型 B/C	序列号 S/N	日期	时间	纬度	经度	船速 (kn)	水深 (m)	风速 (m/s)	风向 (°)	海况	海冰	操作人	备注
143	0096	B	092860	2015—03—12	07:40	48°41.000′S	96°20.500′E	16.3	3128.0	5.70	215.1	2	–	段永亮、于龙	
144	0048	C	14036189	2015—03—12	09:10	48°21.000′S	96°41.500′E	15.9	3079.0	8.17	215.6	3	–	段永亮、于龙	
145	0097	B	092859	2015—03—12	10:51	48°0.033′S	97°4.050′E	16.3	2913.0	8.88	211.3	3	–	史久新、吴成祥	
146	0046	C	14036180	2015—03—12	12:11	47°40.750′S	97°22.667′E	16.4	2750.0	7.35	206.1	3	–	郭桂军、吴成祥	探头与高速拖网缠绕，数据异常
147	0098	B	092862	2015—03—12	12:44	47°33.100′S	97°30.500′E	16.1	2644.0	6.84	214.4	3	–	郭桂军、吴成祥	上一站位 XCTD 无效，此站作为补充站位
148	0099	B	092863	2015—03—12	13:40	47°42.417′S	97°42.417′E	16.1	2748.0	6.65	182.1	3	–	史久新、吴成祥	
149	0050	C	14036184	2015—03—12	15:11	47°0.700′S	98°2.867′E	16.3	3071.6	7.12	203.5	3	–	郭桂军、吴成祥	
150	0100	B	092964	2015—03—12	16:42	46°40.500′S	98°22.850′E	16.0	3093.4	7.04	191.0	3	–	史久新、吴成祥	
151	0051	C	14036181	2015—03—12	18:03	46°22.000′S	98°40.000′E	15.6	3001.0	8.05	191.9	3	–	段永亮、于龙	
152	0101	B	093021	2015—03—12	19:38	46°2.000′S	98°59.000′E	15.5	3132.0	7.25	170.9	3	–	段永亮、于龙	
153	0052	C	14036187	2015—03—12	21:13	45°41.333′S	99°19.000′E	15.5	3217.0	5.60	157.5	3	–	段永亮、于龙	
154	0102	B	093020	2015—03—12	22:47	45°21.833′S	99°39.000′E	15.3	3518.0	4.80	189.9	3	–	段永亮、于龙	
155	0053	C	14036186	2015—03—13	00:20	45°2.000′S	99°58.000′E	15.6	3732.0	7.19	159.0	2	–	段永亮、于龙	
156	0103	B	093019	2015—03—13	03:02	44°40.900′S	100°51.650′E	15.9	3489.5	7.56	127.7	3	–	史久新、吴成祥	
157	0054	C	14036188	2015—03—13	05:40	44°21.500′S	101°44.400′E	16.0	3354.8	8.12	150.1	3	–	史久新、吴成祥	
158	0104	B	093018	2015—03—13	08:33	44°0.600′S	102°40.850′E	15.7	3632.4	6.56	132.5	3	–	史久新、吴成祥	
159	0055	C	14036183	2015—03—13	11:04	43°42.833′S	103°28.000′E	15.7	3554.0	6.26	89.9	4	–	段永亮、于龙	
160	0105	B	093017	2015—03—13	14:17	43°21.500′S	103°35.500′E	6.2	4367.0	9.51	97.1	3	–	段永亮、史久新	
161	0106	B	093016	2015—03—13	17:36	43°0.717′S	103°36.317′E	6.3	4367.0	9.70	105.9	4	–	于龙、吴成祥	
162	0056	C	14036182	2015—03—13	20:46	42°40.733′S	103°36.300′E	6.2	4367.7	11.72	89.7	3	–	郭桂军、吴成祥	

续附表 2

序号	站号	类型 B/C	序列号 S/N	日期	时间	纬度	经度	船速 (kn)	水深 (m)	风速 (m/s)	风向 (°)	海况	海冰	操作人	备注
163	0107	B	093015	2015—03—14	00:05	42°20.567′S	103°35.750′E	5.9	4367.8	13.63	93.5	4	–	郭桂军、吴成祥	
164	0108	B	093014	2015—03—14	03:31	42°0.000′S	103°35.500′E	6.2	4367.0	–	97.6	3	–	段永亮、于龙	
165	0109	B	093013	2015—03—14	06:28	41°34.000′S	103°35.633′E	14.3	4253.0	13.33	95.8	4	–	段永亮、于龙	
166	0057	C	14036179	2015—03—14	07:23	41°20.500′S	103°35.000′E	13.8	4212.0	13.12	91.8	4	–	段永亮、于龙	
167	0110	B	093012	2015—03—14	08:45	41°1.500′S	103°35.100′E	14.0	4000.0	9.72	92.8	4	–	段永亮、于龙	
168	0111	B	093011	2015—03—14	10:09	40°39.900′S	103°35.150′E	15.1	3788.3	10.25	68.0	4	–	于龙、吴成祥	
169	0112	B	093010	2015—03—14	11:40	40°16.800′S	103°36.467′E	14.4	4199.8	6.93	80.7	4	–	史久新、吴成祥	
170	0058	C	14036185	2015—03—14	14:18	40°0.833′S	103°36.700′E	5.8	4368.7	7.69	71.4	4	–	史久新、吴成祥	
171	0113	B	092937	2015—03—14	19:41	39°30.800′S	103°35.933′E	5.4	4367.0	4.87	28.8	3	–	段永亮、于龙	
172	0114	B	092936	2015—03—15	00:40	39°0.600′S	103°35.517′E	2.5	4403.0	3.31	39.5	3	–	段永亮、于龙	
173	0115	B	092806	2015—03—15	20:07	38°31.500′S	104°19.667′E	16.0	4414.0	9.89	279.9	3	–	段永亮、于龙	
174	0116	B	092805	2015—03—15	16:42	38°2.600′S	105°5.333′E	15.8	4620.4	–	283.4	3	–	段永亮、于龙、吴成祥	无风速数据
175	0117	B	092935	2015—03—15	19:47	37°30.950′S	105°52.967′E	15.7	4742.1	–	283.4	3	–	史久新、吴成祥	同上
176	0058	C	14067413	2015—03—15	22:51	37°0.900′S	106°38.600′E	16.3	4780.2	–	–	3	–	史久新、吴成祥	无风速风向数据
177	0118	B	092934	2015—03—16	01:40	36°31.000′S	107°22.000′E	16.0	4882.0	4.90	258.6	3	–	段永亮、于龙	
178	0119	B	092933	2015—03—16	04:32	36°1.500′S	108°4.667′E	14.6	5169.0	9.53	275.5	3	–	段永亮、于龙	
179	0120	B	092932	2015—03—16	08:34	35°31.500′S	108°52.500′E	11.6	5228.0	9.06	288.3	3	–	段永亮、于龙	
180	0121	B	092929	2015—03—17	00:44	35°10.250′S	109°58.667′E	11.9	4692.8	16.02	296.4	4	–	史久新、吴成祥	
181	0112	B	092931	2015—03—31	22:11	5°0.800′S	117°23.900′E	15.4	–	1.84	305.2	2	–	郭桂军	地线接触不良，数据有误
182	0113	B	092930	2015—03—31	22:12	4°57.800′S	117°23.900′E	15.6	–	0.59	305.2	2	–	郭桂军	补充上次不良数据

续附表 2

序号	站号	类型 B/C	序列号 S/N	日期	时间	纬度	经度	船速 (kn)	水深 (m)	风速 (m/s)	风向 (°)	海况	海冰	操作人	备注
183	0124	B	092926	2015—04—01	00:29	4°30.200′S	117°47.200′E	16.0	–	–	2.4	2	–	郭桂军	
184	0125	B	092927	2015—04—01	05:19	3°30.283′S	118°33.000′E	15.8	1895.3	3.34	197.7	1	–	孔帅、郭桂军	
185	0126	B	092928	2015—04—01	09:10	2°30.467′S	117°33.900′E	15.4	1847.7	–	305.7	1	–	孔帅	
186	0127	B	093001	2015—04—01	13:04	1°30.900′S	118°50.900′E	15.9	1749.0	2.43	352.7	1	–	郭桂军	
187	0128	B	092998	2015—04—01	16:57	0°30.200′S	119°8.600′E	16.0	1669.6	–	355.4	1	–	郭桂军	
188	0129	B	093004	2015—04—01	20:54	0°29.900′N	119°25.000′E	15.2	2414.6	4.04	21.5	1	–	郭桂军	
189	0130	B	093007	2015—04—02	02:18	1°29.100′N	119°48.700′E	15.3	2702.6	4.60	23.2	1	–	孔帅	
190	0131	B	092999	2015—04—02	09:43	2°29.100′N	121°19.050′E	14.0	5225.8	5.04	36.1	1	–	孔帅	
191	0132	B	093002	2015—04—02	14:25	3°29.600′N	122°57.900′E	15.1	4814.9	1.56	158.0	1	–	郭桂军	
192	0133	B	093005	2015—04—03	01:20	4°29.333′N	124°34.650′E	15.0	4659.0	0.57	163.5	1	–	孔帅	
193	0134	B	093008	2015—04—03	08:47	5°29.100′N	126°2.633′E	13.4	3232.4	3.27	93.3	1	–	孔帅	
194	0135	B	093000	2015—04—03	14:40	6°29.800′N	126°46.300′E	12.5	3956.6	–	13.3	1	–	郭桂军	
195	0136	B	093003	2015—04—03	22:06	8°4.200′N	127°7.800′E	14.6	–	1.77	157.9	1	–	郭桂军	夜间错过时间，间隔一度半
196	0137	B	093006	2015—04—04	01:55	8°59.800′N	127°4.700′E	15.1	–	–	155.0	1	–	郭桂军	
197	0138	B	093009	2015—04—04	05:55	10°0.400′N	127°1.100′E	15.5	6858.3	—	142.8	1	—	郭桂军	

附表 3　中国第 32 次南极考察 XBT/XCTD 观测记录表

序号	站号	类型 B/C	序列号 S/N	日期	时间	纬度	经度	船速 (kn)	水深 (m)	风速 (m/s)	风向 (°)	海况	海冰	操作人	备注
1	0140	B	099196	2015—11—11	01:45	10°0.000′N	127°0.000′E	15.0	2219.0	–	–	3	–	矫玉田、马磊	
2	0141	B	099199	2015—11—11	03:49	9°30.000′N	127°0.000′E	15.0	1419.3	–	–	3	–	矫玉田、马磊	
3	0142	B	099198	2015—11—11	05:45	9°0.000′N	127°4.667′E	15.0	1489.0	–	–	3	–	周庆杰、付丹	
4	0143	B	099201	2015—11—11	07:51	8°25.000′N	127°6.683′E	15.0	1029.0	–	–	3	–	周庆杰、付丹	
5	0144	B	099202	2015—11—11	09:12	8°0.000′N	127°6.000′E	16.8	875.0	–	–	3	–	周庆杰、郝光华	
6	0145	B	099197	2015—11—11	10:55	7°33.000′N	127°10.000′E	17.2	2349.0	–	–	3	–	郭井学、向前	
7	0146	B	099200	2015—11—11	12:50	7°1.200′N	126°57.000′E	18.1	763.8	–	–	3	–	郭井学、向前	
8	0147	B	099194	2015—11—11	14:51	6°28.000′N	126°40.200′E	18.1	2439.8	–	–	3	–	郭井学、向前	
9	0148	B	099205	2015—11—11	16:25	6°0.000′N	126°30.000′E	18.0	2200.0	–	–	3	–	矫玉田、马磊	
10	0149	B	099204	2015—11—11	16:30	6°0.000′N	126°30.000′E	18.0	2200.0	–	–	3	–	矫玉田、马磊	
11	0151	B	099203	2015—11—11	18:33	5°30.000′N	126°12.000′E	17.7	1857.0	–	–	3	–	矫玉田、马磊	
12	0152	B	099027	2015—11—11	21:37	5°0.000′N	125°20.000′E	16.8	1450.0	–	–	3	–	矫玉田、马磊	
13	0153	B	099026	2015—11—12	01:07	4°30.000′N	124°37.000′E	16.0	705.0	–	–	3	–	周庆杰、郝光华	
14	0154	B	099030	2015—11—12	03:20	4°10.000′N	124°7.000′E	16.0	450.0	–	–	3	–	矫玉田	加密
15	0155	B	099029	2015—11—12	04:22	4°1.000′N	123°49.000′E	17.6	402.0	–	–	3	–	郭井学、向前	
16	0156	B	099025	2015—11—12	06:10	3°45.000′N	123°25.000′E	17.2	416.0	–	–	3	–	郭井学、向前	加密
17	0157	B	099028	2015—11—12	07:35	3°31.000′N	123°0.000′E	17.1	448.0	–	–	3	–	郭井学、向前	
18	0158	B	099032	2015—11—12	09:43	3°14.000′N	122°30.000′E	16.5	481.0	–	–	3	–	郭井学、向前	加密
19	0159	B	099033	2015—11—12	10:45	3°2.000′N	122°22.000′E	16.9	512.0	–	–	-	–	矫玉田、马磊	
20	0160	B	0990036	2015—11—12	12:45	2°50.000′N	121°50.000′E	16.9	380.0	–	–	–	–	–	加密

续附表 3

序号	站号	类型 B/C	序列号 S/N	日期	时间	纬度	经度	船速 (kn)	水深 (m)	风速 (m/s)	风向 (°)	海况	海冰	操作人	备注
21	0161	B	0990031	2015—11—12	14:50	2°30.000′N	121°24.000′E	15.7	5200.0	–	–	–	–	矫玉田、马磊	
22	0162	B	0990035	2015—11—12	17:30	2°9.000′N	120°47.000′E	14.9	4374.0	–	–	–	–	周庆杰、郝光华	
23	0163	B	0990034	2015—11—12	19:27	1°54.000′N	120°22.000′E	14.9	4033.0	–	–	–	–	周庆杰、郝光华	
24	0164	B	0990065	2015—11—12	22:39	1°28.000′N	119°40.000′E	16.1	2808.0	–	–	–	–	向前	
25	0165	B	099062	2015—11—12	23:31	1°13.000′N	119°32.000′E	16.4	2771.0	–	–	–	–	郭井学、向前	
26	0166	B	099063	2015—11—13	00:08	1°0.000′N	119°58.000′E	16.4	3008.0	–	–	–	–	矫玉田	
27	0167	B	099069	2015—11—13	02:37	0°23.000′N	119°24.000′E	16.7	2418.0	–	–	–	–	郭井学、向前	
28	0168	B	099066	2015—11—13	04:16	0°0.000′N	119°27.000′E	16.7	2400.0	–	–	–	–	矫玉田、马磊	
29	0169	B	099067	2015—11—13	06:35	0°6.000′S	119°10.000′E	16.4	2127.0	–	–	–	–	周庆杰、马磊	
30	0170	B	099068	2015—11—13	08:24	1°10.000′S	119°10.000′E	16.4	2127.0	–	–	–	–	矫玉田、马磊	
31	0171	B	099071	2015—11—13	10:40	1°43.000′S	118°47.000′E	16.1	1500.0	–	–	–	–	周庆杰、郝光华	
32	0172	B	099072	2015—11—13	12:35	2°14.000′S	118°39.000′E	16.5	1721.0	–	–	–	–	周庆杰、郝光华	
33	0173	B	099064	2015—11—13	14:31	2°45.000′S	118°33.000′E	17.0	1771.0	–	–	–	–	周庆杰 郝光华	
34	0174	B	099070	2015—11—13	16:28	3°19.000′S	118°33.000′E	17.0	1818.0	–	–	–	–	郭井学、向前	
35	0175	B	099073	2015—11—13	18:50	3°51.000′S	118°19.000′E	15.5	1938.0	–	–	–	–	郭井学、向前	
36	0176	B	098746	2015—11—13	22:16	4°30.000′S	117°47.000′E	15.5	1882.0	–	–	–	–	郭井学、向前	
37	0177	B	098747	2015—11—14	00:28	4°59.000′S	117°23.000′E	16.3	1045.0	–	–	–	–	矫玉田、马磊	
38	0178	B	098748	2015—11—14	02:38	5°28.000′S	117°4.000′E	16.2	629.0	–	–	–	–	矫玉田、马磊	
39	0179	B	098743	2015—11—14	04:30	5°57.000′S	116°57.000′E	15.8	356.0	–	–	–	–	周庆杰、郝光华	
40	0180	B	098740	2015—11—14	06:27	6°27.000′S	116°48.000′E	15.1	498.0	–	–	–	–	周庆杰、郝光华	
41	0181	B	098744	2015—11—14	08:35	6°57.000′S	116°4.000′E	15.1	425.0	–	–	–	–	周庆杰、付丹	
42	0182	B	098737	2015—11—14	10:33	7°24.000′S	116°4.000′E	16.0	443.0	–	–	–	–	郭井学、向前	

续附表 3

序号	站号	类型 B/C	序列号 S/N	日期	时间	纬度	经度	船速 (kn)	水深 (m)	风速 (m/s)	风向 (°)	海况	海冰	操作人	备注
43	0183	B	098741	2015—11—14	12:16	7°47.000'S	116°10.000'E	15.2	1472.0	–	–	–	–	向前	
44	0184	B	098745	2015—11—14	14:29	8°16.000'S	115°54.000'E	14.6	1173.0	–	–	–	–	郭井学、向前	
45	0185	B	098738	2015—11—14	16:22	8°43.000'S	115°43.000'E	15.1	494.0	–	–	–	–	矫玉田、马磊	
46	0186	B	098739	2015—11—14	19:00	9°24.000'S	115°34.000'E	15.1	3285.0	–	–	–	–	矫玉田、马磊	
47	0187	B	098742	2015—11—14	21:41	10°0.000'S	115°24.000'E	15.1	4028.0	–	–	–	–	矫玉田、马磊	
48	0060	C	14035975	2015—11—23	05:52	34°58.000'S	114°29.000'E	13.8	1035.0	–	–	4	–	–	1
49	0188	B	098712	2015—11—23	05:59	34°59.000'S	114°29.000'E	13.8	1043.0	–	–	4	–	–	
50	0061	C	14035972	2015—11—23	10:07	35°59.000'S	114°30.000'E	14.0	3031.4	–	–	4	–	矫玉田、郝光华	2
51	0189	B	098709	2015—11—23	10:07	35°59.000'S	114°30.000'E	14.0	3031.4	–	–	4	–	矫玉田、郝光华	
52	0062	C	14035969	2015—11—23	14:23	36°58.000'S	114°9.000'E	14.0	2527.0	–	–	4	–	郝光华、施骞	3
53	0190	B	098708	2015—11—23	14:23	36°58.000'S	114°9.000'E	14.0	2527.0	–	–	4	–	郝光华、施骞	
54	0063	C	14035968	2015—11—23	19:00	38°0.000'S	113°45.000'E	14.0	4617.7	–	–	4	–	矫玉田、程灵巧	4
55	0191	B	098711	2015—11—23	19:08	38°2.000'S	113°44.000'E	14.1	4602.3	–	–	4	–	矫玉田、程灵巧	
56	0064	C	14035971	2015—11—23	23:26	38°59.000'S	113°20.000'E	14.0	4682.0	–	–	4	–	马磊、向前	5
57	0192	B	098706	2015—11—23	23:33	39°0.000'S	113°20.000'E	14.0	4538.0	–	–	4	–	马磊、向前	
58	0065	C	14035974	2015—11—24	03:58	40°0.000'S	112°47.000'E	14.1	4408.0	–	–	3	–	郝光华、施骞	6
59	0193	B	098703	2015—11—24	03:58	40°0.000'S	112°47.000'E	14.1	4408.0	–	–	3	–	郝光华、施骞	
60	0066	C	14035978	2015—11—24	08:22	41°0.000'S	112°17.000'E	13.6	4359.0	–	–	4	–	郝光华、施骞	7
61	0194	B	098705	2015—11—24	08:22	41°0.000'S	112°17.000'E	13.6	4359.0	–	–	4	–	郝光华、施骞	
62	0067	C	14035977	2015—11—24	13:04	41°58.000'S	112°2.000'E	13.5	4270.7	–	–	4	–	矫玉田、程灵巧	8
63	0195	B	098702	2015—11—24	13:13	42°0.000'S	112°2.000'E	13.3	4254.7	–	–	4	–	矫玉田、程灵巧	
64	0068	C	14035967	2015—11—24	18:25	43°7.000'S	111°45.000'E	13.5	4106.7	–	–	–	–	马磊、向前	9，数据异常

续附表 3

序号	站号	类型 B/C	序列号 S/N	日期	时间	纬度	经度	船速 (kn)	水深 (m)	风速 (m/s)	风向 (°)	海况	海冰	操作人	备注
65	0069	C	14035970	2015—11—24	18:35	43°7.000′S	111°45.000′E	13.5	4106.7	–	–	–	–	马磊、向前	
66	0196	B	098701	2015—11—24	18:43	43°7.000′S	111°45.000′E	13.5	4106.7	–	–	–	–	马磊、向前	
67	0070	C	14035973	2015—11—24	22:09	43°57.000′S	111°32.000′E	13.9	4000.5	–	–	–	–	矫玉田、郝光华	10，数据异常
68	0197	B	098704	2015—11—24	22:09	43°57.000′S	111°32.000′E	13.9	4000.5	–	–	–	–	矫玉田、郝光华	数据异常
69	0198	B	098707	2015—11—24	22:09	43°57.000′S	111°32.000′E	13.9	4000.5	–	–	–	–	矫玉田、郝光华	数据异常
70	0199	B	098710	2015—11—24	22:09	43°57.000′S	111°32.000′E	13.9	4000.5	–	–	–	–	矫玉田、郝光华	数据异常
71	0200	B	098764	2015—11—24	22:09	44°3.000′S	111°31.000′E	13.9	4000.5	–	–	–	–	矫玉田、郝光华	数据异常
72	0071	C	14046442	2015—11—24	02:51	44°58.000′S	111°23.000′E	13.3	3886.0	–	–	–	–	矫玉田、郝光华	11
73	0201	B	099767	2015—11—24	02:51	44°58.000′S	111°23.000′E	13.3	3886.0	–	–	–	–	矫玉田、郝光华	数据异常
74	0203	B	099768	2015—11—24	02:51	45°10.000′S	111°23.000′E	13.7	3886.0	–	–	–	–	矫玉田、郝光华	数据异常
75	0072	C	14035976	2015—11—25	07:10	46°0.000′S	111°24.000′E	13.8	4062.6	–	–	–	–	矫玉田、程灵巧	12
76	0204	B	099766	2015—11—25	07:21	45°10.000′S	111°24.000′E	13.8	4062.6	–	–	–	–	矫玉田、程灵巧	
77	0205	B	099769	2015—11—25	11:40	47°1.000′S	111°25.000′E	14.6	3751.0	–	–	4	–	矫玉田、马磊	
78	0075	C	14046436	2015—11—25	12:10	47°10.000′S	111°25.000′E	14.8	3927.0	–	–	4	–	矫玉田、马磊	13
79	0207	B	099762	2015—11—25	15:30	48°0.000′S	111°27.000′E	14.8	3512.6	–	–	–	–	施骞、马磊	
80	0076	C	14046446	2015—11—25	15:36	48°0.000′S	111°27.000′E	14.8	3512.6	–	–	–	–	施骞、马磊	14
81	0077	C	14046447	2015—11—25	19:35	48°59.000′S	111°29.000′E	14.6	3249.0	–	–	–	–	矫玉田、施骞	15
82	0208	B	099758	2015—11—25	19:41	49°10.000′S	111°30.000′E	14.6	3435.0	–	–	–	–	矫玉田、施骞	
83	0078	C	14046433	2015—11—26	00:12	50°5.000′S	111°31.000′E	7.5	3675.5	–	–	–	–	马磊、程灵巧	16
84	0209	B	099759	2015—11—26	00:20	50°6.000′S	111°31.000′E	10.9	3473.2	–	–	–	–	马磊、程灵巧	
85	0079	C	14046444	2015—11—26	04:00	50°58.000′S	111°32.000′E	14.5	3202.8	–	–	2	–	马磊、程灵巧	17
86	0210	B	099760	2015—11—26	04:11	51°1.000′S	111°33.000′E	14.6	3309.9	–	–	2	–	马磊、程灵巧	

续附表 3

序号	站号	类型 B/C	序列号 S/N	日期	时间	纬度	经度	船速 (kn)	水深 (m)	风速 (m/s)	风向 (°)	海况	海冰	操作人	备注
87	0080	C	14046441	2015—11—26	08:05	51°58.000′S	111°36.000′E	14.1	3452.6	–	–	1	–	马磊、程灵巧	18
88	0211	B	099763	2015—11—26	08:13	52°0.000′S	111°36.000′E	14.2	3198.3	–	–	1	–	马磊、程灵巧	
89	0081	C	14046440	2015—11—26	12:27	53°0.000′S	111°38.000′E	14.7	3659.0	–	–	3	–	施骞、付丹	19
90	0213	B	099100	2015—11—26	12:39	53°2.000′S	111°38.000′E	14.7	3391.0	–	–	3	–	施骞、付丹	
91	0082	C	14046437	2015—11—26	14:25	53°30.000′S	111°38.000′E	14.7	3819.0	–	–	–	–	施骞、马磊	20
92	0214	B	099109	2015—11—26	14:35	53°30.000′S	111°38.000′E	14.7	3819.0	–	–	–	–	施骞、马磊	
93	0215	B	099106	2015—11—26	16:35	54°0.000′S	111°39.000′E	14.6	3613.0	–	–	–	–	矫玉田、马磊	21，前面放一 XCTD，探头损坏 0083
94	0083	C	14046412	2015—11—26	16:45	54°0.000′S	111°39.000′E	14.6	3613.0	–	–	–	–	矫玉田、马磊	
95	0084	C	14046415	2015—11—26	20:36	54°59.000′S	111°40.000′E	14.7	3313.3	–	–	–	–	矫玉田、程灵巧	22
96	0216	B	099172	2015—11—26	20:45	55°1.000′S	111°40.000′E	14.6	3301.7	–	–	–	–	矫玉田、程灵巧	数据异常
97	0085	C	14046418	2015—11—27	12:30	56°40.000′S	107°49.000′E	10.8	3603.8	–	–	–	–	矫玉田、马磊	23
98	0217	B	099175	2015—11—27	12:36	56°40.000′S	107°49.000′E	10.8	3603.8	–	–	–	–	矫玉田、马磊	
99	0086	C	14016421	2015—11—28	00:25	58°5.000′S	103°58.000′E	12.9	4283.0	–	–	–	–	矫玉田、施骞	24，数据异常
100	0218	B	099178	2015—11—28	00:28	58°5.000′S	103°57.000′E	12.9	4252.0	–	–	–	–	矫玉田、施骞	
101	0087	C	14046422	2015—11—28	04:32	58°38.000′S	102°30.000′E	13.9	4217.6	–	–	–	–	马磊、程灵巧	25，数据异常
102	0220	B	099174	2015—11—28	04:38	58°39.000′S	102°28.000′E	14.0	4193.8	–	–	–	–	马磊、程灵巧	数据异常
103	0088	C	14046423	2015—12—29	17:18	62°4.083′S	44°41.633′W	1.6	454.0	–	–	3	–	程灵巧、施骞	D6_07
104	0089	C	14046419	2016—01—13	03:00	62°6.000′S	55°58.000′W	1.7	1296.0	–	–	6	–	马磊、施骞	DC_01
105	0090	C	14046420	2016—01—14	06:00	60°39.000′S	58°53.000′W	14.9	3542.0	–	–	5	–	马磊、施骞	D2_02
106	0091	C	14046416	2016—01—14	07:45	60°16.000′S	59°19.000′W	15.1	3361.0	–	–	5	–	马磊、施骞	D2_01